개정판

SEMICONDUCTOR FABRICATION PROCESS:
THOUSAND QUESTIONS GUIDING BEGINNER TO MASTER

취업 필수!

초보자부터 마스터까지

반도체 8대 공정 마스터

심규환 지음

한울

목 차

서 문

인류의 위대한 발명품인 반도체는 지난 70여 년 사이에 막대한 산업 성장과 인류사적 변혁을 이루어 왔다. 각종 자동화, 컴퓨터, TV, 스마트폰, 휴대용 건강기기로 이어지는 IT 산업 발전을 주도하였으며, 이제 반도체에 의해 실현되는 지능을 부가하여 모빌리티, 의료, 로봇, 우주항공, 군수의 모든 분야에 인공지능이 작동하는 4차 산업혁명이라는 새로운 세대로 진입하는 중이다.

반도체 분야는 크게 공정(소재, 장비), 소자, 회로, S/W로 구성된다고 할 수 있으며, 그중 공정 분야는 재료, 화학, 물리, 전자에 대한 융합지식의 복합체이다. 양자물리가 작동하는 원자 수준의 Sub-one-nano 스케일까지 도달하는 반도체 공정 기술은 반도체 소자나 회로뿐만 아니고 마이크로 디스플레이, MEMS, RF, 센서 제조 기술로 전수되므로 산업적 파급력은 실로 막대하다.

본 교재는 반도체 공정을 배우는 학생과 초급 전문가의 학습 내지 평가를 위하여 객관식의 1,000여 문제로 구성되었다. 특히 기초 원리에 대한 이해와 전문 용어에 대한 효율적 학습을 기본 목표로 하여 초급, 중급, 고급 수준이 모두 포함되었다. 반도체 8대 공정을 포함하여 10장으로 작성되었으며 각종 공정의 기초 원리와 소자 제작 공정 기술 및 응용에 대응한 실무적 유효성을 높이고자 의도하였다. 기존 반도체 공정의 텍스트들이 대부분 서술적이며 객관식 문제가 없어서 계량화된 학습의 효과를 얻는 데 한계가 있다는 점에 대해 항상 아쉬웠으며 본 책자를 구상한 계기가 되었다. 본 교재는 반도체 공정 교육이나 반도체 설계 산업기사와 같은 시험 평가 목적의 문제은행식 출제에 유용하다. 따라서 본 교재를 통달한다면 반도체 공정 분야에 이론적 기초를 다지고 반도체 과학적 원리를 습득하여 실무 과정에서 높은 수준으로 발전하기 위한 건실한 기반 마련이 가능할 것이다.

본 교재는 반도체를 전공하지 않은 비전공자들도 반도체 소재, 장비, 공정의 분야로 진출하여 마스터로 성공하기에 충분하도록 반도체 공정 기술에 대한 기반을 다지는 데 유용할 것이다. 미래 반도체 공정 분야에 관심이 많은 후학이 마스터가 되어 반도체 산업의 전문가로서 세계적 성과를 창출하여 국가 산업과 사회의 발전에 기여하기를 고대한다.

저자 씀

제1장

반도체 기초

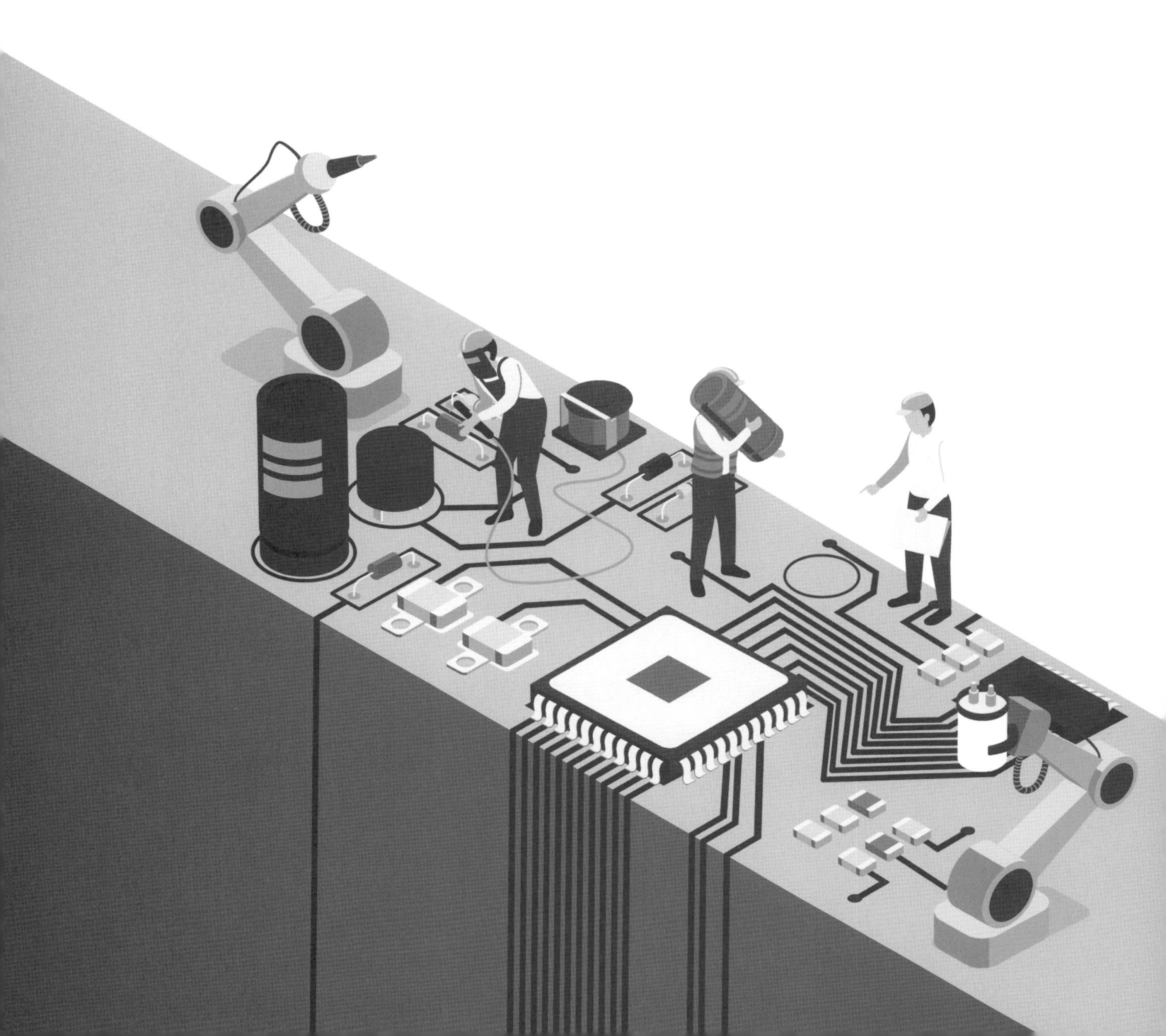

제1장 반도체 기초

01 **반도체 트랜지스터 개발에 공헌한 업적으로 1956년에 노벨상을 수상한 인물이 아닌 사람은?**

ⓐ William Schockley　　ⓑ John Bardeen
ⓒ Walter Bratainn　　ⓓ Gordon Moore

02 **반도체 트랜지스터의 핵심 동작 특성에 해당하는 것은?**

ⓐ 스위칭과 증폭　　ⓑ 증폭과 발광　　ⓒ 스위칭과 인덕션　　ⓓ 증폭과 수광

03 **1956년에 노벨상을 받은 최초의 반도체 트랜지스터는?**

ⓐ Ge에 게이트를 접촉한 MOSFET
ⓑ Ge에 점 접촉으로 형성한 바이폴라 트랜지스터
ⓒ Si에 점 접촉으로 형성한 바이폴라 트랜지스터
ⓓ Si에 게이트를 접촉한 MOSFET

04 **반도체 소자의 동작에 관한 Schockely가 완성한 중요한 이론에 대한 설명으로 적합한 것은?**

ⓐ 소수운반자의 주입으로 p-n 접합에서 인가된 전압에 대해 지수 함수적 전류의 흐름
ⓑ 소수운반자의 주입으로 MOS 게이트에 인가된 전압에 대해 선형적 전류의 흐름
ⓒ 다수운반자의 주입으로 p-n 접합에서 인가된 전압에 대해 지수 함수적 전류의 흐름
ⓓ 다수운반자의 주입으로 MOS 게이트에 인가된 전압에 대해 선형적 전류의 흐름

05 **다른 반도체 물질과 비교해서 실리콘 반도체가 주력으로 사용되는 핵심 이유는?**

ⓐ 실리콘 반도체의 운반자 이동도가 가장 높음
ⓑ 실리콘 반도체는 직접천이형 밴드라서 발광 효율이 높음
ⓒ 실리콘 반도체에 안정한 산화막이 형성되며 원료가 풍부하여 가격이 저렴함
ⓓ 실리콘 반도체는 자연 상태에서 표면 산화가 안 되는 안정성을 지님

06 **반도체 팹(FAB)의 공조 상태에 대한 설명으로 부적합한 것은?**

ⓐ 공정 조건이 동일한 상태가 되도록 온도를 일정하게 유지함
ⓑ 습도를 일정하게 유지하여 산화나 습기에 의한 문제를 방지하고 정전기의 발생도 억제함
ⓒ 압력을 상압(1기압)보다 높여서 불순물이 많은 외부 공기의 유입을 방지함
ⓓ 습기에 의한 문제를 제거하고 정전기의 발생도 억제하기 위해 절대습도를 0 %로 유지함

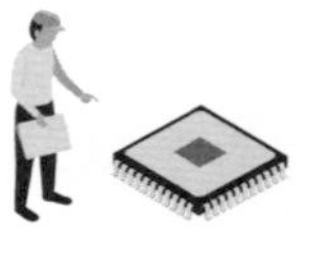

07 **품질이 우수한 고비저항 실리콘 반도체 기판에 대한 설명으로 가장 적합한 것은?**

ⓐ 결정 성장 기술로 실리콘 기판의 비저항을 증가시켜 최대 10 Ω·㎝까지 가능함

ⓑ 진성 게더링(intrinsic gettering) 내지 외성 게더링(extrinsic gettering)에 의해 기판의 품질이 손상됨

ⓒ 플로팅존(floating zone) 방법을 이용하여 고저항 실리콘 기판을 제작할 수 있음

ⓓ 초크랄스키(Czochralski) 결정 성장 시 실리콘으로 주입된 O_2는 고저항 기판의 성장에 유용함

08 **반도체 팹(FAB)의 공조 상태에 대한 설명으로 부적합한 것은?**

ⓐ 청정도는 클래스(class)로 정의하며 웨이퍼에 불순물 유입을 방지하여 수율을 높이는 데 중요함

ⓑ 공정 장비의 냉각을 위해 가능한 한 20 ℃ 이하로 온도를 낮춤

ⓒ 공정 조건이 동일한 상태가 되도록 온도를 일정하게 유지함

ⓓ 습도를 일정하게 유지하여 산화나 습기에 의한 문제를 방지하고 정전기 발생을 억제함

09 **반도체 공정에서 초순수(deionized water)의 제조 순서로 적합한 것은?**

ⓐ 역삼투압(RO) 장치 – 전처리(여과·이온/흡착/살균) – 역삼투압 전기 탈이온(EDI) – 폴리싱(UV, 이온수지)

ⓑ 전처리(여과·이온/흡착/살균) – 폴리싱(UV, 수지) – 역삼투압(RO) 장치 – 전기 탈이온(EDI)

ⓒ 역삼투압(RO) 장치 – 전처리(여과·이온/흡착/살균) – 전기 탈이온(EDI) – 폴리싱(UV, 이온수지)

ⓓ 전처리(여과·이온/흡착/살균) – 역삼투압(RO) 장치 – 전기 탈이온(EDI) – 폴리싱(UV, 이온수지)

10 **다음은 EGS(Electronics Grade Silicon)를 제조하는 공정의 반응식으로 A/B/C/D가 정확한 것은?**

- MGS(Metallic Grade Silicon) 형성 공정: $SiO_2 + (A) \rightarrow Si + 2CO$
- TCS(Tri-chloro Silane) 형성 공정: $Si + 3HCl \rightarrow (B) + H_2$
- EGS(Electronics Grade Silicon) 형성 공정: $SiHCl_3 + (C) \rightarrow Si + (D)$

ⓐ $2C$ / H_2 / HCl / H_2

ⓑ $2C$ / $SiHCl_3$ / H_2 / $3HCl$

ⓒ $SiHCl_3$ / H_2 / H_2 / HC

ⓓ $2C$ / $SiHCl_3$ / H_2 / HCl

11 **반도체 팹(FAB)의 공조 상태에 대한 설명으로 가장 적합한 것은?**

ⓐ 습도를 최대한 낮추어 정전기의 발생이 쉬운 조건을 유지함

ⓑ 외부의 상압(1기압)보다 압력을 낮춰서 높은 청정도를 유지함

ⓒ 공정 조건이 동일한 상태가 되도록 온도와 습도를 일정하게 유지함

ⓓ 공정 장비의 열적인 냉각을 돕기 위해 20 ℃ 이하로 온도를 낮춤

12 **결함이 적은 고품질의 고비저항 실리콘 반도체 기판에 대한 설명으로 부적합한 것은?**

ⓐ 고저항 고품질 기판 성장에 초크랄스키(Czochralski) 결정 성장법이 가장 우수함

ⓑ 플로팅존(floating zone) 방법을 이용하여 고저항 실리콘 기판을 제작함

ⓒ 진성 게더링(intrinsic gettering) 내지 외성 게더링(extrinsic gettering)으로 결정의 불순물을 무력화함

ⓓ 실리콘 내부에 존재하는 산소(O_2)는 게더링(gettering)에 유용하게 이용됨

13 **단결정 반도체를 제작하는 방법인 플로팅존(floating zone) 방법의 설명으로 부적합한 것은?**

ⓐ 석영 보트(boat)에 원료를 넣고 녹여서 단결정을 성장함

ⓑ 초크랄스키(Czochralski)법에 비해 탄소나 산소의 용융오염도가 낮음

ⓒ 비저항이 높아 전력 소자용 반도체 기판의 제작에 유리함

ⓓ 분리 계수(segregation coefficient: $k_o = C_s/C_L$)가 성장에 반영되어 정제 효과가 있음

14 **반도체 소재인 웨이퍼(기판)를 가공하는 웨이퍼(wafer) 가공 공정이 아닌 것은?**

ⓐ edge rounding

ⓑ alloy

ⓒ lapping

ⓓ grinding

15 **품질이 우수한 고비저항 실리콘 반도체 기판에 대한 설명으로 부적합한 것은?**

ⓐ 결정 성장 기술로 실리콘 기판의 비저항을 증가시켜 10^4 Ω·㎝까지 달성함

ⓑ 초크랄스키(Czochralski) 결정 성장 시 실리콘 내부에 주입된 O_2는 고저항 기판의 성장에 유용함

ⓒ 플로팅존(floating zone) 방법을 이용하여 고저항 실리콘 기판을 제작함

ⓓ 진성 게더링(intrinsic gettering) 내지 외성 게더링(extrinsic gettering) 방법으로 결정에 존재하는 불순물을 무력화함

16 **반도체 공정에서 초순수(deionized water)의 제조 순서로 정확한 것은?**

ⓐ 전처리(여과·이온/흡착/살균) – 역삼투압(RO) 장치 – 전기 탈이온(EDI) – 폴리싱(UV, 이온수지)

ⓑ 역삼투압(RO) 장치 – 전처리(여과·이온/흡착/살균) – 전기 탈이온(EDI) – 폴리싱(UV, 이온수지)

ⓒ 전처리(여과·이온/흡착/살균) – 폴리싱(UV, 수지) – 역삼투압(RO) 장치 – 전기 탈이온(EDI)

ⓓ 전기 탈이온(EDI) – 폴리싱(UV, 이온수지) – 전처리(여과·이온/흡착/살균) – 역삼투압(RO)장치

17 **단결정 반도체를 제작하는 방법 중 하나인 플로팅존 방법(floating zone method)의 설명으로 가장 적합한 것은?**

ⓐ 초크랄스키법에 비해 탄소나 산소의 용융오염도가 낮음

ⓑ 비저항이 낮아 전력 소자용 반도체 기판의 제작에 불리함

ⓒ 편석(segregation) 효과가 작용하여 품질이 낮지만 저렴한 결정 성장에 유용함

ⓓ 석영 보트(boat)에 원료를 넣고 녹여서 단결정을 성장함

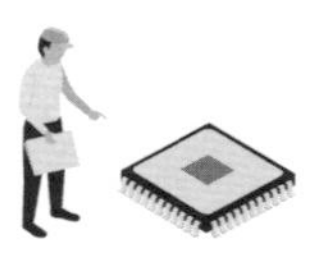

18 **반도체 웨이퍼(기판)를 제조하는 웨이퍼(wafer) 가공 공정에 해당하지 않는 것은?**

ⓐ CMP

ⓑ wire sawing

ⓒ grinding

ⓓ RTA(rapid thermal anneal)

19 **단결정 반도체를 제작하는 방법인 플로팅존 방법(floating zone method)의 설명으로 부적합한 것은?**

ⓐ 초크랄스키법에 비해 고품질 결정 성장이 가능함

ⓑ 초크랄스키법에 비해 탄소나 산소의 용융오염도가 낮음

ⓒ 불순물 농도가 높아 저저항의 반도체 기판을 제작하는 데 주로 사용함

ⓓ 존 리파이닝(zone refining: 정제)으로 비저항이 높은 전력 소자용 반도체 기판의 제조에 유용함

20 **클린룸의 청정도인 100 클래스(class 100)에 대한 정의로서 정확한 것은?**

ⓐ 1 ft^3의 부피에 직경이 0.5 ㎛ 이하인 미세 입자가 100개 이하로 제어되는 경우

ⓑ 1 ㎥의 부피에 직경이 0.5 ㎛ 이하인 미세 입자가 100개 이하로 제어되는 경우

ⓒ 1 ft^3의 부피에 직경이 0.5 ㎛ 이상인 미세 입자가 100개 이하로 제어되는 경우

ⓓ 1 ㎥의 부피에 반경이 0.5 ㎛ 이상인 미세 입자가 100개 이하로 제어되는 경우

21 **반도체 공정 중에서 통상 청정도(class)가 가장 높은 공간(room)을 이용하는 공정은?**

ⓐ 리소그래피

ⓑ 금속 배선

ⓒ 이온 주입

ⓓ PVD(Physical Vapor Deposition) 박막 증착

22 **클린룸의 청정도인 10 클래스(class 10)를 정의하는 데 있어서 정확한 정의는?**

ⓐ 1 ft^3의 부피에 직경이 0.5 ㎛ 이상인 미세 입자가 10개 이하로 제어되는 경우

ⓑ 1 ft^3의 부피에 반경이 0.5 ㎛ 이하인 미세 입자가 10개 이하로 제어되는 경우

ⓒ 1 ㎥의 부피에 반경이 0.5 ㎛ 이하인 미세 입자가 10개 이하로 제어되는 경우

ⓓ 1 ㎥의 부피에 직경이 0.5 ㎛ 이상인 미세 입자가 10개 이상으로 제어되는 경우

23 **반도체 공정 중에서 통상 청정도(class)가 상대적으로 낮게 유지되는 공정은?**

ⓐ 광 사진 전사(리소그래피)

ⓑ 화학 기상 증착(CVD) 박막 증착

ⓒ 웨이퍼 후면 그라인드

ⓓ 금속 박막 스퍼터(sputter) 증착

24 **실리콘 반도체의 플로팅존 방법(floating zone method)에 대한 설명으로 부적합한 것은?**

ⓐ 단결정 잉곳을 성장하는 방식임

ⓑ 점 결함이나 전위(dislocation)와 같은 결정 결함이 전혀 발생하지 않음

ⓒ 다결정 실리콘을 원료로 사용함

ⓓ 탄소나 산소의 오염이 초크랄스키법에 비해 낮음

25 **실리콘 반도체의 물리적 특성에 대한 설명으로 부적합한 것은?**

ⓐ 상온에서 밴드 갭이 1.1 eV

ⓑ 양자 효율이 높은 발광 소자의 제작에 적합함

ⓒ 간접천이형 밴드 갭

ⓓ 0K의 온도에서 운반자 농도는 O(zero)임

26 **실리콘 반도체의 플로팅존 방법(floating zone method)에 대한 설명으로 가장 적합한 것은?**

ⓐ 액상(liquid)과 고상(solid)의 불순물 고용도(solid solubility)의 차이에 따른 정제 효과가 작용함

ⓑ 저렴한 다결정 실리콘을 성장하는 데 최적의 방법임

ⓒ 전위(dislocation)와 같은 결정 결함이 전혀 없는 성장법임

ⓓ 탄소나 산소의 오염이 초크랄스키법에 비해 높음

27 **반도체 클린룸에 대한 설명으로 부적합한 것은?**

ⓐ FAB 조명 시설은 UV 파장을 제거한 특수 램프만을 사용함

ⓑ 반도체 수율을 높이기 위해 청정실의 class가 높을수록 유리함

ⓒ 온도를 일정한 수준(통상 ~23 ℃ ±1 ℃)으로 유지 관리해야 함

ⓓ 습도를 일정한 수준(통상 ~45 % ±5 %)으로 유지 관리해야 함

28 **실리콘 반도체의 플로팅존 방법(floating zone method)에 대한 설명으로 부적합한 것은?**

ⓐ 전위(dislocation)나 SF(stacking fault)와 같은 1D 및 2D 결정 결함이 전혀 없는 성장법임

ⓑ 탄소나 산소의 오염이 초크랄스키법에 비해 낮음

ⓒ 고순도의 실리콘을 성장하여 고전압 소자의 제작에 유용함

ⓓ 액상(liquid)과 고상(solid)의 불순물 고용도(solid solubility) 차이에 의해 정제 효과가 있음

29 **실리콘 반도체에 도핑한 경우 도너(donor)로 작용하는 불순물은?**

ⓐ As　　ⓑ In　　ⓒ B　　ⓓ Ga

30 **도핑하지 않은 진성(undoped intrinsic) 실리콘 반도체 단결정에서 결정 결함의 종류가 아닌 것은?**

ⓐ dislocation　　ⓑ atomic vacancy　　ⓒ arsenic　　ⓓ interstitial atom

31 **실리콘 반도체에 대한 설명으로 부적합한 것은?**

ⓐ 불순물을 도핑하지 않으면 진성 반도체임

ⓑ 용융점(T_m)이 Al 금속과 대등한 680 ℃로 낮음

ⓒ 불순물을 도핑하지 않아도 상온에서 전자 농도가 10^{10}/㎤ 수준으로 존재함

ⓓ diamond cubic의 결정 구조를 가짐

32 **반도체 클린룸에 대한 설명으로 가장 적합한 것은?**

ⓐ 습식 공정에 낮은 비저항의 DI water를 사용함

ⓑ 정전기를 발생시키는 소재를 위주로 사용함

ⓒ 압력은 대기압보다 조금 높게 관리되어야 함

ⓓ FAB 조명 시설은 UV 파장을 제거한 특수 램프만을 사용함

33 **실리콘 단결정인 다이아몬드 큐빅(diamond cubic) 구조의 단위 셀(unit cell)에 포함되는 원자의 수는?**

ⓐ 5 ⓑ 6 ⓒ 7 ⓓ 8

34 **단결정 bulk(ingot) 반도체를 성장하는 방법에 해당하지 않는 것은?**

ⓐ MOCVD(Metal Organic Chemical Vapor Deposition)

ⓑ Czochralski growth

ⓒ Bridgeman method

ⓓ physical vapor transport method

35 **실리콘 반도체의 특성으로 맞지 않는 것은?**

ⓐ 상온에서 밴드 갭이 1.1 eV임

ⓑ 전자의 이동도는 온도와 전자 농도에 따라 변하는데 고순도의 경우 1,400 ㎠/Vs까지 높음

ⓒ 임계 전계(critical electric field)는 3×10^5 V/㎝로 높음

ⓓ FCC(Face Centered Cubic)의 결정 구조에 해당함

36 **다음 중 반도체 전공정(front end process)에 해당하는 것은?**

ⓐ EDS ⓑ oxidation ⓒ saw ⓓ dicing

37 **반도체 단결정 bulk(ingot)를 성장하는 방법에 해당하지 않는 것은?**

ⓐ LEC(Liquid Encapsulated Czochralski) growth

ⓑ vapor transport method

ⓒ Bridgman method

ⓓ LPCVD(Low Pressure Chemical Vapor Deposition)

38 실리콘 웨이퍼의 표면에서 그림과 같은 원자의 배열에 해당하는 기판은?

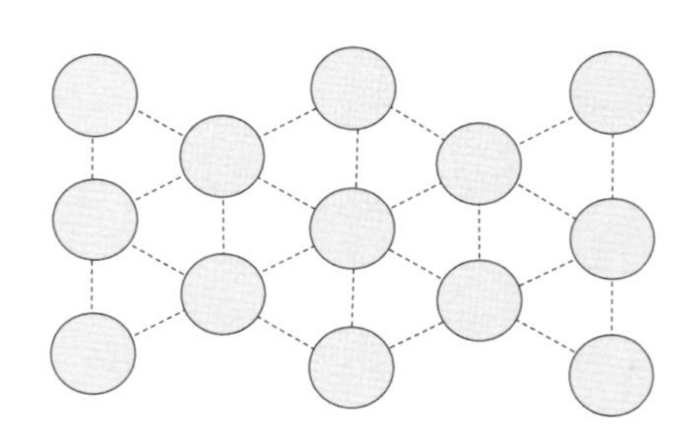

ⓐ (100) ⓑ (110) ⓒ (111) ⓓ (311)

39 실리콘 웨이퍼의 표면에서 원자 배열을 보자면 그림과 같은 원자의 배열에 해당하는 기판은?

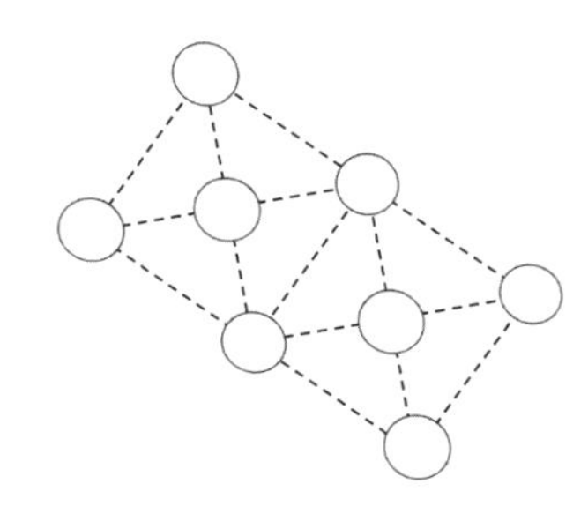

ⓐ (111) ⓑ (110) ⓒ (100) ⓓ (311)

40 다음 중 반도체 후공정(back end process)에 해당하는 것은?

ⓐ die attach ⓑ implantation ⓐ oxidation ⓓ trench etch

41 다음 중 반도체 전공정(front end process)에 해당하지 않는 것은?

ⓐ lithography ⓑ implantation ⓒ oxidation ⓓ back grinding

42 Si(100) 웨이퍼가 쉽게 쪼개지는 벽개(cleavage)면은?

ⓐ (110) ⓑ (111) ⓒ (100) ⓓ (113)

43 아래에서 실리콘(Si) 단결정의 원자 구조는?

ⓐ 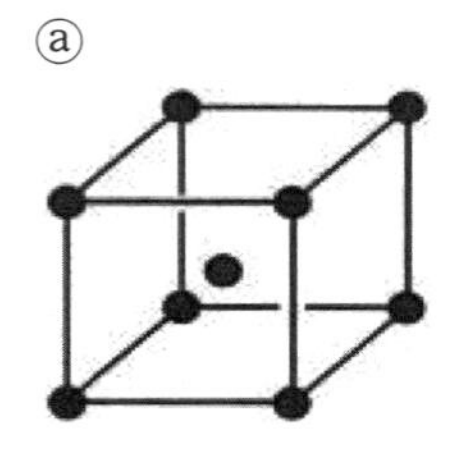

ⓑ 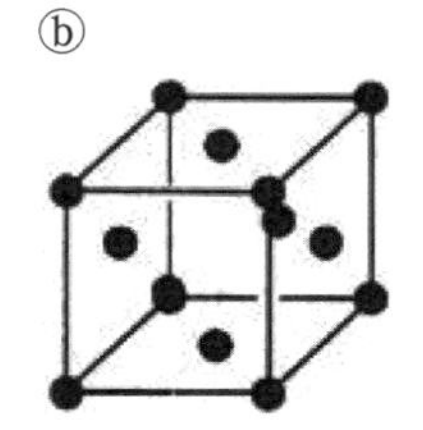

ⓒ 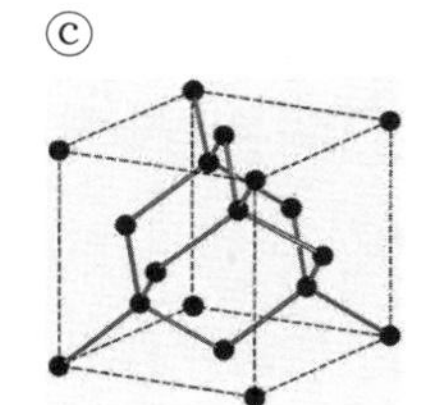

ⓓ 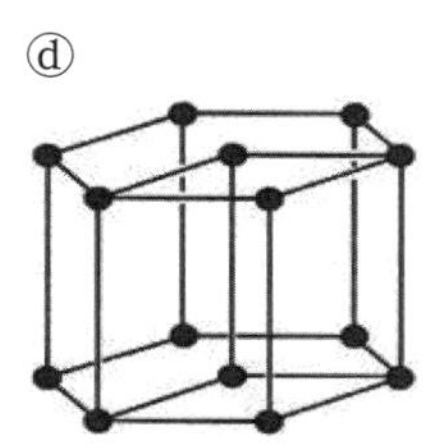

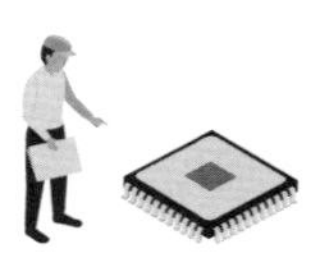

44 **다음의 원자 배열에 대해 A−B−C 순서대로 상(phase)의 명칭이 올바른 것은?**

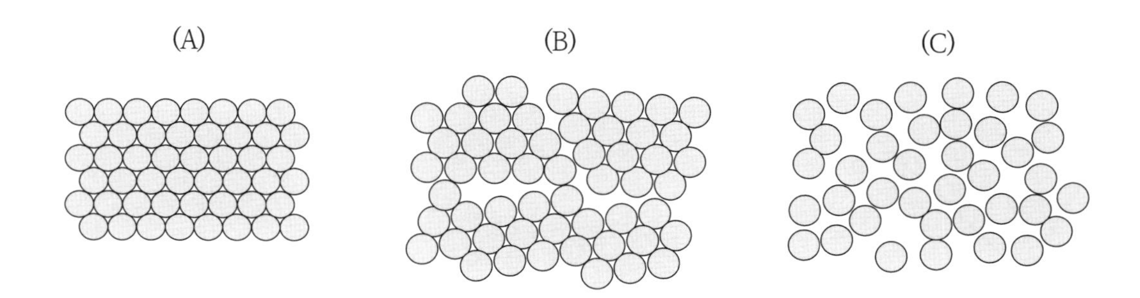

ⓐ 단결정(single crystal) − 비정질(amorphous) − 다결정(poly crystal)

ⓑ 다결정(poly crystal) − 비정질(amorphous) − 단결정(single crystal)

ⓒ 단결정(single crystal) − 다결정(poly crystal) − 비정질(amorphous)

ⓓ 다결정(poly crystal) − 단결정(single crystal) − 비정질(amorphous)

45 **아래 그림의 원자에 대한 결정 구조에 해당하지 않는 것은?**

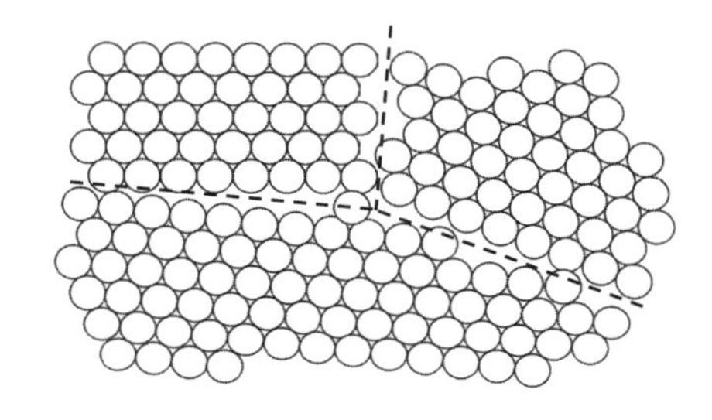

ⓐ 다결정(poly crystal) 구조임

ⓑ 입자 경계(grain boundary)가 존재함

ⓒ 결함(defect)의 밀도가 높음

ⓓ 비정질(amorphous) 상태임

46 **Si(100) 기판에서 표현되는 밀러 지수(Miller indices)로 표현하는 결정면의 명칭은?**

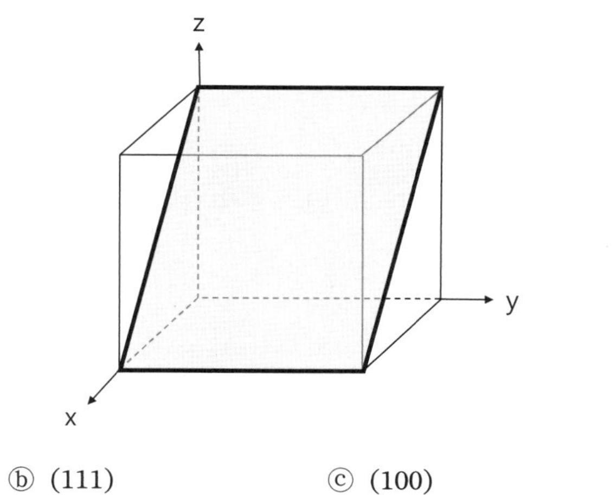

ⓐ (101) ⓑ (111) ⓒ (100) ⓓ (010)

47 다이아몬드 큐빅(diamond cubic) 결정 구조에서 결정 방향(A, B, C)의 순서로 올바른 표현은?

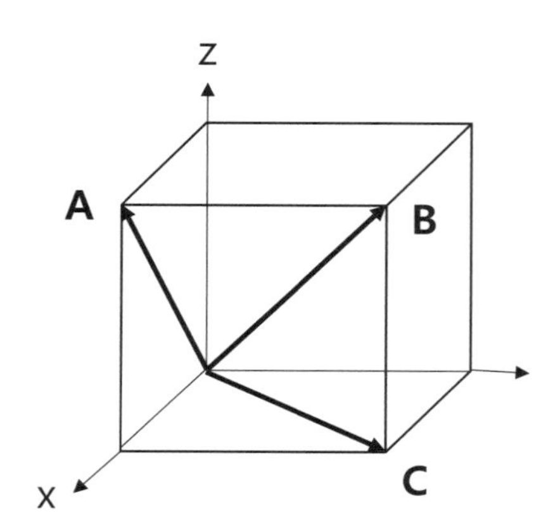

ⓐ (101), (110), (111)

ⓑ (101), (111), (110)

ⓒ (110), (111), (110)

ⓓ (110), (101), (111)

48 다이아몬드 큐빅(diamond cubic) 결정 구조인 Si(격자 상수 = 5.431 Å) 기판의 (100) 면의 원자 밀도는?

ⓐ 6.8×10^{11} ㎝$^{-2}$

ⓑ 6.8×10^{12} ㎝$^{-2}$

ⓒ 6.8×10^{13} ㎝$^{-2}$

ⓓ 6.8×10^{14} ㎝$^{-2}$

49 다이아몬드 큐빅(diamond cubic) 결정 구조에서 결정 방향(A, B, C)의 순서로 올바른 표현은?

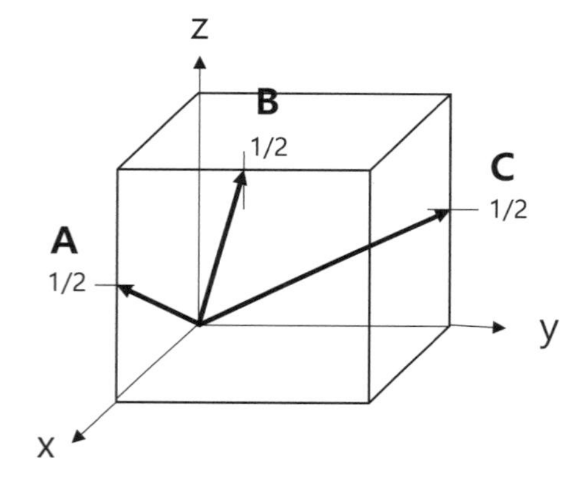

ⓐ (201), (021), (212)

ⓑ (021), (212), (201)

ⓒ (021), (201), (212)

ⓓ (201), (212), (021)

50 Si 반도체의 결정 구조에서 (100), (110), (111) 면의 원자 밀도가 높은 순서로 바른 것은?

ⓐ (110) < (100) < (111)

ⓑ (110) < (111) < (100)

ⓒ (100) < (110) < (111)

ⓓ (100) < (111) < (110)

51 Si 반도체에서 원자 사이의 결합 구조는?

ⓐ 이온 결합 ⓑ 공유 결합
ⓒ 수소 결합 ⓓ 금속 결합

52 실리콘(Si) 반도체 기판의 상부에 Si 에피층을 성장한 고품질 에피 기판의 장점이 아닌 것은?

ⓐ COP(Crystal Orientated Particle) 최소화
ⓑ LSTD(Laser Scattering Topography Defect) 최소화
ⓒ 웨이퍼 휨(warpage) 최소화
ⓓ OP(Oxygen Precipitate) 최소화

53 결함에 따른 칩 수율은 $Y_1 = \exp(-D_o A)$을 따르고, 제조 공정에 의한 수율은 $Y_o = 98\ \%$일 때, 웨이퍼의 결함 밀도($D_o = 0.1/㎠$), 집적 회로(IC) 칩의 면적$(A) = (1\ ㎝ \times 1\ ㎝)$로 제작되면 IC의 대략적 예상 수율$(Y = Y_1 \times Y_o)$은?

ⓐ 88.7 % ⓑ 8.87 %
ⓒ 98.7 % ⓓ 9.87 %

54 반도체에 대한 설명으로 틀린 것은?

ⓐ 반도체에는 전도대(conduction band)와 가전자대(valence band)가 있음
ⓑ 전도대(conduction band)와 가전자대(valence band) 사이에 밴드 갭(band gap)이 있음
ⓒ 도핑용 불순물(impurity)을 주입하면 n-type이나 p-type을 형성할 수 있음
ⓓ 밴드 갭(band gap)이 커지면 금속의 특성이 나타나 전기 전도도가 증가함

55 실리콘 원자에서 최외각 전자의 수는?

ⓐ 2 ⓑ 3 ⓒ 4 ⓓ 5

56 반도체에 대한 설명으로 틀린 것은?

ⓐ 도핑용 불순물(impurity)이 없는 순수 반도체를 진성(intrinsic) 반도체라 함
ⓑ 모든 원소는 반도체에 주입되면 도핑용 불순물로 작동함
ⓒ 도핑용 불순물(impurity)을 주입한 n-type 또는 p-type 반도체를 외인성(extrinsic) 반도체라 함
ⓓ 진성(intrinsic) 반도체는 저항이 크고 외인성(extrinsic) 반도체는 전기 전도도가 증가함

57 **실리콘 결정 성장에서 플로팅존 방법은 분리 계수를 이용한 정제 효과로 고순도의 기판을 제조하는데, 이에 대한 설명으로 바르지 않은 것은?**

불순물	B	P	As	Sb	O	Al
분리 계수($k_o = C_S/C_L$)	0.8	0.35	0.3	0.03	1.25	0.002

ⓐ 실리콘의 주요 n형 불순물 중에서 Sb의 정제 효과가 가장 높음

ⓑ 실리콘에서 Al은 다른 불순물에 비해 매우 효과적으로 정제될 수 있음

ⓒ 위의 불순물 중에서 실리콘의 p형 불순물인 B의 정제 효과가 가장 높음

ⓓ 분리 계수로 인하여 oxygen도 정제 효과 있음

58 **다음 중 4족 원소가 아닌 것은?**

ⓐ C ⓑ Si ⓒ Ge ⓓ Ga

59 **실리콘 반도체에 대한 설명으로 가장 올바른 것은?**

ⓐ 용융점(T_m)이 680 ℃로 낮아서 가공이 매우 쉬움

ⓑ 간접천이형 밴드 갭을 지님

ⓒ 육방전계(hexagonal) 결정 구조로 성장됨

ⓓ 양자 효율이 높은 발광 소자의 제작에 적합함

60 **n−type과 p−type의 반도체에서 운반자(carrier)에 대한 설명으로 올바른 것은?**

ⓐ n-type 반도체의 다수운반자(majority carrier)는 정공(hole)임

ⓑ p-type 반도체의 소수운반자(minority carrier)는 정공(hole)임

ⓒ n-type 반도체의 소수운반자(minority carrier)는 전자(electron)임

ⓓ p-type 반도체의 다수운반자(majority carrier)는 정공(hole)임

61 **반도체 소자의 수명과 신뢰성을 감소시키는 항목으로 구성된 것은?**

ⓐ hot carrier, 우주선(α), 전자 이동(electromigration), 적외선

ⓑ hot carrier, 우주선(α), 전자 이동(electromigration), 정전기

ⓒ 자외선, 전자 이동(electromigration), 자기력, 소수운반자

ⓓ 자외선, 전자 이동(electromigration), 정전기, 적외선

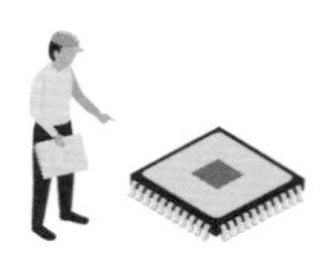

62 **실리콘 반도체의 특성으로 맞지 않는 것은?**

ⓐ 직접천이형 밴드 구조를 지님

ⓑ 결정 구조는 diamond cubic 구조임

ⓒ 임계 전계(critical electric field)는 3×10^5 V/㎝로 높음

ⓓ 유전 상수는 11.8임

63 **반도체에서 인가된 전압에 의해 전자가 자유롭게 이동하는 에너지대의 명칭은?**

ⓐ 가전자대 ⓑ 금지대 ⓒ 전도대 ⓓ 활동대

64 **실리콘 단결정** diamond cubic **구조의 단위 셀에서** (111) **면에 포함되는 원자의 수는?**

ⓐ 1 ⓑ 2 ⓒ 3 ⓓ 4

65 **실리콘 반도체에 존재하는 운반자에 대한 설명으로 틀린 것은?**

ⓐ 전자는 도핑된 5족 불순물에 의해 주로 공급됨

ⓑ 정공은 도핑된 3족 불순물에 의해 주로 공급됨

ⓒ n-type 불순물이 도핑된 반도체의 경우 상온(300 K)에서 전기적으로 중성 상태를 유지함

ⓓ 도핑이 안 된 순수 Si 반도체의 경우 상온(300 K)에서 운반자가 존재하지 못함

66 **그림에서 밀러 지수**(Miller indices)**에 의한 차례대로 정확하게 면**(face)**을 표시한 것은?**

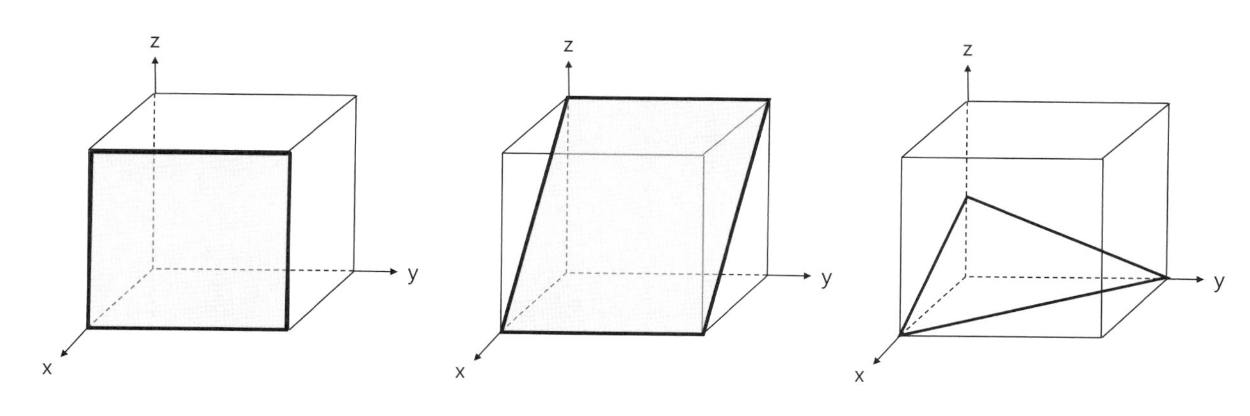

ⓐ (100), (101), (112)

ⓑ (100), (101), (221)

ⓒ (100), (110), (112)

ⓓ (100), (110), (221)

67 다음의 결정면에 대한 family plane은 무엇?

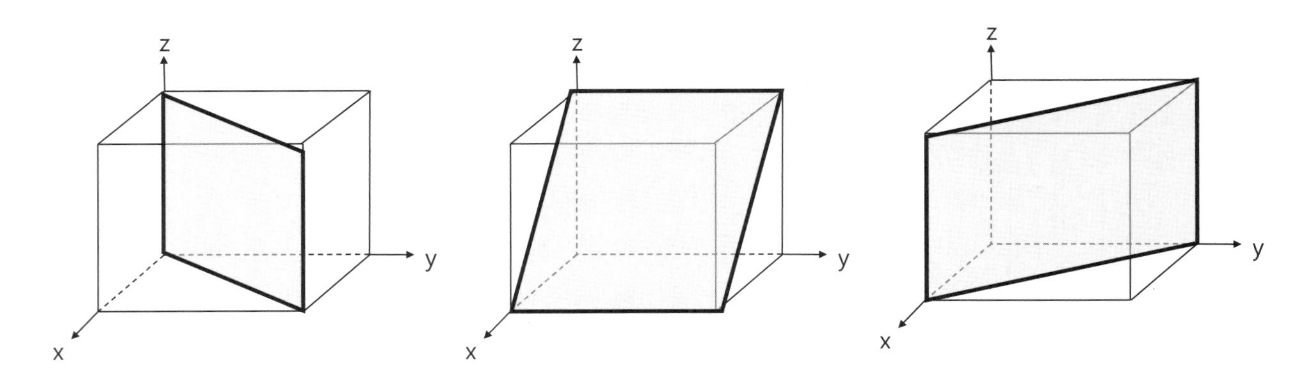

ⓐ (111) ⓑ (100)

ⓒ (110) ⓓ (112)

68 다이아몬드 큐빅(diamond cubic) 결정 구조를 갖는 실리콘의 격자 상수(a)와 원자 반경(R)의 관계식은 무엇?

ⓐ $a = 2R$

ⓑ $a = 4R/\sqrt{3}$

ⓒ $a = 4R/\sqrt{2}$

ⓓ $a = 8R/\sqrt{3}$

69 상온에서 진성 실리콘 반도체(intrinsic Si semiconductor)에 존재하는 전자의 농도는 얼마?

ⓐ 1.5×10^{8} ㎝$^{-3}$

ⓑ 1.5×10^{10} ㎝$^{-3}$

ⓒ 1.5×10^{12} ㎝$^{-3}$

ⓓ 1.5×10^{14} ㎝$^{-3}$

70 전자(electron)의 농도가 2×10^{19} ㎝$^{-3}$인 반도체에 정공(hole) 농도 1×10^{19} ㎝$^{-3}$에 해당하는 불순물을 도핑할 경우 반도체의 타입과 운반자의 농도로 가장 부합하는 것은?

ⓐ n-type, 10^{19} ㎝$^{-3}$

ⓑ p-type, 10^{19} ㎝$^{-3}$

ⓒ n-type, 2×10^{19} ㎝$^{-3}$

ⓓ p-type, 2×10^{19} ㎝$^{-3}$

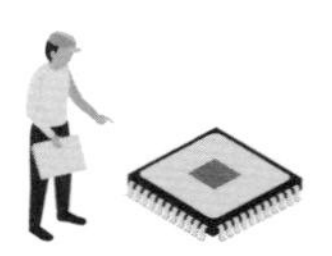

71 실리콘 반도체의 zone refining(구역 정제)에 의한 불순물의 재분포에 대한 설명으로 올바른 것은?

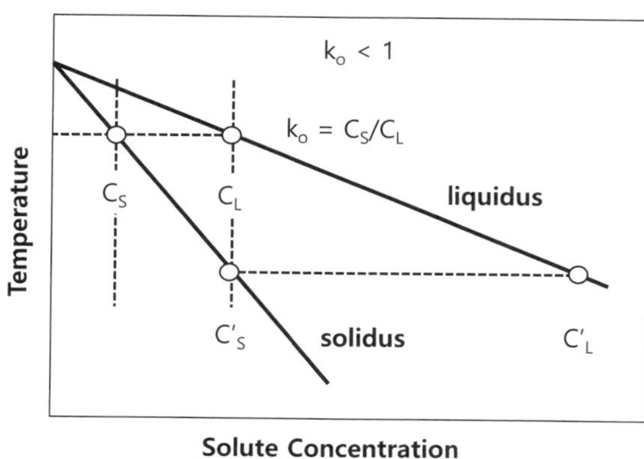

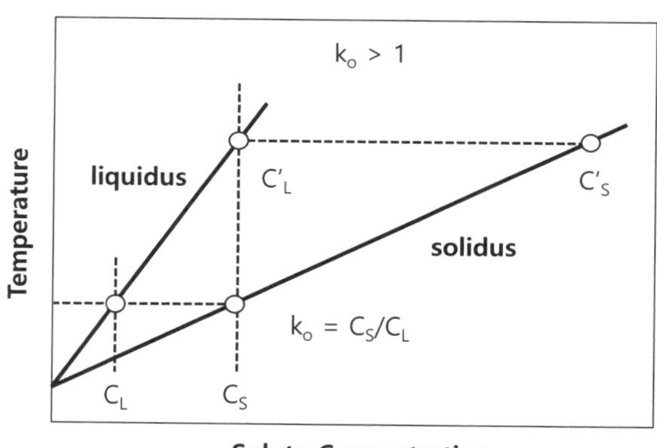

ⓐ 분리 계수(segregation coefficient: $k_O = C_S/C_L$)가 대부분 1보다 커서 불순물 농도가 tail(끄트머리) 방향으로 높아지는 분포로 성장함

ⓑ segregation coefficient가 대부분 1보다 커서 불순물 농도가 tail 방향으로 낮아지는 분포로 성장함

ⓒ segregation coefficient가 대부분 1보다 작아서 불순물 농도가 tail 방향으로 높아지는 분포로 성장함

ⓓ segregation coefficient가 대부분 1보다 작아서 불순물 농도가 tail 방향으로 낮아지는 분포로 성장함

[72-73] 다음 그림을 보고 질문에 답하시오.

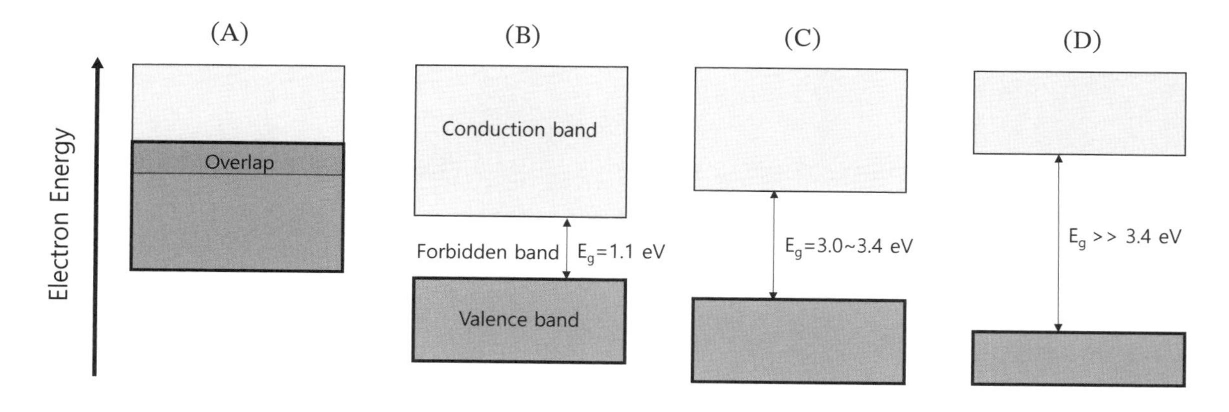

72 그림의 에너지 밴드 갭의 형상 대한 (A)-(B)-(C)-(D) 순서대로 가장 합당한 물질로 작성된 것은?

ⓐ Al – Si – SiO_2 – SiC

ⓑ SiO_2 – Si – SiC – Al

ⓒ Al – Si – SiC – SiO_2

ⓓ SiO_2 – SiC – Si – Al

73 그림의 에너지 밴드 갭 형태에 대한 (A)-(B)-(C)-(D) 순서대로 합당한 물질로 표현된 것은?

ⓐ metal – narrow band gap semiconductor – wide band gap semiconductor – insulator

ⓑ insulator – narrow band gap semiconductor – wide band gap semiconductor – metal

ⓒ metal – insulator – narrow band gap semiconductor – wide band gap semiconductor

ⓓ insulator – metal – narrow band gap semiconductor – wide band gap semiconductor

74 **반도체에 p형 또는 n형을 형성하기 위한 불순물을 도핑할 때 불순물 원자가 들어가야 하는 위치는?**

ⓐ 침입형 자리(interstitial site)

ⓑ 치환형 자리(substitutional site)

ⓒ 전위 자리(dislocation site)

ⓓ 쌍정 자리(twin site)

75 **실리콘 반도체에 대한 설명으로 틀린 것은?**

ⓐ 진성 반도체는 0 K의 온도에서 운반자가 없음

ⓑ 동작 온도에 따라 전기적 특성은 변하지 않음

ⓒ n형 운반자인 전자의 이동도가 p형 운반자인 hole보다 높음

ⓓ 도핑하는 불순물의 농도에 따라 비저항이 변함

76 **직경 200 ㎜ 실리콘 기판에 1 ㎝×1 ㎝인 단위 칩이 300개 설계되었는데, 전공정이 완료된 기판에서 치명적 결함이 30개 칩에서 발견된 경우 칩 제조의 대략적 예상 수율은?**

ⓐ 80 %　ⓑ 85 %　ⓒ 90 %　ⓓ 95 %

77 **직경 200 ㎜ 실리콘 기판에 1 ㎝×1 ㎝인 단위 칩이 1,200개 설계되었는데, 전공정이 완료된 기판에서 치명적 결함이 30개 발견된 경우 칩 제조의 대략적 예상 수율은?**

ⓐ 85.5 %　ⓑ 90.5 %　ⓒ 95.5 %　ⓓ 97.5 %

78 **단위 면적이 1 ㎠인 IC 칩이 300개 설계된 직경 200 ㎜ 실리콘 기판에서 전공정 후에 결함 칩이 30개 발견되었으며, 칩의 패키지에 대한 수율이 90 %인 경우 칩 제조의 대략적 최종 예상 수율은?**

ⓐ 81 %　ⓑ 86 %　ⓒ 91 %　ⓓ 96 %

79 **청정실의 상태가 반도체 소자에 직접적으로 미치는 영향이라 볼 수 없는 것은?**

ⓐ 신뢰성　ⓑ 수율　ⓒ 성능　ⓓ 경도

80 **다음 중 반도체 청정실의 주요 오염원으로 해당하지 않는 것은?**

ⓐ particle　ⓑ metallic ions　ⓒ hydrogen　ⓓ bacteria

81 **다음 중 반도체 청정실에 반입이 절대 금지되어야 하는 물질은?**

ⓐ NaCl　ⓑ Al　ⓒ W　ⓓ developer

82 **다음 중 반도체 물질이 아닌 것은?**

ⓐ Si　ⓑ Ge　ⓒ Al_2O_3　ⓓ GaN

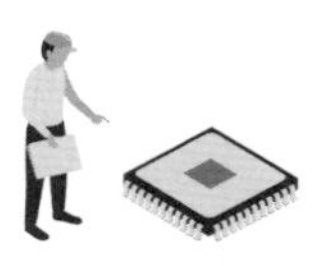

83 **다음 중 절연체가 아닌 물질은?**

ⓐ SiGe　ⓑ Al_2O_3　ⓒ SiO_2　ⓓ HfO_2

84 **반도체 기판의 일반적 품질 평가 항목에 해당하지 않는 것은?**

ⓐ flatness(편평도)

ⓑ surface roughness(표면 거칠기)

ⓒ resitivity uniformity(비저항 균일도)

ⓓ vacancy concentration(원자 빈자리 농도)

85 **다음 중 반도체에 사용하는 용제(solvent)가 아닌 것은?**

ⓐ IPA　ⓑ acetone　ⓒ NH_4OH　ⓓ xylene

86 **청정실의 작업복(garment)의 기능으로 해당하지 않는 것은?**

ⓐ 방열 제어에 의한 일정한 체온의 유지

ⓑ 몸에서 발생하는 오염원 물질의 격리

ⓒ ESD(정전기) 발생 방지

ⓓ 화학, 생물학상 물질의 오염으로부터 격리

87 **첨단 ULSI 반도체 청정실에서 요구하는 초순수(DI water)의 비저항 수준은?**

ⓐ 0~1 MΩ·cm　ⓑ 4~8 MΩ·cm　ⓒ 8~15 MΩ·cm　ⓓ 15~18 MΩ·cm

88 **실리콘 반도체에 억셉터(acceptor)용 불순물 도핑에 가장 많이 사용되는 원소는?**

ⓐ Be　ⓑ B　ⓒ Al　ⓓ Ga

89 **다음의 반도체 불순물 도핑과 관련한 설명 중에서 부적합한 것은?**

ⓐ 이온화된 도너(donor)는 양(positive) 전하를 지님

ⓑ 이온화된 억셉터(acceptor)는 음(negative) 전하를 지님

ⓒ 페르미(E_f: Fermi energy)보다 낮은 위치의 deep donor는 정공(hole)을 포획(trap)함

ⓓ 페르미(E_f: Fermi energy)보다 높은 위치의 deep acceptor는 정공(hole)을 포획(trap)함

90 **n^-형 실리콘 반도체와 관련한 설명 중에서 부적합한 것은?**

ⓐ As, P, Sb의 불순물을 도핑하여 제조함

ⓑ 내부에 정공(hole)에 비해 전자가 월등히 많이 존재함

ⓒ 내부에 전자가 정공보다 많으므로 전기적으로 음(negative)의 상태로 충전된 상태임

ⓓ 내부에 전자가 많으나 다른 전하들과 총합해서 중성인 전기적 상태를 유지함

91 **고순도의 실리콘을 얻는 방법은?**

ⓐ 구역 정제(zone refining)

ⓑ 결정화(crystallization)

ⓒ 도금(electroplating)

ⓓ 산화(oxidation)

92 **다음 중에서 1차원**(one dimensional) **반도체에 해당하는 것은?**

ⓐ 양자점 ⓑ 나노선 ⓒ 그래핀 ⓓ 실리콘 웨이퍼

93 **실리콘 반도체의 광전 특성에 관련한 설명 중 틀린 것은?**

ⓐ 에너지 밴드 갭에 해당하는 에너지에서 광 흡수가 급격히 증가함

ⓑ 광 흡수에 의해 전자가 전도대로 여기(excite)되며 정공이 가전자대에 생성됨

ⓒ 광 흡수로 생성된 전자와 정공은 매우 빠르게 재결합하여 평형 상태로 복귀함

ⓓ 전자와 정공이 재결합하면서 대부분 광(photon)을 발생시킴

94 **다음 중에서 밴드 갭 에너지가 가장 작은 반도체는?**

ⓐ Ge ⓑ Si ⓒ SiC ⓓ GaN

95 **다음의 화합물 반도체 결정 구조에서** (A)–(B)–(C)–(D)**의 순서로 결함의 명칭으로 정확한 것은?**

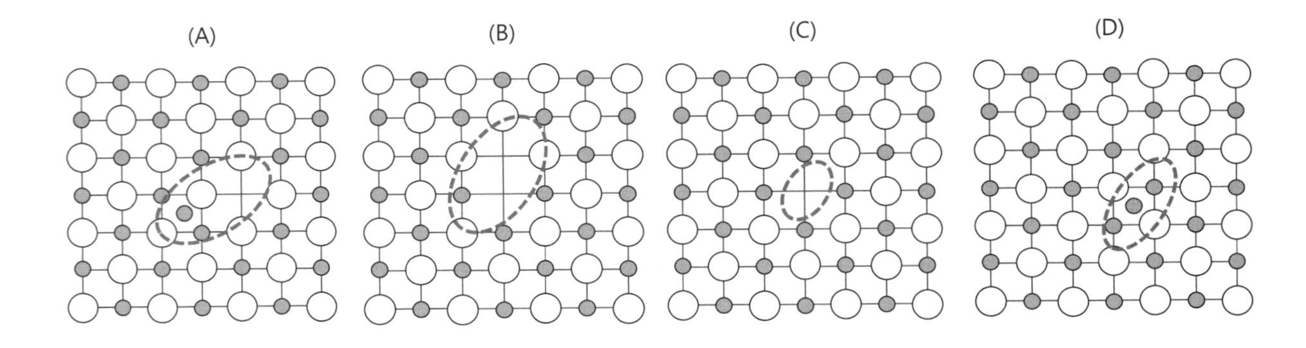

ⓐ Frenkel – Vacancy – Schottky – Interstitial

ⓑ Schottky – Frenkel – Vacancy – Interstitial

ⓒ Frenkel – Schottky – Vacancy – Interstitial

ⓓ Schottky – Vacancy – Interstitial – Frenkel

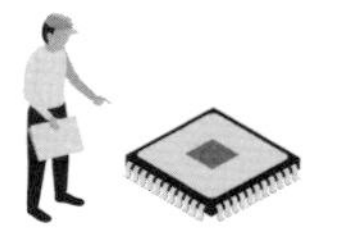

96 그림과 같이 Si(100) 기판에서 관찰되는 슬립 결함(slip defect)에 관한 설명으로 부적합한 것은?

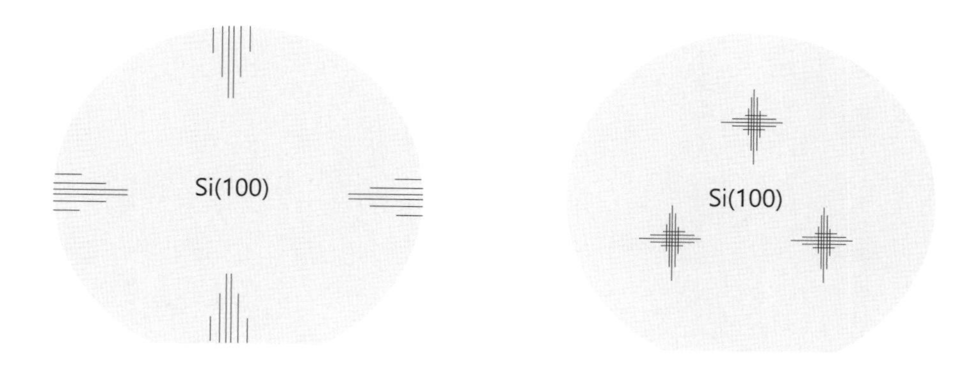

ⓐ 슬립 부분에 제작된 소자의 경우 전기적 특성에는 영향이 없음

ⓑ 슬립 결함은 (110) family(계) 슬립면으로 발생함

ⓒ 웨이퍼에 국부적으로 불균일한 온도 분포에 의한 열 충격으로 주로 발생함

ⓓ 열 충격이나 기계적 충격이 매우 심하면 슬립이 전파되어 파괴로 이어짐

97 기판에 인가된 응력에 따라 Si(100)의 단면에서 관찰되는 슬립 결함(slip defect)의 형상으로 틀린 것은?

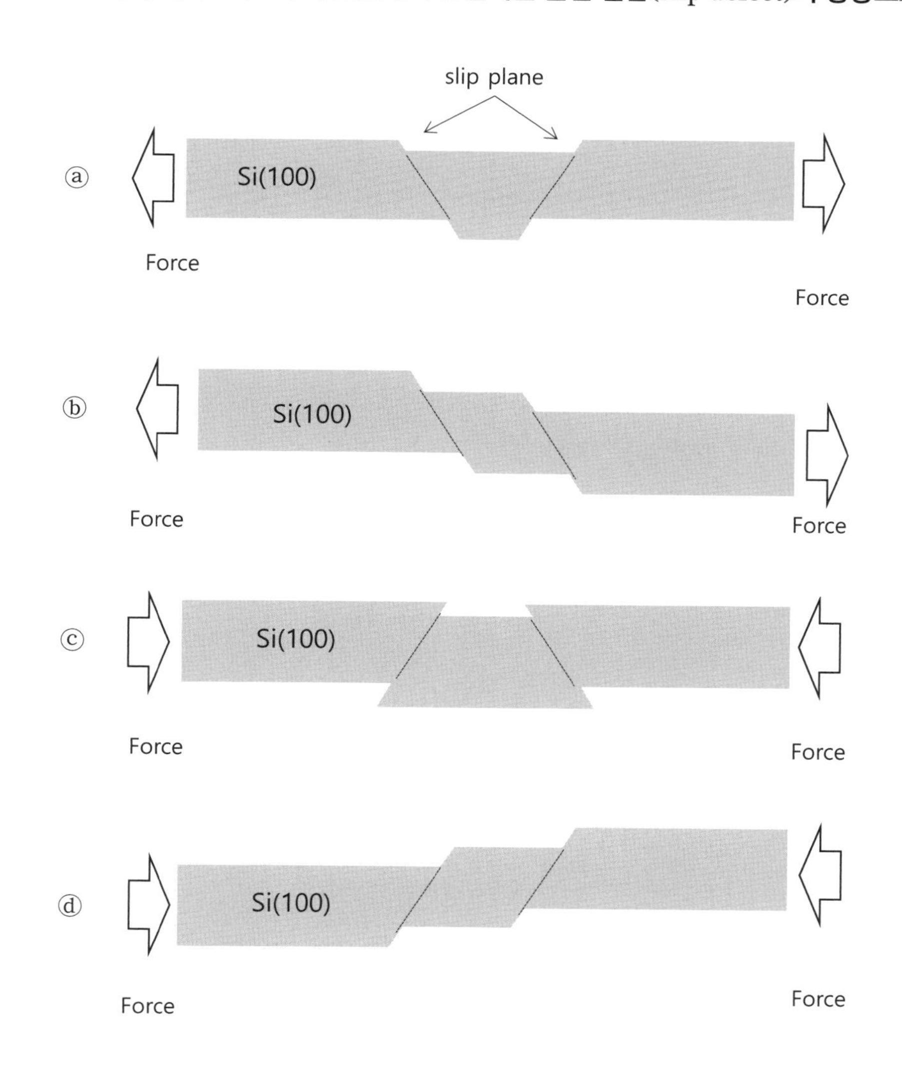

[98-99] 아래 그림을 보고 초크랄스키법 관련 질문에 답하시오.

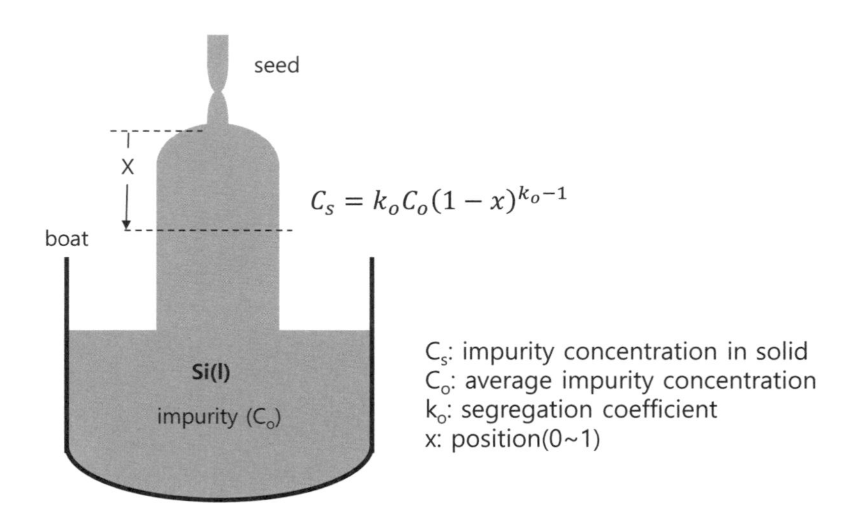

98 초크랄스키법으로 Si 단결정을 성장하는 데 있어서 단결정의 위치(x)에 따라 불순물의 농도(C_s)가 주어진 수식을 따른다고 추정된다. 분리 계수(K_o: segregation coefficient)가 2인 경우, 결정의 절반(50 %)이 성장된 위치에서 도핑 농도는 초기(x = 0)에 성장된 부분에 비교해 몇 배인가?

ⓐ 0.5　　ⓑ 1　　ⓒ 1.5　　ⓓ 2

99 초크랄스키법으로 Si 단결정을 성장하는 데 있어서 단결정의 위치(x)에 따라 불순물의 농도(C_s)가 주어진 수식을 따른다고 추정된다. 분리 계수(k_o: segregation coefficient)가 0.5인 경우, 결정의 절반(50 %)이 성장된 위치에서 도핑 농도는 초기(x = 0)에 성장된 부분에 비교해 몇 배인가? ($C_s = k_o C_o (1-x)^{ko-1}$)

ⓐ 1.4　　ⓑ 2.4　　ⓒ 3.4　　ⓓ 4.4

100 Si 기판에 SiGe 에피층을 성장하는 사례와 같이 이종 접합 에피층을 성장할 때 에피와 기판의 계면에 생성된 선 결함(line defect)과 에피층을 따라서 표면으로 올라가는 선 결함의 올바른 명칭은?

ⓐ screw dislocation, edge dislocation

ⓑ mixed dislocation, edge dislocation

ⓒ misfit dislocation, threading dislocation

ⓓ edge dislocation, stacking fault

101 실리콘 반도체를 단결정(ingot)으로 성장하는 기술이 아닌 것은?

ⓐ 초크랄스키 성장(Czochralski growth)

ⓑ 구역 정제 성장(zone refining growth)

ⓒ 브리지만 성장(Bridgman growth)

ⓓ 스퍼터 성장(sputtering growth)

102 **실리콘 반도체에 존재하는 전위의 영향에 해당하지 않는 것은?**

ⓐ 전자와 정공의 발광형 재결합(radiative recombination)이 증가함

ⓑ 전자와 같은 운반자가 이동 중에 충돌하여 이동도가 감소함

ⓒ 소수운반자의 재결합에 작용하여 수명을 감소시킴

ⓓ 전계가 높게 인가되면 전자-정공쌍의 생성(generation)으로 누설 전류가 증가함

103 **초크랄스키(Czochralski)법으로 성장된 실리콘 기판에 오염원으로부터 주입되는 불순물에 해당하지 않는 것은?**

ⓐ 산소(O)

ⓑ 탄소(C)

ⓒ 침입형 실리콘(Si_i)

ⓓ 철(Fe)

104 **초크랄스키(Czochralski)법으로 성장된 실리콘 기판에 발생하는 결정 결함에 해당하지 않는 것은?**

ⓐ 침전(precipitate)

ⓑ 전위(dislocation)

ⓒ 공공(vacancy: V_{Si})

ⓓ 보론(B_{Si})

105 **실리콘 반도체에서 다음과 같은 불순물 중에서 소자 제작에 유용한 사례는?**

ⓐ 열처리로 성장한 O_2 precipitate(O_2P)에 인해 표면 부위에 형성된 denuded zone

ⓑ 실리콘 산화막에 주입된 Li, Na의 이동성 이온(mobile ion)

ⓒ 실리콘 내부의 불순물인 Cu, Fe, Au, Zn 등에 의한 깊은 준위 상태(deep level state)

ⓓ 금속, 불순물 등의 산화 과정에 발생한 적층 결함(stacking fault)

106 **초크랄스키(CZ)법으로 성장된 실리콘 기판을 외성 게더링(extrinsic gettering)하는 공정 순서에서 아래의 (A)-(B)-(C) 칸에 들어갈 용어는?**

- 1,000 ℃~1,200 ℃에서 1~4시간 열처리하여 표면의 oxygen을 (A)시킴
- 600 ℃에서 SiO_x를 (B)시킴
- 1,000 ℃~1,200 ℃에서 SiO_x (C)로 성장시켜 게더링이 되도록 함

ⓐ 산화막 성장 - 침전(precipitate) - 핵생성

ⓑ 외부로 확산 - 핵생성 - 침전(precipitate)

ⓒ 외부로 확산 - 침전(precipitate) - 핵생성

ⓓ 산화막 성장 - 핵생성 - 침전(precipitate)

107 **초크랄스키(CZ)법으로 성장된 실리콘 기판의 뒷면 게더링(backside gettering) 공정에 해당하지 않는 것은?**

ⓐ 레이저 노출 및 모래 분사(sand blasting)

ⓑ 습식 식각(wet etch)

ⓒ 다결정 실리콘(poly-Si) 증착

ⓓ 불순물의 이온 주입과 확산

108 **반도체 공정 장비의 선정과 이용에 대해 고려해야 할 사항이 아닌 것은?**

ⓐ 가동/비가동 시간(uptime/downtime)

ⓑ 처리량(throughput)

ⓒ 이동도(mobility)

ⓓ 설치면 공간(footprint)

109 **반도체 웨이퍼와 관련한 아래의 품질 항목 중에서 0.13 ㎛ 공정 기술에 적용하기에 심각하게 미달하는 사양은?**

ⓐ 표면 결함 밀도(surface defect density): < 22/㎠

ⓑ 산소 농도(oxygen concentration): < 0.1 PPM

ⓒ 평탄도(flatness): < 0.08 ㎛

ⓓ 표면 조도(surface roughness): 0.2 ㎛

110 **분리 계수($k_o = C_S/C_L$)가 0.8인 보론(boron)의 농도가 1.25×10^{15} ㎝$^{-3}$인 액상 실리콘을 소스로 이용하여 초크랄스키(CZ)법으로 성장하는 결정의 초기에 보론 농도는?**

ⓐ 1×10^{13} ㎝$^{-3}$

ⓑ 1×10^{14} ㎝$^{-3}$

ⓒ 1×10^{15} ㎝$^{-3}$

ⓓ 1×10^{16} ㎝$^{-3}$

111 **실리콘 반도체에 금속류(Cr, Cu, Fe, W, Ti, Au)가 10^{10}~10^{12} ㎝$^{-3}$ 농도로 오염된 영향으로 인하여 나타날 수 있는 현상은?**

ⓐ 운반자의 이동도 증가

ⓑ 산화막의 임계 전압 증가

ⓒ p-n 접합의 누설 전류 감소

ⓓ 소수운반자의 수명 증가

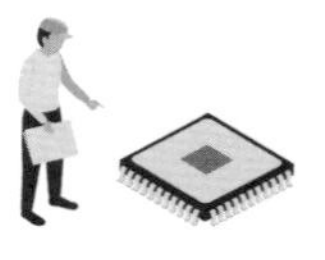

112 **결정 성장된 실리콘 잉곳(ingot)을 여러 장으로 잘라서 웨이퍼를 제조하는 웨이퍼링(wafering) 공정 단계로 올바른 것은?**

ⓐ saw - etching - lapping - edge rounding - CMP(chemical mechanical polishing)

ⓑ saw - edge rounding - lapping - etching - CMP

ⓒ saw - edge rounding - etching - lapping - CMP

ⓓ saw - lapping - edge rounding - etching - CMP

113 **결정 성장된 실리콘 잉곳(ingot)을 여러 장으로 잘라서 웨이퍼를 제조하는 웨이퍼링(wafering) 단계에서 모서리 다듬기(edge rounding) 공정에 대해 틀린 설명은?**

ⓐ 비등방성 습식 식각을 위해 NHA(질산, 불산, 초산) 화학 용액을 이용함

ⓑ 결함 제거 및 정형화를 위해 웨이퍼의 모서리를 곡선(rounding) 처리함

ⓒ 대표적 반응식은 $3Si + 4HNO_3 + 6HF \rightarrow 3H_2SiF_6 + 4NO + 8H_2O$

ⓓ 초산(CH_3COOH)은 안정하고 균일한 식각을 위한 희석 용액으로 작용함

제 2 장

산 화

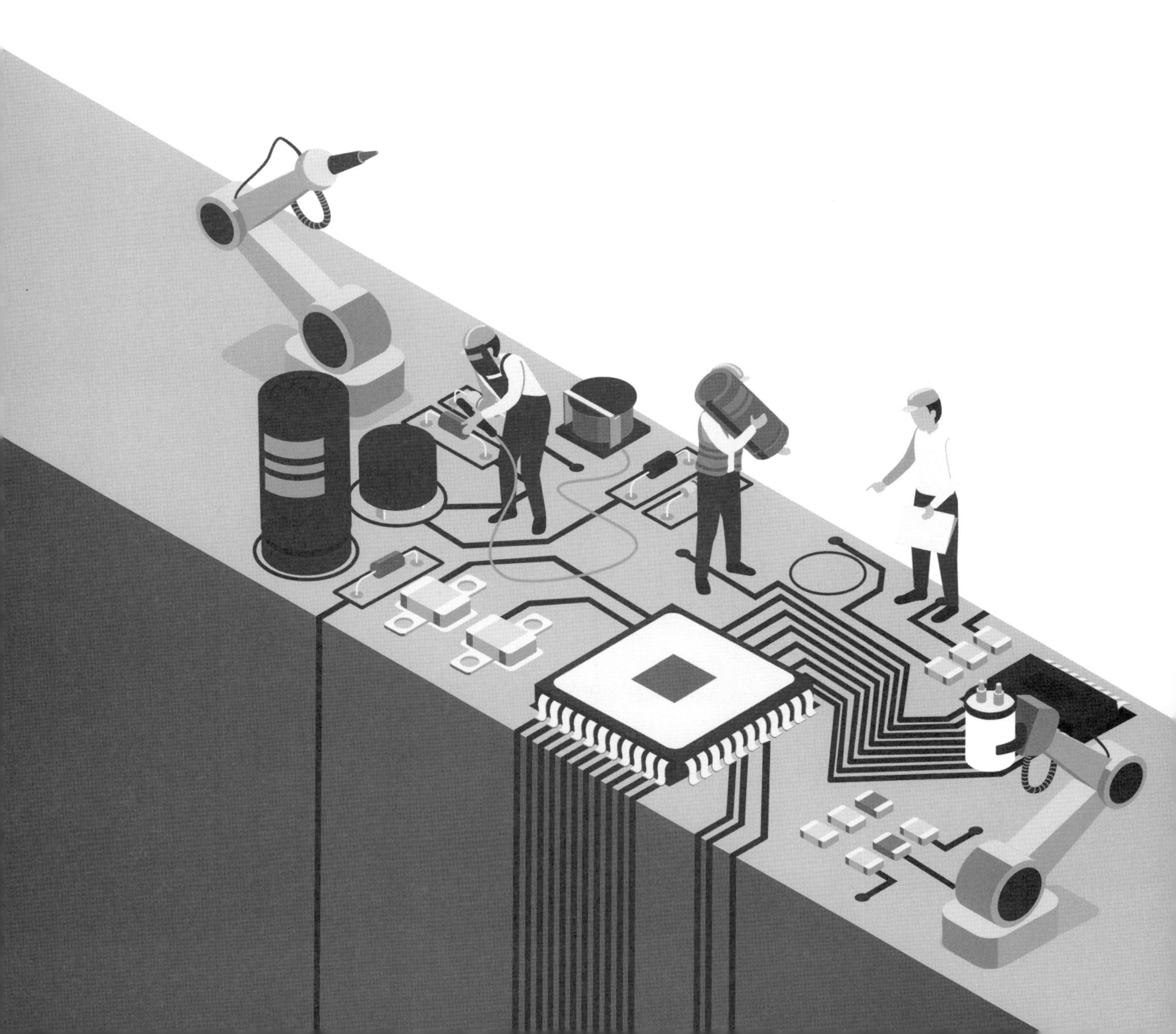

제2장 | 산 화

01 **실리콘 반도체에서 건식 산화에 비해 습식 산화의 속도에 대한 비교 설명으로 적합한 것은?**

ⓐ 가스 상태에서 H_2O의 활성도가 높기 때문에 습식 산화가 빠름

ⓑ 습식 산화는 실리콘 계면에서 산화 반응의 활성화 에너지가 낮으므로 습식 산화가 빠름

ⓒ 건식 산화는 실리콘 계면에서 산화 반응의 활성화 에너지가 낮으므로 건식 산화가 빠름

ⓓ H_2O의 습식 산화는 산화막에서 확산이 O_2에 비해 활성화 에너지가 낮아서 습식 산화가 빠름

02 **실리콘 기판의 산화 속도에 영향을 미치는 공정 조건(파라미터)에 해당하지 않는 것은?**

ⓐ 온도 ⓑ 챔버의 크기 ⓒ 기판의 방향 ⓓ 기판의 불순물 농도

03 **Si MOSFET의 게이트 절연막을 산화 공정으로 형성하는 데 대한 설명으로 적합한 것은?**

ⓐ 산소 가스를 이용하는 건식 식각으로 산화하여 산화막의 품질이 우수해야 함

ⓑ 산소 가스를 이용하는 건식 식각으로 산화하여 산화막이 두꺼워야 함

ⓒ H_2와 O_2 혼합 가스를 이용하는 습식 식각으로 산화하여 산화막의 품질이 우수해야 함

ⓓ H_2와 O_2 혼합 가스를 이용하는 습식 식각으로 산화막이 두꺼워야 함

04 **실리콘의 자연 산화막(native oxide)에 대한 설명으로 부적합한 것은?**

ⓐ 공기 중에 노출된 실리콘 기판에 형성됨

ⓑ 두께는 공기에 노출된 시간에 따라 1~2 ㎚까지 성장함

ⓒ 열 산화막에 비해 밀도가 낮음

ⓓ 열 산화막에 비해 절연 특성이 우수하게 형성됨

05 **실리콘 기판의 산화 속도에 영향이 없는 공정 조건(파라미터)은?**

ⓐ 압력 ⓑ 기판의 방향 ⓒ HCl 농도 ⓓ 클린룸 온도

06 **실리콘의 자연 산화막(native oxide)에 대한 설명으로 올바른 것은?**

ⓐ 습식 식각으로 제거할 수 없음

ⓑ 실리콘 기판에 보통 1~2 ㎚까지 성장함

ⓒ 자연 산화막은 열 산화막에 비해 밀도가 높음

ⓓ 습도가 높은 공기에 장기간 노출되면 100 ㎚까지 형성됨

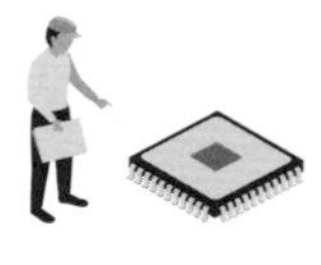

07 **실리콘 기판의 산화 속도에 영향을 미치는 공정 조건(파라미터)이 아닌 것은?**

ⓐ 온도　ⓑ 압력　ⓒ 자연 산화막　ⓓ 기판의 불순물 농도

08 **실리콘의 자연 산화막에 대한 설명으로 부적합한 것은?**

ⓐ 자연 산화막은 밀도가 낮음

ⓑ 자연 산화막에는 불순물이 많이 함유됨

ⓒ 습식 식각의 방식으로는 제거할 수 없음

ⓓ 불산(HF) 용액에 의해 매우 빠르게 제거됨

09 **실리콘 반도체에서 필드 산화막(filed oxide 또는 LOCOS)에 대한 설명으로 가장 적합한 것은?**

ⓐ 습식 식각을 이용하여 고온에서 빠르게 두꺼운 산화막을 형성함

ⓑ 습식 식각을 이용하여 저온에서 느리게 고품질의 산화막을 형성함

ⓒ 건식 식각을 이용하여 고온에서 빠르게 두꺼운 산화막을 형성함

ⓓ 건식 식각을 이용하여 저온에서 느리게 고품질의 산화막을 형성함

10 **실리콘 반도체 공정에서 사용하는 산화막의 용도에 직접 해당하지 않는 것은?**

ⓐ 합금(alloy) 반응　ⓑ 전기적 절연　ⓒ 기판의 표면 보호　ⓓ 경질(hard) 마스크

11 **자연 산화막이 일정한 두께 이상으로 성장하지 못하는 이유는?**

ⓐ 상온에서는 산화막을 투과하는 데 필요한 에너지가 부족함

ⓑ 산화를 지속하기에는 산소나 습기가 충분하지 않음

ⓒ 시간이 지나면서 자연 산화막이 공기 중으로 날아감

ⓓ 공기 중에 존재하는 산화를 방해하는 불순물에 의함

12 **실리콘 반도체에서 산화막의 용도에 직접 해당하지 않는 것은?**

ⓐ 확산 공정에서 방지막 마스크(mask)

ⓑ MOSFET의 게이트 산화막

ⓒ 소자 격리(isolation)

ⓓ 리소그래피

13 **실리콘 반도체의 산화 공정으로 형성하는 실리콘 산화막에 대한 설명으로 적합한 것은?**

ⓐ 밴드 갭이 9 eV 정도로 높음

ⓑ 밴드 갭이 작아서 적외선을 흡수하여 투과율 낮음

ⓒ 임계 전계(E_c)는 보통 10 V/㎝ 정도로 낮음

ⓓ 단결정 상태의 구조로 형성됨

14 **실리콘 반도체의 산화 공정에 대한 아래의 설명 중 가장 합당한 것은?**

ⓐ 자연 산화막은 기판 내부의 산소가 외부로 확산하여 형성됨

ⓑ 건식 산화에 의한 산화막은 습식 산화에 의한 산화막에 비해 품질이 우수함

ⓒ 기판의 붕소(B) 불순물이 산화 공정 후에 산화막에 잔류하면 누설 전류가 급증함

ⓓ 자연 산화막의 품질이 습식 산화에 의한 산화막에 비해 물리적 특성이 안정함

15 **실리콘 반도체에서 산화막의 용도에 해당하지 않는 것은?**

ⓐ 게이트 절연막

ⓑ 트렌치 격리(trench isolation)

ⓒ 쇼트키 접합

ⓓ 커패시터 유전체막

16 **산소 가스를 사용한 실리콘 기판의 건식 산화에 있어서 Cl_2나 HCl 가스의 첨가와 관련하여 가장 적합한 설명은?**

ⓐ 산화막 내부에 이동성 이온의 농도를 높임

ⓑ 산화막과 실리콘 계면에서 산화 반응을 지연시킴

ⓒ 산화막에 Cl이 함유되어 O_2의 확산이 지연되고 산화 속도가 감소함

ⓓ Na과 같은 금속의 오염을 줄임

17 **실리콘 반도체의 산화 공정에 대한 아래의 설명 중 틀린 것은?**

ⓐ 건식 산화에 의한 산화막은 습식 산화에 의한 산화막에 비해 품질이 우수함

ⓑ 자연 산화막은 공기 중의 산소가 표면에서 반응하여 형성됨

ⓒ 기판에 있던 B, P 불순물이 산화 공정 후에 산화막에 잔류할 수 있지만 소자에 문제는 없음

ⓓ 자연 산화막의 품질이 습식 산화에 의한 산화막에 비해 물리적 특성이 우수함

18 **실리콘 반도체에 산화 공정으로 형성하는 실리콘 산화막에 대한 설명으로 부적합한 것은?**

ⓐ 밴드 갭이 9 eV 정도로 높음

ⓑ 굴절률은 보통 1.46

ⓒ 결정질(crystalline) 상태를 유지함

ⓓ Si에 비해 밀도가 낮음

19 **실리콘 반도체의 산화 공정에 대한 아래의 설명 중 바르지 않은 것은?**

ⓐ 동일 조건이라면 건식 산화가 습식 산화에 비해 느림

ⓑ 기판의 B 불순물이 산화 공정 후에 산화막에 잔류하면 산화막을 통한 누설 전류가 급증함

ⓒ 건식 산화에 의한 산화막은 습식 산화에 의한 산화막에 비해 품질이 우수함

ⓓ 자연 산화막은 공기 중의 산소가 표면에서 반응하여 형성됨

20 실리콘 반도체에서 희생 산화막(sacrificial oxide)의 가장 중요한 용도는?

ⓐ 기판의 표면 보호

ⓑ 리소그래피의 해상도

ⓒ 쇼트키 접합의 형성

ⓓ 합금(alloy) 열처리

21 산소 가스를 사용한 실리콘 기판의 건식 산화에 있어서 Cl_2나 HCl 가스의 첨가와 관련한 부적합한 설명은?

ⓐ Na과 같은 알칼리 금속의 오염을 줄임

ⓑ 산화막 내부에 이동성 이온의 농도를 줄임

ⓒ 산화막과 실리콘 계면에서 산화 반응을 가속시킴

ⓓ 산화막에 Cl이 함유되어 O_2의 확산이 지연되고 산화 속도가 감소함

22 실리콘 반도체에 산화 공정으로 형성하는 실리콘 산화막에 대한 설명으로 부적합한 것은?

ⓐ 유전 상수는 3.9

ⓑ 결정질 상태로 형성됨

ⓒ 전기 비저항은 10^{14}~10^{16} Ω·㎝

ⓓ 임계 전계(E_c)는 10^7 V/㎝

23 산화 공정에 있어서 기판에 도핑된 불순물의 분리 계수($k_o = C_{Si}/C_{SiO2}$)에 대한 설명으로 부적합한 것은?

ⓐ 분리 계수에 의해 계면 농도가 변하면 전류 누설의 문제가 발생할 수 있음

ⓑ 분리 계수에 의해 계면 농도가 변하면 소자의 임계 전압이 변화할 수 있음

ⓒ 분리 계수는 물질의 고용도(solid solubility)의 차이에 의해 발생함

ⓓ 기판의 면 방향에 따라 분리 계수가 변화함

24 산소 가스를 사용한 실리콘 기판의 건식 산화에 있어서 Cl_2나 HCl 가스의 첨가와 관련하여 틀린 설명은?

ⓐ 웨이퍼 뒷면으로 Na과 같은 금속의 오염이 증가함

ⓑ 산화막 품질을 높이기 위해 HCl이나 Cl_2를 첨가하여 산화 공정을 진행함

ⓒ Na과 같은 이동성(mobile) 금속의 오염을 줄임

ⓓ 산화막 내부에 이동성 이온의 농도를 줄임

25 실리콘의 산화 공정에서 기판에 도핑된 불순물의 분리 계수($k_o = C_{Si}/C_{SiO2}$)에 대한 설명으로 부적합한 것은?

ⓐ 분리 계수가 1보다 작으면 계면에 있는 불순물은 산화막으로 더 주입됨

ⓑ 분리 계수가 1보다 작으면 실리콘 측의 계면에 불순물 농도가 감소함

ⓒ 분리 계수가 1보다 크면 계면에 있는 불순물은 실리콘 측으로 축적되어 농도가 증가함

ⓓ 실리콘 기판의 결정면 방향에 따라 분리 계수가 변화함

26 MOSFET의 게이트 산화막에서 flat band voltage(V_{FB})는 하전 입자의 영향을 고려하여 VFB = $\Phi_{ms} - (Q_f + Q_m + Q_{ot})/C_o - Q_{it}/C_{o*}$로 표현된다. 아래 중 가장 적합한 설명은?

ⓐ Q_{it}는 산화막과 외부의 표면(surface) 공기층 사이의 계면에 존재하는 계면 전하임

ⓑ Q_m은 산화막에 존재하는 이동성 이온(mobile ion)에 의한 전하임

ⓒ Q_f는 산화막과 가까운 실리콘의 내부에서 존재하는 고정 전하임

ⓓ 산화 공정 이후의 열처리는 하전 입자들의 농도를 감소시키지 않음

27 산화 공정에서 기판에 도핑된 불순물의 분리 계수($k_o = C_{Si}/C_{SiO2}$)에 대한 설명으로 적합한 것은?

ⓐ P는 분리 계수가 1보다 작음

ⓑ B는 분리 계수가 1보다 큼

ⓒ 분리 계수가 1보다 크면 불순물이 계면에 축적됨

ⓓ 기판의 면 방향에 따라 분리 계수가 변화함

28 실리콘 산화 공정에서 기판 방향이 산화 속도에 미치는 영향에 대한 설명으로 부적합한 것은?

ⓐ 산화막이 1 ㎛ 정도로 두꺼워지면 산화막을 통한 확산이 주된 확산 제어(diffusion control)임

ⓑ 산화 공정 온도가 1,100 ℃ 이상으로 높으면 (100)과 (111) 방향의 차이가 감소함

ⓒ 산화 공정 온도가 1,100 ℃ 이상으로 높으면 계면 반응인 반응 제어(reaction control)의 영향이 감소함

ⓓ 산화 공정의 초기에는 기판 방향의 영향이 전혀 없음

29 실리콘 반도체의 산화막 형성 후에 존재하는 계면 포획 전하와 관련한 설명으로 부적합한 것은?

ⓐ (100) 기판에서 (111) 기판보다 계면 포획 전하의 밀도가 높음

ⓑ 주로 양의 전하의 상태로서 전자를 포획함

ⓒ 계면 전하는 MOSFET 소자의 임계 전압(V_{th})을 변화시킴

ⓓ 수소나 수분(H_2O)의 분위기에서 고온 열처리하여 농도를 감소시킬 수 있음

30 MOSFET의 게이트 산화막에서 flat band voltage (V_{FB})는 하전 입자의 영향을 고려하여 $V_{FB} = \Phi_{ms} - (Q_f + Q_m + Q_{ot})/C_o - Q_{it}/C_{o*}$로 표현된다. 아래 설명 중 부적합한 것은?

ⓐ 산화 공정 이후 열처리를 이용해서 일부 하전 입자의 농도는 감소시킴

ⓑ 한 번 발생한 하전 입자는 제거할 수 없음

ⓒ 계면 전하는 밴드 갭의 에너지에 따른 분포를 가지고 존재함

ⓓ MOSFET에서 계면 전하는 채널을 이동하는 운반자와 쿨롱 산란의 원인이 되어 성능을 감소시킴

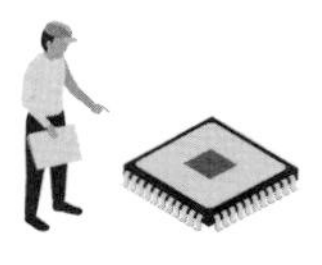

31 **실리콘 산화 공정에서 기판 방향이 산화 속도에 미치는 영향에 대한 설명으로 부적합한 것은?**

ⓐ 통상적으로 (111) 기판의 경우가 (100) 기판에 비해 산화 속도가 빠름

ⓑ 산화막이 1 ㎛ 정도로 두꺼워지면 (100)과 (111) 방향의 차이에 의한 영향이 감소함

ⓒ 산화 공정의 초기에는 기판 방향의 영향이 전혀 없음

ⓓ 산화막이 1 ㎛ 정도로 두꺼워지면 산화막을 통한 확산이 주된 확산 제어(diffusion control)임

32 **습식 산화에서 포물선 성장률** $B = B_o exp(-E_{a1}/kT)$**에서 활성화 에너지** $E_{a1} = 0.71$ eV**라 하고, 선형 성장률** $B/A = (B_o/A_o)exp(-E_{a2}/kT)$**에서 활성화 에너지** $E_{a2} = 1.96$ eV**인데, 건식 산화에서는** $E_{a1} = 1.24$ eV, $E_{a2} = 2$ eV**로 변화한 차이에 대한 설명으로 가장 적합한 것은?**

ⓐ 건식 식각에 비교하여 습식 산화에서 산화막을 통한 확산이 빠르고, 계면 반응에 대한 차이는 거의 없음

ⓑ 건식 식각에 비교하여 습식 산화에서 산화막을 통한 확산이 빠르고, 계면 반응은 느림

ⓒ 습식 식각에 비교하여 건식 산화에서 산화막을 통한 확산이 빠르고, 계면 반응에 대한 차이는 거의 없음

ⓓ 습식 식각에 비교하여 건식 산화에서 산화막을 통한 확산이 빠르고, 계면 반응도 느림

33 **Si의 분자량은 28.9 g/㏖이며, 밀도는 2.33 g/㎤이다. 실리콘 산화막(**SiO_2**)의 분자량은 60.08 g/㏖이고, 밀도는 2.21 g/㎤이다. 실리콘 산화막을 성장할 때 실리콘이 소모된 두께는 산화막 두께의 몇 %인가?**

ⓐ 46 % ⓑ 50 % ⓒ 54 % ⓓ 64 %

34 **실리콘 반도체의 산화 공정 이후에 산화막과 실리콘 반도체 계면의 하단부에 산화 저층 결함(OISF, Oxidation Induced Stacking Fault)이 발생하는 경우에 대한 설명으로 적합한 것은?**

ⓐ OISF는 제작하는 소자의 특성에는 영향을 미치지 아니함

ⓑ 산화막의 두께를 1 ㎛ 이상으로 충분히 성장하면 OISF는 완전히 제거됨

ⓒ 실리콘 내부에 존재하던 탄소, 산소와 같은 불순물과 결함이 OISF의 주요 발생 원인임

ⓓ OISF의 발생에 대해 실리콘 반도체 단결정의 성장 조건의 영향은 없음

35 **인(phosphorous)이 도핑된 n−type Si 기판의 산화 공정에 대한 설명에 있어서 올바르지 않은 것은?**

ⓐ 온도가 1,000 ℃ 이하인 보통의 산화 공정이면 10^{20} cm^{-3}의 고농도로 도핑된 경우가 10^{16} cm^{-3}으로 도핑된 저농도의 기판보다 산화가 빠름

ⓑ 인(phosphorous)의 분리 계수(segregation coefficient)는 1보다 작음

ⓒ 산화 공정 온도를 1,100 ℃ 이상 고온으로 하면 ⓐ번의 차이는 감소함

ⓓ 산화막-실리콘 계면에 phosphorous가 축적됨

36 **붕소(boron)가 도핑된 p−type Si 기판의 산화 공정에 대한 설명에 있어서 올바르지 않은 것은?**

ⓐ 온도가 1,000 ℃ 이하인 통상적인 산화 공정의 경우 10^{20} ㎝$^{-3}$의 고농도로 도핑된 경우 10^{16} ㎝$^{-3}$으로 도핑된 경우보다 산화가 빠름

ⓑ boron의 분리 계수(segregation coefficient)는 1보다 큼

ⓒ 산화 공정 온도를 1,100 ℃ 이상 고온으로 높이면 ⓐ번 확산 속도 차이는 감소함

ⓓ 확산에 의해 산화막-실리콘 계면에 boron이 공핍됨

37 **온도가 1,000 ℃ 이하인 통상적인 산화 공정의 경우 인(phosphorous)이 도핑된 n−type Si 기판의 산화 공정에 대한 설명에 있어서 가장 정확한 것은?**

ⓐ 도핑 농도가 높은 10^{20} ㎝$^{-3}$의 경우 10^{16} ㎝$^{-3}$으로 도핑된 기판의 경우보다 산화가 빠름

ⓑ 산화 공정 온도를 1,100 ℃ 이상 고온으로 하면 ⓐ번의 산화 속도 증가의 차이가 더욱 커짐

ⓒ 산화막-실리콘 계면에 phosphorous는 외부로 확산하여 완전히 사라짐

ⓓ 기판의 도핑 농도가 높으면 산화막에서 확산 계수가 증가하기 때문에 산화 속도가 빠름

38 **실리콘 반도체에 산화(oxidation) 공정을 이용해 성장한 산화막의 용도로 부합하지 않는 것은?**

ⓐ LOCOS(Local Oxidation of Silicon)

ⓑ 게이트 산화막(gate oxide)

ⓒ 트렌치 격리(trench isolation)

ⓓ 금속 간 절연(intermetallic insulation)

39 **붕소(boron)가 도핑된 p−type Si 기판의 산화 공정에 대한 설명에 있어서 올바르지 않은 것은?**

ⓐ 온도가 1,000 ℃ 이하인 통상적인 산화 공정의 경우 10^{20} ㎝$^{-3}$의 고농도로 도핑된 경우 10^{16} ㎝$^{-3}$으로 도핑된 경우보다 산화가 빠름

ⓑ 산화 공정 온도를 1,100 ℃ 이상 고온으로 높이면 ⓐ번의 산화 속도 차이는 감소함

ⓒ 산화막-실리콘 계면에서 붕소(boron)의 공핍 현상이 발생함

ⓓ 위 ⓐ번의 원인은 실리콘 내부로 산소 원자의 확산이 빠르기 때문임

40 **MOSFET의 게이트 산화막에서 flat band voltage(V_{FB})는 하전 입자의 영향을 고려하여 $V_{FB} = \Phi_{ms} - (Q_f + Q_m + Q_{ot})/C_o - Q_{it}/C_{o*}$로 표현된다. 아래 설명 중 부적합한 것은?**

ⓐ 계면 전하의 원인은 주로 계면의 불완전 결합(dangling bond)임

ⓑ 고정 전하의 원인은 주로 과잉 실리콘 원자의 불완전 결합임

ⓒ Q_{it}는 산화막과 금속과 사이의 계면에 존재하는 계면 전하임

ⓓ 하전 입자로 인하여 V_{FB}와 동시에 V_{th}를 변화시킴

41 **실리콘 반도체에서 실리콘 산화막(SiO_2)의 용도에 직접 해당하지 않는 것은?**

ⓐ MOSFET의 게이트 절연막
ⓑ 금속-반도체 쇼트키 접합
ⓒ 선택적 이온 주입의 마스크
ⓓ capacitor의 유전체

42 **실리콘 반도체의 산화막 형성 후에 존재하는 계면 포획 전하와 관련한 설명으로 부적합한 것은?**

ⓐ 계면 포획 전하는 산화막과 실리콘의 계면에 존재함

ⓑ 계면 전하는 MOSFET 소자의 임계 전압(V_{th})을 변화시키지 않음

ⓒ 계면 포획 전하는 결합이 불완전한 dangling bond가 주요 원인임

ⓓ (111) 기판에서 (100) 기판보다 계면 포획 전하의 밀도가 높음

43 **실리콘 반도체에서 실리콘 산화막(SiO_2)의 용도에 직접 해당하는 것은?**

ⓐ 오믹 금속 접합

ⓑ 웨이퍼의 습식 세정

ⓒ trench isolation의 측벽용 절연막

ⓓ 쇼트키 금속 접합

44 **실리콘 반도체의 열 산화막(thermal oxide)에 대한 설명으로 부적합한 것은?**

ⓐ 상온에서 에너지 밴드는 대체로 9 eV임

ⓑ 항복 전계는 10 MV/㎝ 정도로 높음

ⓒ 실리콘 기판과 동일한 단결정의 구조를 가짐

ⓓ 비저항은 10^{20} Ω·㎝ 정도로 높음

45 **실리콘 반도체 기판에 소자 격리를 위하여 산화막과 질화막으로 하드 마스크를 정의하고 트렌치 식각을 한 후에 산화 공정으로 라이너 산화막(liner oxide)을 성장하는 목적으로 정확한 것은?**

ⓐ 트렌치 식각면의 결함을 제어하고 고품위 산화막을 성장하여 누설 전류의 발생을 방지함

ⓑ 트렌치 내부의 불순물 확산을 방지

ⓒ 고온의 공정 조건에서 식각 잔유물을 제거

ⓓ HDP(High Density Plasma) 산화막의 접착성 향상

46 **고압 조건을 이용하는 HIPOX(High Pressure Oxidation)에 대한 설명으로 맞지 않는 것은?**

ⓐ 동일 온도라면 상압(1기압)에서의 산화보다 성장 속도가 빠름

ⓑ 비교적 저온에서 산화막을 형성하는 데 유용함

ⓒ 상압보다 저압인 조건에서 산화하여 품질을 높임

ⓓ 기상에서 산화 가스의 농도가 높아서 산화 속도가 빠름

47 **실리콘 반도체의 열 산화막(thermal oxide)에 대한 설명으로 부적합한 것은?**

ⓐ 굴절률(refractive index)은 대체로 1.46임

ⓑ 상온에서 에너지 밴드는 대체로 1.1 eV임

ⓒ 유전 상수는 대체로 3.9임

ⓓ 실리콘 기판과 다르게 비정질 구조를 가짐

[48-49] 다음 그림을 보고 질문에 답하시오.

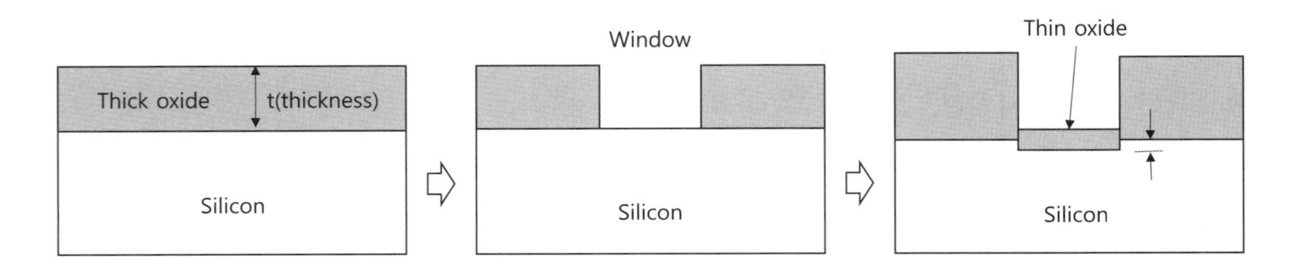

48 **위 그림과 같이 실리콘 기판에 1차 산화 공정으로 두꺼운 산화막을 성장하고 가운데 부분을 식각하여 hole을 만든 다음에 다시 2차 산화에서 얇은 산화막을 형성하였다. 여기에서 1차 산화를 10시간 이행한 경우 1차 산화막 두께의 근사치는? (단, $B = 100\ nm^2/sec$, $B/A = 0.001\ nm/sec$, $X_{ox} + AX_{ox}^2 = B(t + \tau)$인데, $\tau = 0$으로 근사하기로 함)**

ⓐ 36 ㎛　　ⓑ 360 ㎛　　ⓒ 36 ㎚　　ⓓ 360 ㎚

49 **위 그림과 같이 실리콘 기판에 1차 산화 공정으로 두꺼운 산화막을 성장하고 가운데 부분을 식각하여 hole을 만든 다음에 다시 2차 산화에서 얇은 산화막을 형성하였다. 반응 제어(reaction control) 조건만 이용하는 경우 2차 산화에서 20 ㎚ 두께를 얻기 위한 시간은? (단, $B = 1\ nm^2/sec$, $B/A = 0.001\ nm/sec$, $X_{ox} + AX_{ox}^2 = B(t + \tau)$인데, $\tau = 0$으로 근사하기로 함)**

ⓐ 400 sec　　ⓑ 4,000 sec　　ⓒ 400 min　　ⓓ 4,000 min

50 **고압 조건을 이용하는 HIPOX(High Pressure Oxidation)에 대한 설명으로 가장 적합한 것은?**

ⓐ 상압보다 저압인 조건에서 산화하여 산화막의 품질을 높임

ⓑ 가급적 고온에서 산화막을 감소시키려는 목적으로 사용함

ⓒ 불완전 결합에 의한 계면 전하를 완전히 제거할 수 있음

ⓓ 상압보다 높은 고압의 조건에서 산화하여 성장 속도가 빠름

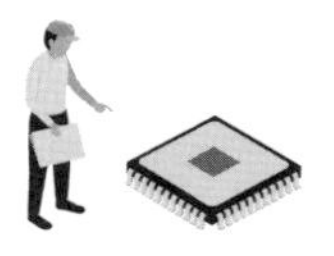

51 **고유전율(high−k) 게이트 절연막으로 제작하는 MOSFET의 고압 수소 어닐링의 효과로 부합하지 않는 것은?**

ⓐ 게이트 산화막의 두께 증가

ⓑ 계면 결함 감소

ⓒ 채널의 이동도 증가

ⓓ 소자 성능 개선

52 **그림과 같이 실리콘 표면을 산화하는 경우 Si 노출 부위(T_{ox-1})는 0.2 ㎛ 성장하고, SiO_2 마스킹 부위(T_{ox-2})는 0.1 ㎛ 성장하였다고 할 때, 두 곳의 단차(h)는 얼마? (단, Si이 산화될 때 실리콘이 소모되는 두께는 생성되는 산화막 총 두께의 46 %로 적용함)**

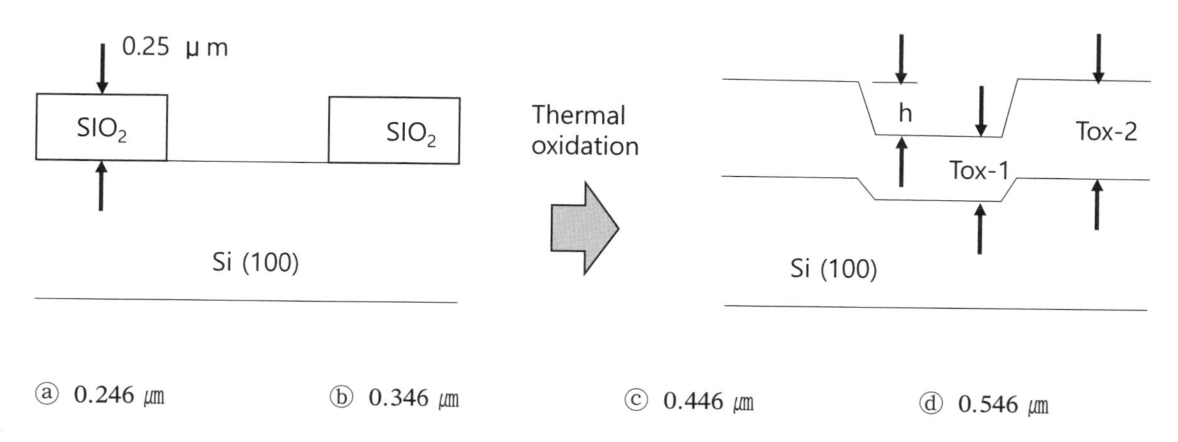

ⓐ 0.246 ㎛　　ⓑ 0.346 ㎛　　ⓒ 0.446 ㎛　　ⓓ 0.546 ㎛

53 **그림과 같이 얕은 트렌치 격리(shallow trench isolation)의 공정에서 라이너 산화(liner oxidation) 공정을 이용하는데, 패드 산화막(pad oxide)과 질화막(nitride)을 동시에 사용하는 이유로 가장 적합한 것은?**

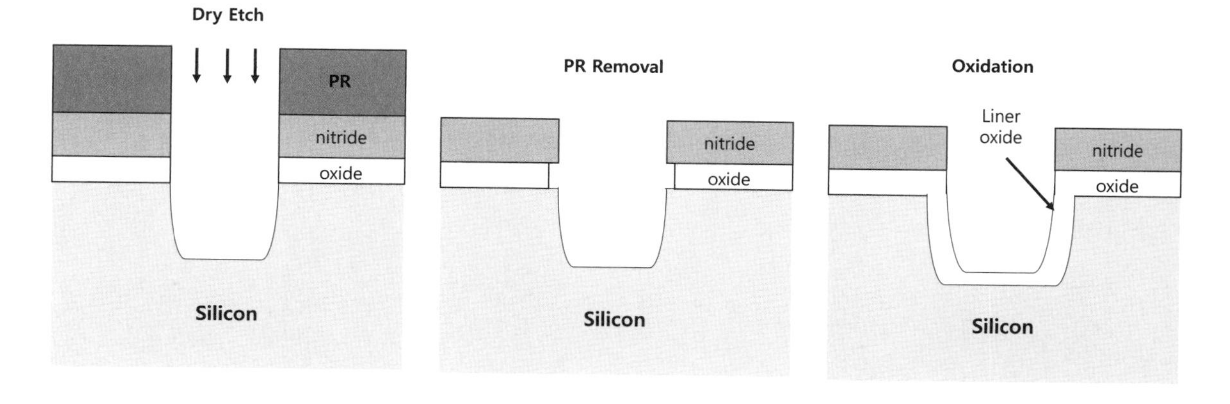

ⓐ 패드 산화막은 트렌치 식각용 마스크, 질화막은 리소그래피 패턴 형성을 보강하기 위함

ⓑ 패드 산화막은 불순물의 확산을 방지하고, 질화막은 결함의 생성을 방지함

ⓒ 패드 산화막은 희생 산화막으로 안정한 계면을 유지, 질화막은 산소의 침투를 방지하는 장벽(barrier)

ⓓ 패드 산화막은 게이트 절연체로 사용하고, 질화막은 실리콘으로 질소를 공급함

54 그림과 같이 얕은 트렌치 격리(shallow trench isolation)의 공정에서 식각된 폭이 1.08 ㎛이고, 산화 속도가 (111):(110):(100) = 1.66:1.2:1.0이고, (100) 방향으로 산화 속도가 1 ㎛/hr인 경우, 산화막 성장으로 트렌치가 완전히 충진되는 순간 트렌치 폭($W_{ox-trench}$)은 얼마?

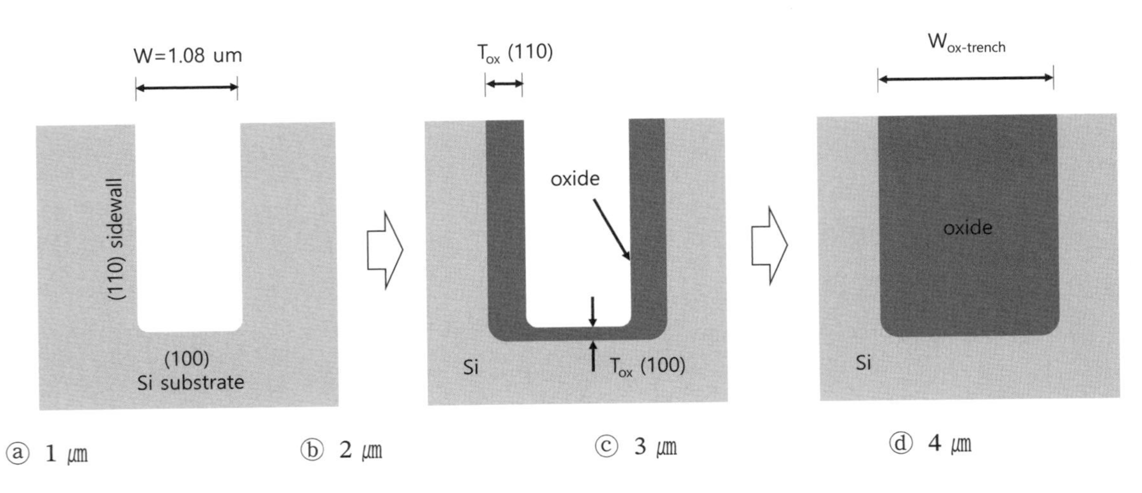

ⓐ 1 ㎛ ⓑ 2 ㎛ ⓒ 3 ㎛ ⓓ 4 ㎛

55 다음 실리콘 산화막 형성법 중에서 가장 밀도와 절연 내력(dielectric strength)이 낮은 방식은?

ⓐ PECVD(SiH_4 + O_2)
ⓑ 열 산화막(O_2)
ⓒ TEOS
ⓓ LPCVD(DCS + N_2O)

56 실리콘 기판의 산화 공정으로 형성한 산화막의 두께를 측정할 수 있는 방법이 아닌 것은?

ⓐ 홀 측정(Hall measurement)
ⓑ 엘립소미터(ellipsometer)
ⓒ 나노스펙(nanospec)
ⓓ 산화막 식각과 알파스텝(etch and alpha-step)

57 그림과 같이 얕은 트렌치 격리(shallow trench isolation)의 산화 공정에서 식각된 폭이 1.08 ㎛이고, 산화 속도가 (111):(110):(100) = 1.66:1.2:1.0이고, 바닥의 산화막 두께 $t_{ox}(100)$ = 0.2 ㎛이면, 측벽의 두께 $t_{ox}(110)$는 얼마?

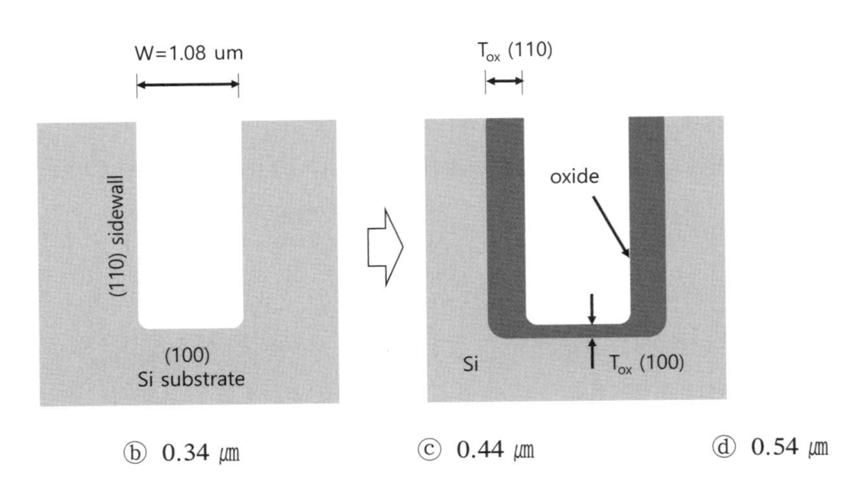

ⓐ 0.24 ㎛ ⓑ 0.34 ㎛ ⓒ 0.44 ㎛ ⓓ 0.54 ㎛

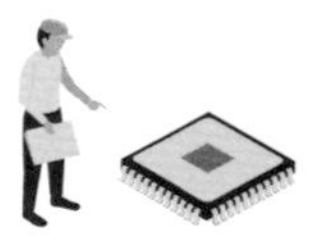

58 그림으로 표현된 열산화 공정에 대한 설명으로 부적합한 것은?

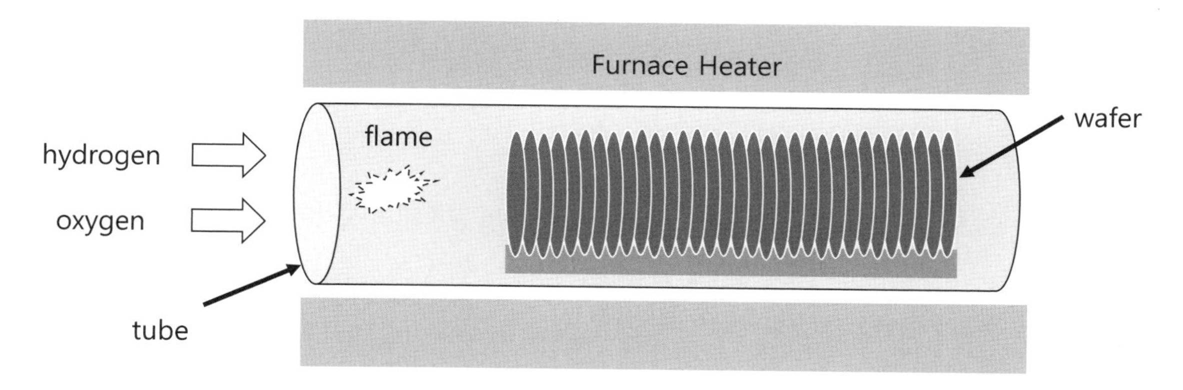

ⓐ 배치 공정으로 래디칼을 이용한 습식 산화로 산화 속도가 빠름

ⓑ 공정 중 수소 가스의 폭발 방지를 위해 산소의 양을 충분히 넣어 주어야 함

ⓒ 균일한 산화를 위해 산화로(furnace)에 온도 기울기를 주어 가스 출구 측 온도가 높음

ⓓ 산화 공정의 온도가 400 ℃ 이하에 적합한 건식 산화 방식임

59 실리콘 기판의 산화 공정으로 형성한 MOS 구조에서 계면 전하 밀도에 대한 단위는?

ⓐ $cm^{-3}\ eV^{-1}$

ⓑ $eV^{-1}\ cm^{-2}$

ⓒ $cm^{-2}\ eV^{-1}$

ⓓ $eV\ cm^{-3}$

60 실리콘 산화막의 형성법 중에서 단차 피복성(step coverage: 상부 두께/내부 두께)이 비등각(nonconformal)하고 식각 속도(etch rate)가 가장 빠른 특성을 갖는 증착 방식은?

ⓐ 열 산화막(O_2)

ⓑ TEOS(Tetraorthosilicate)

ⓒ LPCVD(DCS + N_2O)

ⓓ PECVD(SiH_4 + O_2)

61 실리콘 산화 공정에서 분리 계수에 의해 산화막과 실리콘 사이의 계면에서 불순물 분포가 영향을 받는데, 이에 대한 설명으로 바르지 않은 것은?

불순물	B	P	As	Sb
분리 계수($k_o = C_{Si}/C_{oxide}$)	0.1~0.3	10~2,000	10~3,000	~10

ⓐ B는 산화막 측으로 외부 확산이 심하게 발생함

ⓑ 분리 계수는 온도나 가스와 같은 산화 공정의 조건에 무관함

ⓒ P는 산화막 아래 실리콘 측 계면에 축적(accumulation)이 발생함

ⓓ B가 도핑된 실리콘의 산화 공정에서 산화막과 실리콘의 계면에서 B의 감소를 고려해야 함

62 **열산화 공정으로 형성한 실리콘 산화막을 공정 제어 평가(PCM) 하는 측정(방식)에 해당하지 않는 것은?**

ⓐ 두께
ⓑ 굴절률
ⓒ 절연 특성
ⓓ Hall 측정

63 **그림과 같이 얕은 트렌치 격리(shallow trench isolation)의 공정에서 식각된 폭이 1.08 ㎛이고, 산화 속도가 (111):(110):(100) = 1.66:1.2:1.0이고, (110) 측벽의 산화막 두께 $t_{ox}(100) = 0.2$ ㎛이면, PECVD를 이용한 gap fill에 최소로 필요한 산화막의 두께는?**

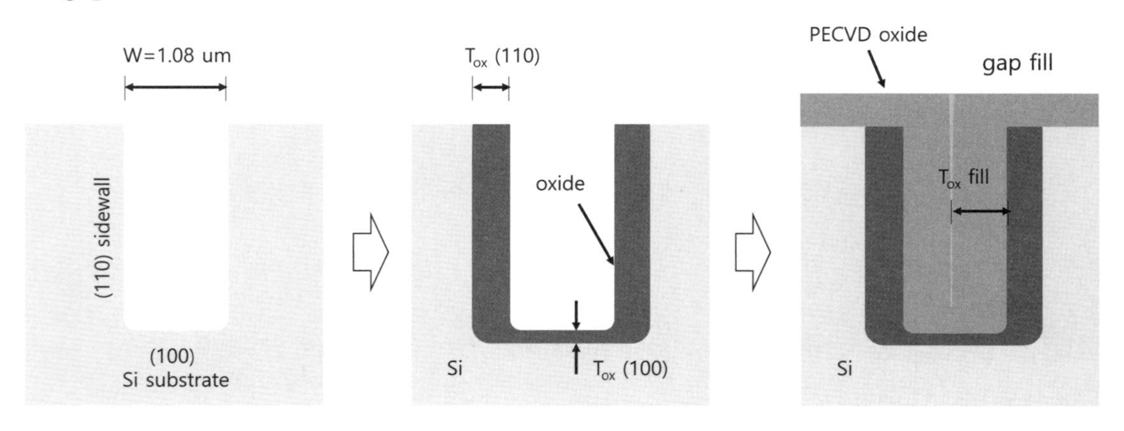

ⓐ 0.386 ㎛
ⓑ 0.486 ㎛
ⓒ 0.586 ㎛
ⓓ 0.686 ㎛

64 **산화 장치(oxidation furnace)를 구성하는 기능과 무관한 것은?**

ⓐ Hydrogen MFC(Mass Flow Coltroller)
ⓑ heater
ⓒ RF generator
ⓓ torch

65 **실리콘의 게더링(gettering)의 효과와 관련 없는 것은?**

ⓐ 소수운반자의 수명 개선
ⓑ 접합에서 누설 전류 감소
ⓒ 산화막 실리콘 계면의 전하 영향 감소
ⓓ 불순물 증가로 항복 전압 감소

66 **실리콘의 고온(900~1,000 °C) 산화 공정에 있어서 게더링(gettering)의 효과를 부가하는 방법이 아닌 것은?**

ⓐ Au의 후면 증착
ⓑ TCA(Trichroloethane) 주입
ⓒ HCl 주입
ⓓ 고농도 인(P) 도핑

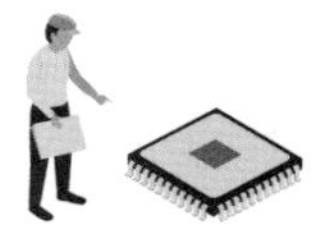

67 **습식 산화에서 반응 가스의 공급과 관련한 틀린 설명인 것은?**

ⓐ 수소와 산소 가스를 주입하면서 반응시켜 H_2O를 발생시켜 공급할 수 있음

ⓑ 수분(H_2O)을 bubbler를 이용해 공급할 수 있음

ⓒ 산화막의 품질을 위해 HCl 가스를 첨가하여 공급할 수 있음

ⓓ 챔버를 고진공으로 조절하여 산화 속도를 높게 제어함

68 **실리콘 열산화를 통해 산화막에 존재하는 전하(charge) 중 실리콘 댕글링 본드(dangling bond)와 관련 있는 전하(charge)는?**

ⓐ mobile ionic charge

ⓑ fixed oxide charge

ⓒ interface trapped charge

ⓓ oxide trapped charge

69 **두께가 1 ㎛인 실리콘을 완전히 열산화할 경우 형성되는 열 산화막(thermal oxide)의 두께는? (단, Si이 산화될 때 실리콘이 소모되는 두께는 생성되는 산화막 총 두께의 46 %로 적용함)**

ⓐ 0.17 ㎛ ⓑ 1.17 ㎛

ⓒ 2.17 ㎛ ⓓ 3.17 ㎛

70 **실리콘 산화 공정에 대해 틀린 설명은?**

ⓐ 산화하는 결정면의 원자 밀도가 증가할수록 산화 속도가 증가함

ⓑ 표면 결함이 있는 부분은 활성화 에너지가 낮아서 산화막 성장 속도가 감소함

ⓒ 압력이 증가하면 산화 속도가 증가함

ⓓ 산화막의 성장 속도는 시간이 지날수록 감소하여 두께가 수렴하는 형태로 됨

71 **실리콘 산화 공정에 대한 설명으로 올바른 설명은?**

ⓐ (100) 기판의 산화 속도가 (111) 기판보다 빠름

ⓑ 고농도의 p 또는 n 형 기판은 산화 속도를 감소시킴

ⓒ 실리콘과 계면에서 산화막(SiO_x)의 산소 함량 x는 2보다 작음

ⓓ 열산화 과정에 P는 편석(segregation)이 일어나지만 B는 일어나지 아니함

72 **실리콘 산화 공정을 마친 후에 질소 분위에서 추가로 열처리하는 이유는?**

ⓐ Q_{it}(interface state charge)의 농도를 감소시킴

ⓑ 오염된 금속성 불순물의 농도를 감소시킴

ⓒ 오염된 알칼리 이온 성분의 농도를 감소시킴

ⓓ 열산화 과정에 P는 편석(segregation)이 일어나지만 B는 일어나지 아니함

73 **수평로와 비교하여 수직로의 특징으로 해당하지 않는 설명은?**

ⓐ 수직로는 차지하는 공간(footprint)이 작아 청정실의 공간 효율이 높음

ⓑ 수직로는 가스의 분포가 대칭적이고 균일함

ⓒ 미량 입자에 의한 오염을 제어하는 데 유리함

ⓓ 석영 기구물 때문에 기판의 온도 구배가 큼

74 **Si의 산화 공정에 대한 그림의 Deal–Grove 모델에 대한 설명 중에서 틀린 것은?**

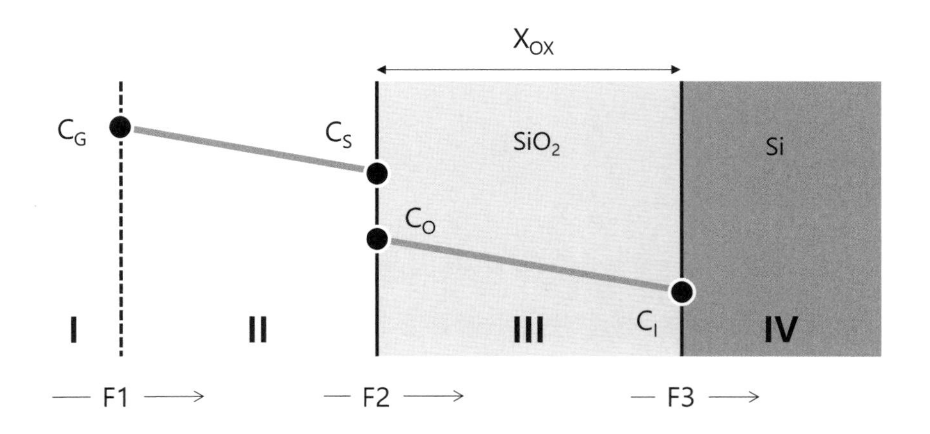

ⓐ II 영역은 정체층(stagnant layer)이며 기체 상태에서 산소 공급에 대한 농도 기울기를 지님

ⓑ C_O는 확산 온도에서 산화막 내부의 산소 포화 농도를 의미함

ⓒ C_G는 기상에서의 산소 농도로서 이 농도가 높으면 산화 속도가 증가함

ⓓ 실리콘 산화막에서 산소 원자는 치환형(substitutional) 확산이 주도함

75 **다음 중 반드시 열산화 공정을 이용해야 하는 것은?**

ⓐ trench liner oxide

ⓑ 층간 금속 유전체(IMD)

ⓒ trench filling oxide

ⓓ 금속 - 유전체 - 금속 커패시터(MIM capacitor)

76 **10 g의 실리콘을 산화하니 11.14 g의 실리콘 산화막(SiO_x)이 형성된 경우 실리콘 산화막의 조성은?**

ⓐ SiO

ⓑ SiO_2

ⓒ SiO_3

ⓓ SiO_4

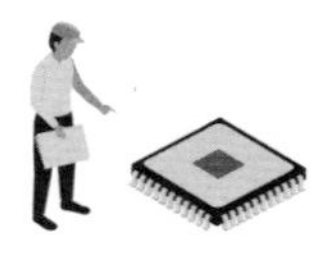

77 **산화 방식에 따른 Deal–Grove 모델의 성장에 관한 그림과 데이터에서 올바른 설명은?** (단, $X_{ox} + AX_{ox}^2 = B(t + \tau)$인데, $\tau = 0$으로 근사하기로 함)

산화 방법	직선 성장 상수(B/A)	포물선 성장 상수(B)
건식 산화(111)	B/A = 6.23×10^6 ㎛/hr Ea = 2.0 eV	B/A = 7.72×10^2 ㎛^{2}/hr Ea = 1.23 eV
습식 산화(bubbler)	B/A = 8.95×10^7 ㎛/hr Ea = 2.0 eV	B/A = 2.14×10^2 ㎛^{2}/hr Ea = 0.71 eV
스팀 산화(pyrogenic)	B/A = 1.63×10^8 ㎛/hr Ea = 2.05 eV	B/A = 3.86×10^2 ㎛^{2}/hr Ea = 0.71 eV

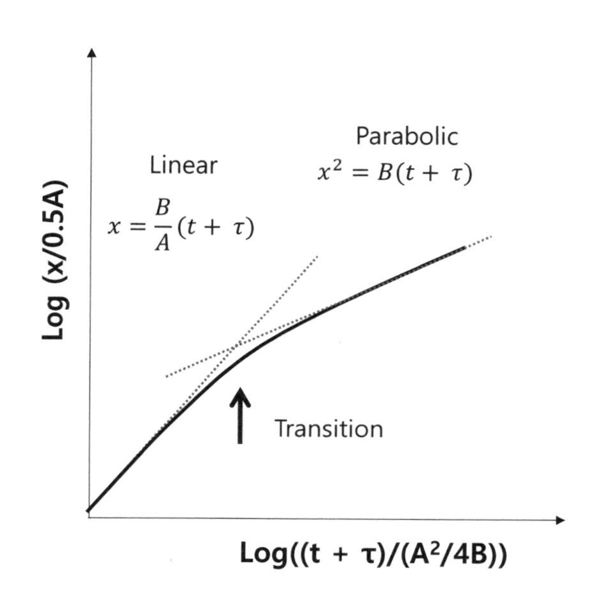

ⓐ 단기간의 확산에는 직선형 성장이 주요 확산 기구로서 B 상수에 의해 좌우됨

ⓑ 장기간 확산에는 포물선형 성장이 주요 확산 기구로서 B/A 상수에 의해 좌우됨

ⓒ 직선형 성장에서 포물선 성장으로 변환되는 천이 영역은 수 ㎛ 두께 수준에 발생함

ⓓ 포물선 성장 구역에서 건식 산화의 속도가 스팀 산화에 비해 큰 차이로 빠름

78 **산화 실리콘(SiO_x) 클러스터(cluster)의 산소 분위기에 따른 상태도(phase diagram)를 참고로 하여 열 산화막의 성장 조건에 대한 설명으로 틀린 것은?**

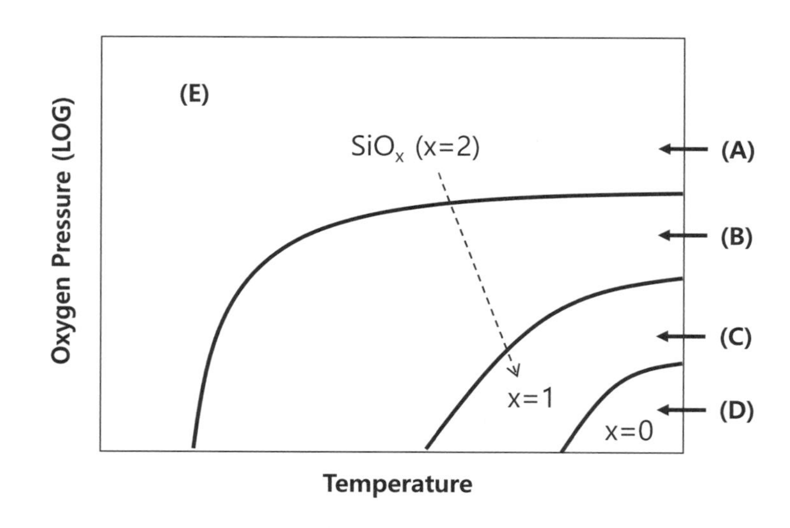

ⓐ 화학적으로 매우 안정한 열 산화막의 공정 조건은 A에 해당함

ⓑ 실리콘 표면의 자연 산화막을 제거하는 열처리의 공정 조건은 D에 해당함

ⓒ 저온에서 산화막을 성장하기 위한 공정 조건은 E에 해당함

ⓓ 고품질의 희생 산화막을 얻기 위한 공정 조건은 C에 해당함

79 **실리콘 열산화 공정의 레시피에 대한 사례로서 각각의 공정 단계에 대한 설명으로 부적합한 것은?**

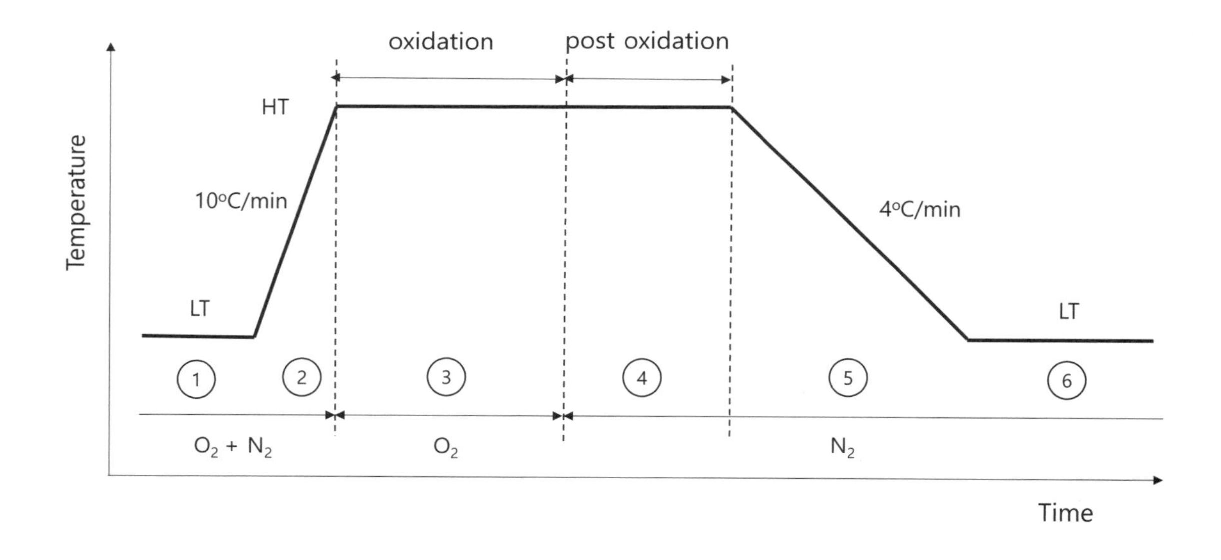

ⓐ 초기에 산소와 질소를 주입하여 청정(clean) 환경을 유지하며 표면 nitridation을 방지함

ⓑ 고온(HT)에서 산소 가스를 이용하여 산화막을 성장하는 건식 산화의 방식에 해당함

ⓒ POA(Post Oxidatio Anneal) 단계는 산화막과 실리콘의 계면의 상태를 개량하는 목적임

ⓓ 이 레시피는 두꺼운 필드 산화막(filed oxide)을 고속으로 형성하는 목적으로 가장 유용함

80 **금속과 같은 불순물의 활성화를 저지하여 고품질 산화막을 얻기 위해 실리콘 산화 공정에서 산소와 함께 주입해서 이용할 수 있는 가스에 해당하지 않는 것은?**

ⓐ nitrogen

ⓑ TCE(trichloroethylene)

ⓒ TCA(trichloroethane)

ⓓ hydrochloride

81 LPRO(Low Pressure Radical Oxidation)**의 특징과 관련 없는 것은?**

ⓐ 수소와 산소의 혼합 가스의 래디칼을 이용해 < 1 torr의 압력에서 산화함

ⓑ 트렌치(스텝) 코너에서 응력의 집중을 완화하여 산화막이 균일하게 형성됨

ⓒ 반응성이 높아서 실리콘 질화막의 표면도 산화시킴

ⓓ 결정면 방향에 따른 산화 속도의 차이가 심하게 증가함

82 LPRO(Low Pressure Radical Oxidation)**의 특징과 관련 없는 것은?**

ⓐ 수소와 산소의 혼합 가스를 이용하며 보통 < 1 torr의 압력에서 산화함

ⓑ 응력 집중이 발생하여 트렌치(스텝) 코너에서 불균일한 두께로 산화됨

ⓒ 결정면의 방향에 따른 산화 속도의 차이를 감소시킴

ⓓ 보통 열산화에 비해 산소의 분압이 낮아서 산화 속도가 낮음

83 RTO(Rapid Thermal Oxidation)**의 특징이나 용도에 해당하지 않는 것은?**

ⓐ 300 ℃/sec로 빠르게 온도를 제어하여 1,300 ℃까지 고온으로 산화

ⓑ 희생 산화막이나 트렌치의 라이너 산화막(liner oxide)의 형성에 유용

ⓒ MOSFET의 게이트 산화막과 필드 산화막의 형성에 유용

ⓓ 웨이퍼에 도핑된 불순물의 확산을 최소화

84 **고농도로 도핑된 상부에 실리콘 질화막을 마스크로 이용하여 고온에서 산화를 진행한 단면 상태에 관한 설명으로 부적합한 것은?**

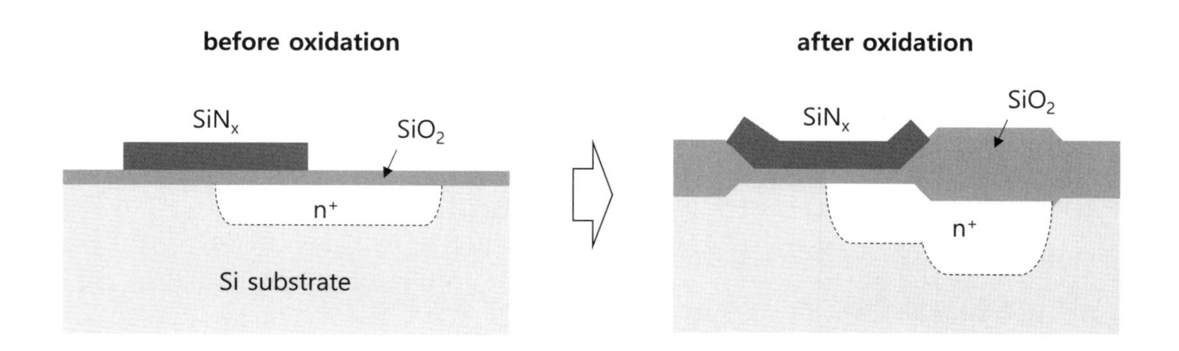

ⓐ 국부적으로 산화막의 두께가 다른 원인은 확산 제어(diffusion control) 기구에 기인함

ⓑ 고농도 n^+ 도핑에 의한 OED(Oxidation Enhanced Diffusion)를 보임

ⓒ 고농도(> 10^{20} ㎝$^{-3}$)의 부분은 산화막과의 계면에 vacancy 농도가 높아 산화 반응이 증가함

ⓓ 고농도로 도핑된 부분에는 결함 농도가 높아 불순물의 확산이 증가함

85 **실리콘 스텝 부분을 산화하여 형성된 단면 구조에서 트렌치 코너의 불균일한 산화막 형상이 형성된 원인에 대한 가장 정확한 설명은?**

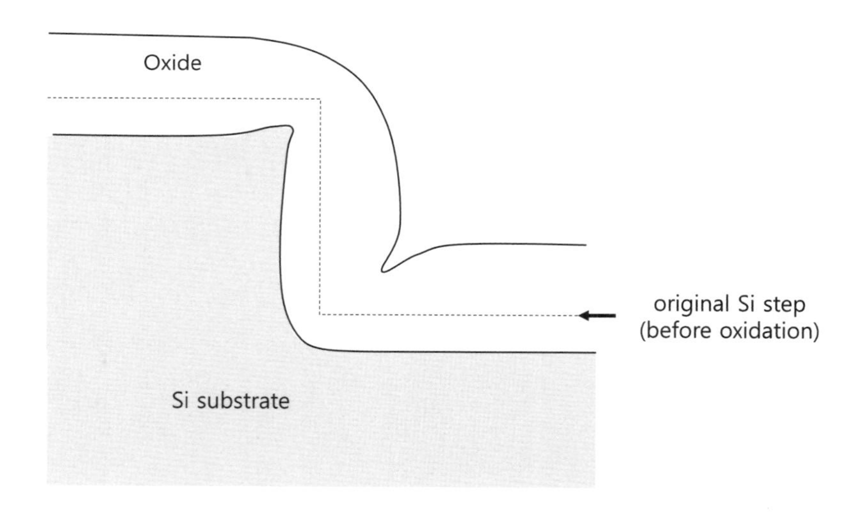

ⓐ 코너 부분에 있는 실리콘 원자의 결합력이 약함

ⓑ 코너에는 기체에서 산소 분자의 공급이 낮음

ⓒ 코너의 산화막에 압축 응력이 집중되어 산소의 고용도와 확산 계수가 감소함

ⓓ 코너에는 온도가 불균일하여 다소 낮음

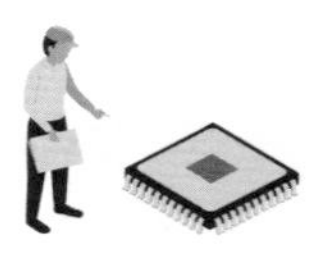

86 **실리콘 반도체의 산화 공정 이후에 산화막과 실리콘 반도체 계면의 하단부에 산화 유발 적층 결함(OISF: Oxidation Induced Stacking Fault)이 발생하는 원인에 대한 가장 적합한 설명은?**

ⓐ 산화 공정에서 주입되는 산소 가스에 첨가된 Cl 원자가 실리콘으로 침입하면 발생함

ⓑ 산화막의 성장과 무관하게 고온에서 실리콘 내부에는 항상 고밀도로 발생함

ⓒ 산화막과 실리콘의 열팽창 계수의 차이로 인가된 응력에 의해 발생함

ⓓ 고온에서 주입된 점 결함이 내부의 precipitate, 불순물, 결정 결함과 결합하여 발생함

87 **실리콘 반도체의 산화 공정에서 산화 유발 적층 결함(OISF: Oxidation Induced Stacking Fault)의 생성과 성장을 억제하는 방안이 아닌 설명은?**

ⓐ 가능한 한 성장 속도가 빠른 공정 조건으로 산화막을 두껍게 성장하여 이용

ⓑ 산화 공정하는 챔버의 산소 농도를 낮추고 가능한 한 얇게 산화막을 성장하여 이용

ⓒ 고온(> 1,100 ℃)의 조건에서 발생이 증가하므로 저온(< 1,000 ℃)의 산화를 이용

ⓓ 결정 결함의 밀도가 낮은 고품질의 실리콘 기판을 사용

88 **열산화 공정으로 형성하는 실리콘 산화물(SiO_2)의 용도에 해당하지 않는 것은?**

ⓐ 이온 주입용 경질 마스크(hard mask)

ⓑ LOCOS 소자 격리(isolation)

ⓒ 희생 산화막

ⓓ 게이트 측벽(gate sidewall)

89 **산화에 O_2와 함께 HCl, Cl_2, TCA를 주입하여 사용한 효과와 무관한 설명은?**

ⓐ Si-SiO_2 계면에 알칼리 이온을 게더링함

ⓑ 산화막의 식각이 발생하여 산화막의 성장 속도가 급격히 감소함

ⓒ 외부 불순물을 게더링하여 표면을 차폐(passivation)함

ⓓ OISF(oxidation induced stacking fault)의 발생을 억제함

90 **배치형의 열산화 공정에 있어서 실리콘 웨이퍼를 운반하는 웨이퍼 트레이(tray)의 첫 부분과 종말 부분에 배치되는 더미 웨이퍼(dummy wafer)와 관련하여 올바른 설명은?**

ⓐ 산화 공정의 신뢰성을 확보하기 위해 더미 웨이퍼는 절대 반복하여 재사용할 수 없음

ⓑ 더미 웨이퍼를 이용하여 산화막의 두께와 품질을 평가하려는 목적으로 적용

ⓒ 온도와 가스 흐름의 불연속에 따라 불균일한 산화가 되는 위치에 더미 웨이퍼를 배치함

ⓓ 더미 웨이퍼는 테스트 웨이퍼나 프라임(prime) 웨이퍼에 비교해 우량한 품질을 사용

제 3 장

확 산

제3장 | 확 산

01 **반도체의 도핑에 사용하는 불순물이 지녀야 하는 특성으로 가장 적합한 것은?**

ⓐ 확산 속도가 적정해야 하고 에너지 밴드 내부에 깊이 위치하여 고온에서 이온화되어야 함

ⓑ 확산 속도가 최대한 높아야 하고 에너지 밴드 가장자리에 위치하여 상온에서 이온화되어야 함

ⓒ 확산 속도가 적정해야 하고 에너지 밴드 가까이 위치하여 상온에서 이온화되어야 함

ⓓ 확산 속도가 최대한 낮아야 하고 에너지 밴드 내부에 깊이 위치하여 고온에서 이온화되어야 함

02 **반도체의 도핑용 불순물 확산에 관한 아래의 설명 중 맞지 않는 것은?**

ⓐ 확산의 구동력(driving force)은 농도 기울기임

ⓑ 반도체 도핑에 사용하는 불순물은 치환형(substitutional) 확산임

ⓒ 침입형(interstitial)으로 확산하는 불순물은 반도체에서 p 또는 n형 도핑으로 유용하지 아니함

ⓓ 치환형(substitutional) 확산이 침입형(interstitional) 확산에 비해 빠름

03 Si **반도체에서 확산에 대한 설명 중 맞지 않는 것은?**

ⓐ 확산 계수(D)는 어떤 조건에서도 변하지 않는 상수임

ⓑ 치환형(substitutional) 확산의 활성화 에너지는 Si 원자 간의 결합을 끊고 불순물이 이동하는 에너지와 관련함

ⓒ substitutional 확산의 활성화 에너지는 Si 원자의 사이를 통과하는 에너지 배리어에 관련함

ⓓ Al과 Ga 원자는 substitutional 확산 기구로 확산함

04 **불순물의 확산 계수는** D(㎠/sec) = 1.3 · exp($-E_a$/kT), E_a = 2.9 eV, k = 8.625×10^{-5} eV/K **때, 다음과 같이** C_o**와** L**은 상수,** A**는 초기 진폭**(amplitude)**의 의미가 있으며,** sinusoidal **함수인** $C(x,t) = C_0 + A \cdot \exp\left(-\frac{Dt\pi^2}{L^2}\right) \cdot \sin\left(\frac{\pi x}{L}\right)$**의 분포에서** L = 10 ㎛**인 경우,** 1,000 ℃**에서 열처리하여 피크 농도가 최초 농도의** 1 %**로 감소되는 데 소요되는 확산 시간은?**

ⓐ 29.48 h　　ⓑ 39.48 h　　ⓒ 49.48 h　　ⓓ 59.48 h

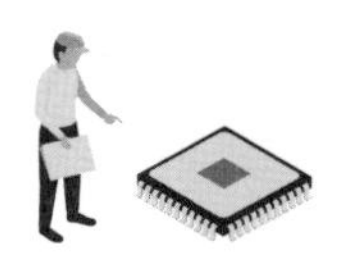

05 실리콘에서 보론(B)의 확산 계수가 $D = 0.76 \cdot \exp(-3.46/kT)$이다. 보론이 많이 도핑된 (heavily doped) 기판의 상부 표면에 에피층을 1,200 °C에서 20분간 성장하는 경우 표면으로 보론이 심하게 외부 확산(out-diffusion)하는 확산 길이($L = 2\sqrt{DT}$)는? ($k = 8.625 \times 10^{-5}$ eV/K)

ⓐ 0.736 nm　ⓑ 0.736 μm　ⓒ 7.36 nm　ⓓ 7.36 μm

06 보론이 심하게 도핑된 (heavily doped) 기판의 상부 표면에 에피층을 1,200 °C에서 20분간 성장하고자 한다. 단, 표면으로 보론이 심하게 out-diffusion 하는데 확산 길이($L = 2\sqrt{DT}$)와 확산 계수가 D(㎠/sec) $= 1.3 \cdot \exp(-E_a/kT)$를 고려해야 한다. 에피의 두께가 확산 길이보다 커서 표면까지 보론의 외부 확산을 무시될 정도로 보기 위한 경우 최소한의 에피 성장 속도는? ($k = 8.625 \times 10^{-5}$ eV/K)

ⓐ 0.61 nm/min　ⓑ 6.1 nm/min　ⓒ 0.61 nm/s　ⓓ 6.1 nm/s

07 실리콘 반도체에서 가장 대표적인 확산 기구(diffusion mechanism) 세 종류가 아닌 것은?

ⓐ 교류형 확산　ⓑ 치환형 확산　ⓒ 침입형-치환형 확산　ⓓ 침입형 확산

08 아래 불순물 중 실리콘 반도체에서 치환형 확산을 하는 것은?

ⓐ Au　ⓑ As　ⓒ Fe　ⓓ Ni

09 확산 계수(D)가 일정한 상수가 아니고 D(x)와 같이 확산 조건(위치)에 따라 변화하는 확산 기구(diffusion mechanism)에 해당하지 않는 것은?

ⓐ transient enhanced diffusion

ⓑ oxidation enhanced diffusion

ⓒ surface enhanced diffusion

ⓓ concentration dependent diffusion

10 N-type 불순물인 P의 확산에 있어서 맞지 않는 설명은?

ⓐ P_2O_5는 고체 소스이지만 널리 사용되지는 아니함

ⓑ $POCl_3$는 액체 소스로 고농도 도핑에 자주 사용됨

ⓒ $POCl_3$ 액체 소스는 버블러를 통해 공급되며 웨이퍼 표면에서 P_2O_5를 형성함

ⓓ PH_3는 가스 소스로 무독성이고 편리하여 널리 사용됨

11 아래 불순물 중 실리콘 반도체에서 치환형(substitutional) 확산을 하는 것은?

ⓐ Zn　ⓑ Cu　ⓒ Sb　ⓓ O

12 실리콘 반도체에서 아래 주어진 항목 중에 침입형(interstitial) 확산을 하는 불순물은 어느 것인가?

ⓐ As　ⓑ B　ⓒ P　ⓓ Au

13 확산 계수 $D = 2.96 \times 10^{-13}$ ㎠/sec인 1,100 ℃에서 1시간 확산한 후에 추가하여 1,150 ℃에서 5시간 확산한 경우 최종 확산 길이($l = 2\sqrt{DT}$)는?

ⓐ 10^{-3} ㎝ ⓑ 10^{-4} ㎝ ⓒ 10^{-5} ㎝ ⓓ 10^{-6} ㎝

14 실리콘 기판에 인(P)을 가우시안 분포를 갖는 $C(x,t) = \frac{Q}{\sqrt{\pi Dt}} e^{-\frac{x^2}{4Dt}}$ 드라이브인(drive-in) 방식으로 확산하는 경우 주입된 P의 양(Q)은? (단, 간단한 계산을 위해 확산 후 $C_s = 1 \times 10^{19}$ ㎝$^{-3}$, $Dt = 10^{-8}$ ㎠ 조건을 적용)

ⓐ 1.77×10^{13} ㎝$^{-2}$ ⓑ 1.77×10^{14} ㎝$^{-2}$ ⓒ 1.77×10^{15} ㎝$^{-2}$ ⓓ 1.77×10^{16} ㎝$^{-2}$

15 보론(boron)의 기판 농도가 1×10^{16} ㎝$^{-3}$인 p-type 실리콘 기판에 인(P)을 가우시안 분포를 갖는 $C(x,t) = \frac{Q}{\sqrt{\pi Dt}} e^{-\frac{x^2}{4Dt}}$ 드라이브인(drive-in) 방식으로 확산하는 경우 접합 깊이는? (단, 간단한 계산을 위해 확산 후 $C_s = 1 \times 10^{19}$ ㎝$^{-3}$, $Dt = 10^{-8}$ ㎠ 조건을 적용)

ⓐ 5.25 ㎚ ⓑ 52.5 ㎚ ⓒ 5.25 ㎛ ⓓ 52.5 ㎛

16 실리콘 기판에 인(P)을 에러 함수 분포를 갖는 $C = C_s \,\mathrm{erfc}\left(\frac{x}{2\sqrt{Dt}}\right)$, predeposition(일정 소스: constanct source) 방식으로 확산한 경우 확산 후 표면 농도 C_s는? (단, 간단한 계산을 위해 불순물 주입량 $Q = 2C_s\sqrt{\frac{Dt}{\pi}} = 1.13 \times 10^{15}$ ㎝$^{-2}$, 확산 $Dt = 10^{-8}$ ㎠ 조건을 적용)

ⓐ 10^{19} ㎝$^{-3}$ ⓑ 10^{20} ㎝$^{-3}$ ⓒ 10^{21} ㎝$^{-3}$ ⓓ 10^{22} ㎝$^{-3}$

17 붕소(boron)의 배경 농도가 1×10^{16} ㎝$^{-3}$인 p-type 실리콘 기판에 인(P)을 에러 함수 분포를 갖는 $C = C_s \,\mathrm{erfc}\left(\frac{x}{2\sqrt{Dt}}\right)$, Predeposition 방식으로 확산한 경우 접합 깊이는?
(단, 간단한 계산을 위해 불순물 주입량 $Q = 2C_s\sqrt{\frac{Dt}{\pi}} = 1.13 \times 10^{15}$ ㎝$^{-2}$, 확산 $Dt = 10^{-8}$ ㎠ 조건을 적용)

ⓐ 0.2 ㎛ ⓑ 2 ㎛ ⓒ 0.2 ㎚ ⓓ 2 ㎚

18 실리콘 기판에 인(P)을 가우시안 분포를 갖는 $C(x,t) = \frac{Q}{\sqrt{\pi Dt}} e^{-\frac{x^2}{4Dt}}$ drive-in 방식으로 확산하였다. 확산층의 면저항으로 가장 근사한 값은? (단, 간단한 계산을 위해 확산 후 $C_s = 1 \times 10^{19}$ ㎝$^{-3}$, $Dt = 10^{-8}$ ㎠, 전자 이동도(μ) = 1,000 ㎠/Vs 조건을 적용)

ⓐ 0.019 Ω/□ ⓑ 0.19 Ω/□ ⓒ 1.9 Ω/□ ⓓ 19 Ω/□

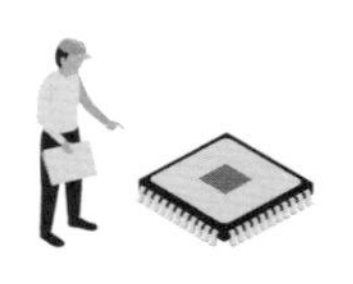

19 실리콘 기판에 인(P)을 에러 함수 분포를 갖는 $C = C_s \, \text{erfc}\left(\frac{x}{2\sqrt{Dt}}\right)$, Predeposition(일정 소스: constanct source) 방식으로 확산한 경우 확산층의 면저항으로 가장 근사한 값은? (단, 간단한 계산을 위해 불순물 주입량 $Q = 2C_s\sqrt{\frac{Dt}{\pi}} = 1.13\times10^{15}$ ㎝$^{-2}$, 확산 $C_s = 1\times10^{19}$ ㎝$^{-3}$, Dt = 10^{-8} ㎠, 전자 이동도(μ) = 1,000 ㎠/Vs 조건을 적용)

ⓐ 0.05 Ω/□ ⓑ 0.5 Ω/□ ⓒ 5 Ω/□ ⓓ 50 Ω/□

20 n−MOSFET의 p−well을 만들기 위해, 실리콘 (100) 기판에 boron(B)을 에너지(E = 40 keV)와 dose(Q = 2×10^{15} ㎝$^{-2}$)의 조건으로 이온 주입한 후에 1,100 °C에서 8시간 동안 drive−in 하였다. 실리콘 기판의 표면을 산화막으로 passivation 하여 주입된 보론이 모두 실리콘 기판의 내부로 확산하였으며, 보론의 최종 농도는 확산 계수(D)와 시간(t)과 깊이(x)의 함수로 $C(x,t) = \frac{Q}{\sqrt{\pi Dt}}e^{-\frac{x^2}{4Dt}}$인 가우시안 분포를 보였다. 여기에서 실리콘 기판은 n−type으로(As 농도 = 1×10^{15} ㎝$^{-3}$) 도핑되어 있고, 보론의 확산 계수는 D(㎠/s) = 10.5 · exp(−3.69/kT), k = 8.625×10^{-5} eV/K에서 구할 수 있고, 이온 주입된 초기(initial)의 보론이 표면(x = 0)에 델타 함수로 존재하며 반도체로만 확산한다고 가정할 때 보론의 표면 농도로 가장 근사한 값은?

ⓐ 1.2×10^{17} ㎝$^{-3}$ ⓑ 1.2×10^{18} ㎝$^{-3}$ ⓒ 1.2×10^{19} ㎝$^{-3}$ ⓓ 1.2×10^{20} ㎝$^{-3}$

21 n−MOSFET의 p−well을 만들기 위해, 실리콘 (100) 기판에 Boron을 에너지(E = keV)와 Dose(Q = 2×10^{15} ㎝$^{-2}$)의 조건으로 이온 주입한 후에 1,100 °C에서 8시간 동안 drive−in 하였다. 실리콘 기판의 표면을 산화막으로 passivation 하여 주입된 보론이 모두 실리콘 기판의 내부로 확산하였으며, 보론의 최종 농도는 $C(x,t) = \frac{Q}{\sqrt{\pi Dt}}e^{-\frac{x^2}{4Dt}}$인 가우시안 분포를 보였다. 여기에서 보론의 확산 계수는 D(㎠/s) = 10.5 · exp(−3.69)/kT), k = 8.625×10^{-5} eV/K에서 구할 수 있고, 이온 주입된 초기(initial)의 보론이 표면(x = 0)에 델타 함수로 존재하며 반도체로만 확산한다고 가정할 때, p−well의 접합 깊이로 가장 근사한 값은?

ⓐ 5.77 ㎚ ⓑ 57.7 ㎚ ⓒ 5.77 ㎛ ⓓ 57.7 ㎛

22 p−형(boron, 10^{18} ㎝$^{-3}$) 실리콘 기판에 n$^-$형 불순물인 phosphorous(D_o = 8×10^4 ㎠/sec, E_a = 3 eV, k = 8.617×10^{-5} eV/K)를 Predeposition 확산하는 데 있어서 predeposition 확산(1,100 °C, 1 hr)을 할 때, P의 표면 농도는 solid solubility(C_o = 1.94×10^{20} ㎝$^{-3}$)와 동일하다는 점과 $C = C_0 \cdot \text{erfc}\left[\frac{x}{2\sqrt{Dt}}\right], C_0 = \frac{Q}{2}\sqrt{\frac{\pi}{Dt}}$를 이용하여 구한 주입량(Q)으로 가장 근사한 값은?

ⓐ 1.2×10^{16} ㎝$^{-2}$ ⓑ 1.2×10^{17} ㎝$^{-2}$ ⓒ 1.2×10^{18} ㎝$^{-2}$ ⓓ 1.2×10^{19} ㎝$^{-2}$

23 n−MOSFET의 p−well을 만들기 위해, 실리콘 (100) 기판에 boron을 에너지(E = 40 keV)와 Dose(Q = 2×10^{15} ㎝$^{-2}$)의 조건으로 이온 주입한 후에 1,100 ℃에서 8시간 동안 drive−in 하였다. 실리콘 기판의 표면을 산화막으로 차폐(passivation)하여 주입된 보론이 모두 실리콘 기판의 내부로 확산하였으며, 이온 주입된 initial 보론이 표면(x = 0)에 델타 함수로 존재하였다고 가정하고, p−well에서 정공의 이동도가 100 ㎠/Vs으로 일정하다고 보고, 주입된 불순물의 양만을 고려하여 구한 면저항으로 가장 근사한 값은?

ⓐ 3.125 Ω/□ ⓑ 31.25 Ω/□ ⓒ 312.5 Ω/□ ⓓ 3,125 Ω/□

24 P−형(boron, 10^{18} ㎝$^{-3}$) 실리콘 기판에 n$^-$형 불순물인 phosphorous($D_o = 8\times10^4$ ㎠/sec, E_a = 3 eV, k = 8.617×10^{-5} eV/K)를 도핑하는 데 있어서, predeposition 확산(1,100 ℃, 1 hr)에 이어서 drive−in 확산(1,100 ℃, 10 hr)을 한다. 주입된 불순물이 손실 없이 모두 확산한다고 보고 predeposition에서 P의 표면 농도는 solid solubility($C_o = 1.94\times10^{20}$ ㎝$^{-3}$)를 이용하되, 1차 predeposion diffusion 및 2차 drive−in diffusion이 완료된 후 $C = \frac{2C_0}{\pi}\sqrt{\frac{D_1t_1}{D_2t_2}}\exp\left(-\frac{x^2}{D_2t_2}\right)$로 근사되는데, D_1, t_1은 predeposition diffusion, D_2, t_2는 drive−in diffusion에 해당한다. 이때 최종 표면에서 P의 농도 값으로 가장 정확한 것은?

ⓐ 3.9×10^{16} ㎝$^{-3}$ ⓑ 3.9×10^{17} ㎝$^{-3}$ ⓒ 3.9×10^{18} ㎝$^{-3}$ ⓓ 3.9×10^{19} ㎝$^{-3}$

25 실리콘 반도체에서 도핑용 불순물(dopant)에 대한 설명 중에서 가장 적합한 것은?

ⓐ Al, Ga은 p−type 불순물로 자주 이용됨
ⓑ P은 고용도(solid solubility)가 높고 확산 계수는 As에 비해 낮아 n$^+$ 형성에 가장 유용함
ⓒ Fe은 Si에서 확산하지 않음
ⓓ As, P, Sb는 모두 n−type 불순물임

26 P$^-$형(boron, 10^{18} ㎝$^{-3}$) 실리콘 기판에 n$^-$형 불순물인 phosphorous($D_o = 8\times10^4$ ㎠/sec, E_a = 3 eV, k = 8.617×10^{-5} eV/K)를 도핑하는 데 있어서, predeposition 확산(1,100 ℃, 1 hr)에 이어서 drive−in 확산(1,100 ℃, 10 hr)을 한다. 주입된 불순물이 손실 없이 모두 확산하여 $C = C_s\,\mathrm{erfc}\left(\frac{x}{2\sqrt{Dt}}\right)$, $Q = 2C_s\sqrt{\frac{Dt}{\pi}}$를 준수한다. 사전 증착(predeposition)에서 P의 표면 농도는 solid solubility(C_o = 1.94×10^{20} ㎝$^{-3}$)를 이용하여 predeposion diffusion이 완료된 후의 접합 깊이(metallic junction depth)는? (단, 간단한 계산을 위해 erfc(x) ≈ exp($-x^2$)로 근사함)

ⓐ 0.2 ㎚ ⓑ 2 ㎚ ⓒ 0.2 ㎛ ⓓ 2 ㎛

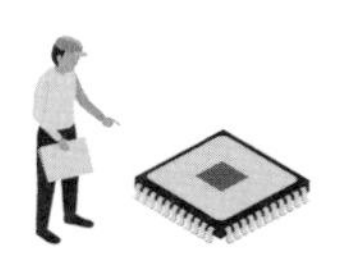

[27-28] 다음 그림을 보고 질문에 답하시오.

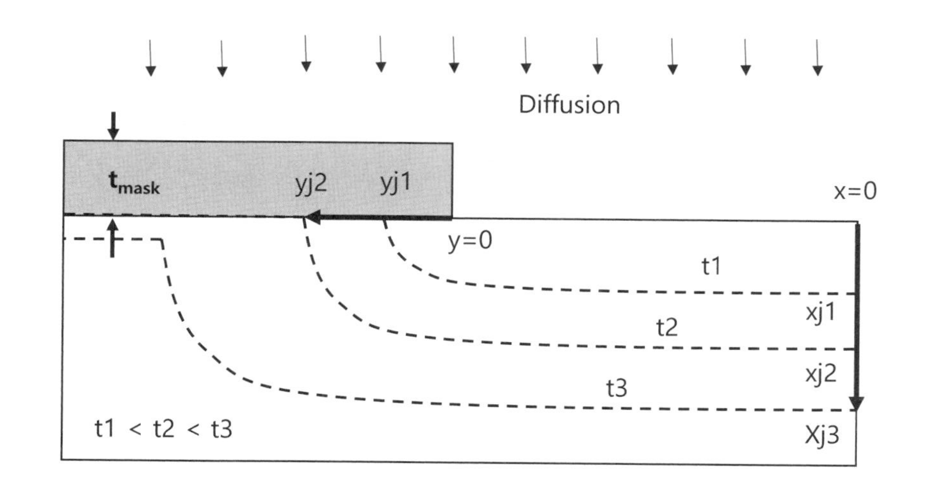

27 **실리콘 반도체 기판(불순물 농도** $= 1\times10^{15}$ ㎝$^{-3}$)**에 마스크를 이용해 선택적으로 확산을 하는 아래의 그림에 있어서, 확산 시간** 100 hr **동안 확산하고자 할 때, 마스크에서의 확산 계수** $D_{mask} = 2\times10^{-18}$ ㎠/sec, $C = C_0 \cdot \mathrm{erfc}\left[\dfrac{x}{2\sqrt{Dt}}\right]$, erfc(x) ≈ exp(−x^2), **마스크 산화막 표면에서 불순물의 표면 농도는** $C_o = 2\times10^{21}$ ㎝$^{-3}$**를 이용한다. 기판의 계면에 확산된 불순물 농도가 기판의 농도와 동일한 상태가 되는 조건으로 확산 시간을 한계로 정할 때, 마스크를 통한 확산을 저지하는 마스크층의 최소 두께는?**

ⓐ 1.3 ㎚ ⓑ 13 ㎚ ⓒ 130 ㎚ ⓓ 1,300 ㎚

28 **실리콘 반도체 기판(불순물 농도** $= 1\times10^{15}$ ㎝$^{-3}$)**에 일정한 두께의 마스크를 이용해 선택적으로 확산을 하는 아래의 그림에 있어서, 확산 시간** (t2 = 100 h) **동안 확산하며,** $D_{si} = 2\times10^{-16}$ ㎠/sec, $C_o = 1\times10^{21}$ ㎝$^{-3}$ **이다. 마스크와 기판의 계면에 농도가 기판의 농도와 동일한 y축 방향으로 측면 측 접합의 위치**(y_{j2})**는?** (**단, 간단한 계산을 위해** $C = C_0 e^{-\frac{x^2}{4Dt}}\left[1 + \mathrm{erf}\left(\dfrac{y}{2\sqrt{Dt}}\right)\right]$, erfc(x) ≈ exp(−x^2)**를 적용**)

ⓐ 1.4 ㎚ ⓑ 14 ㎚ ⓒ 140 ㎚ ⓓ 1,400 ㎚

29 **실리콘 반도체 기판**(n$^-$**형 불순물 농도** $= 1\times10^{15}$ ㎝$^{-3}$)**에** drive-in(Gaussian: $c = \dfrac{Q}{2\sqrt{\pi Dt}}\exp\left(-\dfrac{x^2}{4Dt}\right)$) **확산을 하여** p-n **형태의 접합을 형성하는 데 있어서,** p$^-$**형 불순물인** boron**을** drive-in **확산하여 표면 농도** $C_s = 10^{18}$ ㎝$^{-3}$**이 되도록 확산하는 데** 1,000 ℃**에서 5시간 소요된 경우, 확산 후 형성된** p **농도와** n **농도가 동일한** p-n **접합의 깊이는?** (**단,** boron**의** $D_o = 10.5$ ㎠/sec, $E_a = 3.69$ eV, $k = 8.625\times10^{-5}$ eV/K)

ⓐ 0.592 ㎚ ⓑ 5.92 ㎚ ⓒ 0.592 ㎛ ⓓ 5.92 ㎛

30 실리콘 반도체 공정에서 고체형 확산 소스에 해당하지 않는 것은?

ⓐ B_2O_3 ⓑ $POCl_3$ ⓒ P_2O_5 ⓓ Sb_2O_3

31 실리콘 반도체 기판(n^-형 불순물 농도 = 1×10^{15} ㎝$^{-3}$)에 drive-in (Gaussian: $c = \dfrac{Q}{2\sqrt{\pi Dt}}\exp\left(-\dfrac{x^2}{4Dt}\right)$) 확산을 하여 p–n 형태의 접합을 형성한다. p^-형 불순물인 boron을 drive-in 확산하여 표면 농도 C_s = 10^{18} ㎝$^{-3}$이 되도록 확산하는 데 1,000 ℃에서 5시간 소요된 경우 주입된 boron 불순물의 총량(Q: dose)은? (단, boron의 D_o = 10.5 ㎠/sec, E_a = 3.69 eV, k = 8.625×10^{-5} eV/K)

ⓐ 1.9×10^{14} ㎝$^{-2}$ ⓑ 1.9×10^{15} ㎝$^{-2}$ ⓒ 1.9×10^{16} ㎝$^{-2}$ ⓓ 1.9×10^{17} ㎝$^{-2}$

32 실리콘 반도체 기판(p^-형 불순물 농도 = 1×10^{15} ㎝$^{-3}$)에 drive-in (Gaussian: $c = \dfrac{Q}{2\sqrt{\pi Dt}}\exp\left(-\dfrac{x^2}{4Dt}\right)$) 확산을 하여 n–p 형태의 접합을 형성하고자 한다. 확산으로 n^-형 불순물인 As를 표면 농도 C_s = 10^{20} ㎝$^{-3}$이 되도록 확산하는 데 1,100 ℃에서 D = 2.7×10^{-15} ㎠/sec인 조건에서 30분 소요된 경우 주입된 As 불순물의 총량(Q: dose)은?

ⓐ 2.5×10^{17} ㎝$^{-2}$ ⓑ 2.5×10^{18} ㎝$^{-2}$ ⓒ 2.5×10^{19} ㎝$^{-2}$ ⓓ 2.5×10^{20} ㎝$^{-2}$

33 저농도(1×10^{15} ㎝$^{-3}$)의 p–type 실리콘 기판에 P를 확산하여 n^+ 확산층을 형성한 후에 4단자(four point probe) 방식으로 면저항을 측정하는 데 있어서 다음에 답하시오. 단, 가장자리 두 단자 사이에 전류를 입력하고, 가운데 두 단자에서 전압을 측정하며, 단자 사이의 거리는 확산층의 깊이보다 10배 이상으로 커서 R_s = (π/LN2) · (V/I)라는 관계식을 이용한다. 간단한 계산을 위해 균일한 농도 분포와 균일한 이동도를 가정하여, 입력 전류가 1 ㎃일 때, 출력 전압이 10 V인 경우 면저항(R_s)은?

ⓐ 4.53 Ω/□ ⓑ 45.3 Ω/□ ⓒ 0.453 kΩ/□ ⓓ 4.53 kΩ/□

34 실리콘 반도체 기판(p^-형 불순물 농도 = 1×10^{15} ㎝$^{-3}$)에 drive-in (Gaussian: $C = C_s\exp\left(-\dfrac{x^2}{4Dt}\right)$) 확산을 하여 n–p 형태의 접합을 형성하려 한다. 확산으로 n^-형 불순물인 As를 표면 농도 C_s = 10^{20} ㎝$^{-3}$이 되도록 확산하는 데 1,100 ℃에서 30분 소요되었다. 확산 후 형성된 n 농도와 p 농도가 동일한 n–p 접합의 깊이는? (단, As의 D = 2.7×10^{-15} ㎠/sec, D_o = 0.32 ㎠/sec, E_a = 3.56 eV, k = 8.62×10^{-5} eV/K을 적용)

ⓐ 1.5 ㎚ ⓑ 15 ㎚ ⓒ 150 ㎚ ⓓ 1,500 ㎚

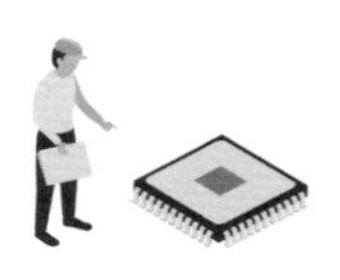

35 실리콘 반도체에서 도핑용 불순물(dopant)에 대한 설명으로 부적합한 것은?

ⓐ Al, Ga, In은 p-type 불순물임

ⓑ Ga은 확산 계수와 이온화 에너지가 높아 사용되지 않음

ⓒ In은 도판트로서 활성화 에너지가 0.14 eV로 커서 사용되지 않음

ⓓ Au은 Si에서 확산하지 않음

36 저농도(1×10^{15} ㎝$^{-3}$)의 p−type 실리콘 기판에 P를 확산하여 n^+ 확산층을 형성한 후에 4단자(four point probe) 방식으로 면저항을 측정하는 데 있어서 다음에 답하시오. 단, 가장자리 두 단자 사이에 전류를 입력하고 가운데 두 단자에서 전압을 측정하며, 단자 사이의 거리는 확산층의 깊이보다 10배 이상으로 커서 $R_s = (\pi/LN2)\cdot(V/I) = q\mu Q$라는 관계식을 이용한다. 입력 전류가 1 ㎃일 때, 출력 전압이 10 V인 경우 확산층의 n^+ 도핑된 유효 두께가 0.1 ㎛라면 n^+ 확산층의 평균 비저항은? (단, 간단한 계산을 위해 균일한 농도 분포와 균일한 이동도를 가정한다)

ⓐ 4.53×10^{-2} Ω·㎝ ⓑ 4.53×10^{-3} Ω·㎝ ⓒ 4.53×10^{-4} Ω·㎝ ⓓ 4.53×10^{-5} Ω·㎝

37 확산에 대한 아래의 설명 중 가장 정확한 것은?

ⓐ 확산의 구동력(driving force)은 농도 기울기임

ⓑ 확산의 활성화 에너지는 운동 에너지임

ⓒ 반도체 도핑에 사용하는 불순물은 주로 침입형(interstitial) 확산함

ⓓ 확산 계수(D)는 공정 조건에 따라 변하지 않는 상수임

38 아래 불순물 중에 실리콘 반도체에서 침입형(interstitial) 확산을 하는 것은?

ⓐ P ⓑ B ⓒ Na ⓓ Sb

39 저농도(1×10^{15} ㎝$^{-3}$)의 p−type 실리콘 기판에 인(P)를 확산하여 n^+ 확산층을 형성한 후에 4단자(four point probe) 방식으로 면저항을 측정하는 데 있어서, 가장자리 두 단자 사이에 전류를 입력하고 가운데 두 단자에서 전압을 측정하며 단자 사이의 거리는 확산층의 깊이보다 10배 이상으로 커서 $R_s = (\pi/LN2)\cdot(V/I)$라는 관계식을 이용할 수 있다. 입력 전류가 1 ㎃일 때, 출력 전압이 10 V인 경우, 확산층의 n^+ 도핑된 유효 두께가 0.1 ㎛이고 확산층의 전자 이동도가 100 ㎠/Vs로 일정하다면 n^+ 확산층의 평균 불순물 농도는? (단, 간단한 계산을 위해 n^+ 층의 운반자(carrier) 농도와 이동도는 균일하다고 가정함)

ⓐ 1.4×10^{17} ㎝$^{-3}$ ⓑ 1.4×10^{18} ㎝$^{-3}$ ⓒ 1.4×10^{19} ㎝$^{-3}$ ⓓ 1.4×10^{20} ㎝$^{-3}$

40 마스킹 산화막의 두께가 불순물의 확산 길이($\sqrt{DT}$)의 10배 이상이어야 한다면, P를 900 ℃에서 100 min 확산하려는 경우 마스킹 산화막의 최소 두께는? (단, 불순물 확산을 차폐하는 용도의 마스킹 산화막(SiO_2)에서 P 불순물의 확산 계수(D)는 900 ℃에서 10^{-18} ㎠/s를 적용함)

ⓐ 7.7 ㎚ ⓑ 77 ㎚ ⓒ 770 ㎚ ⓓ 770 ㎛

41 반도체의 불순물 확산에 있어서 액체형 확산 소스인 것은?

ⓐ $POCl_3$　ⓑ P_2O_5　ⓒ Sb_2O_3　ⓓ As_2O_3

42 반도체의 불순물 확산에 있어서 액체형 확산 소스가 아닌 것은?

ⓐ $POCl_3$　ⓑ Sb_3Cl_5　ⓒ $(CH_3O)_3B$　ⓓ As_2O_3

43 반도체 공정에서 불순물 확산을 위한 장치와 무관한 것은?

ⓐ ion gun　ⓑ gas bubbler

ⓒ dopant delivery　ⓓ diffusion tube

44 실리콘 반도체에서 철(Fe)의 확산에 대해 가장 적합한 설명은?

ⓐ 틈새형 확산으로 interstitial site의 농도가 낮고 이동에 필요한 에너지가 높아 확산이 느림

ⓑ 틈새형 확산으로 interstitial site의 농도가 높고 이동에 필요한 에너지가 작아 확산이 빠름

ⓒ 치환형 확산으로 치환형 site의 농도가 높고 이동에 필요한 에너지가 작아 확산이 빠름

ⓓ 치환형 확산으로 치환형 site의 농도가 낮고 이동에 필요한 에너지가 높아 확산이 느림

45 반도체에서 불순물로 접합을 형성하는 데 있어서 이온 주입에 이은 drive–in 확산 방식을 주로 이용하는데, 이에 대한 설명으로 가장 적합한 것은?

ⓐ 이온 주입은 농도의 균일도가 낮으며 drive-in 확산으로 활성화와 접합 깊이를 제어하여 유용함

ⓑ 이온 주입은 농도의 균일도가 높으며 drive-in 확산 시 auto-doping을 활성화하여 불편함

ⓒ 이온 주입은 농도의 균일도가 낮으며 drive-in 확산 시 auto-doping을 활성화하여 불편함

ⓓ 이온 주입은 농도의 균일도가 높으며 drive-in 확산으로 활성화와 접합 깊이를 제어하여 유용함

46 실리콘의 산화 과정에 실리콘 계면에 도핑용 불순물 원자의 편석(segregation)에 대한 올바른 설명은?

ⓐ B는 고갈되고, As와 P는 축적(pile-up)되어 MOSFET의 임계 전압과 무관하지만, 누설 전류를 발생시킴

ⓑ B는 축적(pile-up)되고, As와 P는 고갈되어 MOSFET의 임계 전압을 변화시키지만, 누설 전류와 무관함

ⓒ B는 고갈되고, As와 P는 축적(pile-up)되어 MOSFET의 임계 전압을 변화시키거나 누설 전류를 발생시킴

ⓓ B는 축적(pile-up)되고, As와 P는 고갈되어 MOSFET의 임계 전압과 무관하지만, 누설 전류를 발생시킴

47 실리콘 반도체에 확산으로 형성한 p–n 접합의 불순물 도핑 분포를 분석하는 측정법과 무관한 것은?

ⓐ SIMS(Secondary Ion Mass Spectrometry)

ⓑ SRP(Spreading Resistance Probe)

ⓒ AFM(Atomic Force Microscopy)

ⓓ C-V(Capactance-Voltage)

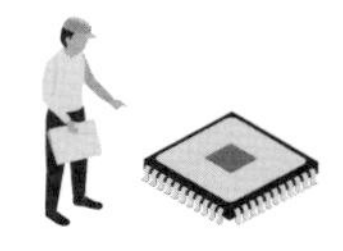

48 두께가 $t = 4$ ㎛인 분리 박막의 양측 면에 확산하는 물질의 농도가 각각 $C_o = 0.4$ g/㎤, $C_i = 0.1$ g/㎤이고, 분리막에서의 확산 계수가 $D = 1 \times 10^{-6}$ ㎠/s인 경우 고농도에서 저농도 방향으로 분리 박막을 통해서 선형 농도 기울기 상태로 확산되는 flux(atom/㎠ sec)는? ($J = -D \cdot dC/dx$)

ⓐ 7.68×10^{-2} ⓑ 7.68×10^{-3} ⓒ 7.68×10^{-4} ⓓ 7.68×10^{-5}

49 두께 $t = 4$ ㎛인 분리 박막의 양측 면에 boron(10.8 amu)의 농도가 각각 $C_o = 0.4$ g/㎤, $C_i = 0.1$ g/㎤이고, 분리막에서 boron의 확산 계수가 $D = 1 \times 10^{-6}$ ㎠/s인 경우 고농도에서 저농도 방향으로 분리 박막을 통해서 확산되는 flux(atom/㎠ sec)는? ($J = -D \cdot dC/dx$, 6.02×10^{23} atom/㏖)

ⓐ 6×10^{12} ⓑ 6×10^{13} ⓒ 6×10^{14} ⓓ 6×10^{15}

50 치환형(sustitutional) 확산의 주요한 세 종류에 해당하지 않는 것은?

ⓐ direct exchange ⓑ ring ⓒ mixing ⓓ vacancy

51 드라이브인(drive-in) 확산 장치를 구성하는 주요 기능(요소)에 해당하지 않는 것은?

ⓐ heater ⓑ doping gas flow
ⓒ quartz tube ⓓ thermocouple

52 Au, Pt, Pd, Fe과 같은 불순물이 실리콘에 주입된 경우 에너지 밴드 갭의 내부에 깊은 위치를 차지하여 깊은 트랩(deep trap)으로 작용하는데, 이로 인해 유발되는 문제점이 아닌 것은?

ⓐ 누설 전류 증가 ⓑ 항복 전압 감소
ⓒ 발광 효율 증가 ⓓ 소수운반자 수명 감소

53 실리콘 반도체에서 확산을 통한 불순물 도핑용으로 액체형 소스로만 구성된 것은?

ⓐ BBr_3, BCl_3, PCl_3, $POCl_3$
ⓑ BCl_3, P_2O_5, B_2H_6, AsH_3
ⓒ PCl_3, B_2H_6, B_3O_3, $POCl_3$
ⓓ $POCl_3$, P_2O_5, B_3O_3, BCl_3

54 TED(Transient Enhanced Diffusion)에 대한 설명 중 올바른 것은?

ⓐ 이온 주입 시 형성된 침입형 실리콘(Si interstitial)의 농도가 높을수록 확산 속도가 증가함
ⓑ 열처리 과정 중 이온 주입 시 형성된 점 결함(point defect)의 농도가 감소하며, 열처리 시간이 증가할수록 확산 속도가 증가함
ⓒ 접합의 깊이(junction depth)를 줄이는 데 도움이 됨
ⓓ TED 현상을 완화하는 데 고속 열처리(RTA: Rapid Thermal Annealing)보다 노(furnace)가 유리함

55 **확산에 의한 불순물 도핑의 특징으로 틀린 것은?**

ⓐ 국부적 도핑을 위해 산화막과 같은 하드 마스크 패턴을 웨이퍼에 형성함

ⓑ 등방성으로 불순물의 도핑 농도가 형성됨

ⓒ 접합의 깊이와 도핑 농도를 독립적으로 제어하기 어려움

ⓓ 저온에서 비등방성 농도 분포로 농도 불순물이 주입됨

56 **비소(As)의 확산에 관한 설명으로 틀린 것은?**

ⓐ 국부적 확산용 마스크로 산화막을 사용할 수 있음

ⓑ 고농도 As가 확산되는 조건에서 As cluster가 형성됨

ⓒ 인(P), 안티모니(Sb)보다 상대적으로 빠르게 확산함

ⓓ 고농도에서 As의 농도에 따라 확산 계수가 변함

57 **Ploy−Si에서의 불순물의 확산에 대한 설명으로 부적합한 것은?**

ⓐ 결정립의 크기에 따라 확산 속도가 다름

ⓑ 단결정 Si에서 더욱 확산 속도가 빠름

ⓒ 잉여 불순물은 그레인(grain) 경계에 축적되어 농도가 높음

ⓓ 1,000 ℃의 고온 확산에서 단결정 실리콘과 동일한 확산이 이루어짐

58 **아래 불순물 중에 실리콘 반도체에서 치환형(substitute) 확산을 하는 것은?**

ⓐ Cu ⓑ Au

ⓒ Sb ⓓ Li

59 **고속의 RTA(Rapid Thermal Anneal)를 이용한 확산의 특징이 아닌 것은?**

ⓐ 안정한 열평형 조건의 공정이므로 시뮬레이션과 모델링이 쉬움

ⓑ 낱장 공정으로 대면적 기판의 균일한 열처리에 유용함

ⓒ 천이형(transient) 확산이 발생하지만 빠른 열처리로 불순물의 재분포를 억제함

ⓓ 챔버가 cold wall 조건으로 상호 오염이 적고, 고농도로 도핑층 형성에 유용

60 **실리콘 기판에 붕소(B)를 에러 분포 함수인** $C = C_s \,\mathrm{erfc}\left(\dfrac{x}{2\sqrt{Dt}}\right)$, predeposition(**일정 소스**: constanct source) **방식으로 확산한 경우 확산층의 면저항으로 가장 근사한 값은? (단, 간단한 계산을 위해 불순물 주입량, 표면 농도** $C_s = 10^{19}$ ㎝$^{-3}$, **확산** $Dt = 10^{-8}$ ㎠, **홀 이동도**$(\mu) = 300$ ㎠/Vs **조건을 적용)**

ⓐ 8 Ω/□ ⓑ 18 Ω/□ ⓒ 28 Ω/□ ⓓ 38 Ω/□

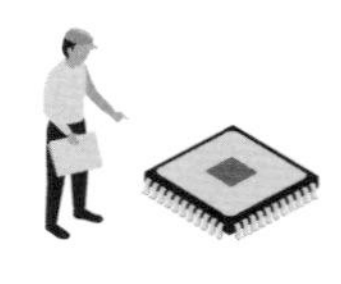

61 Si 반도체 내부에서 자기확산(self–diffusion)에 대한 올바른 설명은?

ⓐ 자기확산은 침입형 확산(interstitial diffusion) 현상이 중요한 기구(mechanism)임

ⓑ 실리콘 반도체 물질에서 self-diffusion은 도핑용 불순물과 속도가 유사한 수준임

ⓒ Si 반도체 물질에서 Si 원자가 확산하며 도핑용 불순물에 비해 속도가 매우 느림

ⓓ Si 반도체에서 자기확산은 전혀 발생하지 않음

62 실리콘 반도체 기판에 1차로 인(P)을 확산하고, 2차로 비소(As)를 확산하는 데 있어서 1,000 ℃에서 1 hr 동안 동일하게 이행한 경우 수직 방향으로 불순물의 농도 분포로 추정되는 적합한 형태는? (단, 각 불순물의 표면 농도는 고용도(soild solubility)를 유지하는 조건으로 간주함)

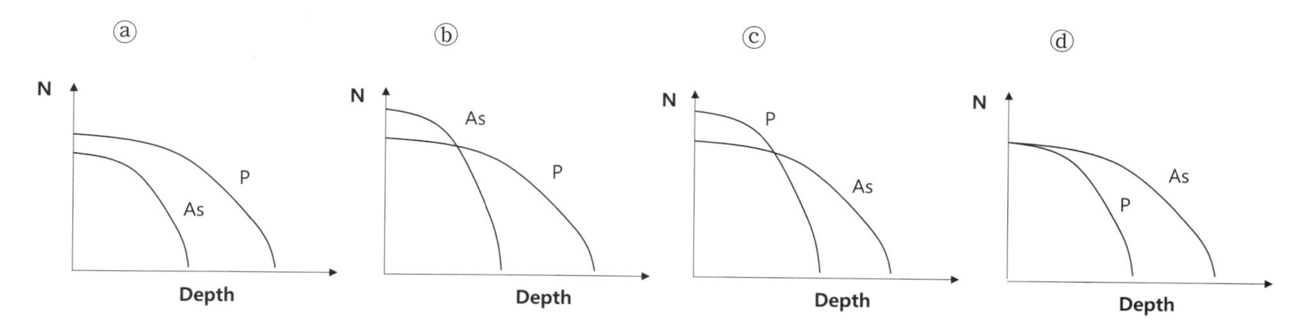

[63-64] 다음 그림을 보고 질문에 답하시오.

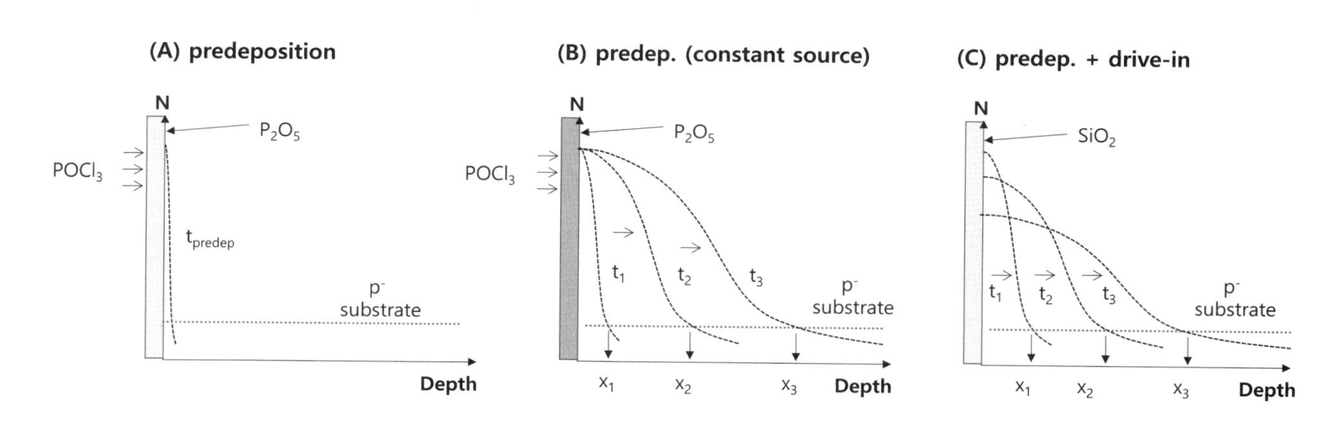

63 위 그림의 Si 반도체에서 인(P)의 확산 기구(diffusion mechanism)에 대해 틀린 설명은?

ⓐ 그림 (A)는 predeposition 초기 단계로 표면에서 P_2O_5가 형성되면서 P의 주입 발생

ⓑ 그림 (B)는 predeposition에 의한 확산이 계속되는 상태

ⓒ 그림 (C)는 초기 predeposition 후 소스의 공급이 중단되고 drive-in 확산이 되는 상태

ⓓ 그림 (B)와 그림 (C)는 각각 Gaussian과 Erf 함수를 따르는 확산 프로파일을 보임

64 **Si 반도체에서 인(P)을 확산하여 n^+-p 접합을 형성하는 기술에 있어서 확산 기구(diffusion mechanism)와 관련하여 틀린 설명은?**

ⓐ 그림 (A)에서 $POCl_3$는 기체 소스로서 400 ℃ 이하의 저온에서 웨이퍼로 공급됨

ⓑ 그림 (B)에서 표면의 P 농도는 확산 온도에서 고용도(solid solubility)에 의해 고정됨

ⓒ 그림 (C)에서 t_1, t_2, t_3 확산 후 확산으로 주입된 불순물의 총량은 일정한 조건임

ⓓ 그림 (B)와 그림 (C)는 각각 Erf와 Gaussian 함수를 따르는 확산 프로파일을 보임

65 **Si 반도체에서 초기(original)의 비소(As) 도핑 상태에서 시작하는 확산에 대하여 확산 시간에 따라 변화하는 순서의 프로파일로 가장 근사하게 예상되는 것은?**

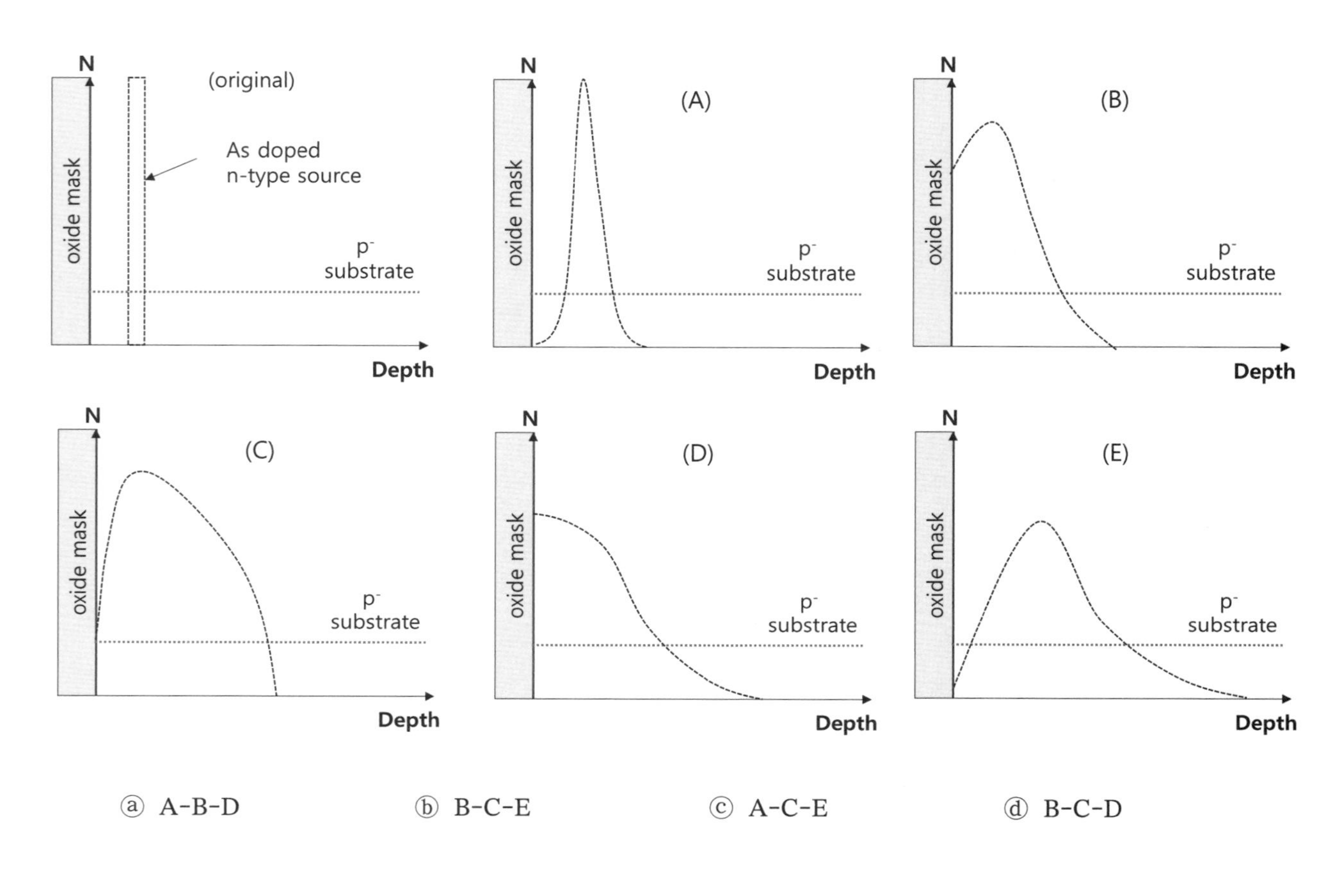

ⓐ A-B-D　　ⓑ B-C-E　　ⓒ A-C-E　　ⓓ B-C-D

66 **비소(As)가 $N_s = 8\times10^{19}$ ㎝$^{-3}$의 고농도로 도핑된 n^+-type Si 반도체 기판에 p-type(boron, 1×10^{14} ㎝$^{-3}$) Si 에피층을 성장하여 p-n 접합을 형성하는데, 에피 성장 과정에 기판의 As가 outdiffusion 하므로 형성되는 p-n 접합(동일한 농도) 깊이는? (단, As의 확산 계수(D)는 4×10^{-12} ㎠/sec이고, 에피 성장 시간은 10 min, 에피층의 두께(x_{epi})는 2 ㎛, 외부 확산 농도 분포는 $N = \frac{N_{sub}}{2}\left[1 + \text{erf}\left(\frac{x - x_{epi}}{2\sqrt{Dt}}\right)\right]$, $1 - \text{erf}(x) \approx \exp(-x^2)$를 적용함)**

ⓐ 0.012 ㎛　　ⓑ 0.12 ㎛　　ⓒ 1.2 ㎛　　ⓓ 12 ㎛

67 **급속 열처리기**(RTP)**를 이용하여** Si(100) **웨이퍼를** 1,200 °C**의 고온에서 열처리하는 경우 온도 불균일에 의한 전위**(dislocation)**의 발생을 방지하기 위해서 허용되는 기판 온도의 편차는? (단, 기판의 열팽창 계수**(α)**는** 2.6×10^{6}/°C**이고,** Young's modulus(E)**는** 180 ㎬, 1,200 °C**에서 전위가 발생하는 임계 스트레스**(σ: critical shear stress)**는** 1 ㎫**이고,** $\sigma = \alpha E\Delta T$**를 적용함)**

ⓐ < 0.21 °C　　ⓑ < 2.1 °C　　ⓒ < 21 °C　　ⓓ < 210 °C

68 **급속 열처리기**(RTP)**를 이용하여** Si(100) **웨이퍼를** 850 °C**의 고온에서 열처리하는 경우, 전위**(dislocation)**가 발생하는 기판의 온도 편차는? (단, 기판의 열팽창 계수**(α)**는** 2.6×10^{6}/°C**이고,** Young's modulus(E)**는** 180 ㎬**, 전위가 발생하는 임계 스트레스**(σ: critical shear stress)**는** 850 °C**에서** 50 ㎫, $\sigma = \alpha E\Delta T$**를 적용함)**

ⓐ > 4 °C　　ⓑ > 47 °C　　ⓒ > 67 °C　　ⓓ > 107 °C

69 **표면에서** 1 ㎛ **깊이에** Fe **불순물이 주입된 실리콘 웨이퍼를** 1,000 °C**에서** 60 min **동안 건식 산화하여** 0.1 ㎛ **두께의 산화막을 성장하였는데, 이 공정의 과정에서** Fe**은 어떻게 되겠는가? (단, 웨이퍼의 두께는** 650 ㎛**이고,** Fe**의 확산 계수(단위:** ㎠/sec)**는** $D = 9.5\times10^{-4}\cdot\exp(-0.65/kT)$, $k = 8.62\times10^{-5}$ eV/K, **확산 길이는** $2\sqrt{DT}$**를 적용함)**

ⓐ 확산 길이가 1.9 ㎜에 달해 전 웨이퍼에 균일하게 퍼지고 일부는 외부로 확산된 상태임

ⓑ 확산으로 기판의 외부로 모두 증발하여 기판에는 순수한 Si / SiO_2만 존재함

ⓒ 산화막의 형성과 무관하여 실리콘 원래 위치에 동일한 상태로 존재함

ⓓ Fe은 확산 길이를 무시할 정도이며, 대분의 Fe은 산화막 내부에 잔류함

70 **실리콘 반도체에서 확산 계수**(D)**에 대한 설명으로 틀린 것은?**

ⓐ 원자가 확산하는 속도로서 단위는 ㎠/sec임

ⓑ 확산하는 불순물 원자의 종류에 따라 활성화 에너지(Ea)가 상이함

ⓒ 통상 온도에 대해 지수적으로 증가함

ⓓ 확산 계수는 오로지 확산 온도에 의해서 결정됨

71 **저농도**($Nb = 1\times10^{14}$ ㎝$^{-3}$)**로 도핑된 실리콘 기판에 동일한 불순물을 확산하는데, 표면에서 포화 농도**(N_s)**는** 1×10^{20} ㎝$^{-3}$**이었고 확산 계수는** 1×10^{-10} ㎠/sec**인 경우, 깊이**(x) 1 ㎛ **위치에서 농도가** $(N_s - N_b)/2$**가 되는 데 소요되는 확산 시간**(t)**은?**

(단, 표면에서의 확산식 $N(x,t) = N_b + (N_s - N_b)\left\{1 - \text{erf}\left(\frac{x}{2\sqrt{Dt}}\right)\right\} \approx N\,\text{erfc}\left(\frac{x}{2\sqrt{Dt}}\right)$**과** erf(0.4~0.5) = 0.428~0.521**을 적용하여 근사함)**

ⓐ 23　　ⓑ 230　　ⓒ 2,300　　ⓓ 23,000

72 **실리콘 반도체에서 n형 불순물의 고용도(solid solubility)와 전기적 활성화(electrical activation) 농도에 대한 그래프에 관한 설명으로 틀린 것은?**

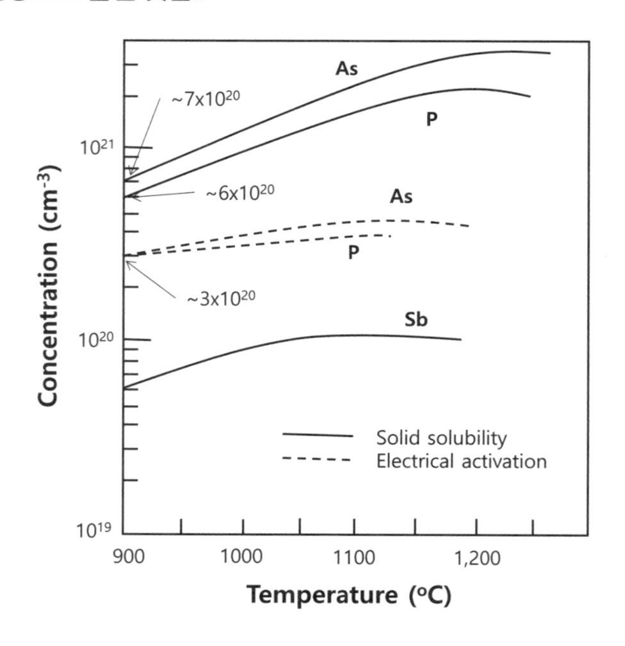

ⓐ 활성화 온도를 높여도 고용도 수준의 100 % 활성화는 불가함

ⓑ As와 P 불순물의 전기적 활성화를 고려한 최대 도핑 농도는 $(3\sim4)\times10^{20}$ ㎝$^{-3}$의 수준임

ⓒ P가 2×10^{19} ㎝$^{-3}$으로 도핑된 경우 900 ℃보다 1,100 ℃에서 활성화도가 10배 높음

ⓓ 고농도의 n^+ 도핑층을 형성하는 데 As와 P 불순물이 차례로 유용함

73 **실리콘 반도체에서 불순물의 종류에 따라 고농도의 조건에서 CED(concentration enhanced diffusion)의 확산 기구(mechanism)와 관련한 $D = D_s(C/C_s)^\gamma$ 함수에 대한 설명으로 틀린 것은? (여기서 C_s는 표면에서의 불순물 농도이고, γ는 확산 기구별(불순물의 종류)로 $-2, 0, 1, 2$ 등의 값을 보임)**

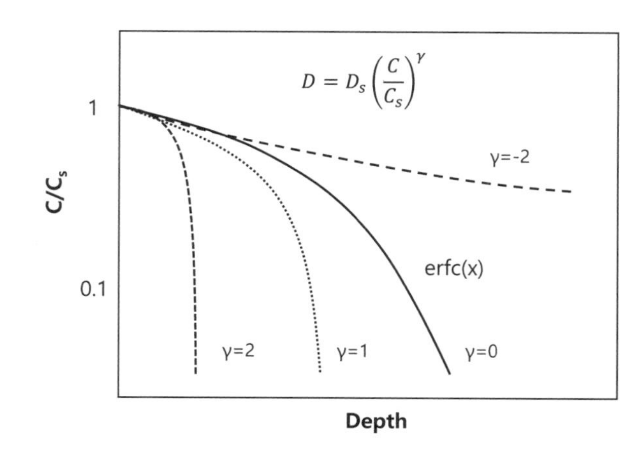

ⓐ B, As 같은 치환형 확산(substitutional diffusion)의 경우 γ = 1을 따름

ⓑ Au, Pt 같은 침입형 확산(interstitial diffusion)의 경우 γ = -2를 따름

ⓒ 인(P)의 경우 치환형 확산이며 double charge(V^{2-})의 발생으로 인해 γ = 2를 따름

ⓓ 진성운반자 농도(n_i)보다 불순물 농도가 고농도인 조건에서 erfc(x)를 따름

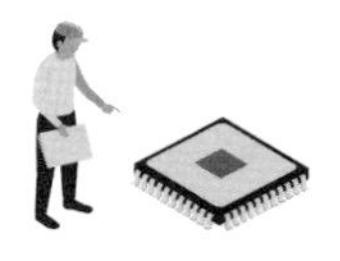

74 실리콘 반도체($E_g = 1.1$ eV)에서 도핑용 불순물의 확산에 있어서 불순물 농도가 진성운반자 농도(n_i)를 초과하면 CED(concentration enhanced diffusion)가 발생하는데, 확산 온도가 1,000 ℃인 경우 확산 계수(D)가 심하게 증가하기 시작하는 불순물 농도로 가장 근사치는? (단, $n_i = BT^{3/2} \cdot \exp(-E_g/2kT)$, $k = 8.6\times10^{-5}$ eV/K, $B = 5.23\times10^{15}$ ㎝$^{-3}$K$^{-1.5}$을 적용함)

ⓐ 2×10^{18} ㎝$^{-3}$ ⓑ 2×10^{19} ㎝$^{-3}$ ⓒ 2×10^{20} ㎝$^{-3}$ ⓓ 2×10^{21} ㎝$^{-3}$

75 실리콘 반도체는 고농도 조건에서 CED(concentration enhanced diffusion)의 확산 기구(mechanism)와 관련한 확산 계수는 $D_e/D_i = (C_e/C_i)^{\gamma}$, Ce는 고농도의 불순물 농도, Ci는 진성운반자 농도, $\gamma = 1$(예: As, B)이라 할 때, 고온인 1,000 ℃ 확산에서 불순물 농도가 2×10^{19} ㎝$^{-3}$인 부분은 저농도($< C_i$)의 영역에 비해 확산 계수가 대략 몇 배로 예상되는가? (단, $C_i = BT^{3/2} \cdot \exp(-E^g/2kT)$, $k = 8.6\times10^{-5}$ eV/K, $B = 5.23\times10^{15}$ ㎝$^{-3}$K$^{-1.5}$을 적용함

ⓐ 1 ⓑ 10 ⓒ 100 ⓓ 1,000

76 실리콘에 도핑된 불순물의 확산 계수가 1,000 K의 확산 온도에서 5×10^{-15} ㎠/sec인 경우, 아래 중에서 1,300 K의 확산 온도에서 확산 계수로 예상되는 것은?

ⓐ $< 2\times10^{-16}$ ㎠/sec ⓑ 2×10^{-16} ㎠/sec

ⓒ 5×10^{-15} ㎠/sec ⓓ $> 2\times10^{-14}$ ㎠/sec

제 4 장

이온 주입

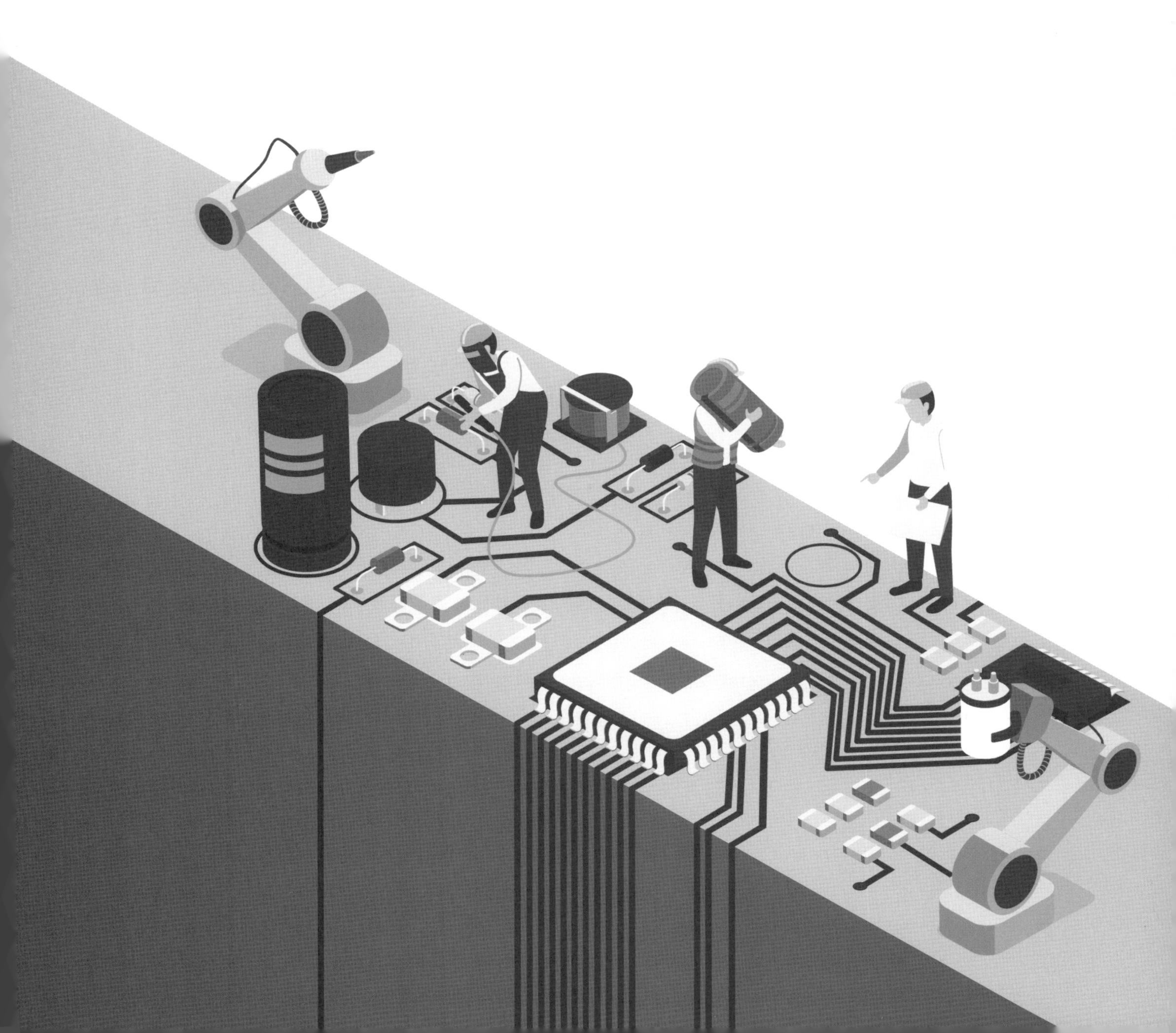

제4장 | 이온 주입

01 **이온 주입은 확산과 더불어 불순물을 주입하는 핵심 기술인데, 이온 주입에 관한 설명으로 부적합한 것은?**

ⓐ 이온 주입을 이용해 SOI(Silicon on Insulator) 기판을 제작할 수 있음

ⓑ 이온 주입 에너지로 불순물의 깊이 분포를 제어할 수 없음

ⓒ 이온 주입을 이용해 초박막 기판을 제조할 수 있음

ⓓ 이온 주입은 확산 방식에 비해 불순물 농도가 더욱 균일한 도핑 기술임

02 **이온 주입에 의한 아래의 설명 중 올바른 것은?**

ⓐ 이온 주입에 의한 불순물의 주입이 확산에 의한 방식보다 균일성이 부족함

ⓑ 이온 주입은 확산 방식에 비해 불순물 농도의 제어가 부정확함

ⓒ 동일 이온 주입 조건(주입 에너지, 도즈)에서 B^+ 이온은 BF_2^+ 이온보다 더 깊게 주입됨

ⓓ 이온 주입의 dose(이온량)가 적은 경우 열처리(anneal)하지 않아도 됨

03 **반도체 기판에 불순물을 이온 주입할 때, 주입된 이온의 에너지가 손실되면서 정지(stopping)하는 메커니즘에 대한 설명으로 부적합한 것은?**

ⓐ 반도체 이온 주입에서 채널링(channeling) 원인은 단결정 기판의 결정 구조에 기인함

ⓑ 전자 정지(electronic stopping)과 핵 정지(nuclear stopping)의 에너지 손실은 항상 동일함

ⓒ 핵 정지(nuclear stopping)의 경우 결정 결함을 많이 발생시킴

ⓓ 전자 정지(electronic stopping)은 결정 결함을 발생시키지 아니함

04 **이온 주입은 확산과 더불어 불순물을 주입하는 핵심 기술이다. 이온 주입과 관한 설명으로 부적합한 것은?**

ⓐ 이온 주입이 가능한 최대 에너지는 200 keV임

ⓑ 이온 주입은 확산 방식에 비해 불순물 농도가 더욱 균일한 도핑 기술임

ⓒ 이온 주입은 이온을 가속하는 에너지로 제어하므로 불순물의 깊이를 정밀하게 제어함

ⓓ 이온 주입 시 이온의 충돌(collision) 현상에 의해 반도체 내부에 결함이 발생함

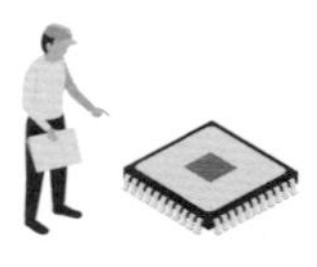

05 **이온 주입에 의한 아래의 설명 중 맞지 않는 것은?**

ⓐ 이온 주입에 의한 불순물의 주입이 확산에 의한 방식보다 균일성이 우수함

ⓑ As^+ 이온은 P^+ 이온에 비해 동일 이온 주입 조건에서 더 적은 결정 결함을 발생시킴

ⓒ 이온 주입은 확산 방식에 비해 불순물의 농도를 더욱 정확하게 제어함

ⓓ 이온 주입 과정에서 발생한 결정 결함은 열처리를 통해 어닐링(anneal)되어야 함

06 **이온 주입된 불순물(energy = E, dose = Q)의 분포는 주로 응용되는 농도 영역에서 대체적으로** $N(x) = N_p \exp\left[-\frac{(x-R_p)^2}{2\Delta R_p^2}\right]$**인 가우시안 함수를 보인다. 단, 여기에서 N_p는 피크 농도, R_p는 투영 거리, ΔR_p는 표준편차, 그리고** $Q = \sqrt{2\pi}N_p\Delta R_p$**가 된다. 실리콘 기판에 P^+ 이온을 E = 100 keV(R_p = 0.13 ㎛, ΔR_p = 0.056 ㎛), Q = 1×10^{14} ㎝$^{-2}$으로 이온 주입하는 경우 P의 피크 농도(x = R_p)는?**

ⓐ 7.1×10^{16} ㎝$^{-3}$

ⓑ 7.1×10^{17} ㎝$^{-3}$

ⓒ 7.1×10^{18} ㎝$^{-3}$

ⓓ 7.1×10^{19} ㎝$^{-3}$

07 **이온 주입은 확산과 더불어 불순물을 주입하는 핵심 기술이다. 이온 주입과 관한 설명으로 가장 정확한 것은?**

ⓐ 이온 주입은 이온을 가속하는 에너지로 제어하므로 불순물의 깊이를 정밀하게 제어하기 어려움

ⓑ 이온 주입 시 이온의 핵 충돌(nuclear collision) 현상에 의해 반도체 내부에 결함이 발생하지 아니함

ⓒ 이온 주입은 predeposition(constant source) 확산 방식에 비해 불순물 농도가 더욱 균일한 도핑 기술임

ⓓ 이온 주입이 가능한 최대 에너지는 200 keV임

08 **이온 주입에 관련한 설명으로 맞는 것은?**

ⓐ 동일 이온 주입 조건에서 P^+ 이온은 As^+ 이온에 비해 더 많은 결정 결함을 발생시킴

ⓑ 보론(boron)의 이온 주입에 있어서 B_{10} 동위원소를 B_{11} 동위원소보다 선호하여 사용함

ⓒ 동일 이온 주입 조건(주입 에너지, 도즈)에서 BF_2^+ 이온은 B^+ 이온에 비해 shallow로 주입됨

ⓓ 동일 이온 주입 조건(주입 에너지, 도즈)에서 B^+ 이온은 B^{++} 이온에 비해 더 깊게 주입됨

09 **이온 주입된 불순물(energy = E, dose = Q)의 분포는 주로 응용되는 농도 영역에서 대체적으로** $N(x) = N_p \exp\left[-\frac{(x-R_p)^2}{2\Delta R_p^2}\right]$**인 가우시안 함수를 보인다. 단, 여기에서 N_p는 피크 농도, R_p는 투영 거리, ΔR_p는 표준편차, 그리고** $Q = \sqrt{2\pi}N_p\Delta R_p$**가 된다. 실리콘 기판에 P^+ 이온을 E = 100 keV(R_p = 0.13 ㎛, ΔR_p = 0.056 ㎛), Q = 1×10^{14} ㎝$^{-2}$으로 이온 주입하는 경우 P의 표면 농도(x = 0)는?**

ⓐ 2.4×10^{16} ㎝$^{-3}$

ⓑ 2.4×10^{17} ㎝$^{-3}$

ⓒ 2.4×10^{18} ㎝$^{-3}$

ⓓ 2.4×10^{19} ㎝$^{-3}$

10 **이온 주입은 확산과 더불어 불순물을 주입하는 핵심 기술이다. 이온 주입과 관한 설명으로 부적합한 것은?**

ⓐ 이온 주입 시 불순물의 활성화와 결함의 어닐링(annealing)을 위해 열처리가 반드시 필요함

ⓑ 이온 주입된 불순물은 후속하는 드라이브인(drive-in) 확산으로 접합 깊이를 더욱 깊이 제어할 수 있음

ⓒ 이온 주입은 확산 방식에 비해 불순물 농도가 불균일한 도핑 기술임

ⓓ 이온 주입 시 이온의 충돌(collision) 현상에 의해 반도체 내부에 결함이 발생함

11 BF_3 **가스를 소스로 이용해 보론(B)을 이온 주입하는 경우 매우 다양한 종류의 입자 중에서 선택하여 이온 주입할 수 있다. 높은 생산성(throughput)의 이온 주입을 위해 가장 유리한 이온 빔인 것은?**

ⓐ $10B^+$

ⓑ $11B^+$

ⓒ BF^+

ⓓ BF_2^+

12 **이온 주입된 불순물(energy = E, dose = Q)의 분포는 주로 응용되는 농도 영역에서 대체적으로 $N(x) = N_p \exp\left[-\dfrac{(x-R_p)^2}{2\Delta R_p^2}\right]$인 가우시안 함수로 하여, N_p는 피크 농도, R_p는 투사 거리, ΔR_p는 표준편차이며, 그리고 이온 주입량의 99.99 %를 함유하는 깊이는 $R_p + 3.96\Delta R_p$로 근사할 수 있다. 실리콘 기판에 P^+ 이온을 E = 100 keV(R_p = 0.13 ㎛, ΔR_p = 0.056 ㎛), Q = 1×10^{14} cm^{-2}으로 이온 주입하는 데 있어서, 감광제를 마스크로 이용하여 99.99 % 이상을 차폐하려는 경우 필요한 감광제의 두께는? (단, 마스크에서의 R_p, ΔR_p는 실리콘과 동일하다고 가정함)**

ⓐ 3.52 ㎚

ⓑ 35.2 ㎚

ⓒ 352 ㎚

ⓓ 3,520 ㎚

13 **반도체 기판에 불순물을 이온 주입할 때, 주입된 이온의 에너지가 손실되면서 정지(stopping)하는 메커니즘에 대한 설명으로 부적합한 것은?**

ⓐ As와 같이 원자 질량이 무거운 이온은 전자 충돌(electronic collison)이 주요 정지 기구(stopping mechanism)로 작용함

ⓑ 정지 기구(stoping mechanism)로 핵 충돌(nuclear collision)과 전자 충돌(electronic collision)이 작동함

ⓒ B와 같이 원자 질량이 작은 이온은 electronic collison이 주요 stopping mechanism으로 작용함

ⓓ 전자 정지(electronic stopping)는 결정 결함을 발생시키지 아니함

14 **이온 주입에 관한 아래의 설명 중 올바른 것은?**

ⓐ 이온 주입의 dose(이온량)가 적은 경우는 어닐링(anneal)하지 않아도 됨

ⓑ 동일 이온 주입 조건에서 P^+ 이온은 As^+ 이온에 비해 더 많은 결정 결함을 발생시킴

ⓒ 동일 이온 주입 조건(주입 에너지, 도즈)에서 BF_2^+ 이온은 B^+ 이온에 비해 얕은 깊이(shallow)로 주입됨

ⓓ 이온 주입에 의한 불순물의 주입이 확산에 의한 방식보다 균일성이 우수함

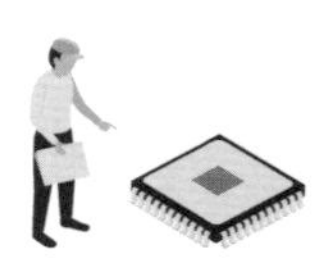

15 붕소(boron) 불순물이 1×10^{16} ㎝$^{-3}$의 농도로 도핑된 실리콘 기판에 As^+를 E = 200 keV, R_p = 0.12 ㎛, ΔR_p = 0.049 ㎛, Q = 1×10^{14} ㎝$^{-2}$ 조건으로 이온 주입한 경우 p^-형 불순물과 n^-형 불순물의 농도가 동일한 접합(metallic junction)의 깊이는? (단, 간단한 계산을 위해 이온 주입된 불순물 농도는 Gaussian 함수 $N(x) = N_p \exp\left[-\frac{(x-R_p)^2}{2\Delta R_p^2}\right]$를 사용하며, 여기에서 N_p는 피크 농도, R_p는 사영 거리, ΔR_p는 사영 거리 분산(straggle)이고, 이온 주입 dose(Q) = $\sqrt{2\pi}N_p\Delta R_p$를 적용함)

ⓐ 0.04 ㎛
ⓑ 0.4 ㎛
ⓒ 4 ㎛
ⓓ 40 ㎛

16 이온 주입된 불순물(energy = E, dose = Q)의 분포는 주로 응용되는 농도 영역에서 대체적으로 $N(x) = N_p \exp\left[-\frac{(x-R_p)^2}{2\Delta R_p^2}\right]$인 가우시안 함수를 보인다. 단, 여기에서 N_p는 피크 농도, R_p는 투영 거리, ΔR_p는 표준편차, 그리고 $Q = \sqrt{2\pi}N_p\Delta R_p$가 된다. 실리콘 기판에 P^+ 이온을 E = 100 keV(R_p = 0.13 ㎛, ΔR_p = 0.056 ㎛), Q = 1×10^{14} ㎝$^{-2}$으로 이온 주입한다. 이온 주입한 기판을 1,000 ℃에서 2시간 확산한 후 피크 농도는? (단, 단순한 계산을 위해 양측으로의 확산으로 $\Delta R_p^2 \Leftarrow \Delta R_p^2 + 2Dt$, D_0 = 10.5 ㎠/s, E_a = 3.69 eV, k = 8.62×10^{-5} eV/K를 적용)

ⓐ 2×10^{17} ㎝$^{-3}$
ⓑ 2×10^{18} ㎝$^{-3}$
ⓒ 2×10^{19} ㎝$^{-3}$
ⓓ 2×10^{20} ㎝$^{-3}$

17 반도체 기판에 불순물을 이온 주입할 때, 주입된 이온의 에너지가 손실되면서 정지(stopping)하는 충돌 메커니즘에 대한 설명으로 부적합한 것은?

ⓐ 핵 정지(nuclear stopping)의 경우 결정 결함을 많이 발생시킴
ⓑ 전자 정지(electronic stopping)의 경우 결정 결함을 발생시키지 아니함
ⓒ B와 같이 원자 질량이 작은 이온은 핵 충돌(nuclear collison)이 주요 stopping mechanism으로 작용함
ⓓ 정지 기구(stoping mechanism)는 핵 충돌(nuclear collision)과 전자 충돌(electronic collision)이 작동함

18 이온 주입된 불순물(energy = E, dose = Q)의 분포는 주로 응용되는 농도 영역에서 대체적으로 $N(x) = N_p \exp\left[-\frac{(x-R_p)^2}{2\Delta R_p^2}\right]$인 가우시안 함수를 보인다. 단, 여기에서 N_p는 피크 농도, R_p는 투영 거리, ΔR_p는 표준편차, 그리고 가 된다. 실리콘 기판에 이온을 E = 100 keV(R_p = 0.13 ㎛, ΔR_p = 0.056 ㎛), Q = 1×10^{14} ㎝$^{-2}$으로 이온 주입한다. 비정질화는 몇 % 되는가? (단, 비정질화에 필요한 에너지 밀도는 E_{am} = 10^{21} keV/㎤, 완전한 비정질화 이온 주입량으로 $S = E_{am} \cdot \frac{R_p}{E_0}$ (ions / cm^2)을 적용함

ⓐ 0.77 %
ⓑ 7.7 %
ⓒ 77 %
ⓓ 100 %

19 **반도체 기판에 불순물을 이온 주입할 때, 주입된 이온의 에너지가 손실되면서 정지(stopping)하는 기구(mechanism)에 대한 설명으로 부적합한 것은?**

ⓐ stoping mechanism은 핵 충돌(nuclear collision)과 전자 충돌(electronic collision)이 작동함

ⓑ nuclear stopping의 경우 결정 결함을 많이 발생시킴

ⓒ electronic stopping은 결정 결함을 발생시키지 아니함

ⓓ 반도체 이온 주입에서 채널링(channeling)은 결정보다 비정질에서 더욱 심하게 발생함

20 **간단한 계산을 위해 가우시안(Gaussian) 함수를 이용해 이온 주입된 불순물 농도를 $N(x) = N_p \exp\left[-\frac{(x-R_p)^2}{2\Delta R_p^2}\right]$와 같이 표현하며, 여기에서 N_p는 피크 농도, R_p는 사영 거리, ΔR_p는 사영 거리 분산(straggle)이고, 이온 주입 dose($Q = \sqrt{2\pi} N_p \Delta R_p$)이다. As^+를 E = 200 keV, $R_p = 0.12$ ㎛, $\Delta R_p = 0.049$ ㎛, $Q = 1\times10^{14}$ cm^{-2} 조건으로 이온 주입한 경우 표면 농도는?**

ⓐ 6.3×10^{16} cm^{-3} ⓑ 6.3×10^{17} cm^{-3} ⓒ 6.3×10^{18} cm^{-3} ⓓ 6.3×10^{19} cm^{-3}

21 **BF_3 가스를 소스로 이용해 보론(B)을 이온 주입하는 경우에 있어서 $10B^+$, $11B^+$, BF^+, BF_2^+, $10B^{++}$, $11B^{++}$와 같이 매우 다양한 종류의 입자 중에서 선택하여 이온 주입할 수 있는데, 동일한 이온 주입 에너지(E)의 조건에서 가장 얕은 접합(shallow junction)으로 이온 주입하기 위해 선택해야 할 입자는?**

ⓐ $10B^{++}$ ⓑ $11B^+$ ⓒ BF^+ ⓓ BF_2^+

22 **실리콘 기판의 이온 주입에 있어서 채널링 현상과 관련한 설명 중 맞지 않는 것은?**

ⓐ 채널링은 반도체의 결정성에 기인하므로 결정 방향에 따라 의존함

ⓑ 채널링을 줄이기 위해 기판 방향을 이온 빔으로부터 7° 정도 기울임

ⓒ 비정질(amorphous) 기판에서도 채널링이 단결정 기판과 동일하게 발생함

ⓓ 이온 주입에서 그림자(shadow) 효과를 없애기 위해서는 채널링을 감수해야 함

23 **BF_3 가스를 소스로 이용해 보론(B)을 이온 주입하는 경우에 있어서 $10B^+$, $11B^+$, BF^+, BF_2^+, $10B^{++}$, $11B^{++}$와 같이 매우 다양한 종류의 입자 중에서 선택하여 이온 주입할 수 있다. 동일한 이온 주입 에너지 조건에서 가장 shallow junction으로 이온 주입하기 위해 선택할 수 있는 것은 위의 입자 중에서 어느 것?**

ⓐ $11B^+$ ⓑ BF_2^+ ⓒ $10B^{++}$ ⓓ $11B^{++}$

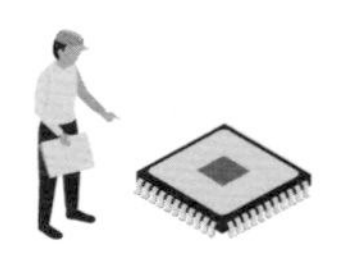

24 **불순물의 이온 주입을 하는 데 있어서 보통 반도체 표면에 희생 산화막(sacrificial oxide)을 10~100 ㎚ 정도의 두께로 성장하여 이용한다. 희생 산화막과 무관한 것은?**

ⓐ 희생 산화막은 반도체 기판의 표면을 청정하게 보호함

ⓑ 산화막이 비정질이므로 주입되는 이온의 채널링 효과를 다소 감소시킴

ⓒ 기판 측으로 주입되는 이온의 깊이가 감소함

ⓓ 이온 주입하는 과정에 희생 산화막은 스퍼터 식각되어 제거됨

25 **이온 주입의 채널링 현상과 관련한 설명 중 맞지 않는 것은?**

ⓐ 채널링은 원자 충돌에 의하므로 이온 주입 방향에 무관함

ⓑ 반도체의 표면에 희생 산화막이 있으면 채널링이 감소함

ⓒ 채널링은 Si (100) 기판보다 Si (111) 기판에서 더 심함

ⓓ 이온 주입에서 그림자(shadow) 효과를 없애기 위해서는 기울기(tilt)법을 사용할 수 없음

26 **불순물로 보론(boron)을 이온 주입하는 데 있어서 보통 반도체 표면에 희생 산화막(sacrificial oxide)을 10~100 ㎚ 정도의 두께로 성장하여 이용한다. 이온 주입을 한 후에 즉각 고온(> 900 ℃)에서 장시간(> 2 hr) drive-in 확산하는 경우에 대한 설명으로 부적합한 것은?**

ⓐ 확산에 의해 불순물 분포는 erfc 분포보다는 Gaussian 분포를 따름

ⓑ 확산에 의해 불순물 분포는 Gaussian 분포보다는 erfc 분포를 따름

ⓒ 산화막에 주입된 이온은 산화막과 실리콘의 분리 계수 차이에 의해 표면으로 방출됨

ⓓ drive-in 확산으로 인하여 이온 주입된 boron의 피크 농도는 감소함

27 **이온 주입에 의한 아래의 설명 중 맞지 않는 것은?**

ⓐ P^+ 이온에 비해 As^+ 이온은 동일 이온 주입 조건에서 더 많은 결정 결함을 발생시킴

ⓑ 동일한 이온 주입 조건(주입 에너지, 도즈)에서 B^+ 이온은 BF_2^+ 이온에 더 깊게 주입됨

ⓒ 동일한 이온 주입 조건(주입 에너지, 도즈)에서 B^+ 이온은 B^{++} 이온에 비해 더 깊게 주입됨

ⓓ boron의 이온 주입에 있어서 B_{11} 동위원소를 B_{10} 동위원소보다 선호하여 사용함

28 **BF_3 가스를 소스로 이용해 보론(B)을 이온 주입하는 경우에 있어서 $10B^+$, $11B^+$, BF^+, BF_2^+, $10B^{++}$, $11B^{++}$와 같이 매우 다양한 종류의 입자 중에서 선택하여 이온 주입할 수 있다. 동일한 이온 주입 에너지 조건에서 가장 깊은 접합(deep junction)으로 이온 주입하기 위해 선택할 수 있는 것은 아래의 입자 중에서 어느 것?**

ⓐ $10B^+$

ⓑ BF_2^+

ⓒ $10B^{++}$

ⓓ $11B^{++}$

29 인(phosphorous)이 1×10^{16} ㎝$^{-3}$ 농도로 도핑된 실리콘 (100) 기판에 boron과 As 이온 주입을 2차에 걸쳐 차례로 이온 주입하여, 최종 n−p−n 접합을 형성하는 데 있어서 가우시안 $N(x) = N_p \exp\left[-\frac{(x-R_p)^2}{2\Delta R_p^2}\right]$ 분포와 $Q = \sqrt{2\pi}N_p\Delta R_p$관계를 이용하기로 한다. boron 이온을 200 keV의 에너지로 1×10^{14} ㎝$^{-2}$의 도즈(주입량)를 주입한 경우, boron의 최고 피크 농도는? (단, boron 200 keV 에너지의 경우 $R_p = 0.54$ ㎛, $\Delta R_p = 0.089$ ㎛를 적용함)

ⓐ 4.5×10^{17} ㎝$^{-3}$
ⓑ 4.5×10^{18} ㎝$^{-3}$
ⓒ 4.5×10^{19} ㎝$^{-3}$
ⓓ 4.5×10^{20} ㎝$^{-3}$

30 반도체 기판에 주입되는 이온의 단위 면적당 도즈량은 dose = It/qA(ion/㎠), 여기에서 I = 이온 빔 전류(A), t = 이온 주입 시간(s), A = 이온 주입 면적(㎠), q = charge(1.6×10^{-19} C)이다. 6인치 웨이퍼에 $10B^+$ 이온 빔 전류를 1 ㎂로 해서 주입하는 경우, 1×10^{13} ㎝$^{-2}$을 주입하기 위해 소요되는 이온 주입 시간은?

ⓐ 2.92 sec
ⓑ 29.2 sec
ⓒ 292 sec
ⓓ 2,920 sec

31 As 이온을 100 keV로 실리콘 기판에 주입하는 데 있어서 도즈가 1×10^{14} ㎝$^{-2}$으로 낮게 주입한 경우와 5×10^{15} ㎝$^{-2}$으로 높게 주입한 경우, 고속 열처리(RTP)나 레이저 어닐링과 같은 공정을 이용해 1,100 ℃ 이상의 고온에서 고속으로 열처리하는 이유로 부적합한 설명은?

ⓐ 이온 주입 시 발생한 비정질을 다시 충분히 어닐링하여 재결정화 하기 위해
ⓑ As 불순물의 고용도(solid solubility)가 고온에서 높으므로
ⓒ 고온에서 확산에 의해 불순물의 재분포를 극대화하기 위해
ⓓ 쌍정(twin), 전위와 같은 결정 결함을 충분히 제거하기 위해

32 인(phosphorous)이 1×10^{16} ㎝$^{-3}$ 농도로 도핑된 실리콘 (100) 기판에 boron과 As 이온 주입을 2차에 걸쳐 차례로 이온 주입하여, 최종 n−p−n 접합을 형성하는 데 있어서 간단한 계산을 위해 아래 표의 수치와 가우시안 $N(x) = N_p \exp\left[-\frac{(x-R_p)^2}{2\Delta R_p^2}\right]$분포와 $Q = \sqrt{2\pi}N_p\Delta R_p$관계를 이용하기로 한다. boron 이온을 200 keV의 에너지로 1×10^{14} ㎝$^{-2}$의 도즈(주입량)를 주입한 경우, n^-형 기판과 농도가 동일한 p−n 접합 깊이는? (단, boron 200 keV 에너지의 경우 $R_p = 0.54$ ㎛, $\Delta R_p = 0.089$ ㎛를 적용)

ⓐ 0.085 ㎛
ⓑ 0.85 ㎛
ⓒ 8.5 ㎛
ⓓ 85 ㎛

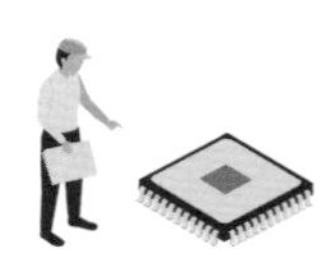

33 n−type의 As 불순물이 1×10^{17} ㎝$^{-3}$의 농도로 도핑된 n^-형 실리콘 기판에 B^+ 이온을 에너지 E = 200 keV($R_p = 0.54$ ㎛, $\Delta R_p = 0.089$ ㎛), dose $Q = 1\times10^{15}$으로 이온 주입하는 경우 B의 $D = D_0 \cdot \exp(-E_a/kT)$와 확산 후 $\Delta R_p^2 \Leftarrow \Delta R_p^2 + 2Dt$, $D = 2.6\times10$ ㎠/s를 이용해 1,000 °C에서 2시간 확산한 후에 p−n 접합의 깊이는? (단, 이온 주입된 불순물의 분포는 대체적으로 $N(x) = N_p \exp\left[-\frac{(x-R_p)^2}{2\Delta R_p^2}\right]$인 가우시안 함수를 따르고, 여기에서 N_p는 피크 농도, R_p는 투영 거리, ΔR_p는 분산(straggle), 그리고 $Q = \sqrt{2\pi}N_p\Delta R_p$, $k = 8.62\times10^{-5}$ eV/K를 적용함)

ⓐ 0.012 ㎛ ⓑ 0.12 ㎛ ⓒ 1.2 ㎛ ⓓ 12 ㎛

34 As 이온을 100 keV로 실리콘 기판에 주입하는 데 있어서 도즈(dose)가 1×10^{14} ㎝$^{-2}$으로 낮게 주입한 경우와 5×10^{15} ㎝$^{-2}$으로 높게 주입한 경우, RTP나 레이저와 같은 고속 공정을 이용해 1,100 °C 이상의 고온에서 고속으로 열처리하는 이유로 부적합한 설명은?

ⓐ 불순물의 피크 농도를 높게 유지하는 데 유리하므로
ⓑ 쌍정(twin), 전위(dislocation)와 같은 결정 결함을 제거하기 위해
ⓒ 불순물의 확산을 증가시켜서 접합 깊이를 깊게 하기 위해
ⓓ 고온에서 활성화도를 높이면서 불순물의 재분포를 최소화하기 위해

35 반도체 기판에 주입되는 이온의 단위 면적당 도즈량은 Dose = It/qA(ion/㎠), 여기에서 I = 이온 빔 전류(A), t = 이온 주입 시간(s), A = 이온 주입 면적(㎠), q = charge(1.6×10^{-19} C)이다. 웨이퍼에 보론(B) 이온을 주입하는 경우 이온 주입 시간을 줄여서 생산성을 높이는 방안으로 적절한 것은?

ⓐ $11B^+$ 이온을 이용하고 빔 에너지를 가능한 한 높여서 사용함
ⓑ $10B^+$ 이온을 이용하고 빔 전류를 가능한 한 높여서 사용함
ⓒ $10B^+$ 이온을 이용하고 빔 에너지를 가능한 한 높여서 사용함
ⓓ $11B^+$ 이온을 이용하고 빔 전류를 가능한 한 높여서 사용함

36 이온 주입된 불순물(energy = E, dose = Q)은 가우시안 분포 $N(x) = N_p \exp\left[-\frac{(x-R_p)^2}{2\Delta R_p^2}\right]$을 이용하며, 여기에서 N_p는 피크 농도, R_p는 투영 거리, ΔR_p는 분산(Straggle), $Q = \sqrt{2\pi}N_p\Delta R_p$이다. As이 1×10^{17} ㎝$^{-3}$의 농도로 도핑된 n^-형 실리콘 기판에 B^+ 이온을 에너지 E = 200 keV($R_p = 0.54$ ㎛, $\Delta R_p = 0.089$ ㎛), $Q = 1\times10^{15}$ ㎝$^{-2}$으로 이온 주입하고 1,000 °C에서 2시간 확산한 후에 B 피크 농도는? (단, 간단한 계산을 위해 확산에 의해 $\Delta R_p^2 \Leftarrow \Delta R_p^2 + 2Dt$로 하며, B의 확산 계수 $D = 2.6\times10^{-14}$ ㎠/s를 적용함)

ⓐ 2×10^{17} ㎝$^{-3}$ ⓑ 2×10^{18} ㎝$^{-3}$
ⓒ 2×10^{19} ㎝$^{-3}$ ⓓ 2×10^{20} ㎝$^{-3}$

37 이온 주입 기술과 관련이 없는 용어는?

ⓐ LSS theory　ⓑ double charge　ⓒ descum　ⓓ tailing

38 반도체에서 불순물의 이온 주입 주요 공정 조건에 해당하지 않는 용어는?

ⓐ 에너지　ⓑ dose　ⓒ 기판 두께　ⓓ tilt

39 실리콘 기판에 $Boron^+$ 이온을 $E = 200$ keV($R_p = 0.54$ ㎛, $\Delta R_p = 0.089$ ㎛), $Q = 1\times10^{15}$ cm^{-2}으로 이온 주입하는 경우 B의 확산 후 $\Delta R_p^2 \Leftarrow \Delta R_p^2 + 2Dt$를 이용해 1,000 ℃에서 확산 계수 $D = 10^{-14}$ ㎠/s로 1시간 확산한 후에 재분포에 의한 boron 피크 농도(N_p)는? (단, 이온 주입된 불순물(energy = E, dose = Q)의 분포는 $N(x) = N_p \exp\left[-\frac{(x-R_p)^2}{2\Delta R_p^2}\right]$인 가우시안 함수를 이용하며, 여기에서 N_p는 피크 농도, R_p는 투영 거리, ΔR_p는 분산(Straggle), $N_p = \frac{Q}{\sqrt{2\pi}\Delta R_p}$를 적용함)

ⓐ 3.3×10^{17} cm^{-3}　ⓑ 3.3×10^{18} cm^{-3}　ⓒ 3.3×10^{19} cm^{-3}　ⓓ 3.3×10^{20} cm^{-3}

40 비소(As)의 이온 주입에 의해 생성될 수 있는 결함의 종류가 아닌 것은?

ⓐ interstitial　ⓑ dislocation　ⓒ vacancy　ⓓ acceptor

41 이온 주입으로 형성된 도핑층의 전기적 특성을 측정하는 방법에 해당하지 않는 것은?

ⓐ FPP(four Point Probe)　ⓑ cathodoluminescence

ⓒ C-V　ⓓ SRP

42 이온 주입 기술과 관련이 없는 용어는?

ⓐ LSS theory　ⓑ tailing　ⓒ annealing　ⓓ alloy

43 이온 주입된 불순물(energy = E, dose = Q)은 가우시안 분포 $N(x) = N_p \exp\left[-\frac{(x-R_p)^2}{2\Delta R_p^2}\right]$을 이용하며, 여기에서 N_p는 피크 농도, R_p는 투영 거리, ΔR_p는 분산(Straggle), $Q = \sqrt{2\pi} N_p \Delta R_p$이다. 불순물 As가 1×10^{17} cm^{-3}의 농도로 도핑된 n^-형 실리콘 기판에 보론(boron) 이온을 $E = 200$ keV($R_p = 0.54$ ㎛, $\Delta R_p = 0.089$ ㎛), $Q = 1\times10^{15}$ cm^{-2}으로 이온 주입하고 1,000 ℃에서 2시간 확산한 후에 기판 표면에서 B 피크 농도는? (단, 간단한 계산을 위해 확산에 의해 $\Delta R_p^2 \Leftarrow \Delta R_p^2 + 2Dt$로 하며, 보론(B)의 확산 계수 $D = 2.6\times10^{-14}$ ㎠/s를 적용함($k = 8.62\times10^{-5}$ eV/K))

ⓐ 7.4×10^{17} cm^{-3}　ⓑ 7.4×10^{18} cm^{-3}　ⓒ 7.4×10^{19} cm^{-3}　ⓓ 7.4×10^{20} cm^{-3}

44 인(P)의 이온 주입에 의해 생성될 수 있는 결함의 종류가 아닌 것은?

ⓐ interstitial ⓑ Frenkel defect ⓒ dislocation ⓓ hillock

45 반도체에서 불순물의 이온 주입 주요 공정 조건에 해당하지 않는 용어는?

ⓐ 압력 ⓑ 도즈(dose) ⓒ 이온 종류 ⓓ 에너지

46 그림과 같이 기판에 phosphorous(P)를 100 keV(Rp = 0.13 ㎛, ΔRp = 0.04 ㎛) 에너지로 이온 주입한 경우 형성되는 접합 깊이의 형태가 가장 정확하게 표현된 것은? (단, 간단한 계산을 위해 PR, oxide, Si에서 Rp, ΔRp는 모두 동일하며, 이온 주입 깊이(d = Rp + 3.96ΔRp)를 이온 주입을 99.99 % 차폐하는 깊이로 적용함)

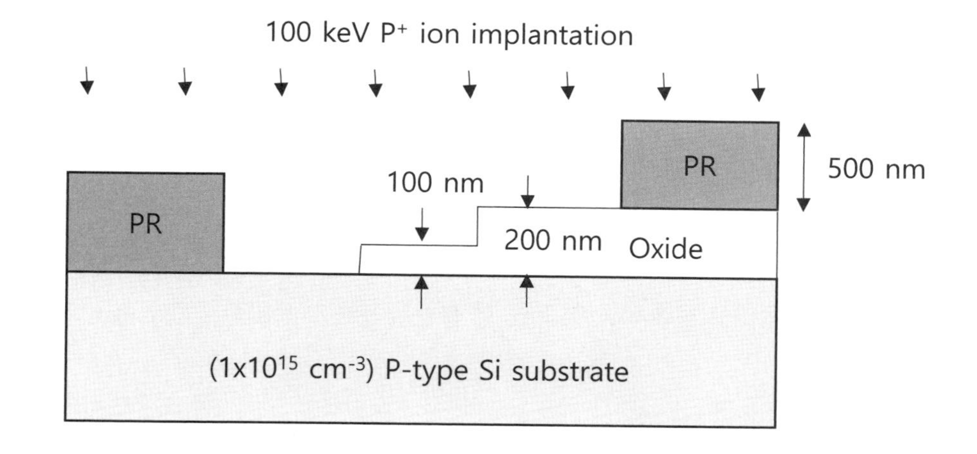

ⓐ

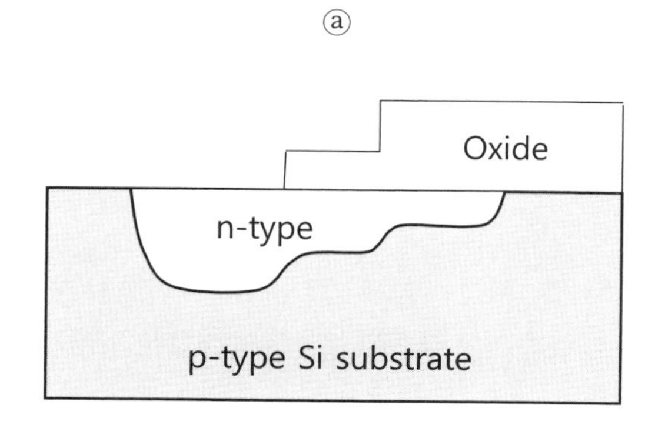

ⓑ

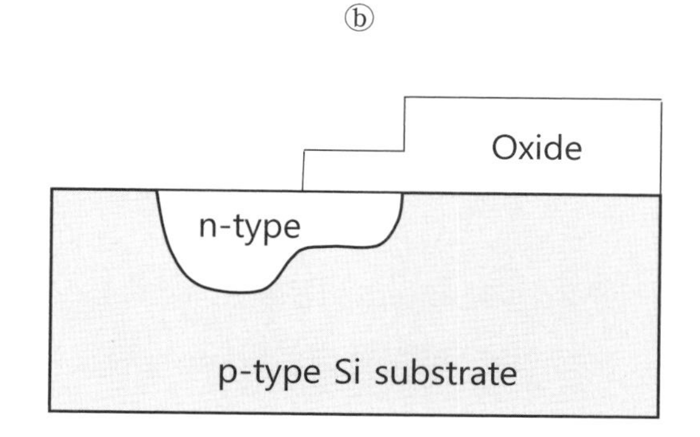

ⓒ

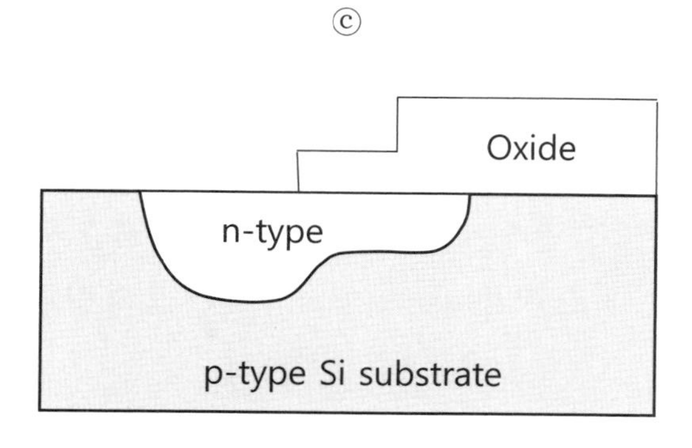

ⓓ

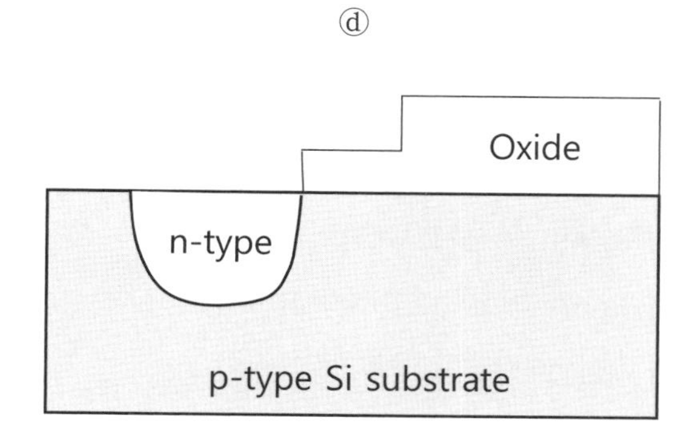

47 두께가 10 ㎜, 면적이 10 ㎝×10 ㎝인 실리콘 반도체에 이온 빔 전류 1.6 ㎃로 10초 동안 이온 주입한 경우 실리콘 기판에 주입된 도즈(Q: 주입량)는?

ⓐ 10^{12} ㎝$^{-2}$　ⓑ 10^{13} ㎝$^{-2}$　ⓒ 10^{14} ㎝$^{-2}$　ⓓ 10^{15} ㎝$^{-2}$

48 도핑 농도가 10^{16} ㎝$^{-3}$인 n^-형 실리콘 반도체 기판에 1 MeV($R_p = 4$ ㎛, $\Delta R_p = 0.3$ ㎛)의 에너지로 이온 주입한 p^-형 불순물의 피크 농도(Np)가 10^{18} ㎝$^{-3}$인 경우, $N(x) = \dfrac{Q}{\sqrt{2\pi}\Delta R_p} \exp\left[-\dfrac{(x-R_p)^2}{2\Delta R_p^2}\right]$인 가우시안 분포를 적용하면 이온 주입된 도즈(Q)는?

ⓐ 7.5×10^{12} ㎝$^{-2}$　ⓑ 7.5×10^{13} ㎝$^{-2}$　ⓒ 7.5×10^{14} ㎝$^{-2}$　ⓓ 7.5×10^{15} ㎝$^{-2}$

49 이온 주입으로 형성된 도핑층의 전기적 특성을 측정하는 방법에 해당하지 않는 것은?

ⓐ FPP　ⓑ van der Pauw　ⓒ C-V　ⓓ AFM

50 도핑 농도가 10^{16} ㎝$^{-3}$인 n^-형 실리콘 반도체 기판에 1 MeV($R_p = 4$ ㎛, $\Delta R_p = 0.3$ ㎛)의 에너지로 이온 주입한 p^-형 불순물의 피크 농도(N_p)가 10_{18} ㎝$^{-3}$인 경우, $N(x) = \dfrac{Q}{\sqrt{2\pi}\Delta R_p} \exp\left[-\dfrac{(x-R_p)^2}{2\Delta R_p^2}\right]$인 가우시안 분포를 적용하면 다음 중에서 p^-형과 n^-형 불순물 농도가 동일한 접합이 형성되는 깊이로 가장 정확한 것은?

ⓐ 1.7 ㎛　ⓑ 2.7 ㎛　ⓒ 3.7 ㎛　ⓓ 4.7 ㎛

51 이온 주입한 도즈(dose: 주입량)를 측정하는 방식과 무관한 것은?

ⓐ 이온 주입기의 magnet power　ⓑ Faraday cage 측정
ⓒ SIMS 분석　ⓓ 면저항 측정

52 실리콘 기판에 $Boron^+$ 이온을 E = 200 keV($R_p = 0.54$ ㎛, $\Delta R_p = 0.089$ ㎛), 이온 주입량 $Q = 1\times10^{15}$ ㎝$^{-2}$으로 이온 주입하는 경우 boron의 피크 농도(N_p)는? (단, 이온 주입된 불순물의 분포는 가우시안 분포로 $N(x) = \dfrac{Q}{\sqrt{2\pi}\Delta R_p} \exp\left[-\dfrac{(x-R_p)^2}{2\Delta R_p^2}\right]$를 적용)

ⓐ 4.5×10^{17} ㎝$^{-3}$　ⓑ 4.5×10^{18} ㎝$^{-3}$　ⓒ 4.5×10^{19} ㎝$^{-3}$　ⓓ 4.5×10^{20} ㎝$^{-3}$

53 이온 주입기(ion implantor) 장비의 빔 소스에서 웨이퍼까지 거리가 평균 행로의 1/100배쯤이면 무시할 정도의 collision으로 웨이퍼까지 이온 빔이 도달할 수 있다고 간주한다. 진공에서 Ar 원자의 평균 자유 행로는 0.66/P(㎝)로 보고 웨이퍼까지 거리가 10 m라고 할 때, 요구되는 ion implanter 빔 라인의 진공도는 얼마 이상인가?

ⓐ 6.6×10^{-2} ㎩　ⓑ 6.6×10^{-3} ㎩　ⓒ 6.6×10^{-4} ㎩　ⓓ 6.6×10^{-5} ㎩

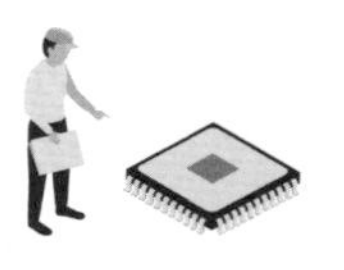

54 **실리콘 반도체에 p-type 불순물을 이온 주입하는 데 채널링을 감소시켜 얕은 접합(shallow junction)을 형성하는 방법에 해당하지 않는 것은?**

ⓐ B 이온보다는 BF_2를 이온 주입함

ⓑ 기판의 온도를 높여 고온에서 이온 주입함

ⓒ 기판에 대해 이온 선의 기울기가 기울어진 angled implantation을 함

ⓓ Si 이온을 이용한 비정질화 이온 주입 후에 B 이온을 주입함

55 **이온 주입한 불순물의 활성화(activation)을 위한 어닐(anneal) 열처리에서 이온 주입량과 열처리 온도에 따른 활성화에 대한 그래프에서 바르지 않은 설명은?**

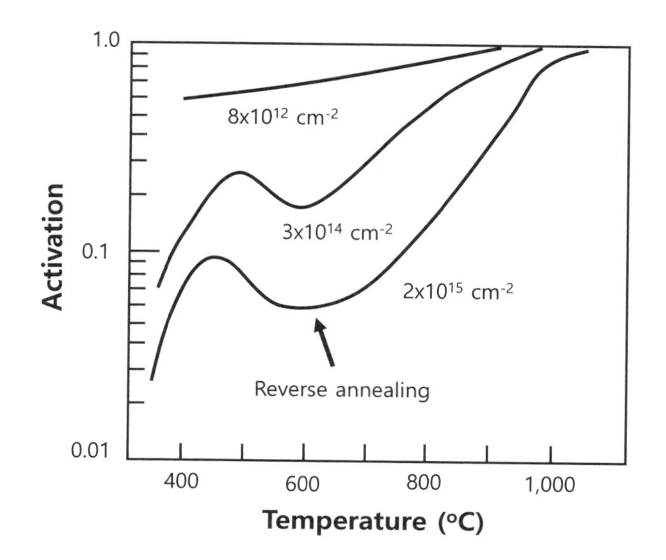

ⓐ 이온 주입량이 적으면 400 ℃ 이하의 저온에서 장시간 보관하면 충분한 활성화가 이루어짐

ⓑ 이온 주입량이 적으면 대부분 점 결함이고 결함 농도가 낮아 저온부터 활성화가 쉽게 증가함

ⓒ 이온 주입량이 많으면 결함들이 결합하면서 역 어닐링(reverse annealing)이라는 활성화 감소 현상이 발생함

ⓓ 이온 주입량이 많으면 반도체에 결정 결함이 심하게 발생하여 높은 활성화 온도가 필요함

56 **BF_3 가스를 소스로 이용해 보론(B)을 이온 주입하는 경우 매우 다양한 종류의 입자 중에서 선택하여 이온 주입할 수 있다. 동일한 이온 주입 에너지 조건에서 가장 shallow junction으로 이온 주입하기 위해 선택할 수 있는 것은 아래의 입자 중에서 어느 것?**

ⓐ $11B^+$

ⓑ BF^+

ⓒ $10B^+$

ⓓ BF_2^+

57 **반도체 기판에 불순물을 이온 주입할 때, 주입된 이온의 에너지가 손실되면서 정지(stopping) 메커니즘과 관련한 설명으로 부적합한 것은?**

ⓐ 전자 정지(electronic stopping)는 결정 결함을 심각하게 발생시킴

ⓑ 반도체 이온 주입에서 채널링(channeling) 원인은 단결정 기판의 결정 구조에 기인함

ⓒ 채널링 현상을 줄이려면 기판을 7° 정도 기울인(tilt) 상태에서 이온 주입함

ⓓ 핵 정지(nuclear stopping)는 결정 결함을 많이 발생시킴

58 **반도체 기판에 불순물을 이온 주입할 때, 주입된 이온의 에너지가 손실되면서 정지(stopping)하는 메커니즘에 대한 설명으로 부적합한 것은?**

ⓐ stoping mechanism은 핵 충돌(nuclear collision)과 전자 충돌(electronic collision)이 작동함

ⓑ B와 같이 원자 질량이 작은 이온은 nuclear collison이 주요 정지 기구(stopping mechanism)로 작용함

ⓒ As와 같이 원자 질량이 무거운 이온은 nuclear collison이 주요 stopping mechanism으로 작용함

ⓓ nuclear collision의 경우 결정 결함을 많이 발생시킴

59 **Si 기판에 As와 B의 이온 주입에 대한 비교 설명으로 적합한 것은?**

ⓐ B는 p^-형 도판트로서 As보다 표면 측으로 이온 주입되며 결함을 적게 발생시킴

ⓑ B는 p^-형 도판트로서 As보다 깊게 이온 주입되며 결함을 적게 발생시킴

ⓒ B는 p^-형 도판트로서 As보다 깊게 이온 주입되며 결함을 많이 발생시킴

ⓓ B는 n^-형 도판트로서 As보다 표면 측으로 이온 주입되며 결함을 많이 발생시킴

60 **이온 주입 장치를 구성하는 주요 요소가 아닌 것은?**

ⓐ ion source
ⓑ accelerator
ⓒ IR lamp
ⓓ Faraday cup

61 **이온 주입 장치를 구성하는 주요 요소와 무관한 것은?**

ⓐ 분류기(magnet)
ⓑ 가속기(accelerator)
ⓒ 주사기(electrostatic scanner)
ⓓ 증발기(evaporator)

62 **이온 주입 장치가 고진공으로 유지되어야 하는 가장 중요한 이유는?**

ⓐ 이온의 자유 행로가 충분히 길어서 최소한의 충돌로 소스에서 기판까지 도달하도록 함

ⓑ 이온화된 불순물의 양을 감소시킴

ⓒ 웨이퍼의 표면의 산화를 방지하기 위함

ⓓ 이온 주입의 균일도를 높이기 위함

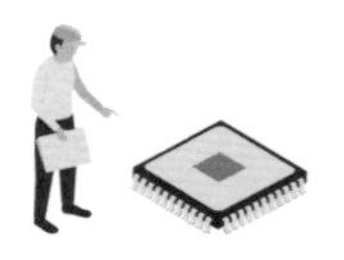

63 **이온 주입으로 인해 실리콘에 발생하는 결정 결함과 무관한 것은?**

ⓐ spike
ⓑ dislocation loop
ⓒ amorphous silicon
ⓓ vacancy-interstitial pair

64 **다음 중 이온 주입 시 채널링이 가장 덜 발생하는 표면 방향의 실리콘 기판은?**

ⓐ (100)
ⓑ (110)
ⓒ (111)
ⓓ (123)

65 **선택적 이온 주입에 사용하는 마스크(mask) 물질로 사용하지 않는 것은?**

ⓐ photoresist
ⓑ oxide
ⓒ poly-Si
ⓓ Au

66 **SOI(Silicon on Insulator) 기판의 제조에 사용하는 SIMOX(Separation by Implantation of Oxygen) 기술의 공정 방식으로 맞는 것은?**

ⓐ 10^{18} ㎝$^{-2}$대로 oxygen 이온 주입하고, 1,320 °C 고온 열처리로 BOX(buried oxide) 형성 후 Epi 성장
ⓑ 10^{18} ㎝$^{-2}$대로 oxygen 이온 주입하고, 300 °C 저온 열처리로 BOX(buried oxide) 형성 후 Epi 성장
ⓒ 10^{12} ㎝$^{-2}$대로 oxygen 이온 주입하고, 300 °C 저온 열처리로 BOX(buried oxide) 형성 후 Epi 성장
ⓓ 10^{12} ㎝$^{-2}$대로 oxygen 이온 주입하고, 1,320 °C 고온 열처리로 BOX(buried oxide) 형성 후 Epi 성장

67 **이온 정지(ion stopping) 메커니즘에 대한 설명 중 틀린 것은?**

ⓐ 핵 정지(nuclear stopping)는 이온 주입된 이온과 기판의 원자 질량에 의존함
ⓑ 전자 정지(electronic stopping)는 입사된 이온의 속도에 반비례함
ⓒ 가벼운 이온(light ion)은 전자 정지(electronic stopping)가 지배적임
ⓓ 무거운 이온(heavy ion)은 핵 정지(nuclear stopping)가 지배적임

68 **이온 주입된 이온의 분포를 예측할 수 있는 LSS(Lindhad, Scharff, and Schiott) 이론에 대해 올바른 설명은?**

ⓐ 단결정 실리콘 기판에 이온 주입된 이온을 가정함
ⓑ 이온 주입된 이온은 Lorentzian 분포를 가짐
ⓒ 모든 이온은 동일한 궤적으로 이온 주입됨
ⓓ 채널링 효과는 무시됨

69 **이온 주입 공정 후 활성화(activation) 열처리에 대한 설명 중 틀린 것은?**

ⓐ 도즈(dose)가 증가할수록 일반적으로 높은 온도에서 열처리해야 함
ⓑ 이온 주입에 의해 형성된 표면 손상층이 열처리 과정에 의해 결정성을 회복함
ⓒ 이온 주입된 도판트는 열처리에 의하여 침입형 불순물 형태로 기판에 위치함
ⓓ 도즈(dose)가 표면 비정질화가 일어나는 임계값 이상에서는 고상에피택시(solid phase epitaxy) 과정을 거쳐 비교적 저온에서 activation 열처리가 가능함

70 **반도체 기판에 이온 주입을 이행한 후 활성화(activation) 열처리를 위한 FLA(Flash Lamp Annealing)에 관한 설명으로 올바른 것은?**

ⓐ 일반적인 RTA(Rapid Thermal Annealing)와 비교하여 매우 짧은 시간으로 열처리가 가능함

ⓑ 도판트의 종류에 따라 기판에 전달되는 열에너지가 달라짐

ⓒ 근적외선(near infrared) 파장대의 광을 사용함

ⓓ 여러 장의 기판을 동시(in-situ)에 배치(batch) 열처리할 수 있음

71 **실리콘 반도체에 보론(B)의 이온 주입에 있어서 비대칭도(skewness)에 대한 설명 중 올바른 것은?**

ⓐ 10 keV 이상의 에너지로 이온 주입되는 경우 양(positive)의 비대칭도를 보임

ⓑ 10 keV 이상의 에너지로 이온 주입되는 경우 음(negative)의 비대칭도를 보임

ⓒ 모든 에너지에 대해 비대칭도에 대한 현상이 없음

ⓓ 10 keV 이상의 에너지로 이온 주입되는 경우 비대칭도 없음

72 **반도체에 불순물 이온 주입과 관련한 설명으로 올바른 것은?**

ⓐ 불순물 분포가 확산에 의한 분포와 동일함

ⓑ 고온의 어닐링 열처리가 필요하지 아니함

ⓒ 불순물이 주입되는 깊이를 제어할 수 있음

ⓓ 불순물이 주입되는 양(dose)을 제어할 수 없음

73 **MOSFET에서 이온 주입을 이용하는 공정에 해당하지 않는 것은?**

ⓐ 자기 정렬에 의한 소스-드레인 오믹용 도핑층 형성

ⓑ 임계 전압(V_{th})의 제어

ⓒ 소자 격리를 위한 필드 산화막(field oxide) 하단부의 채널 정지(channel stop) 이온 주입

ⓓ 집적 회로의 평탄화(planarization)

74 **실리콘 (111) 기판의 이온 주입에서 채널링을 감소시키는 방법이 아닌 것은?**

ⓐ 비정질 실리콘 산화막(screen oxide)을 성장하여 이를 통과하는 이온 주입함

ⓑ 기판의 온도를 300 ℃ 이상으로 높인 상태에서 이온 주입함

ⓒ 기판의 표면에 결함층을 발생시킨 후에 이온 주입함

ⓓ 이온 빔으로부터 기판을 5~10° 기울여 이온 주입함

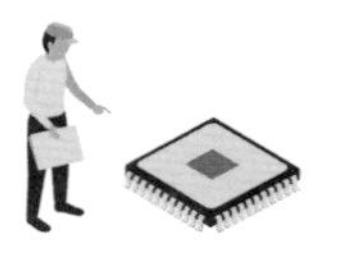

75 이온 주입을 이용하는 공정과 무관한 것은?

ⓐ ultra-shallow junction 형성

ⓑ buried layer(retrograde well) 형성

ⓒ predeposition layer 형성

ⓓ Ti/TiN 금속 박막의 증착과 식각

76 이온 주입 장치에서는 열전자를 소스 원재료에 충돌시켜 불순물 입자를 형성하며 이 입자를 가속하여 반도체 웨이퍼에 주입하는데, 이 입자의 명칭은 무엇?

ⓐ 양성자　　ⓑ 중성자　　ⓒ 양이온　　ⓓ 음이온

[77-80] 다음 그림을 보고 질문에 답하시오.

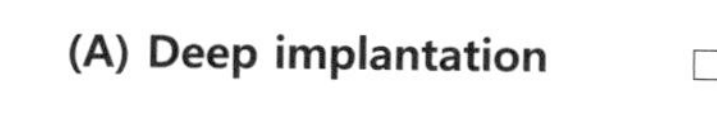

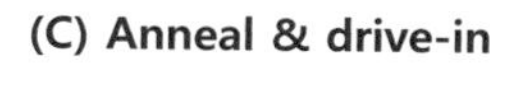

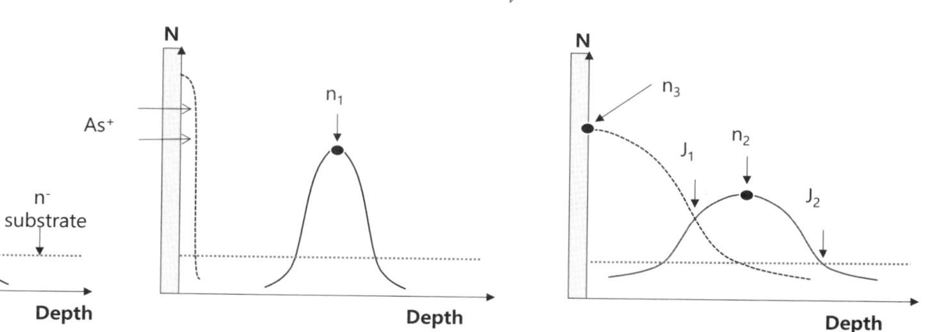

77 그림 (A)에서 도핑 농도가 10^{13} ㎝$^{-3}$인 n^{-}형 실리콘 반도체 기판에 1 MeV($R_p = 4$ ㎛, $\Delta R_p = 0.3$ ㎛)의 에너지로 깊은 이온 주입(deep implantation)한 불순물(B^+)의 피크 농도(n_1)가 2×10^{18} ㎝$^{-3}$인 경우, $N(x) = \dfrac{Q}{\sqrt{2\pi}\Delta R_p}\exp\left[-\dfrac{(x-R_p)^2}{2\Delta R_p^2}\right]$인 가우시안 분포를 적용하면 이온 주입된 도즈(Q)는? (여기에서 희생 산화막은 40 ㎚로 얇아서 이온 주입에 영향은 없지만, 불순물의 외부 확산은 완전히 방지한다고 간주함)

ⓐ 1.5×10^{13} ㎝$^{-2}$　　ⓑ 1.5×10^{14} ㎝$^{-2}$　　ⓒ 1.5×10^{15} ㎝$^{-2}$　　ⓓ 1.5×10^{16} ㎝$^{-2}$

78 그림 (A)에서 도핑 농도가 10^{13} ㎝$^{-3}$인 n^{-}형 실리콘 반도체 기판에 1 MeV($R_p = 4$ ㎛, $\Delta R_p = 0.3$ ㎛)의 에너지로 깊은 이온 주입(deep implantation)한 불순물(B^+)의 피크 농도(n_1)가 2×10^{18} ㎝$^{-3}$인 경우, $N(x) = \dfrac{Q}{\sqrt{2\pi}\Delta R_p}\exp\left[-\dfrac{(x-R_p)^2}{2\Delta R_p^2}\right]$인 가우시안 분포를 적용하면 기판과 동일한 농도의 x_1/x_2는? (여기에서 희생 산화막은 40 ㎚로 얇으므로 이온 주입 깊이에 대한 영향은 무시하고 불순물의 외부 확산은 완전히 방지한다고 간주함)

ⓐ 2.5 ㎛ / 5.5 ㎛　　ⓑ 3.5 ㎛ / 6.5 ㎛　　ⓒ 4.5 ㎛ / 7.5 ㎛　　ⓓ 5.5 ㎛ / 8.5 ㎛

79 그림 (A)에서 도핑 농도가 10^{13} ㎝$^{-3}$인 n^-형 실리콘 반도체 기판에 1 MeV($R_p = 4$ ㎛, $\Delta R_p = 0.3$ ㎛)의 에너지로 깊은 이온 주입(deep implantation)한 불순물 붕소 이온(B^+)의 이온 주입량(dose)을 1.5×10^{14} ㎝$^{-2}$ 주입하고, 그림 (B)와 같이 표면에 비소(As)를 고농도로 이온 주입한 후, 그림 (C)와 같이 열처리(anneal & drive–in)로 1,000 ℃에서 2 hr 확산한 후 형성된 분포도에서 피크 농도 n_2는? (단, 여기에서 $N(x) = \dfrac{Q}{\sqrt{2\pi}\Delta R_p} \exp\left[-\dfrac{(x-R_p)^2}{2\Delta R_p^2}\right]$인 가우시안 분포를 적용하며, 희생 산화막은 40 ㎚로 얇아서 이온 주입 깊이에 영향이 없고 불순물의 외부 확산은 완전히 방지한다고 간주함. 또한, 간단한 계산을 위해 확산에 의한 분포에는 $\Delta R_p^2 \Leftarrow \Delta R_p^2 + 2Dt$를 적용하며, 보론(B)의 확산 계수는 $D = 2.6\times10^{-14}$ ㎠/s를 적용함)

ⓐ 1.9×10^{16} ㎝$^{-3}$　ⓑ 1.9×10^{17} ㎝$^{-3}$　ⓒ 1.9×10^{18} ㎝$^{-3}$　ⓓ 1.9×10^{19} ㎝$^{-3}$

80 그림 (A)에서 도핑 농도가 10^{13} ㎝$^{-3}$인 n^-형 실리콘 반도체 기판에 보론(B)을 1 MeV의 높은 에너지로 이온 주입(implantation)하고, 그림 (B)와 같이 비소(As) 이온을 낮은 에너지로 표면 부위에 높은 도즈(dose)로 이온 주입한 후, 그림 (C)와 같이 열처리(anneal & drive–in)하여 깊이 방향으로 형성되는 접합을 이용하여 제작할 수 있는 수직형의 소자는?

ⓐ MOSFET　ⓑ LED　ⓒ NPN BJT　ⓓ PNP BJT

81 실리콘 반도체 기판에 고에너지의 도판트(dopant) 이온이 주입된 경우 발생한 결정 결함의 농도 분포로서 가장 통상적인 형태는?

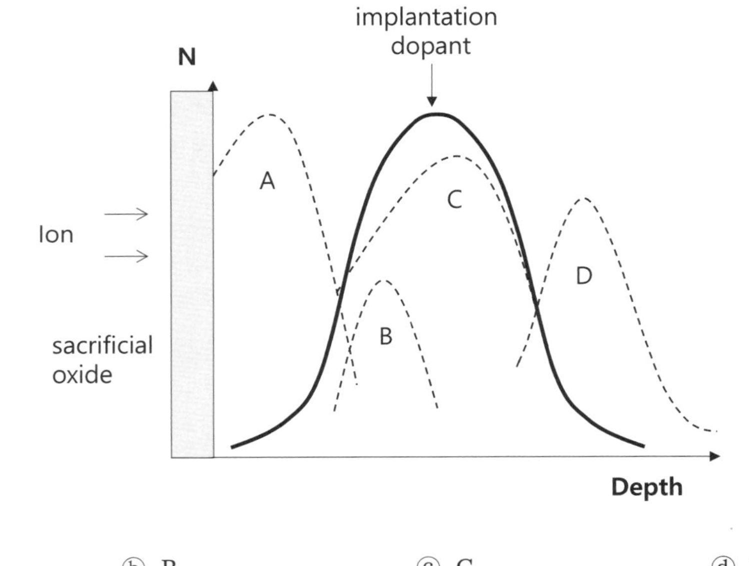

ⓐ A　ⓑ B　ⓒ C　ⓓ D

82 실리콘 반도체 기판에 동일한 에너지(keV)와 도즈(주입량)의 조건으로 이온 주입할 때 이온 주입된 영역을 비정질 상태로 가장 많이 변질시킬 수 있는 이온은 다음 중 어느 것?

ⓐ As^+　ⓑ B^+　ⓒ Si^+　ⓓ Sb^+

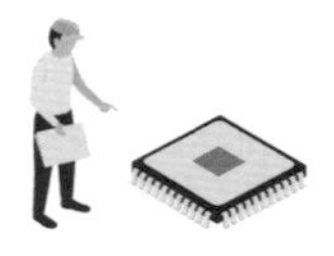

83 반도체 기판에 이온 주입된 불순물의 농도 분포를 정확하게 근사하는 Pearson IV 함수에서 반영되는 특성이 아닌 것은?

ⓐ 왜도(skewness)
ⓑ 표면 원자 스퍼터링(sputtering)
ⓒ 첨도(kurtosis)
ⓓ 표준 편차(standard deviation)

84 이온 주입된 반도체의 열처리(annealing) 온도가 차례로 450 ℃ → 600 ℃ → 900 ℃ → 1,000 ℃로 높아지는 순서로 연관하여 발생하는 현상으로 가장 잘 부합하는 것은?

① 소수운반자 수명의 완전 회복	② 비정질의 활성화 및 고상에피 성장
③ 부분 활성화 및 부분 손상 회복	④ 고농도 완전 활성화 및 이동도 완전 회복

ⓐ ③-②-④-①
ⓑ ②-③-④-①
ⓒ ③-①-②-④
ⓓ ③-④-②-①

85 실리콘 반도체에서 이온 주입의 응용이 아닌 것은?

ⓐ p-n 접합(p-n junction)
ⓑ 접합 소자 분리(junction isolation)
ⓒ 저저항 Al(Si) 금속 선 형성
ⓓ 매몰층(buried layer)

86 실리콘 반도체의 내부에 충분히 높은 에너지(R_p > 2 ㎛)인 조건으로 산소 이온을 4×10^{18} ㎝$^{-2}$ 도즈(dose) 주입하고 열처리하여 SIMOX를 형성할 때, 예상되는 산화막의 두께는? (단, 주입된 산소는 100 % 산화막의 형성에 들어가고 산화막의 Si 원자 밀도는 2.3×10^{22} ㎝$^{-3}$을 적용함)

ⓐ 0.87 ㎚
ⓑ 8.7 ㎚
ⓒ 0.87 ㎛
ⓓ 8.7 ㎛

87 챔버의 상단과 하단에 램프가 설치된 고속 열처리기(RTP)를 이용한 열처리 공정에 있어서 실리콘 반도체 기판(t = 650 ㎛)의, 열확산 계수(D_{th})가 0.2 ㎠/sec인 경우 전체 웨이퍼가 열평형에 도달하는 데 필요한 시간은? (단, RTP에서 열 공급은 기판 온도의 상승에 비하여 충분히 빠르다고 가정함)

ⓐ 0.26 ㎳
ⓑ 2.6 ㎳
ⓒ 26 ㎳
ⓓ 0.26 ㎳

88 반도체 기판에 주입되는 이온의 단위 면적당 도즈량 Q(dose) = It/qnA(ion/㎠), 여기에서 I = 이온 빔 전류(A), t = 이온 주입 시간(s), A = 이온 주입 면적(㎠), q = charge(1.6×10^{-19} C), n = ion charge의 수이다. 직경 300 ㎜ 웨이퍼에 $10B^{++}$ 이온 빔 전류를 1 ㎃로 해서 t = 60 sec 동안 주입하는 경우 이온 주입 도즈량은?

ⓐ 8.5×10^{12} ㎝$^{-2}$
ⓑ 8.5×10^{13} ㎝$^{-2}$
ⓒ 8.5×10^{14} ㎝$^{-2}$
ⓓ 8.5×10^{15} ㎝$^{-2}$

[89-91] 이온 주입에서 자기장(magnetic field)을 인가하여 mass selection 하는 질량 분석기(mass analyzer) 개념도를 보고 질문에 답하시오.

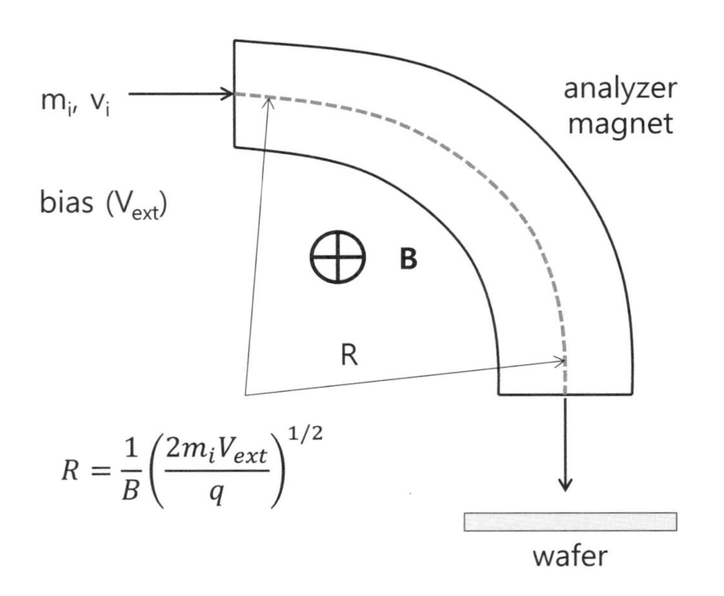

89 가속 전압(Vext) = 100 kV로 As^+ 이온을 주입하는 경우 속도(vi)는 얼마? 단, As 원자는 74.9 amu(atomic mass unit), 원자 질량 단위(unified atomic mass) = 1.66×10^{-27} kg, q = 1.6×10^{-19} C, 운동 에너지($E = m_i v_i^2/2$), 전기 에너지($E = qV_{ext}$)

ⓐ 5×10^3 m/s　ⓑ 5×10^4 m/s　ⓒ 5×10^5 m/s　ⓓ 5×10^6 m/s

90 가속 전압(Vext) = 100 kV로 As^+ 이온을 주입하고 전자석의 반경 R = 0.5 m인 경우 질량 분석기(mass analyzer)의 필요한 자기장은? (단, As 원자는 74.9 amu(atomic mass unit), 원자 질량 단위(unified atomic mass) = 1.66×10^{-27} kg, q = 1.6×10^{-19} C, 운동 에너지($E = m_i v_i^2/2$), 전기 에너지($E = qV_i$))

ⓐ 0.79 Wb/m²　ⓑ 7.9 Wb/m²　ⓒ 79 Wb/m²　ⓓ 790 Wb/m²

91 에너지 200 keV인 single charge(As^+) 이온의 주입에서 질량 분석기(mass analyzer)의 자기장이 0.707 Wb/m²로 인가되었다면, 동일한 조건에서 double charge(As^{++})로 변경하려면 인가해야 하는 자기장은?

ⓐ 0.1 Wb/m²　ⓑ 1 Wb/m²　ⓒ 10 Wb/m²　ⓓ 100 Wb/m²

92 간단한 계산을 위해 가우시안(Gaussian) 함수를 이용해 이온 주입된 불순물 농도를 $N(x) = N_p \exp\left[-\frac{(x-R_p)^2}{2\Delta R_p^2}\right]$와 같이 표현하며, 여기에서 N_p는 피크 농도, R_p는 사영 거리, ΔR_p는 사영 거리 분산(straggle)이고, 이온 주입 dose(Q) = $\sqrt{2\pi}N_p\Delta R_p$이다. As^+를 E = 100 keV, R_p = 0.05 ㎛, ΔR_p = 0.02 ㎛, Q = 6×10^{15} ㎝$^{-2}$ 조건으로 이온 주입한 경우 표면부터 시작하여 1×10^{20} ㎝$^{-3}$ 농도의 깊이까지 비정질화되었다면 비정질층의 깊이는?

ⓐ 0.094 ㎚　ⓑ 0.94 ㎚　ⓒ 0.094 ㎛　ⓓ 0.94 ㎛

93 As^+ 이온 주입에 의해 표면에서 0.94 ㎛ 깊이까지 비정질화된 경우 600 ℃의 고온 열처리를 통해 고상에피 성장으로 결정화를 하기 위해 필요한 최소의 열처리 시간은? (단, 고상에피의 성장 속도(v_g) = $v_o(-E_a/kT)$이고, $v_o = 4\times10^8$ ㎝/sec, $E_a = 2.76$ eV, $k = 8.62\times10^{-5}$ eV/K를 적용함)

ⓐ 0.2 sec ⓑ 2 sec ⓒ 20 sec ⓓ 200 sec

94 이온 주입에 의해 표면에서 0.1 ㎛ 깊이까지 비정질화된 경우 600 ℃에서 고상에피 성장에 의한 결정화에 600 sec가 소요된 경우, 열처리 온도를 1,000 ℃로 높이면 고상에피에 의한 결정화에 필요한 최소의 시간은? (단, 고상에피의 성장 속도(v_g) = $v_o(-E_a/kT)$이고, $E_a = 2.76$ eV, $k = 8.62\times10^{-5}$ eV/K를 적용함)

ⓐ 0.6 ㎳ ⓑ 6 ㎳ ⓒ 60 ㎳ ⓓ 600 ㎳

95 반도체 기판에 동일한 에너지의 조건으로 이온 주입되는 원자의 충돌(scattering) 현상을 비교하는 개념도에서 (A)–(B)–(C)의 순서대로 가장 적합한 원자로 구성된 것은?

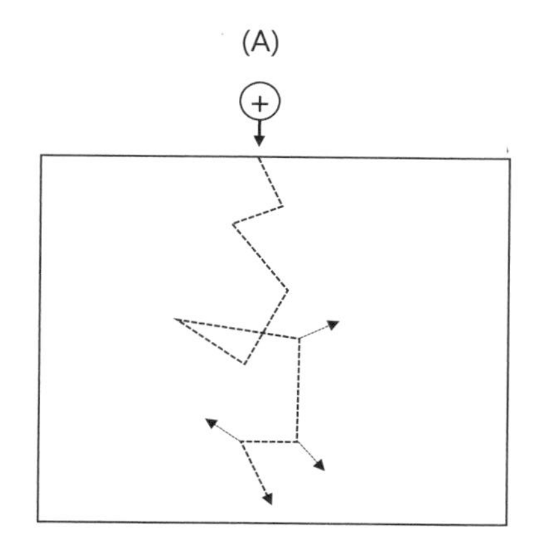

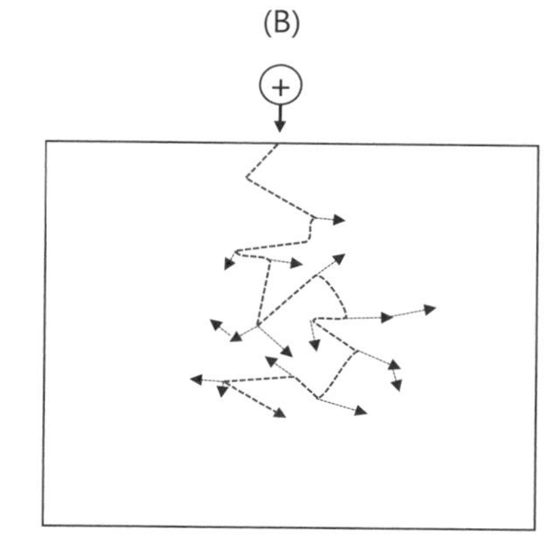

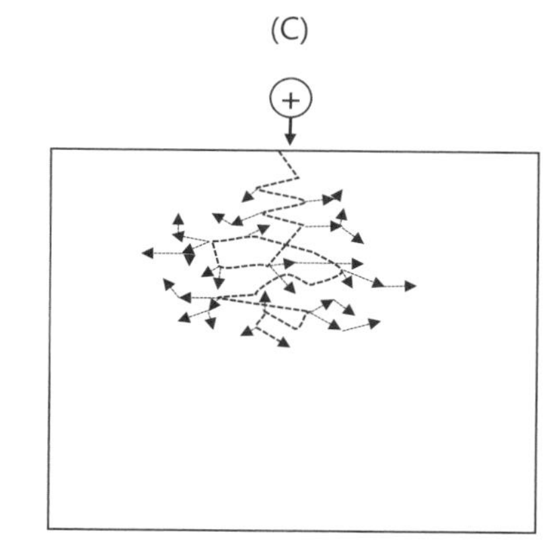

ⓐ B-P-As ⓑ P-B-As ⓒ As-P-B ⓓ B-Sb-As

제 5 장

박막 증착

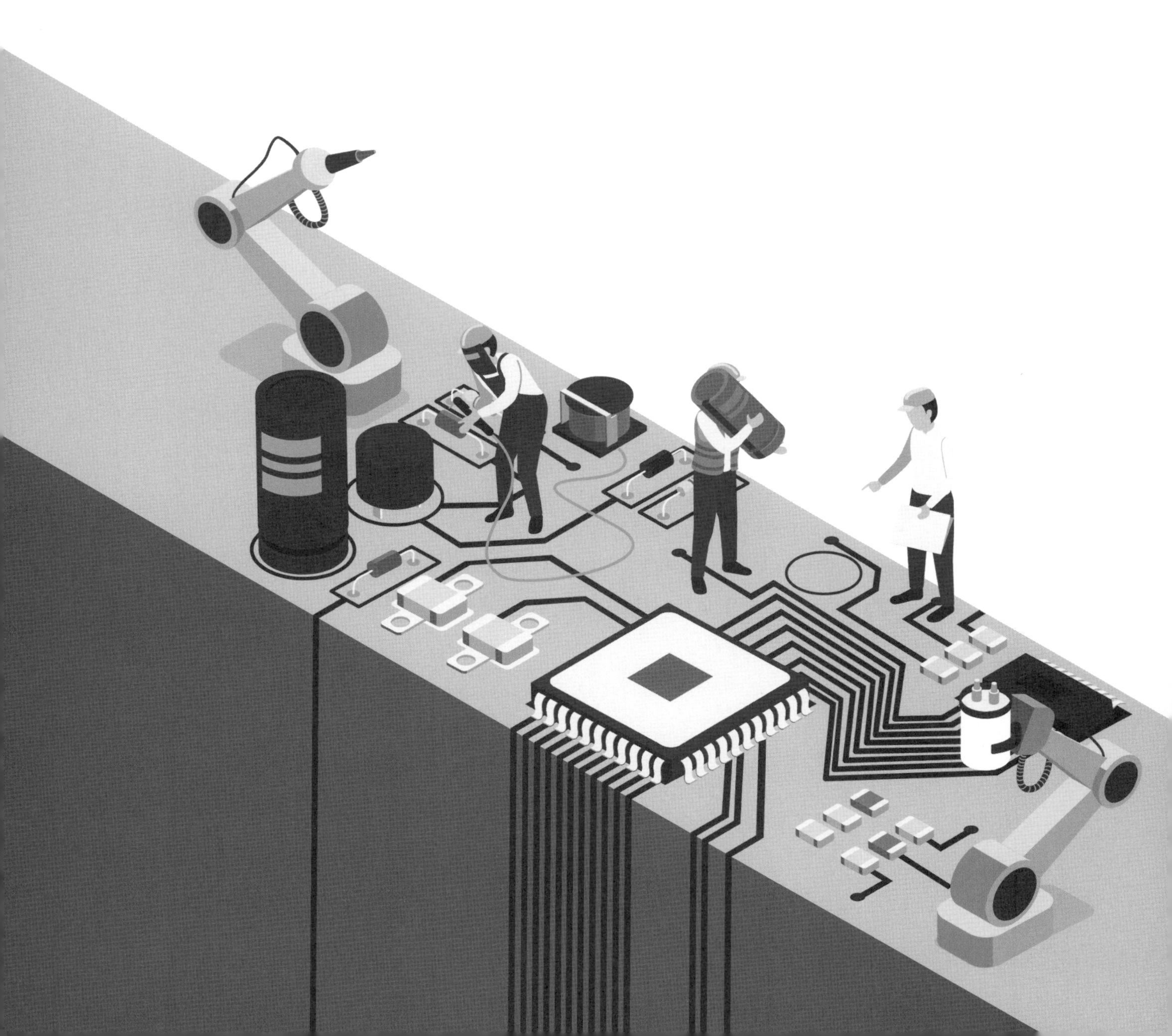

제5장 | 박막 증착

01 CVD(Chemical Vapor Deposition)로 실리콘 산화막을 증착하여 차폐(passivation)하고 금속 배선을 제작하는 데 있어서 PSG(Phosphor Silicate Glass) passivation 공정 기술과 관련 없는 것은?

ⓐ phosphorous가 산화막을 안정화함

ⓑ 산화막의 유연성(flexibility)을 증가시켜 금속 배선 평탄화에 유용함

ⓒ 공정에는 원자층 증착(ALCVD) 기술을 이용함

ⓓ 실리콘 산화막에 P를 6~8 % 첨가하여 증착함

02 반응 가스가 층류 흐름(laminar flow) 상태로 전달되어 증착이 일어나는 APCVD(Atmospheric Pressure CVD)에 있어서, 증착 온도의 조건에 의해 질량 이동 제어(mass transport control) 또는 반응 제어(reaction control)의 메커니즘으로 제어되는데, 이와 관련한 설명으로 부적합한 것은?

ⓐ 저온 증착의 경우 균일한 증착을 위해서는 챔버 구조로 층류 흐름(laminar flow)의 균일성을 높여야 함

ⓑ 반응 제어(reaction control)에서 활성화 에너지는 증착되는 표면에서 일어나는 화학적 반응에 이용됨

ⓒ 고온 증착에서 기판을 공전시키는 것은 증착 균일도를 개선하는 데 효과를 제공하지 아니함

ⓓ 가스 유량(gas flow)의 제어가 중요한 고온 증착은 기판을 공전 및 자전시켜 박막의 균일성을 개선함

03 MBE(Molecular Beam Epitaxy) 시스템에 실리콘 기판을 넣어서 Si 박막을 성장하고자 한다. 단위 면적당 분자의 충돌 Flux는 압력(P: pascal), 분자 질량(M: atomic mass), 온도(T: 300 K)에 대하여, 대략적으로 $\Phi = 2.64 \times 10^{20}\left(\sqrt{\frac{P}{MT}}\right)$ molecules/cm^2 · sec로 주어지며, 자유 행로는 $\lambda = 0.66/P$(㎝)로 알려져 있다. 산소 가스의 sticking coefficient는 0.1, Si(100) 표면 원자 밀도는 1.6×10^{15} ㎝$^{-2}$으로 보고, MBE 시스템의 기본 진공이 10^{-4} ㎩이며, 산소의 분압이 10^{-5} ㎩인 경우, 순수 실리콘 (100) 기판 표면에 산화막이 1 ML(one monolayer) 형성되는 시간은?

ⓐ 3 sec　　ⓑ 30.3 sec

ⓒ 303 sec　　ⓓ 3,030 sec

04 **반응 가스가 층류 흐름(laminar flow) 상태로 전달되어 증착이 일어나는 APCVD(Atmospheric Pressure CVD)에 있어서, 증착 온도에 의해 질량 이동 제어(mass transport control) 또는 반응 제어(reaction control)의 메커니즘으로 증착하는 데 대한 설명으로 부적합한 것은?**

ⓐ 반응 제어(reaction control)에서 활성화 에너지는 표면에서의 확산 에너지로부터 기인함

ⓑ 고온 증착의 경우 온도 변화에 증착률이 무감한 질량 이동 제어(mass transport control)를 따름

ⓒ 저온 증착의 경우 온도 감소에 따라 지수 함수로 증착률이 변하는 reaction control을 따름

ⓓ 웨이퍼의 온도 균일성이 부족한 경우 증착 두께를 균일하게 제어하려면 고온 증착이 유리함

05 **전자선(electron beam) 증착을 이용하여 소스에서 수직(증착 빔과 웨이퍼 중앙 표면의 수직선과 사이의 각도 $= \Theta = 0°$)으로 상부에 위치한 실리콘 표면에 Al 금속 박막을 증착하는 경우, 박막의 증착률은 $\cos\Theta$와 같이, 밀도 (ρ: g/㎤), 질량 증발 속도(m: g/sec), 거리(r: ㎝), 수직선과 소스 빔 사이의 각도(θ: degree)의 함수에 따른다. sticking coefficient는 1.0으로 가정하여 300 ㎜ 실리콘 웨이퍼에 Al를 증착할 때, 웨이퍼 중앙과 가장자리 사이의 두께 차이가 1 % 이내가 되도록 유지하기 위해 필요한 소스와 웨이퍼 사이의 최소 거리는?**

ⓐ 0.1 m　　ⓑ 1 m　　ⓒ 10 m　　ⓓ 100 m

06 **챔버 압력이 10^{-3} ㎩인 고진공 PVD(Physical Vapor Deposition) 시스템에서 분자의 자유 행로는 $\lambda = 0.66/P$(㎝)로 간주하는 경우 적정한 에피 성장을 위한 소스원과 기판과의 최대 거리를 평균 자유 행로(mean free path)의 ×1/10배로 본다면, 소스와 기판 사이의 최대 허용 거리는?**

ⓐ 0.66 ㎝　　ⓑ 6.6 ㎝　　ⓒ 66 ㎝　　ⓓ 660 ㎝

07 **전자선(electron beam) 증착을 이용하여 소스에서 수직(증착 빔과 웨이퍼 중앙 표면의 수직선과 사이의 각도 $= \Theta = 0°$)으로 상부에 위치한 실리콘 표면에 Al 금속 박막을 증착하는 경우, 박막의 증착률은 $\cos\Phi$와 같이, 밀도 (ρ: g/㎤), 질량 증발 속도(m: g/sec), 거리(r: ㎝), 수직선과 소스 빔 사이의 각도(θ: degree)의 함수에 따른다. 300 ㎜ 실리콘 웨이퍼에 Al를 증착할 때, 웨이퍼 중앙과 가장자리 사이의 두께 차이가 1 % 이내가 되도록 소스와 웨이퍼 사이의 거리를 조정하고, 평균 자유 행로 $\lambda = 0.66/P$(㎝)는 그 거리의 10배 이상 되도록 하려면 허용되는 압력의 범위는?**

ⓐ $< 6.6 \times 10^{-2}$ ㎩　　ⓑ $< 6.6 \times 10^{-3}$ ㎩　　ⓒ $< 6.6 \times 10^{-4}$ ㎩　　ⓓ $< 6.6 \times 10^{-5}$ ㎩

08 **반도체 소자를 제작하는 장치에 있어서 대부분의 경우 진공(vacuum)이 자주 이용되는데, 반도체 공정 시스템에서 진공을 이용하는 장점에 해당하지 않는 것은?**

ⓐ 일정한 진공도에서 안정한 플라스마를 발생시켜 사용하기 편리함

ⓑ 공정 장비의 기계적 진동을 줄여서 공정의 재현성을 높임

ⓒ 진공으로 불순물을 제거하여 고순도의 공정 조건을 만들기 쉬움

ⓓ 진공에서 가스 분포가 개량되어 공정의 균일도를 높임

09 MBE(Molecular Beam Epitaxy) **시스템에 실리콘 기판을 넣어서** Si **박막을 성장하고자 한다.** Si(100) **원자 밀도는** 5×10^{22} ㎝$^{-3}$**이고, 산소**(O_2)**의 분압은** 10^{-6} ㎩, **부착 계수**(sticking coefficient)**는** 0.01, Si **소스의 부분 압력은** 10^{-2} ㎩, **부착 계수**(sticking coefficient) = 1**인 조건에서 에피층을 성장할 때,** Si **에피층 내부의 산소 농도**(#/㎤)**를 구하시오.**

ⓐ 5×10^{14} ㎝$^{-3}$

ⓑ 5×10^{15} ㎝$^{-3}$

ⓒ 5×10^{16} ㎝$^{-3}$

ⓓ 5×10^{17} ㎝$^{-3}$

10 **반도체에 널리 사용하는 플라스마에 대한 설명으로 부적합한 것은?**

ⓐ 일반적으로 초고진공에서 안정한 플라스마를 형성하기 어려움

ⓑ 중성(neutral)의 원자는 플라스마에 존재하지 않음

ⓒ 일반적으로 초고압에서 안정한 플라스마를 형성하기 어려움

ⓓ 플라스마 내부는 보통 양전하(positive charge)가 음전하보다 농도가 높음

11 SiH_4 **가스와** N_2 **가스를** 1:4**로 혼합하여 챔버에** 600 sccm **흘려 넣으면서** 500 ℃**와** 600 ℃**의 온도에서** CVD**를 하여** Si **박막의 성장률이** 60 ㎚/min**에서** 120 ㎚/min**로 증가하는 반응 제어**(reaction control)**조건의 성장 특성과 박막의 밀도** 2×10^{22} ㎝$^{-3}$**를 보였다. 이 반응의 활성화 에너지는?**

ⓐ 0.1 eV

ⓑ 0.2 eV

ⓒ 0.3 eV

ⓓ 0.4 eV

12 MBE(Molecular Beam Epitaxy) **시스템에 실리콘 기판을 넣어서** Si **박막을 성장하고자 한다. 단위 면적당 분자의 충돌** Flux**는 압력**(P: pascal), **분자 질량**(M: atomic mass), **온도**(T)**에 대하여, 대략적으로** $\Phi = 2.64\times10^{20}\left(\sqrt{\dfrac{P}{MT}}\right)$ molecules/cm^2 · sec **로 주어지며,** MBE **시스템의 기본 진공이** 10^{-4} ㎩**이며, 자유 행로는** $\lambda = 0.66/P$(㎝)**로 알려져 있다. 에피층을 성장할 때,** Si **에피에 들어가는 산소 농도**(#/㎤)**를 감소시키기 위한 방안이 아닌 것은?**

ⓐ 실리콘 소스의 공급을 10배 증가시킴

ⓑ 기본 진공(base pressure)도를 10^{-5} ㎩로 높임

ⓒ 에피를 성장하는 기판의 온도를 높임

ⓓ 소스와 기판 거리를 감소시켜 기판에 도달하는 소스의 flux를 증가시킴

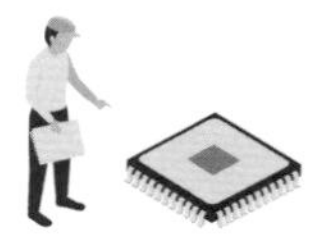

[13-14] 다음 그림을 보고 질문에 답하시오.

(A) (B) (C)

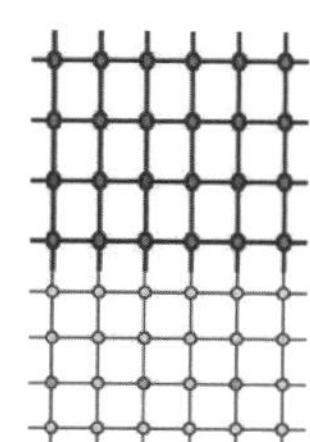
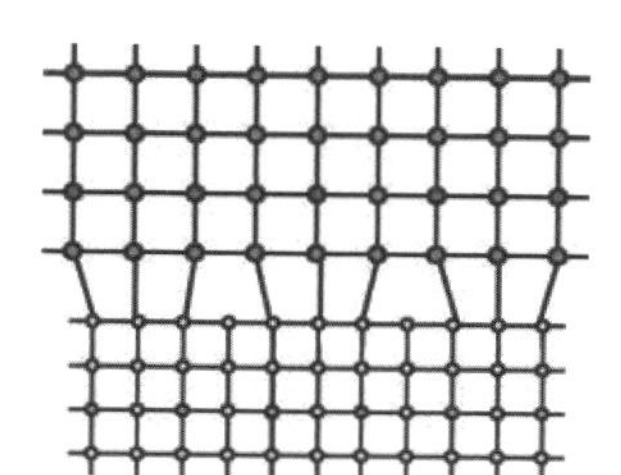
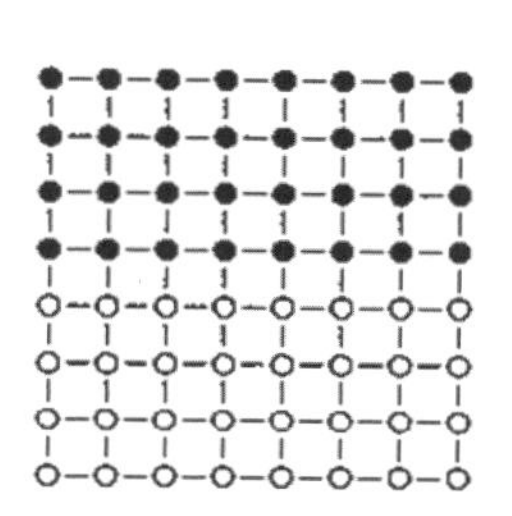

13 **헤테로 에피층이 성장된 단면의 결정 구조에 대해 적합하지 않은 설명은?**

ⓐ (A)와 (B)는 상부 에피층의 격자 상수가 하부 기판보다 큰 경우임

ⓑ (B)의 구조는 에피층과 기판의 격자 불일치에 의한 응력이 이완(relax)된 상태임

ⓒ (C)는 기판과 에피층의 격자 상수가 일치한 결정 구조에 해당함

ⓓ 기판과 에피층의 격자 불일치가 큰 경우 고온 조건에서 (B)보다 (A)로 성장됨

14 **헤테로(hetero) 에피 성장된 단면의 결정 구조에 대해 적합하지 않은 설명은?**

ⓐ (A), (B), (C) 순서로 metamorphic - pseudomorphic - commensurate 구조에 해당함

ⓑ 격자 불일치가 큰 경우 저온의 에피 성장 조건이 (B)보다는 (A) 상태의 에피 성장에 유리함

ⓒ (A)는 상부 에피층의 격자 상수가 하부 기판보다 큰 경우에 발생함

ⓓ (B)의 구조는 에피층과 기판의 격자 불일치에 의한 응력이 이완(relax)되어 계면 결함이 존재함

15 **고진공 챔버에서 Al을 증착하는 데 있어서, 진공 챔버에 존재하는 산소(O_2)의 flux = 10^{12} mol/㎠ sec이고 부착 계수(sticking coefficient) = 1이다. Al 박막에 인입되는 산소 원자의 농도를 10^{18} $㎝^{-3}$ 이하로 제어하기 위해 필요한 Al 소스의 최소 유량(flux)은? (Al 원자 밀도 = 6×10^{23} $㎝^{-3}$)**

ⓐ 1.4×10^{13}/㎠ sec

ⓑ 1.4×10^{14}/㎠ sec

ⓒ 1.4×10^{15}/㎠ sec

ⓓ 1.4×10^{16}/㎠ sec

16 **이온 주입기(ion implantor) 장비의 빔 소스에서 웨이퍼까지 거리가 10 m라고 할 때, 아르곤(Ar) 이온의 충돌(collision)을 최소로 하여 웨이퍼까지 도달할 수 있도록 평균 자유 행로(mean free path: $\lambda = 0.66/P$)가 이온 주입기에서 주행하는 거리의 100배가 되도록 설계하는 경우(압력: pacal, λ: ㎝) 이온 주입 장치의 빔 라인에 허용되는 최대 압력은?**

ⓐ 6.6×10^{-4} ㎩

ⓑ 6.6×10^{-5} ㎩

ⓒ 6.6×10^{-6} ㎩

ⓓ 6.6×10^{-7} ㎩

17 **박막 증착을 위해 이용하는 통상적인 가열 방식에 해당하지 않는 것은?**

ⓐ 저항 가열　　ⓑ 고주파 유도 가열　　ⓒ 적외선 램프 가열　　ⓓ EUV 램프 가열

18 **플라스마에 대한 설명으로 부적합한 것은?**

ⓐ 플라스마 에너지에 의해 상대적으로 저온에서도 증착이 쉽게 이루어짐

ⓑ 챔버에서 물리적 충돌과 화학적 반응이 동시에 발생함

ⓒ 플라스마를 형성하는 입자의 에너지가 높아 균일한 증착과 식각에 불리함

ⓓ 전자의 빠른 이탈로 기판의 표면에 sheath(dark space)가 형성됨

19 **순수 반응 제어**(reaction control) **조건에서 증착하는 경우,** 500 °C**에서 성장률이** 60 ㎚/min**이고,** 550 °C**에서** 120 ㎚/min**이면, 성장률이** 240 ㎚/min **되는 증착 온도는?**

ⓐ 607 °C　　ⓑ 617 °C　　ⓒ 627 °C　　ⓓ 637 °C

20 **실리콘 다결정 박막으로 형성하기 위하여 저압의** LPCVD(Low Pressure CVD)**에서 혼합**($SiH_4 + H_2$) **가스를 대부분** 700~800 °C**의 온도에서 질량 이송 제어**(mass transport control) **조건으로 증착하는 데 대해 부적합한 설명은?**

ⓐ 웨이퍼를 배치(batch)로 50~100매씩 한 번에 증착할 수 있어 생산성(throughput)이 매우 높음

ⓑ 저압 공정 조건에서 균일한 가스 분포를 유지하기 때문에 배치 공정이 가능함

ⓒ 가스의 공급이 분자 흐름(molecular flow) 조건이므로 증착막의 단차 피복(step coverage) 특성이 우수함

ⓓ 질량 이송 제어(mass pransport control) 조건이므로 기판 온도가 가장 심하게 증착률을 조절함

[21-22] 다음 그래프를 보고 질문에 답하시오.

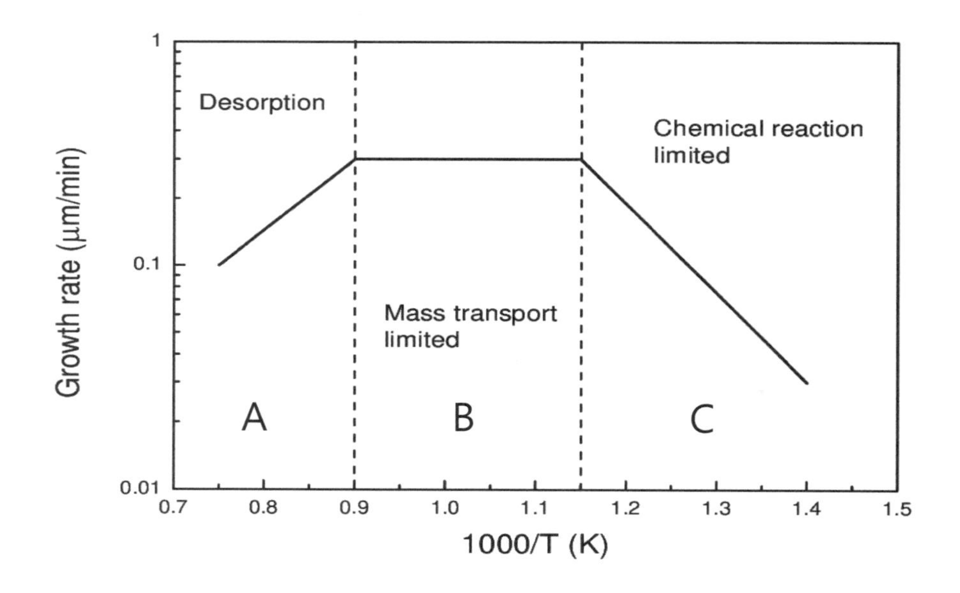

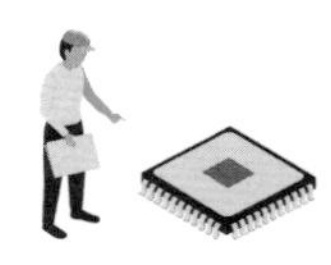

21 SiH_4 **가스와** N_2 **가스를 1:4로 혼합하여 총 600 sccm를 챔버에 주입하면서 상압에서 CVD를 하여 박막을 증착하는 데 있어서 설명 중 부적합한 것은?**

ⓐ 기상 반응과 탈착(desorption)이 심각한 고온 영역(A)에서 파티클(particle)이 발생하고 품질과 성장률이 저하됨

ⓑ 기판의 온도만 균일하면 박막의 두께도 균일한 성장이 가능함

ⓒ N_2는 희석 가스 내지는 캐리어 가스로 사용되는 것임

ⓓ 반응 제어(reaction control) 영역(C)에서 주요 증착 반응은 기판의 표면에서 발생함

22 실란(SiH_4) 가스와 질소(N_2) 가스를 1:4로 혼합하여 챔버에 600 sccm 흘려 넣으면서 상압에서 CVD를 하여 박막을 증착하는 데 있어서 설명 중 부적합한 것은?

ⓐ 질량 이송 제어(mass transport control) 조건(B)이란 기판 표면에서 반응에 의해 성장률이 제어되는 영역임

ⓑ 반응 제어(reaction control) 조건(C)인 저온 증착의 증착 조건에서 Si이 증착되고 Si_3N_4은 형성되지 아니함

ⓒ 고온인 1,200 ℃ (A) 조건에서 가스의 기상 반응이 심하며 박막의 증착률은 감소함

ⓓ 영역(B)의 질량 이송 제어(mass transport control)에서 SiH_4 공급량이 증착률을 주로 제어함

23 실리콘 다결정 박막으로 형성하기 위하여 저압 화학 증착(LPCVD)에서 혼합(SiH_4 + H_2) 가스로 증착하는 데 대해 부적합한 설명은?

ⓐ 기판 온도 600 ℃ 이하는 반응 제어(reaction control) 조건이므로 주로 온도에 의해 증착률이 제어됨

ⓑ 기상(gas phase) 반응이 발생하는 1,000 ℃ 이상의 고온에서 입자(particel)가 발생하고 성장률이 감소함

ⓒ 웨이퍼를 배치(batch)로 하기에 불리하여 생산성(throughput)이 낮음

ⓓ 반응 가스는 분자 흐름(molecular flow) 조건이므로 증착막의 단차 피복(step coverage) 특성이 우수함

24 SiO_2 **마스크층을 이용한 실리콘 기판에 LPCVD(Low Pressure Chemical Vapor Deposition) 방식으로** WF_6 **가스를 주입하여 W 박막을 증착하는 공정에 대해 부적합한 설명은?**

ⓐ 적정한 공정 조건에서 Si 노출된 부분에만 선택적 증착(selective deposition)을 할 수 있음

ⓑ 증착 온도가 400 ℃ 이하로 낮아지면 표면 반응이 약화되어 선택적 증착이 어려움

ⓒ 증착 온도가 800 ℃ 이상 높으면 기판의 Si과 W이 반응하여 실리사이드가 형성됨

ⓓ 실리콘 기판 상부에 증착되는 W 박막은 단결정의 구조를 유지함

[25-27] 다음 그래프를 보고 질문에 답하시오.

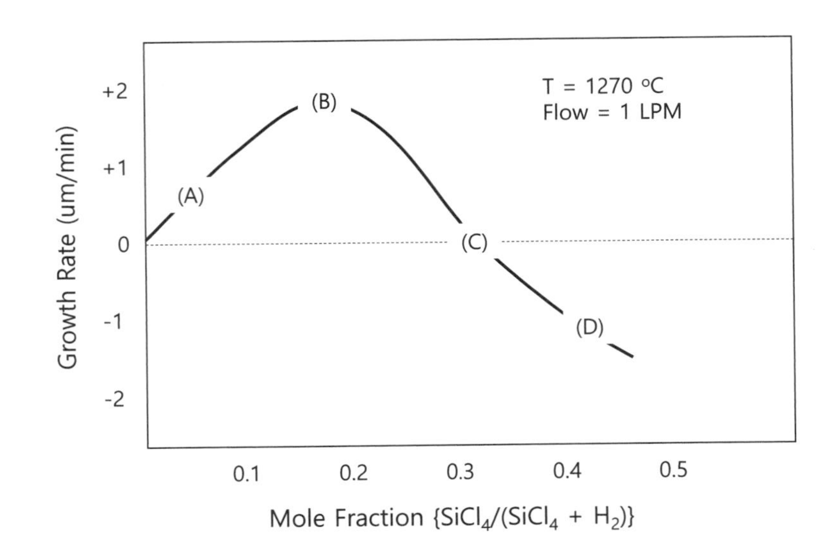

25 $SiCl_4$ **반응 가스를 이용하는 기상 증착 에피(VPE) 방식으로 Si 기판의 상부에 Si 에피층을 성장하는 데 있어서 부적합한 설명은?**

ⓐ A 조건에서 균일한 성장을 위한 핵심 조건은 균일한 gas flow를 위한 챔버 구조임

ⓑ A 조건에서 기판을 공전 내지 자전을 시켜서 박막 두께의 균일성을 높임

ⓒ B 조건에서는 반응 제어(reaction control)이 주요 에피 성장 기구(mechanism)임

ⓓ D 조건에서 Cl에 의한 식각이 표면에서 발생해 에피층이 불균일해짐

26 $SiCl_4$ **반응을 이용해 VPE(Vapor Phase Epitaxy)로 Si 기판 위에 Si 에피층을 성장하는 데 있어서 부적합한 설명은?**

ⓐ A 조건에서 $SiCl_4(g) + 2H_2(g) \rightarrow Si + 4HCl$ 반응으로 증착이 이루어짐

ⓑ B 조건에서는 반응 제어(reaction control)가 주요 에피 성장 기구(mechanism)임

ⓒ D 조건에서 $SiCl_4(g) + Si(s) \rightarrow 2SiCl_2$ 반응으로 식각이 발생함

ⓓ 적정한 성장 속도로 고품질의 에피를 얻기 위해 B보다 A 조건이 유리함

27 $SiCl_4$ **반응을 이용해 VPE(Vapor Phase Epitaxy)로 Si 기판 위에 Si 에피층을 성장하는 데 있어서 부적합한 설명은?**

ⓐ 적정한 에피의 성장 속도로 고품질을 얻기 위해 B보다 A 조건이 유리함

ⓑ A 조건에서는 질량 이송 제어(mass transport control)로 에피 성장이 진행됨

ⓒ A 조건에서 균일한 성장을 위한 핵심 조건은 균일한 가스 흐름(gas flow)을 위한 챔버 구조임

ⓓ B 조건에서는 반응 제어(reaction control)이 주요 에피 성장 기구(mechanism)임

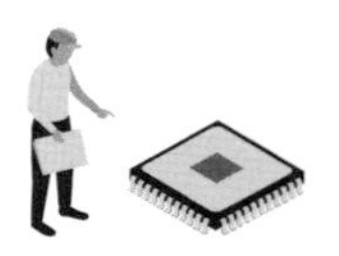

28 **스퍼터링을 이용한 Al, W, Ti 금속 박막의 증착에 있어서 부적합한 설명은?**

ⓐ 고순도 박막을 증착하기 위해서 스퍼터 장비는 고진공 기본 압력(base pressure) 유지가 필요함

ⓑ 고에너지로 스퍼터 된 금속 원자는 증착되는 기판에 결함을 발생시킬 수 있음

ⓒ 스퍼터링 수율을 높이기 위해 스퍼터 타깃은 용융점 부근의 고온으로 유지해야 함

ⓓ 증착되는 박막은 기판의 온도에 의해 비정질, 주상(columnar), 다결정과 같이 다양하게 제어됨

29 **저압 화학 증착(LPCVD)을 이용해 다결정 실리콘(poly–si) 박막을 반응 제어(reaction control) 조건으로 증착하는 경우, 활성화 에너지가 1.65 eV이고, 650 ℃에서 증착 속도가 10 ㎚/min인 경우 700 ℃에서 증착 속도는?**

ⓐ 0.29 ㎚/min

ⓑ 2.9 ㎚/min

ⓒ 29 ㎚/min

ⓓ 290 ㎚/min

30 **인(phosphorous)이 고농도(1×10^{19} cm^{-3})로 도핑된 n^+ 실리콘 기판에 실리콘 에피층을 1,000 ℃에서 10분 동안 성장하려고 한다. 문제는 에피를 성장하는 동안 온도가 높아 기판 내 phosphorous가 외부 확산(out–diffusion)을 D(㎠/s) = 3.84 · exp(–3.66/kT)로 한다는 점을 고려해야 한다. phosphorous의 외부 확산으로 인하여 성장되는 에피층이 전부 n–type이 되는 문제를 피하기 위해 외부 확산보다 빠르게 에피를 성장할 경우 최소 성장 속도는? ($k = 8.62\times10^{-5}$ eV/K, 증착 속도 > 외부 확산 속도, $L = 2\sqrt{DT}$)**

ⓐ 0.56 ㎚/min

ⓑ 5.6 ㎚/min

ⓒ 0.56 ㎛/min

ⓓ 56 ㎛/min

31 **금속의 종류인 Al, W, Ti 등 박막은 주로 스퍼터링을 이용하여 증착하는데, 아래 설명 중 부적합한 것은?**

ⓐ 플라스마와 타깃의 사이에 피복층(sheath)이 발생되어 있어야 증착이 가능함

ⓑ 스퍼터 된 금속 원자의 높은 에너지는 증착되는 박막에 응력을 발생시킬 수 있음

ⓒ 스퍼터링 수율을 높이기 위해 스퍼터 타깃은 용융점에 근접한 고온으로 유지해야 함

ⓓ 증착되는 박막은 기판의 온도에 의해 비정질, columnar, 다결정과 같이 다양하게 제어됨

32 **스퍼터링을 이용한 Al, W, Ti 등의 금속 박막 증착에 있어서 아래 설명 중 부적합한 것은?**

ⓐ 스퍼터링 수율을 높이기 위해 스퍼터 타깃은 용융점 부근의 고온으로 유지해야 함

ⓑ 금속 박막의 증착에는 DC 스퍼터링과 RF 스퍼터링 모두 사용 가능함

ⓒ magnetron 스퍼터에서 자계는 플라스마 분포와 밀도를 조절하여 동작을 안정화함

ⓓ 스퍼터링에 원자 질량과 반응성을 고려해서 대부분 아르곤(Ar) 가스를 사용함

33 **전자선**(electron beam) **증착으로 소스에서 원형** shroud(**반경** $= r_0$)**의 테두리에 위치한 실리콘에** Pt **금속 박막을 증착하는 경우, 박막의 증착률은** $G = \frac{m}{\pi \rho r^2} \cos\theta \cos\Phi$**와 같이, 밀도** ($\rho = 21.45$ g/㎤), **질량 증발 속도**(m = 1 g/sec), **거리**(r: cm), **소스와의 각도**(θ, Φ: degree)**의 함수에 따름. 여기에서** $\Phi = \Theta = 30°$, r_0 = 100 ㎝**인 경우** 300 ㎜ **실리콘 웨이퍼에** Pt**를 증착할 때, 웨이퍼 중앙에서 성장 속도는?**

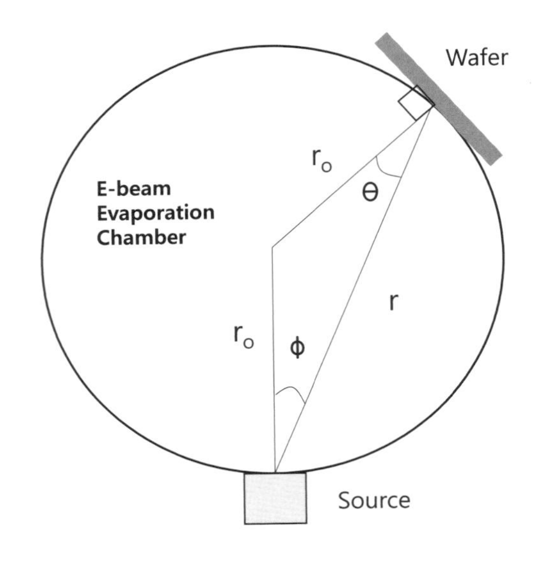

ⓐ 0.37 ㎚/sec

ⓑ 3.7 ㎚/sec

ⓒ 37 ㎚/sec

ⓓ 370 ㎚/sec

34 **금속류인** Al, W, Ti **등은 주로 스퍼터링을 이용하여 증착하는데, 아래 설명 중 가장 정확한 것은?**

ⓐ 스퍼터링용 가스로 원자 질량과 반응성을 고려해서 대부분 수소 가스를 사용함

ⓑ 스퍼터링은 고진공에서 진행되어 증착되는 박막에 응력을 발생시키지 아니함

ⓒ 스퍼터링 수율을 높이기 위해 스퍼터 타깃은 용융점 부근의 고온으로 유지해야 함

ⓓ 스퍼터 된 금속 원자의 높은 에너지는 증착되는 박막에 응력을 발생시킬 수 있음

35 **붕소**(boron)**가 고농도**(1×10^{19} ㎝$^{-3}$)**로 도핑된** p−type Si **기판의 상부에** 1,200 °C**에서** 30 min **동안** Si **에피층을 성장하는 경우에 있어서,** boron**의** out−diffusion(L: **확산 길이**)**을 상쇄하기 위한 최소한의 에피 성장 속도는?** (**단,** boron**의 확산 계수는** D = 0.76 · exp(−3.46/kT)**이고,** k = 8.62×10^{-5} eV/K, **증착 속도 > 외부 확산 속도,** $L = 2\sqrt{DT}$**를 적용함**)

ⓐ 0.297 ㎚/min ⓑ 2.97 ㎚/min ⓒ 29.7 ㎚/min ⓓ 297 ㎚/min

36 **금속 박막의 종류인** Al, W, Ti **등은 주로 스퍼터링을 이용하여 증착하는데, 아래 설명 중 부적합한 것은?**

ⓐ 스퍼터링 수율을 높이기 위해 스퍼터 타깃은 용융점 부근의 고온으로 유지해야 함

ⓑ 마그네트론(magnetron) 자계는 스퍼터에서 플라스마 분포와 밀도를 조절하여 동작을 안정화함

ⓒ 스퍼터링은 전자선(e-beam) 증착과 비교해 대면적의 균일한 증착에 유리함

ⓓ 고순도 박막을 증착하기 위해서 스퍼터 장비는 고진공의 기저 압력(base pressure) 유지가 필요함

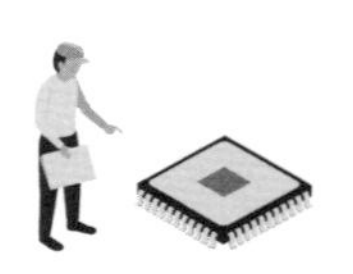

37 **인(phosphorous)을 고농도로 도핑한 n^+ 타입의 실리콘 기판을 이용하여 APCVD(Atmosphere Pressure Chemical Vapor Deposition) 방식으로 1,000 °C에서 10분 동안 성장 속도 0.1 ㎛/min로 비저항이 높은 undoped 실리콘 에피층을 성장하려고 한다. 이때 관계하는 현상들에 대한 설명으로 부적합한 것은?**

ⓐ APCVD에서 무도핑(undoped) 에피층의 도핑 농도는 10^{17} ㎝$^{-3}$ 이상만 제어할 수 있음

ⓑ phosphorous보다 확산 계수가 작은 Sb이 도핑된 기판을 사용하면 불순물의 외부 확산을 감소시킴

ⓒ 고농도 웨이퍼에서 성장 챔버로 증발된 불순물이 다시 에피층 내부로 자발 도핑(auto-doping)됨

ⓓ auto-doping을 최소화하려면 가능한 한 절연막으로 기판 뒷면을 차폐(passivation)시켜야 함

[38-39] **다음 그림을 보고 질문에 답하시오.**

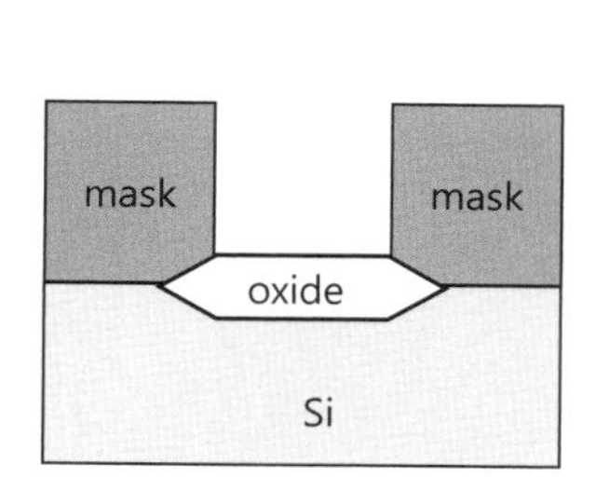

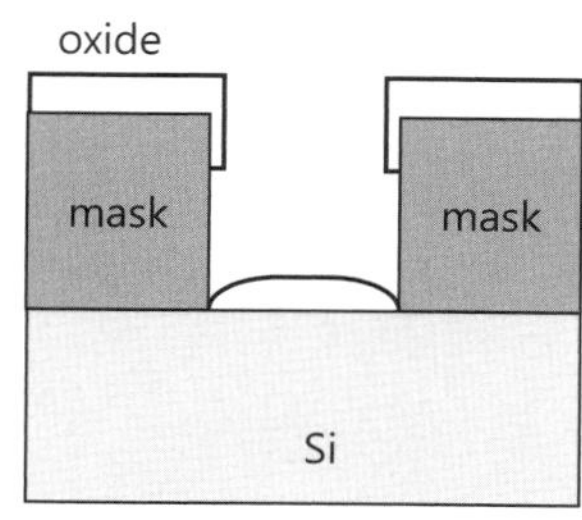

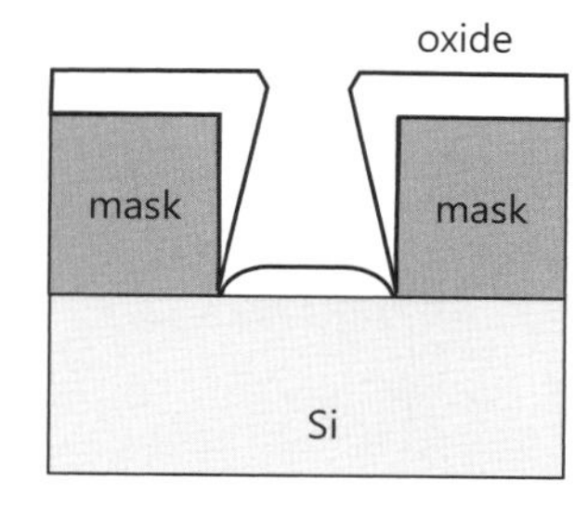

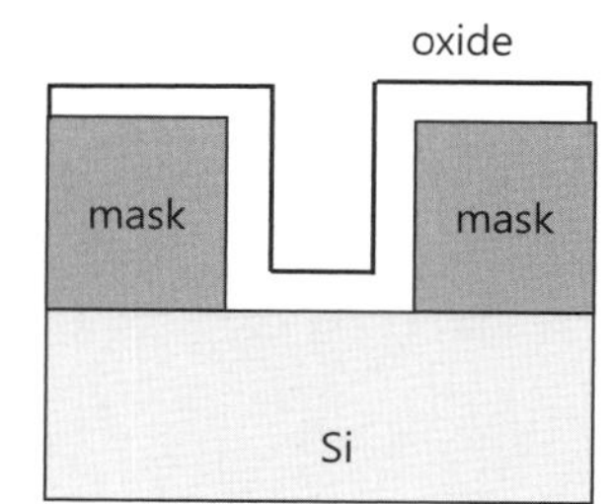

38 **산화막이 형성된 단면 형태에 대해 순서대로 가장 부합하는 공정 방식은?**

ⓐ thermal oxidation – PVD – PECVD – ALD

ⓑ thermal oxidation – PVD – ALD – PECVD

ⓒ ALD – thermal oxidation – LPCVD – PVD

ⓓ ALD – thermal oxidation – PVD – LPCVD

39 **산화막이 형성된 단면 형태에 대해 순서대로 가장 부합하는 공정 방식은?**

ⓐ thermal oxidation – LPCVD – PVD – PECVD

ⓑ PECVD – thermal oxidation – LPCVD – PVD

ⓒ LPCVD – thermal oxidation – PVD – PECVD

ⓓ thermal oxidation – evaporation – PECVD – LPCVD

[40-42] 다음 그림을 보고 질문에 답하시오.

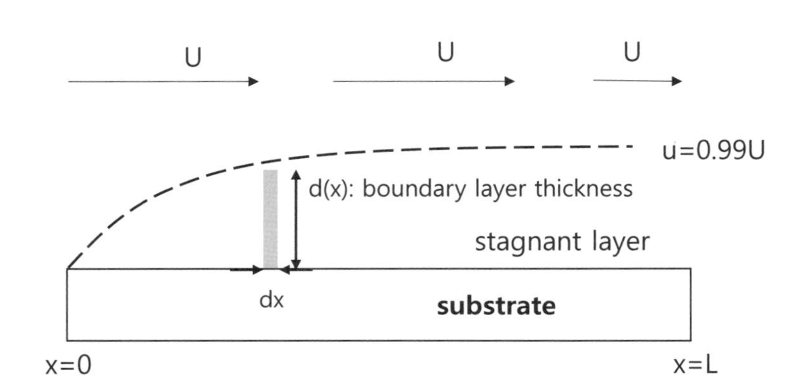

$$d(x) = \sqrt{\frac{\mu x}{\rho v}}$$

$$h_g = \frac{D_g}{d(x)} = \frac{3}{2} D_g \sqrt{\frac{\rho v}{\mu L}}$$

μ : viscosity (kg/m sec)
ρ: gas density (kg/m^3)
v: velocity (m/sec)
D_g : diffusivity (m^2/sec)
h_g : mass transfer coefficient (m/sec)

40 **반응 챔버의 평판형 서셉터**(planar geometry susceptor)**에 기판을 놓고** CVD**를 하는 데 있어서 위 그림과 같이 주어진 층류**(laminar flow) **증착 모델에 그림과 같이 압력이** 760 Torr**에서 증착을 하는 경우 증착률이 가장 느린 위치는?**

ⓐ x = L
ⓑ x = L/2
ⓒ x = 0
ⓓ 모두 동일함

41 **반응 챔버의 평판형 서셉터**(planar geometry susceptor)**에 기판을 놓고** CVD**를 하는 데 있어서 위 그림과 같이 주어진 층류**(laminar flow) **증착 모델에 그림과 같이 압력이** 760 Torr**에서 증착을 하는 경우 웨이퍼에서 증착률을 균일하게 하는 방안으로 부적합한 것은?**

ⓐ 기판을 가스 주입 방향으로 기울여 위치별 가스 농도를 조절함
ⓑ 반응 가스의 농도와 유속(flow rate)을 높임
ⓒ 증착 압력을 낮추어 가스 전달 상수를 높임
ⓓ 웨이퍼를 공전 및 자전시켜 균일도를 높임

42 **반응 챔버의 평판형 서셉터**(planar geometry susceptor)**에 기판을 놓고** CVD**를 하는 데 있어서 위 그래프와 같이 주어진 층류**(laminar flow) **증착 모델에 그림과 같이 상압력**(760 Torr)**에서 증착을 하는 경우 웨이퍼에서 증착률을 균일하게 하는 방안으로 부적합한 것은?**

ⓐ 가스가 나가는 x = L 측의 온도를 좀 더 높게 조절함
ⓑ 서셉터(susceptor)를 사용하고 웨이퍼를 정체층(stagnant layer)이 균일한 후방 부위에 위치시킴
ⓒ 반응 가스의 농도와 유속(flow rate)을 높임
ⓓ 웨이퍼를 공전 및 자전시켜 균일도를 높임

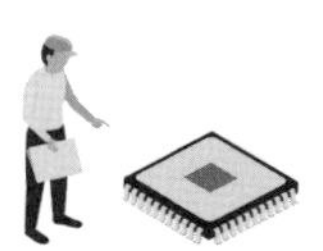

43 **유기 화학 증착(MOCVD)용으로 적합한 전구체(precursor)가 지녀야 할 특성에 해당하지 않는 것은?**

ⓐ 증발과 분해 온도 사이의 충분히 큰 온도 간격

ⓑ 전구체의 유기 구성 요소로부터의 오염 방지

ⓒ 고농도의 불순물을 포함해야 함

ⓓ 무독성

44 **전자선(electron beam) 증착으로 소스에서 원형 shroud(거리 = 30 ㎝)의 테두리에 위치한 실리콘에 박막을 증착하는 경우, 대략 평균 자유 행로 $\lambda = 0.66/P$(㎝)로 보고, 소스-웨이퍼 거리의 100배로 설계한다면 최대 허용되는 압력은?**

ⓐ 2.2×10^{-3} ㎩

ⓑ 2.2×10^{-4} ㎩

ⓒ 2.2×10^{-5} ㎩

ⓓ 2.2×10^{-6} ㎩

45 **스퍼터링 시스템을 이용한 증착 공정의 장점에 해당하지 않는 것은?**

ⓐ 단차 피복성과 종횡비(aspect ratio)가 원자층 증착(ALD)보다 우수함

ⓑ 넓은 면적에 박막 증착 가능

ⓒ 박막의 두께 조절이 비교적 용이함

ⓓ 전처리 청결 공정 가능

46 **원자층 증착(ALD)의 장점이 아닌 것은?**

ⓐ 불순물과 핀홀이 거의 없음

ⓑ 높은 종횡비(aspect ratio)에 우수한 단차 피복성(conformality)을 제공

ⓒ 높은 증착 속도

ⓓ 자기 제한 표면 반응(self-limited surface reaction)의 원리를 이용함

47 **유기 화학 증착(MOCVD)의 박막 증착을 위한 전구체(precursor)가 지녀야 할 특성에 해당하지 않는 것은?**

ⓐ 낮은 증발 온도에서 높은 증발 압력

ⓑ 높은 분해 온도

ⓒ 무독성

ⓓ Si 및 SiO_2와 높은 반응성

48 **원자층 증착(ALD: Atomic Layer Deposition)를 이용하여 증착해 사용하는 고유전율 박막에 해당하지 않는 것은?**

ⓐ HfO_2

ⓑ SiON

ⓒ ZrO_2

ⓓ PZT

49 **유기 화학 증착(MOCVD)용 전구체(precursor)가 지녀야 할 특성에 해당하지 않는 것은?**

ⓐ 분해 온도가 증발 온도에 비교해 저온이어야 함

ⓑ 낮은 증발 온도에서 높은 증발 압력

ⓒ 증발과 분해 온도 사이의 충분히 큰 온도 간격

ⓓ 안정하면서도 반응성이 높아야 함

50 **마그네트론(magnetron) 스퍼터링에 대한 설명으로 부적합한 것은?**

ⓐ 일반 스퍼터에서 0.00001 % 정도로 낮은 이온 밀도를 마그네트론은 0.03 % 정도로 증가시킴

ⓑ 셀프 바이어가 없어짐

ⓒ 타깃의 이온 충돌을 증가시킴

ⓓ 전자들이 타깃 부근에 많이 존재하게 함

51 **원자층 증착(ALD)의 장점이 아닌 것은?**

ⓐ 매우 높은 증착 속도

ⓑ 400 ℃ 이하의 저온에서 증착 가능

ⓒ 원자층 단위로 매우 얇게 증착 가능

ⓓ 자기 제한 표면 반응(self-limited surface reaction)의 원리를 이용함

52 **마그네트론(magnetron) 스퍼터링에 대한 설명으로 부적합한 것은?**

ⓐ 플라스마에서 생성된 2차 전자의 이온 충돌을 높임

ⓑ 크루크(crooke)라 하는 어두운 영역을 감소시킴

ⓒ 플라스마 포텐셜에 의한 셀프 바이어가 없어짐

ⓓ 10^{-5}~10^{-3} torr 정도로 낮은 압력에서도 플라스마가 형성되게 함

53 **노(furnace)를 이용하는 저압 화학 증착(LPCVD)의 특징에 해당하지 않는 것은?**

ⓐ 산화막, 질화막, 다결정 실리콘의 증착에 널리 이용됨

ⓑ 한 번에 50매 이상의 배치 공정으로 증착할 수 있어서 throughput이 높음

ⓒ 보통 단위 웨이퍼에서 상압 화학 증착(APCVD)에 비해 증착률이 높음

ⓓ 물질 전달(mass transfer)보다는 표면 반응 제어(reaction control)에 의해 제어되는 박막 성장임

54 **스퍼터링 시스템의 장점에 해당하지 않는 것은?**

ⓐ 합금의 성분 조절이 가능함

ⓑ 입자(grain) 구조나 응력의 조절이 가능

ⓒ 전처리 청결 공정 가능

ⓓ 단차 피복성과 종횡비(aspect ratio)가 원자층 증착(ALD)보다 우수함

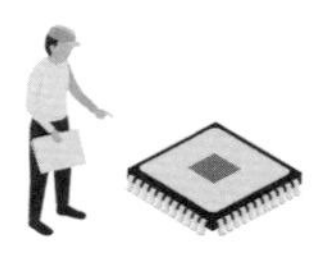

55 **원자층 증착(ALD)을 이용해 증착하는 박막 중에서 금속 배선의 확산 방지용으로 부적합한 것은?**

ⓐ TiN
ⓑ TaN
ⓒ SiO_2
ⓓ AlN

56 **초고진공(ultra high vacuum)을 이용하는 분자선 에피택시(MBE)의 특징이 아닌 것은?**

ⓐ 초고진공은 소스에서 기판 사이보다 충분히 큰 평균 자유 행로를 확보하는 데 유용함
ⓑ 초고진공은 성장하는 에피층에 원치 않는 불순물의 오염성 유입을 방지함
ⓒ 초고진공이므로 다양한 분석 및 측정 장치를 in-situ로 이용할 수 있음
ⓓ 여러 종류의 불순물을 도핑용으로 이용할 수 없음

57 **원자층 증착(ALD)을 이용한 고유전율 박막에 해당하지 않는 것은?**

ⓐ SiON
ⓑ Al_2O_3
ⓒ Ta_2O_5
ⓓ Hf_2O

58 **초고진공(ultra high vacuum)을 이용하는 분자선 에피택시(MBE)의 특징이 아닌 것은?**

ⓐ 기상 에피택시에 비해 저온 공정이 가능함
ⓑ 하나 이상의 불순물을 도핑에 이용할 수 없으며 활성화를 위한 열처리가 필요함
ⓒ 도핑 프로파일과 성분비 제어를 정밀하게 하는 데 유리함
ⓓ 초격자(superlattice)나 이종 접합(heterostructure) 구조 성장에 유용함

59 **실리콘 산화막(SiO_2)의 종류로 열 산화막, PECVD 산화막, TEOS(Tetra Ethyl Ortho Silicate) 산화막, DCS(dichrolosilane) 산화막이 있는데, 이들에 대한 설명으로 맞지 않는 것은?**

ⓐ DCS(dichrolosilane) 산화막은 400 ℃ 이하에서 증착이 가능함
ⓑ LPCVD를 사용한 TEOS 산화막의 증착 온도가 높아서 표면에서 원자 이동이 활발함
ⓒ PECVD 산화막은 피복성 측면에서 불리함
ⓓ PECVD 산화막은 다른 산화막에 비해 HF 화학 용액의 식각에 있어 속도가 2배 정도 빠름

60 **초고진공(ultra high vacuum)을 이용하는 분자선 에피택시(MBE)의 특징이 아닌 것은?**

ⓐ 도너와 억셉터의 불순물을 in-situ로 도핑을 할 수 없음
ⓑ 물리적 증착(physical deposition)에 해당함
ⓒ 분출 셀(effusion cell)에서 소스 물질을 증발(evaporation)시켜서 웨이퍼에 공급함
ⓓ 증착 속도를 0.001~0.1 ㎛/min 정도로 느리게 제어하는 데 유용함

61 **노(furnace)를 이용하는 저압 화학 기상 증착(LPCVD)의 특징에 해당하지 않는 것은?**

ⓐ 가스가 주입되는 입구에서 반응 가스의 밀도가 높고 출구에는 가스 밀도가 낮아짐

ⓑ 배치 공정의 모든 웨이퍼에 증착 두께를 동일하게 증착하기 위해 가스 출구 측의 온도를 높임

ⓒ 단위 웨이퍼에서 보통 상압 화학 증차(APCVD)에 비해 증착 속도가 빠름

ⓓ 상압 화학 증착(APCVD)에 비해 순도가 높은 박막의 증착에 유리함

62 **유전체 박막의 증착에 있어서 스퍼터링 현상을 응용한 평탄화에 유용한 증착법은?**

ⓐ PECVD(Plasma Enhanced Chemical Vapor Deposition)

ⓑ LPCVD(Low Pressure CVD)

ⓒ APCVD(Atmospheric Pressure CVD)

ⓓ MOCVD(Metal Organic CVD)

63 **각종 박막에 대한 두께를 측정하는 방식의 조합이 부적합한 것은?**

ⓐ Al 라인(알파 스텝)

ⓑ PR(레이저 현미경)

ⓒ SiO_2(nanospec)

ⓓ W 라인(ellipsometer)

64 **노(furnace)를 이용하는 저압 화학 증착(LPCVD)의 특징에 해당하지 않는 것은?**

ⓐ 물질 전달(mass transfer)보다는 표면 반응 제어(reaction control)에 의해 제어되는 박막 성장임

ⓑ 저압 공정이라 가스 분포가 균일하고 반응 제어 조건이므로 웨이퍼 내 박막 두께의 균일도가 우수함

ⓒ 보통 단위 웨이퍼에서 APCVD(Atmospheric Pressure CVD)에 비해 증착률이 높음

ⓓ 압력이 0.25~2 torr 정도의 저압에서 증착함

65 **실리콘 산화막(SiO_2)의 종류로 열 산화막, PECVD 산화막, TEOS(Tetra Ethyl Ortho Silicate) 산화막, DCS(dichrolosilane) 산화막이 있는데, 이들에 대한 설명으로 맞지 않는 것은?**

ⓐ DCS(dichrolosilane) 산화막은 300 ℃ 이하에서 증착이 가능함

ⓑ 열 산화막이 물리 화학적으로 가장 완벽함

ⓒ PECVD(Plasma Enhanced Chemical Vapor Deposition)는 450 ℃ 이하의 저온 공정이 가능

ⓓ LPCVD를 사용한 TEOS(Tetra Ethyl Ortho Silicate) 산화막과 산화막은 고온 공정이라 피복성이 우수함

66 **저압 화학 증착(LPCVD)을 이용한 다결정 실리콘 박막의 증착에 대한 설명으로 부적합한 것은?**

ⓐ 600~650 ℃의 낮은 증착 온도에서 주상(columnar) 결정 구조로 증착됨

ⓑ 대체로 600 ℃ 이하의 저온에서 비정질 실리콘 박막이 증착됨

ⓒ 비정질 실리콘으로 증착된 경우 고온의 열처리에 의해 다결정 상태로 결정화할 수 있음

ⓓ 동일한 불순물 농도로 도핑되면 다결정 실리콘 박막이 단결정 실리콘보다 비저항이 작음

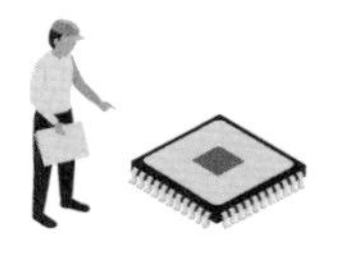

67 **실리콘 산화막**(SiO_2)**의 종류로 열 산화막,** PECVD **산화막,** TEOS(Tetra Ethyl Ortho Silicate) **산화막,** DCS(Dichrolosilane) **산화막이 있는데, 이들에 대한 설명으로 맞지 않는 것은?**

ⓐ PECVD는 450 ℃ 이하의 저온 공정이 가능

ⓑ DCS(Dichrolosilane) 산화막은 300 ℃ 이하에서 증착이 가능함

ⓒ PECVD(Plasma Enhanced Chemical Vapor Deposition) 산화막은 피복성 측면에서 불리함

ⓓ 다른 산화막에 비해 PECVD 산화막은 HF와 같은 화학 용액의 식각에 있어 속도가 2배 정도 빠름

68 **반도체에 널리 사용하는 플라스마에 대한 설명으로 부적합한 것은?**

ⓐ 플라스마를 발생시키는데 적절한 압력 범위가 존재함

ⓑ 중성의 원자는 플라스마에 존재할 수 없음

ⓒ 일반적으로 초고진공에서 안정한 플라스마를 형성하기 어려움

ⓓ 플라스마 내부는 대부분 +charge가 −charge보다 농도가 높음

69 **초고진공**(ultra high vacuum)**을 이용하는 분자선 에피택시**(MBE)**의 특징이 아닌 것은?**

ⓐ 분출 셀(effusion cell)에서 소스 물질을 증발(evaporation)시켜서 웨이퍼에 공급함

ⓑ 에피 성장 속도가 보통 CVD에 비해 100배는 빠름

ⓒ 기상 에피택시에 비해 저온 공정이 가능함

ⓓ 초고진공은 소스에서 기판 사이보다 충분히 큰 평균 자유 행로를 확보하는 데 유용함

70 **저압 화학 기상 증착**(LPCVD)**을 이용한 다결정 실리콘 박막의 증착에 대한 설명으로 부적합한 것은?**

ⓐ 압력이 낮을수록 다결정 실리콘 박막의 성장률을 크게 증가시킬 수 있음

ⓑ 저압의 질량 이송 제어(mass pransport control)의 조건인 적정 온도에서 균일한 박막 성장에 유용함

ⓒ 증착 온도가 1,000 ℃ 이상으로 너무 높으면 기상 반응으로 표면이 거칠고 품질이 저하됨

ⓓ 증착 온도가 600 ℃ 이하로 너무 낮으면 증착 속도가 너무 느려 실용적이지 아니함

71 **박막 증착을 위한 가열방식에 해당하지 않는 것은?**

ⓐ 저항 가열

ⓑ EUV 램프 가열

ⓒ 적외선 램프 가열

ⓓ 레이저 빔 가열

72 PECVD(Plasma Enhanced Chemical Vapor Deposition)**에서** SiH_4, O_2 **가스를 이용한** SiO_2 **증착에 대한 설명 중 부적합한 것은?**

ⓐ RF power를 높이면 압축 응력 상태로 증착될 가능성이 높음

ⓑ 100 ℃의 낮은 온도에서 증착하면 박막의 물리적 품질이 저하됨

ⓒ 플라스마를 사용하므로 열 산화막에 비해 물리적 품질이 우수함

ⓓ 박막의 품질은 HF계 용액을 이용한 식각률이나 굴절률(refractive index)로 판정할 수 있음

73 **저압 화학 기상 증착(LPCVD)을 이용한 다결정 실리콘 박막의 증착에 대한 설명으로 부적합한 것은?**

ⓐ 증착 온도가 1,000 ℃ 이상으로 너무 높으면 기상 반응으로 표면이 거칠고 밀착성이 감소함

ⓑ 동일한 성장 조건에서 압력을 높이면 성장률이 감소함

ⓒ 증착 온도가 600 ℃ 이하로 낮으면 증착 속도가 너무 감소하여 실용적이지 아니함

ⓓ 배치 공정(batch process)으로 동시에 기판을 다량 주입하여 생산성(throughput)을 높이는 데 유용함

74 **실리콘 산화막의 증착에 있어서 단파 피복성(step coverage)을 높이기에 가장 유용한 증착법은?**

ⓐ LPCVD

ⓑ PECVD

ⓒ APCVD

ⓓ RPCVD

75 **PECVD(Plasma Enhanced Chemical Vapor Deposition)에서 SiH_4, O_2 가스를 이용한 SiO_2 증착에 대한 설명 중 부적합한 것은?**

ⓐ 증착된 SiO_2 박막은 비정질 상태임

ⓑ 증착된 SiO_2 박막에 수소(H) 원자가 내포되어 있음

ⓒ 플라스마를 사용하므로 열 산화막에 비해 물리적 품질이 우수함

ⓓ SiO_2 박막이 인장(tensile) 또는 압축(compressive) 응력이 인가된 상태로 증착할 수 있음

[76-77] 다음 그림을 보고 질문에 답하시오.

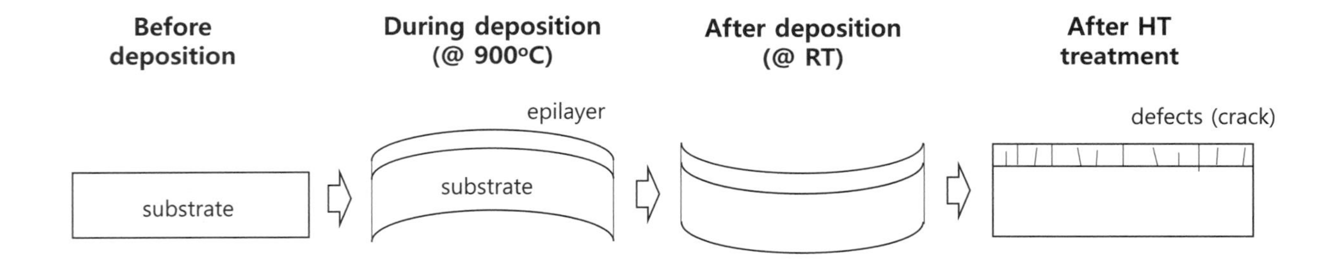

76 **헤테로(heterostructure) 에피층을 성장하는 증착의 단계에서 위와 같이 휘어짐(bow) 현상이 있을 경우에 대한 설명으로 부적합한 것은?**

ⓐ 에피층에는 응력이 잔류해서는 안 되므로 무조건 완전히 제거되어야 함

ⓑ 증착 후 상온에서 상태는 에피층의 열팽창 계수가 기판보다 크기 때문임

ⓒ 고온 열처리에 의해 응력 이완(stress relaxation)이 발생함

ⓓ 기판의 두께를 증가시키면 휘어짐(bow)을 감소시킬 수 있음

77 **헤테로(heterostructure) 에피층을 성장하는 증착의 단계에서 위와 같이 휘어짐(bow) 현상이 있을 경우에 대한 설명으로 부적합한 것은?**

ⓐ 증착 중의 에피층은 압축 응력을 받고 있음

ⓑ 증착 중의 응력 상태는 에피층의 격자 상수가 기판의 격자 상수보다 큰 경우에 발생함

ⓒ 증착 후 상온에서 에피층은 인장 응력을 받고 있음

ⓓ 에피층에는 응력이 잔류해서는 안 되므로 고온 열처리로 제거해야 함

78 **강유전체 박막을 원자층 수준으로 가장 정밀하게 증착할 수 있는 증착법은?**

ⓐ PECVD　　ⓑ LPCVD　　ⓒ APCVD　　ⓓ MO-ALD

79 **반도체 공정에 많이 사용하는 플라스마에 대한 설명으로 부적합한 것은?**

ⓐ 고에너지 입자들 때문에 웨이퍼 기판의 세척 공정(cleaning)에 사용하지 아니함

ⓑ 챔버에서 물리적 충돌과 화학적 반응이 동시에 발생함

ⓒ 전자의 빠른 이탈로 기판의 표면에 sheath(dark space)가 형성됨

ⓓ 플라스마의 균일한 분포에 의해 증착과 식각의 균일도를 높임

80 **고진공 박막 증착 시스템에서 단위 면적당 분자의 충돌 flux(Φ)는 압력(P: pascal), 분자 질량(M: atomic mass), 온도(T)에 대하여 $\Phi = 2.64 \times 10^{20}\left(\sqrt{\frac{P}{MT}}\right)$ molecules/cm^2 · sec 주어진다. 산소 분압은 10^{-5} ㎩이고, 표면 원자 밀도는 1.6×10^{15} cm^{-2}인 실리콘 (100) 표면에 도달한 산소(M = 32 amu) 원자의 10 %가 부착한다면 SiO_2 단일층(monolayer)이 형성되는 최소의 시간은?**

ⓐ 595 sec　　ⓑ 59.5 sec　　ⓒ 5.95 sec　　ⓓ 0.95 sec

81 **고진공 박막 증착 시스템에서 에피 성장을 위한 가스 소스원과 기판과 최대 거리는 평균 자유 행로인 $\lambda = 0.66/P$(㎝)와 동일하다고 한다면, 소스의 부분 압력이 10^{-2} ㎩인 경우 가스 소스와 기판과 사이의 거리로 허용되는 최댓값은?**

ⓐ 0.66 ㎝　　ⓑ 6.6 ㎝　　ⓒ 66 ㎝　　ⓓ 666 ㎝

82 **전자선(electron beam) 증착을 이용하여 소스에서 수직으로 상부에 위치한 300 ㎜ 직경의 실리콘 표면에 박막을 증착하는 경우, 박막의 증착 속도(G)는 밀도(ρ: g/㎤), 질량 증발 속도(m: g/sec), 소스와 기판 사이의 거리(l = 2r), 소스의 빔 퍼짐 각도(θ: degree)에 따라 $G = \frac{m}{\pi \rho r^2}\cos\theta$로 주어진다. 다음의 주어진 소스와 기판의 거리 중 웨이퍼 중앙과 가장자리에서 증착 두께의 차이(%)가 가장 작은 것은?**

ⓐ 10 ㎝　　ⓑ 20 ㎝　　ⓒ 30 ㎝　　ⓓ 40 ㎝

[83-84] 다음 그림을 보고 질문에 답하시오.

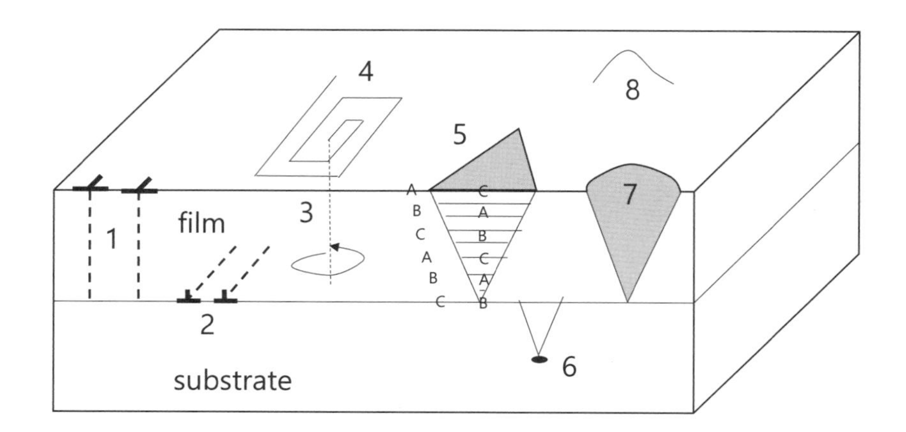

83 에피 성장된 구조에서 1-2-3-5의 순서로 해당하는 결함의 올바른 명칭은?

ⓐ threading edge dislocation – threading screw dislocation – misfit dislocation–stacking fault

ⓑ threading edge dislocation – stacking fault – misfit dislocation – threading screw dislocation

ⓒ threading screw dislocation – misfit dislocation – threading edge dislocation – stacking fault

ⓓ threading edge dislocation – misfit dislocation – threading screw dislocation – stacking fault

84 에피층이 성장된 단면 구조에서 1-2-5-7에 해당하는 결함의 올바른 명칭은 어느 것?

ⓐ threading edge dislocation – misfit dislocation – oval defect – stacking fault

ⓑ threading edge dislocation – threading screw dislocation – stacking fault – oval defect

ⓒ misfit dislocation – threading edge dislocation – stacking fault – oval defect

ⓓ misfit dislocation – threading edge dislocation – oval defect – stacking fault

85 증착한 절연체(SiO_2) 박막의 PCM(Process Control Monitoring)법에 해당하지 않는 것은?

ⓐ ellipsometer(refraxtive index)

ⓑ Hall measurement(conductivity)

ⓒ nanospec(thickness)

ⓓ metal-insulator-metal 패턴(C-V, I-V)

86 **그림의 화학 증착(CVD) 시스템은 여러 웨이퍼에 동시에 박막을 증착하는 데 있어서 전체적으로 생산성(throughput)과 균일도(uniformity)가 높은데, 공정 조건과 무관한 것은?**

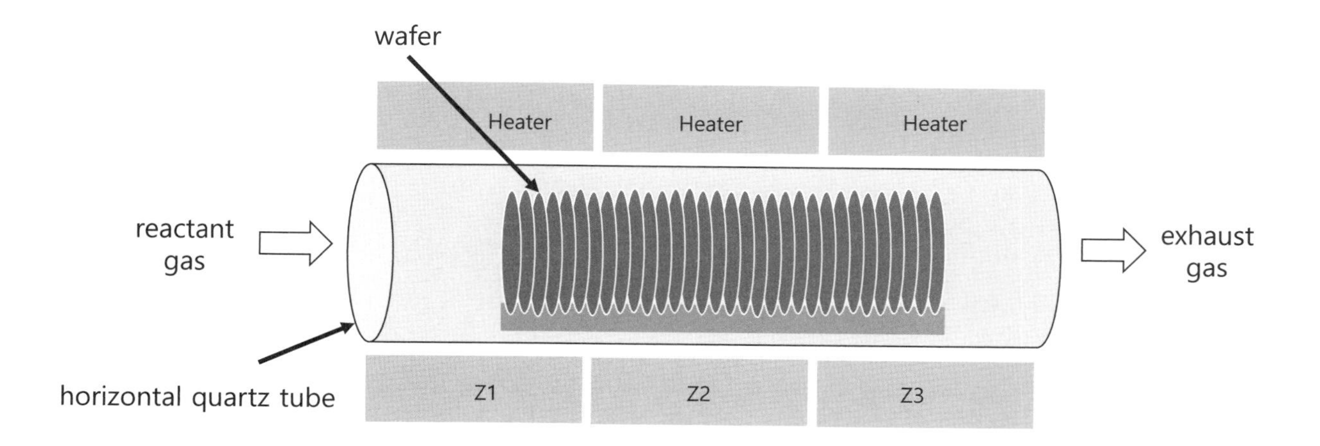

ⓐ 저압의 조건에서 가스 상태 반응을 최소화하며, 반응률(reaction rate) 기구로 성장 제어를 함

ⓑ 저압에서 반응 가스의 분포를 가능한 한 균일하게 유지함

ⓒ zone 3 방향으로 온도를 점차 높여 반응 가스 농도가 희석되는 차이를 상쇄함

ⓓ 반응 가스의 유량(flow rate)을 최대로 하여 챔버 내부의 반응 가스 농도를 가능한 한 높임

87 **통상의 화학 증착(CVD)에 비교하여 원자층 증착(ALD)의 장점으로 해당 없는 것은?**

ⓐ 박막에 불순물과 핀홀의 농도가 매우 높음

ⓑ 원자 단위로 증착되므로 매우 얇은 박막의 두께 제어에 유리

ⓒ 높은 종횡비에 우수한 단차 피복성을 제공

ⓓ 400 ℃ 이하의 상대적으로 낮은 온도에서 증착이 가능

88 **유기 화학 증착(MOCVD)용 전구체(precursor)가 지녀야 할 특성에 해당하지 않는 것은?**

ⓐ 낮은 증발 온도에서 높은 증발 압력

ⓑ 증착 온도에 비해 높은 분해 온도

ⓒ 고농도의 불순물을 포함해야 함

ⓓ 안정하면서도 반응성이 높아야 함

89 **상온의 온도에서 체적이 1,000 ㎤인 PECVD 챔버에 100 sccm의 아르곤(Ar) 가스를 흘리면서, 진공 펌프 및 압력 제어 기술을 이용하여 챔버의 압력을 1 Torr로 유지하는 경우 아르곤 원자가 챔버의 내부에 머무르는 평균 시간은?**

ⓐ 0.78 sec ⓑ 7.8 sec ⓒ 78 sec ⓓ 780 sec

90 **실리콘 반도체의 에피 성장에 있어서 자발 도핑(auto–doping)에 대한 설명으로 부적합한 것은?**

ⓐ 자발 도핑(auto-doping) 불순물은 기판, 챔버, susceptor로부터 주입됨

ⓑ 도핑된 기판에서 solid-state outdiffusion과 gas phase auto-doping tail이 존재함

ⓒ 기판의 뒷면에 산화막이나 질화막을 증착하면 auto-doping 현상이 감소함

ⓓ 고온에서 가능한 한 느린 속도로 성장하면 auto-doping을 최소화하게 됨

91 **직경이 300 ㎜인 실리콘 기판에 SiH_4 가스를 120 sccm 챔버에 흘리면서 CVD를 하여 증착한다. Si 박막의 성장률이 60 ㎚/min이고, 박막의 밀도가 2×10^{22} ㎝$^{-3}$인 경우, 박막 성장에 이용된 SiH_4 가스의 효율은 몇 %에 해당하는가?** (PV = nRT, P: atm, V: liter, R = 0.0821 L atm/K ㏖, T: K, $N_A = 6.02\times10^{23}$ #/㏖)

ⓐ 0.029 % ⓑ 0.29 % ⓒ 2.9 % ⓓ 29 %

92 **실리콘 반도체의 에피 성장에 있어서 오토 도핑(auto–doping)을 저지하는 방법이 아닌 것은?**

ⓐ 저온 에피 공정

ⓑ 후면에 절연막 증착

ⓒ 기판의 공전 및 자전

ⓓ 감압(reduced pressure) 성장 조건

93 **실리콘(Si) 에피 성장을 위한 공정 조건에서 통상적으로 웨이퍼를 회전시키면서 제어하는 목적은?**

ⓐ 응력의 균일한 분포

ⓑ 웨이퍼의 휨 방지

ⓒ 결정 결함의 주입 방지

ⓓ 균일한 에피의 성장

94 **물리 증착(physical deposition)에 해당하지 않는 증착법은?**

ⓐ atomic layer deposition ⓑ evaporator

ⓒ ion milling ⓓ sputter

95 **PECVD 장치를 구성하는 주요 요소(기능)이 아닌 것은?**

ⓐ RF generator ⓑ cathode electrode

ⓒ end point detector ⓓ pressure controller

96 **스퍼터(sputter) 장치를 구성하는 주요 요소(기능)이 아닌 것은?**

ⓐ DC/RF power supply ⓑ electron beam

ⓒ target ⓓ magnet

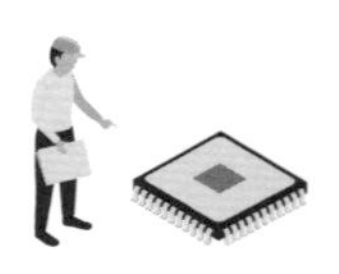

[97-98] 다음 그림을 보고 질문에 답하시오.

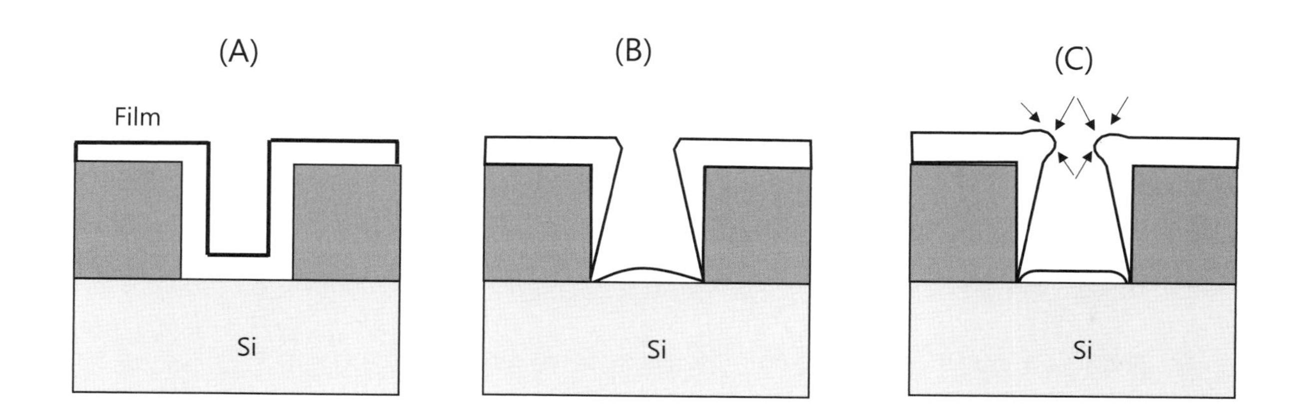

97 **트렌치 패턴에 증착을 할 때 박막의 형태에 대한 설명으로 부적합한 것은?**

ⓐ (A)는 증착 원자의 빠른 이동에 의한 conformal coverage에 해당함

ⓑ (B)는 평균 자유 행로(mean free path)는 길고 증착 원자의 표면 이동이 낮아 non-conformal coverage

ⓒ (C)는 평균 자유 행로가 작고 증착 원자의 표면 이동이 낮아 non-conformal coverage

ⓓ 고온의 고진공 증착 조건에서 (C)와 같은 형상의 증착이 가장 잘 발생함

98 **트렌치 패턴에 증착을 할 때 박막의 증착 조건(A, B, C) 각각에 대한 설명으로 가장 올바른 것은?**

ⓐ A(저압, 고 표면 확산), B(저압, 저 표면 확산), C(고압, 저 표면 확산)

ⓑ A(저압, 저 표면 확산), B(저압, 저 표면 확산), C(고압, 저 표면 확산)

ⓒ A(저압, 고 표면 확산), B(저압, 고 표면 확산), C(고압, 저 표면 확산)

ⓓ A(저압, 저 표면 확산), B(저압, 저 표면 확산), C(저압, 고 표면 확산)

99 **플라스마를 발생시키면 가스의 종류에 따라 보라색이나 회색 광이 발생하는 원인은?**

ⓐ 높은 에너지 준위로 여기(excite)된 전자가 낮은 에너지 준위로 탈여기하는 과정에 광을 발생함

ⓑ 여기(excitation) 과정에 여분의 에너지가 광을 발생함

ⓒ 이온화(ionization, α-process) 과정에 여분의 에너지가 광을 발생함

ⓓ 해리(dissociation)의 과정에 여분의 에너지가 광을 발생함

100 **플라스마에서 발생하는 다음의 반응에 대한 명칭이 순서대로 일치하는 것은?**

$$e^- + A \rightarrow A^+ + 2e^-$$
$$e^- + A^+ \rightarrow A$$
$$e + A_2 \rightarrow A_2^* + e^-$$
$$A_2^* \rightarrow A_2 + hv$$
$$e^- + AB \rightarrow A^* + B^* + e^-$$

ⓐ ionization – excitation – relaxation – dissociation – recombination

ⓑ ionization – recombination – relaxation – dissociation – excitation

ⓒ ionization – recombination – excitation – relaxation – dissociation

ⓓ recombination – excitation – relaxation – ionization – dissociation

101 PLD(Pulsed Laser Deposition)**에 대한 설명 중 올바른 것은?**

ⓐ 대면적 기판에 균일한 박막을 형성하는 데 유용함

ⓑ 다원계 산화물 박막을 형성할 때 target의 조성과 동일한 박막을 형성할 수 있음

ⓒ 레이저 소스는 PLD 챔버의 내부에 위치함

ⓓ 화학 기상 증착(CVD)법에 해당함

102 **스퍼터**(sputtering)**와 증착**(evaporation)**의 차이를 설명한 것으로 올바르지 않은 것은?**

ⓐ 대체로 evaporation의 증착 압력은 sputteing에 비해 낮음

ⓑ 박막이 성장되는 표면의 활성화 정도는 evaporation보다 sputteing이 더 높음

ⓒ 증착된 박막의 grain 크기는 sputtering보다 evaporation에서 더 큼

ⓓ evaporation 챔버 내에서 증착되는 원자들은 복잡한 충돌 과정을 거친 후 기판에 도달함

103 **텅스텐**(W)**과 같은 물질을 상온에서 스퍼터**(sputtering)**로 증착한 박막에 대한 타당한 설명은?**

ⓐ 직경이 10 ㎛ 정도의 단결정으로 구성된 다결정 상태임

ⓑ vacancy, cluster, columnar와 같은 구조가 다량 포함된 비정질 상태임

ⓒ 전위(dislocation)와 같은 결정 결함을 다량의 지닌 단결정으로 증착된 상태임

ⓓ 결함이 없는 완전한 단결정으로 증착된 상태임

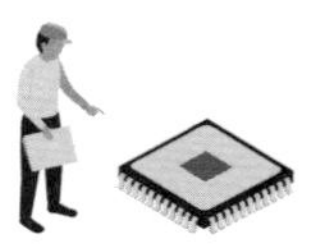

104 웨이퍼의 한쪽 표면에 산화막(SiO_2) 박막을 증착할 수 있는 공정은?

ⓐ thermal oxidation

ⓑ electroplating

ⓒ PECVD

ⓓ ion implantation

105 원자 밀도가 5×10^{22} stoms/㎤인 실리콘 기판의 온도를 900 ℃로 유지하고, 전자선 증착으로 실리콘 소스가 웨이퍼에 45° 각도로 기울어져 flux = 2×10^{16} atoms/㎠sec로 입사하는 경우 박막의 성장률은?

ⓐ 2.3 ㎚/sec ⓑ 23 ㎚/sec ⓒ 230 ㎚/sec ⓓ 2.3 ㎛/sec

106 일반적인 스퍼터(sputter) 증착 기술과 비교하여 마그네트론 스퍼터(magnetron sputter)의 특징에 대한 설명으로 적합한 것은?

ⓐ 자력에 의해 전자 운동을 가속시켜 안정한 고밀도 플라스마를 타깃 가까이 집속하여 증착 속도를 높임

ⓑ 자력에 의해 이온 운동을 가속시켜 안정한 저밀도 플라스마를 타깃 멀리 집속하여 증착 속도를 낮춤

ⓒ 자력에 의해 전자 운동을 감속시켜 안정한 저밀도 플라스마를 타깃 멀리 집속하여 증착 속도를 낮춤

ⓓ 자력에 의해 이온 운동을 감속시켜 안정한 고밀도 플라스마를 타깃 가까이 집속하여 증착 속도를 높임

107 PVD(Physical Vapor Deposition) 방식에 해당하지 않는 것은?

ⓐ magnetron sputtering

ⓑ ion beam deposition

ⓒ e-beam evaporation

ⓓ ALD(Atomic Layer Deposition)

108 다음중 알루미늄(Al)의 스퍼터링 증착에 있어서 가장 심각한 오염원인 것은?

ⓐ 질소(N_2) ⓑ 수소(H_2) ⓒ 산소(O_2) ⓓ 아르곤(Ar)

109 Si(111) 기판에 $Si_{1-x}Ge_x$를 에피 성장하는 데 있어서, x = 0.1인 경우 격자 불일치(lattice mismatch)는? (단, Si의 원자 거리(bond distance)는 2.35 Å, Ge는 2.41 Å이고, 격자 상수가 Vegards' law를 따라 변한다고 가정하여 $a_{SiGe}(x) = (1-x) \cdot a_{Si} + x \cdot a_{Ge}$ 조건을 적용함)

ⓐ 0.0026 % ⓑ 0.026 % ⓒ 0.26 % ⓓ 2.6 %

110 Si(111) **기판에** $Si_{1-x}Ge_x$**를 에피 성장하는 데 있어서,** x = 0.01**인 경우** Si/SiGe **계면에서** Si**과** SiGe**에 각각 인가되는 응력의 종류는? (단,** Si**의 원자 거리**(bond distance)**는** 2.35 Å, Ge**는** 2.41 Å**이고, 격자 상수가 베가드 법칙**(Vegards' law)**을 따른다고 가정하여** $a_{SiGe}(x) = (1-x) \cdot a_{Si} + x \cdot a_{Ge}$ **조건을 적용함)**

ⓐ Si: 압축 응력, SiGe: 인장 응력

ⓑ Si: 인장 응력, SiGe: 압축 응력

ⓒ Si: 인장 응력, SiGe: 인장 응력

ⓓ Si: 압축 응력, SiGe: 압축 응력

111 Si **기판과 실리콘 질화막**(Si_3N_4) **박막에 기계적 응력**(mechenical stress)**이 전혀 없는 증착되는 공정 조건을 이용하여** PECVD**로** 400 °C**에서** 1,000 ㎚ **두께를 증착한다. 이 경우 증착을 완료하고 상온 상태로 꺼냈을 때 계면에서 실리콘과 실리콘 질화막에 인가된 응력 상태는? (단,** Si**과** Si_3N_4**의 열팽창 계수는 각각** 2.5×10^{-6}/K, 3.2×10^{-6}/K**를 이용함)**

ⓐ Si: 압축 응력, Si_3N_4: 인장 응력

ⓑ Si: 인장 응력, Si_3N_4: 압축 응력

ⓒ Si: 인장 응력, Si_3N_4: 인장 응력

ⓓ Si: 압축 응력, Si_3N_4: 압축 응력

112 **다음의 에피 성장법 중에서 가장 열평형 상태에 가까운 조건에서 이루어지는 것은?**

ⓐ MOCVD(Metal Organic Chemical Vapor Deposition)

ⓑ MBE(Molecular Beam Epitaxy)

ⓒ ALE(Atomic Layer Epitaxy)

ⓓ LPE(Liquid Phase Epitaxy)

113 **일반적인** PECVD(Plasma Enhanced Chemical Vapor Deposition)**의 산화막 증착 방식에 대비하여** HDPCVD(High Density Plasma CVD) **방식에 대한 설명으로 부적합한 것은?**

ⓐ AR(Aspect Ratio)가 3:1~4:1의 트렌치의 내부를 채우는 용도로 불리함

ⓑ 공정 압력이 2~10 mTorr인 저압으로 이온의 충돌을 줄이고 직진 방향성을 유지함

ⓒ 기판 표면에 RF 전력 밀도(> 6 W/㎠)를 높여서 플라스마에 의한 증착과 식각이 공존함

ⓓ 기판의 온도가 높아지는 것을 방지하기 위해 정전척(ESC)과 He 냉각을 사용함

114 인(phosphorous)이 고농도로 도핑된 n^+형 실리콘 기판을 이용하여 APCVD(Atmosphere Pressure Chemical Vapor Deposition) 방식으로 1,000 °C에서 10분 동안 성장 속도 0.1 ㎛/min로 비저항이 높은 undoped 실리콘 에피층을 성장하려고 한다. 이때 관계하는 현상들에 대한 설명으로 부적합한 것은?

ⓐ 에피를 성장하는 과정에 성장 온도가 높아 기판의 phosphorous가 외부 확산함

ⓑ 상압 화학 증착(APCVD)에서 undoped 에피층의 도핑 농도는 10^{17} cm^{-3} 이상 고농도만 제어할 수 있음

ⓒ 외부 확산(out-diffusion)에 의한 문제를 완화하여 고순도 에피층을 성장하기 위해 저온 성장이 유용함

ⓓ 자발 도핑(auto-doping)을 최소화하려면 가능한 한 절연막으로 기판의 뒷면을 차폐(passivation)해야 함

[115-118] 낱장(single wafer)의 실리콘 웨이퍼에 에피를 성장하는 챔버에서 DCS 반응 가스를 이용하는 레시피의 사례를 보고 질문에 답하시오.

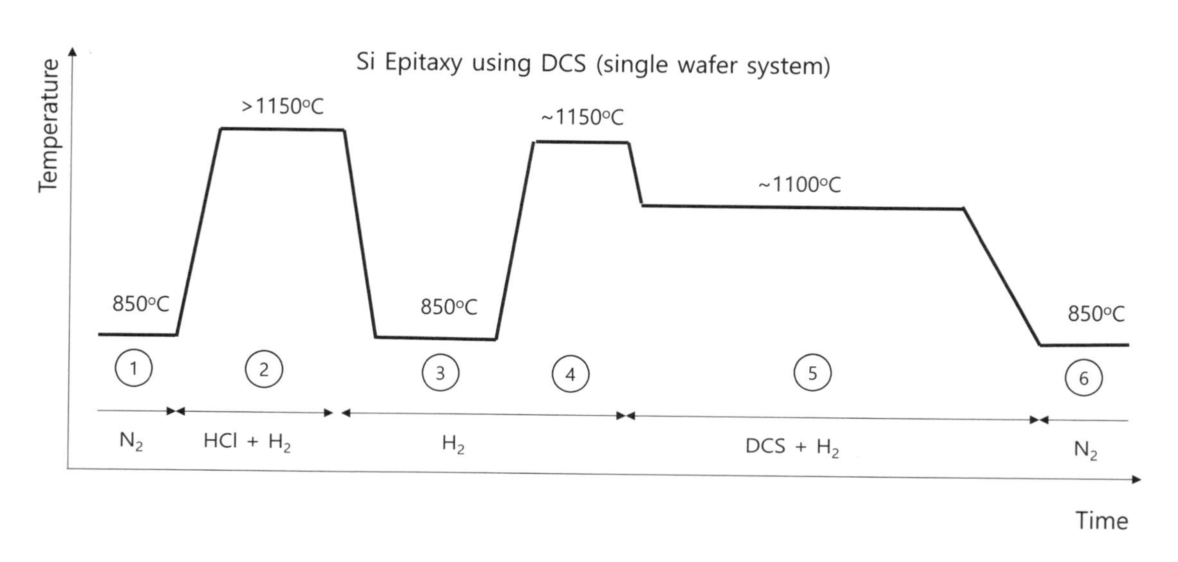

115 레시피에서 챔버의 세정(분위기 제어)을 위한 단계와 웨이퍼의 표면 산화막을 제거하기 위한 oxide thermal desorption(hydrogen passivation) 단계에 각각 해당하는 번호는?

ⓐ 1, 3　　ⓑ 2. 4　　ⓒ 2, 3　　ⓓ 4, 5

116 레시피에서 웨이퍼 loading과 unloading을 위한 단계에 각각 해당하는 번호는?

ⓐ 3, 6　　ⓑ 1. 3　　ⓒ 1, 6　　ⓓ 4, 6

117 레시피에서 1-2-3-4-5-6 단계에 해당하는 각각의 명칭으로 가장 정확한 것은?

ⓐ standby - WF loading - chamber baking - H2 treatment - epitaxial growth - WF unloading

ⓑ WF loading - chamber baking- standby - epitaxial growth - H2 treatment - WF unloading

ⓒ WF loading - chamber baking - standby - H2 treatment - epitaxial growth - WF unloading

ⓓ standby - chamber baking- WF loading - H2 treatment - epitaxial growth - WF unloading

118 **레시피에서 웨이퍼 loading과 unloading의 단계에서 온도를 낮추는 이유는?**

ⓐ 챔버 내부의 청정도 유지

ⓑ 전기 에너지의 절감

ⓒ 기판의 열 충격 방지

ⓓ 가스 폭발 방지

[119-121] 다음의 예시로 주어진 레시피에 대한 질문에 답하시오.

Example of PECVD Recipe

No	Step	Time(min)	SiH_4(sccm)	Ar(sccm)	N_2O(sccm)	Prt(W)	P(Torr)	T(°C)
1	WF loading						AP	350
2	Pre-pump	1					(<0.2)	350
3	Pre-purge	1		200			(<0.2)	350
4	Deposition	(thick)	100	100	600	30	0.8	350
5	Post-pump	1					(<0.2)	350
6	Post-purge	1		200			(<0.2)	350
7	Vent	1					AP	350
8	WF out						AP	350

119 **주어진 레시피에 대한 공정의 용도로 가장 올바른 것은?**

ⓐ 실리콘 산화막을 증착하기 위한 PECVD 레시피임

ⓑ 실리콘 질화막을 증착하기 위한 PECVD 레시피임

ⓒ 실리콘 산화막을 증착하기 위한 LPCVD 레시피임

ⓓ 실리콘 질화막을 증착하기 위한 LPCVD 레시피임

120 **주어진 레시피에 대한 설명으로 적합하지 않은 것은?**

ⓐ Pre-pump 단계에서 챔버를 진공으로 하여 청정한 조건을 형성함

ⓑ Pre-purge 단계에서 Ar 분위기를 조성하여 챔버를 안정화함

ⓒ Ar의 유량은 안정한 플라스마 형성과 박막의 증착률이나 내부 응력에 영향을 줌

ⓓ 산화막 내의 산소 함량은 SiH_4와 N_2O의 유량비와 관련이 없음

121 **주어진 레시피에 대한 설명으로 적합하지 않은 것은?**

ⓐ Post-pump 단계에서 챔버 내 잔류하는 반응 가스를 제거함

ⓑ Post-purge 단계에서 Ar 분위기를 조성하여 챔버 개방을 준비함

ⓒ Ar의 유량은 박막의 증착률이나 증착막의 물리적 특성에 영향이 없음

ⓓ 산화막 내의 산소 함량은 SiH_4와 N_2O의 유량비에 의해 크게 변화됨

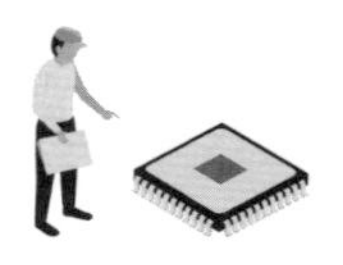

122 **RF sputter와 DC sputter에 대한 설명으로 부적합한 것은?**

ⓐ RF sputter의 타깃에는 RF power가 인가됨

ⓑ DC sputter의 타깃에는 고전압 DC bias가 인가됨

ⓒ RF sputter로 절연체 및 금속 박막을 모두 증착 가능함

ⓓ DC sputter는 전도성이 없는 절연체 박막의 증착에 주로 사용함

123 **박막의 화학 증착(CVD) 반응 기구에서 단계별(1~7) 명칭으로 가장 올바른 것은?**

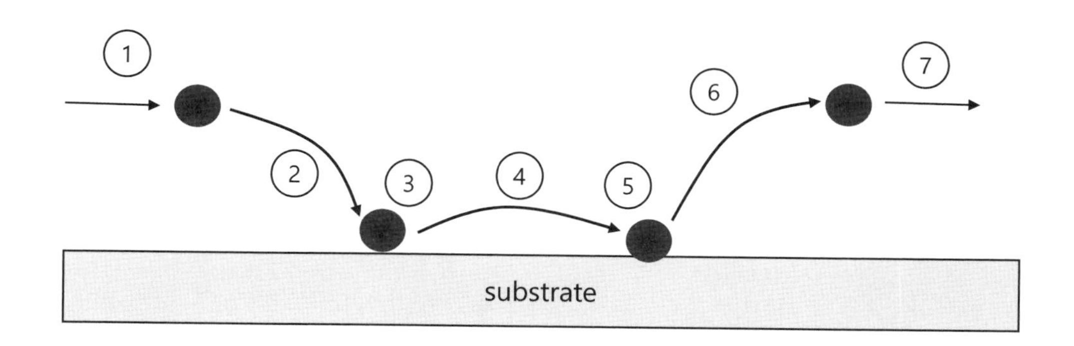

ⓐ 반응 가스 주입 – 경계층 확산 – 화학적 흡착 – 표면 확산 – 물리적 흡착 – 탈착 - 배기

ⓑ 반응 가스 주입 – 물리적 흡착 – 경계층 확산 – 화학적 흡착 – 표면 확산 – 탈착 - 배기

ⓒ 반응 가스 주입 – 경계층 확산 – 물리적 흡착 – 표면 확산 – 화학적 흡착 – 탈착 - 배기

ⓓ 반응 가스 주입 – 물리적 흡착 – 경계층 확산 – 화학적 흡착 – 표면 확산 – 탈착 – 배기

124 **원자층 증착(ALD)을 이용하면 유용한 박막 증착의 종류로만 구성된 것은?**

ⓐ 자기 정렬 다중 패터닝 - DRAM 커패시터 고유전률 박막 – 고유전률 게이트 박막 - 트렌치의 채움막 (filling)

ⓑ 자기 정렬 다중 패터닝 – 필드 산화막(field oxide) - 고유전률 게이트 박막 - 트렌치의 liner 박막

ⓒ 자기 정렬 다중 패터닝 - DRAM 커패시터 고유전률 박막 – 금속 절연막(IMD) - 비아(via) 채움막 (filling)

ⓓ 자기 정렬 다중 패터닝 - DRAM 커패시터 고유전률 박막 - 고유전률 게이트 박막 - 트렌치의 liner 박막

125 **원자층 증착(ALD)의 경우 전구체(precursor)의 종류에 따라 증착 온도의 공정 구역(process window)의 한계를 갖는데, 이에 대한 반응 기구로서 각 부위(1–2–3–4)별 원인이 되는 현상으로 올바른 것은?**

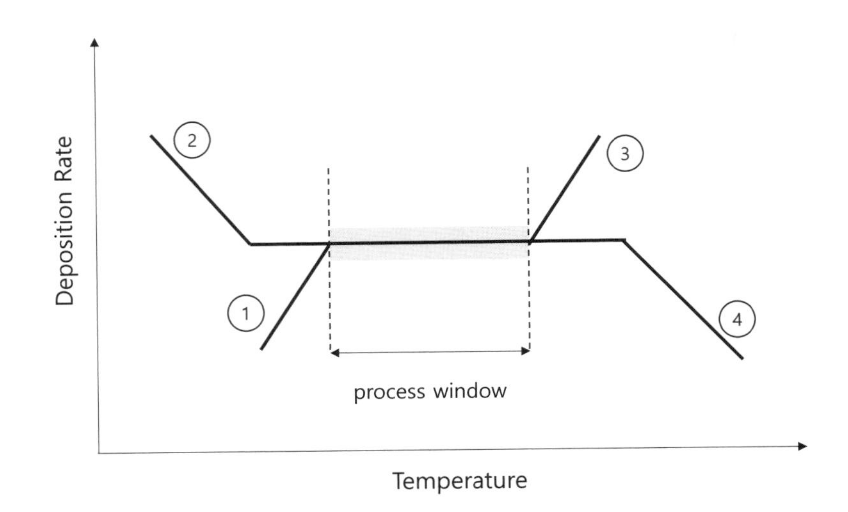

ⓐ 높은 반응 속도 - 전구체의 응결(condensation) - 전구체의 열 탈착 - 고온의 높은 증발 속도

ⓑ 낮은 반응 속도 - 전구체의 응결 - 전구체의 열 탈착 - 고온의 높은 증발 속도

ⓒ 낮은 반응 속도 - 전구체의 열 탈착 - 전구체의 응결 - 고온의 높은 증발 속도

ⓓ 높은 반응 속도 - 전구체의 응결 - 전구체의 열 탈착 - 고온의 낮은 증발 속도

126 **압력(P)과 전극 간격(d)의 조건에 따라 이온화(ionization)로 플라스마를 발생시키는 데 필요한 항복 전압 (breakdovoltage)에 대한 파센(Paschen) 그래프에 관련한 설명으로 부적합한 것은?**

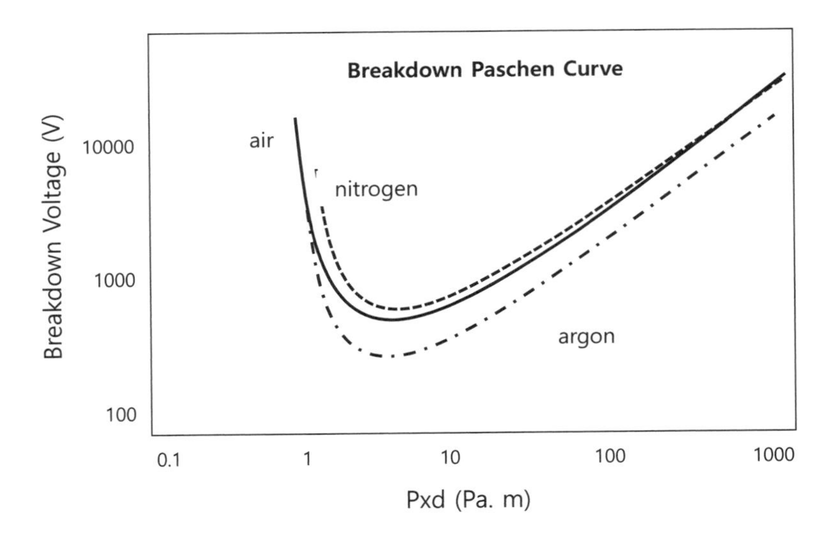

ⓐ 압력(P)×거리(d)가 작은 조건에서는 전자의 충돌 횟수가 작아서 높은 항복 전압 필요

ⓑ 압력(P)×거리(d)가 큰 조건에서는 전자가 이온화에 필요한 에너지가 부족해 높은 항복 전압 필요

ⓒ 통상 원자의 이온화를 위해 필요한 전자의 에너지는 200 eV 이상이어야 함

ⓓ 챔버에 아르곤(Ar) 가스를 추가한 혼합 가스 조건은 안정한 플라스마 형성에 유용함

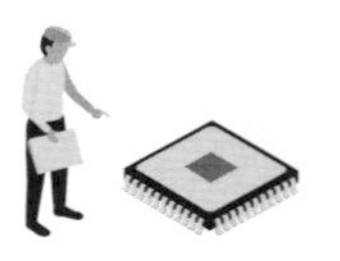

[127-128] Si 기판에 SiGe 에피층을 성장하는 데 있어서 격자 상수의 차이에 의해 유발되는 응력으로 인한 에피층의 상태에 대한 그림을 보고 질문에 답하시오.

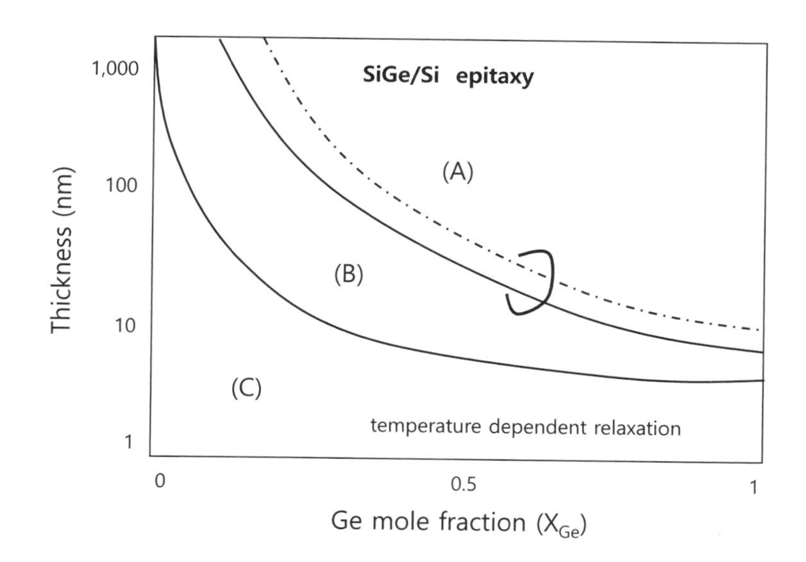

127 SiGe 에피층을 Si 기판에 성장하는 데 있어서, Ge의 함량(X_{Ge})에 따른 격자 상수 불일치로 인하여 SiGe/Si 계면에 응력이 발생하므로 단결정의 에피로 성장할 수 있는 한계의 두께(t_c: 임계 두께)가 존재한다. 그림에서 (A, B, C) 영역의 성장 조건에 대해 틀린 설명은?

ⓐ (A)는 축적된 응력이 임계치를 넘어서 이완이 발생하는 응력 이완(relaxation) 영역임

ⓑ (B)는 응력이 에피층에 축적되는 부분 안정(metastable) 영역임

ⓒ (C)는 응력이 매우 낮은 안정(stable) 영역임

ⓓ 에피의 성장 온도를 높이면 응력 이완이 발생하는 임계 두께(tc)를 최대로 할 수 있음

128 그림의 (A, B, C) 영역에서 성장된 에피층의 상태에 대해 올바른 설명은?

ⓐ (A)는 웨이퍼와 에피층의 계면에만 응력 이완에 의한 결함이 존재함

ⓑ (B)는 에피층에 압축(compressive) 응력이 누적된 불안정 상태임

ⓒ (B)는 실리콘 기판 측에 압축(compressive) 응력이 인가된 불안정 상태임

ⓓ (C)는 성장된 에피층에 발생된 인장(tensile) 응력이 인가된 안정 상태임

[129-131] 실리콘 반도체 표면에서 원자들의 결합 상태에 대한 질문에 답하시오.

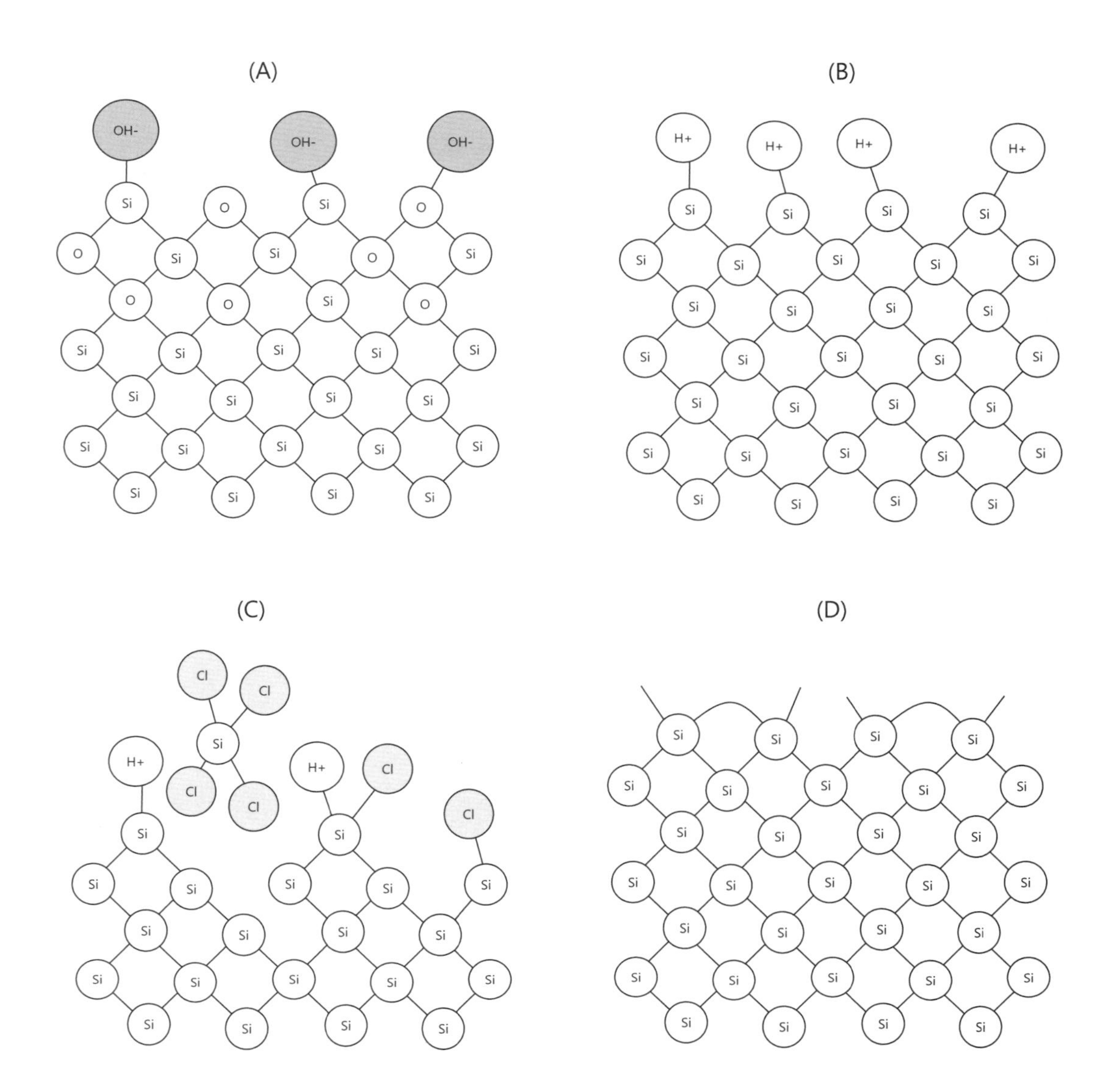

129 **실리콘 표면의 원자 상태에 대한 개념도의 설명으로 부적합한 것은?**

ⓐ (A)는 공기 중의 상태에 있는 실리콘 기판의 표면에 자연 산화막 발생

ⓑ (B)는 HF로 표면 처리된 상태로 hydrogen 결합이 싸고 있음

ⓒ (C)는 HCl이나 Cl_2 + H_2의 분위기로 식각을 동반한 표면 처리 상태

ⓓ (D)는 고압의 질소 분위기에서 표면 원자에 결합이 끊어진 상태

130 **초고진공에서 1,000 ℃ 이상의 고온으로 열처리한 실리콘 표면의 원자 상태에 해당하는 것은?**

ⓐ (A) ⓑ (B) ⓒ (C) ⓓ (D)

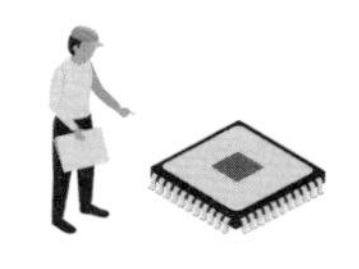

131 실리콘 표면의 원자 상태에 대한 개념도의 설명으로 부적합한 것은?

ⓐ (A)는 산소 가스를 주입하여 표면에 열 산화막을 성장하는 상태

ⓑ (B)는 HF로 표면 처리된 상태로 hydrogen 결합이 싸고 있음

ⓒ (C)는 HCl(또는 Cl_2 + H_2)의 분위기에서 식각을 동반하는 표면 처리 상태

ⓓ (D)는 고온의 초고진공에서 표면 원자 결합의 재구조화(reconstruction) 발생

132 통상적으로 고진공 PVD(Physical Vapor Deposition)의 장점으로 분류되지 않는 것은?

ⓐ 저온 공정 및 안정성

ⓑ 고품질 박막 증착

ⓒ 낮은 박막 접착성

ⓓ 낮은 불순물 농도

133 일반적인 CVD(Chemical Vapor Deposition)의 장점으로 분류되지 않는 것은?

ⓐ 높은 접착성

ⓑ 높은 생산성과 비교적 저렴한 공정

ⓒ 높은 도포성(step coverage)의 박막

ⓓ 높은 불순물 농도 및 고온의 공정 제어

134 ALD(Atomic Layer Deposition)의 장점으로 분류되지 않는 것은?

ⓐ 높은 박막 도포성(step coverage)

ⓑ 작은 온도의 공정 구간(process window) 및 고비용의 낮은 양산성

ⓒ 원자층 수준인 초박막의 정밀한 증착

ⓓ 낮은 불순물 농도

135 실리콘 에피 성장법의 특징에 대한 설명으로 틀린 것은?

ⓐ APCVD(Atmospheric Pressure CVD)는 상압에서 공정 조건이 간단하고 성장 속도가 빠름

ⓑ RPCVD(Reducced Pressure CVD)는 10~100 torr 압력에서 고정밀 에피 성장에 유용

ⓒ UHVCVD(Ultra High Vacuum CVD)는 < 1 mtorr의 압력에서 매우 느린 에피 성장에 유용

ⓓ MBE(Molecular Beam Epitaxy)는 300 ℃ 이하의 저온에서 고속의 에피층 성장에 유용

[136-137] APCVD를 이용한 실리콘 에피 성장의 개략적인 레시피 사례를 보고 답하시오.

Step	1	2	3	4	5	6	7	8	9	10	11	12	13
Time (min)	1	2					t1	t2		t3			
T(°C)	1100	1100	600	600	1100	1150	1100	1100	1100	1100	1100	600	600
Gas (sccm)	H_2	HCI	H_2	H_2	H_2	H_2	TCS, H_2	TCS, B_2H_6, H_2	H_2	TCS, PH_3, H_2	H_2	H_2	H_2
Action			Temp down	WF loading	Temp up		Growth 1	Growth 2		Growth 3		Temp down	WF out

136 APCVD를 이용한 실리콘 에피 성장의 개략적인 레시피 사례에 대한 설명으로 부적합한 것은?

ⓐ 스텝 2는 챔버를 세정하는 단계로 고품질 에피 성장에 필수적임

ⓑ 스텝 4의 온도는 웨이퍼 이송 시 열 충격을 최소로 하기 위함

ⓒ 스텝 6은 웨이퍼 표면의 자연 산화막을 제거하는 표면 처리가 진행됨

ⓓ 스텝 7, 8, 10에서 instrinsic, p-type, n-type 에피층이 차례로 성장됨

137 위의 APCVD를 이용한 실리콘 에피 성장의 개략적인 레시피에서 스텝 9의 목적은?

ⓐ 반응 가스의 주입과 흐름에 대한 균일화 및 안정화를 위함

ⓑ 성장 속도를 낮추어 정밀한 두께로 에피층을 성장하기 위함

ⓒ 웨이퍼에서 원자들의 표면 확산을 유도하여 에피층의 평탄화도를 높임

ⓓ 챔버 내 잔류 가스를 제거하여 p형과 n형 에피층 사이의 도핑 농도 분포를 날카롭게 제어함

138 다음 중 고진공에서 가스의 분자 흐름(molecular flow)에 해당하는 것은?

ⓐ ballistic

ⓑ laminar

ⓒ turbulent

ⓓ convection

139 통상적인 금속 박막의 스퍼터(sputter) 증착에 있어서 금속 박막의 응력(stress) 상태에 직접적으로 영향을 미치는 공정 조건이 아닌 것은?

ⓐ RF power

ⓑ Ar pressure

ⓒ 챔버 온도

ⓓ 기판 온도

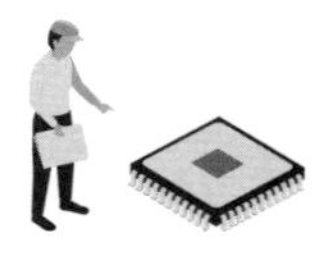

140 **배치형 LPCVD 챔버를 이용한 실리콘 질화막(Si3N4)의 증착 사례에 있어서 레시피의 공정 스텝에 대한 설명으로 부적합한 것은?**

Step	Process	Step	Process
1	Standby (500 °C)	6	Gas on (DCS 100~200 sccm)
2	Wafer loading (with dummy wafers)	7	Gas off (NH_3, DCS)
3	Ramping up to 750 °C (N_2)	8	Purge (N_2)
4	Pumping to vacuum	9	Cool down to 700 °C
5	Gas on (NH_3) for 1 min	10	Wafer unloading

ⓐ 2 스텝에서 dummy wafer는 flow pattern을 일정하게 하고 loading effect를 저감시킴
ⓑ 4 스텝에서 LPCVD 공정 압력은 100~300 mtorr로 저압을 유지
ⓒ 3 스텝과 9 스텝에서 온도 변화는 5 °C/min 이하로 열 충격을 방지
ⓓ 5 스텝부터 높은 생산성을 위한 박막 증착이 개시됨

141 **격자 상수가 a_s인 기판에 격자 상수 a_e인 에피층을 성장하는 경우 격자 상수의 차이($\triangle a = | a_e - a_s |$)에 의해 계면에 생성되는** misfit dislocation **사이의 평균적 거리는?**

ⓐ $a_s \cdot \triangle a / a_e$　ⓑ $\triangle a \cdot a_e / a_s$　ⓒ $a_s^2 \cdot a_e / \triangle a^2$　ⓓ $a_s \cdot a_e / \triangle a$

142 **부피가** 40 l, **압력이** 10^{-7} torr**인 진공 챔버에 문제가 발생하여** leak rate(Q = d(PV)/dt)**가** 10^{-5} l torr/min**이 발생한 경우 압력이** 10^{-5} torr**까지 증가하는 데 걸리는 시간은?**

ⓐ 0.396 min　ⓑ 3.96 min　ⓒ 39.6 min　ⓓ 396 min

143 leak rate(Q = d(PV)/dt)**가** 10^{-5} l torr/min**인 진공 챔버에 터보 펌프(TMP)를 이용하여 압력을** 2×10^{-9} torr**로 얻기 위해 필요한** TMP **진공계의 펌핑 스피드(S = Q/P)는?**

ⓐ 50 LPM　ⓑ 500 LPM　ⓒ 5,000 LPM　ⓓ 50,000 LPM

144 **실리콘 (100) 기판의 표면에** 8×10^{17} atom/㎠·sec**의** flux**로 금속 원자가 공급되는데, 기판의 온도가** 727 °C**라서** desorption energy(E_d = 2 eV)**의 특성으로** desorption**이 발생하여 일부만 증착되는데, 공급 원자 중 얼마나(%) 증착되는가? (단,** k = 8.62×10^{-5} eV/K, desortion rate(kd) = $10^{13} \cdot \exp(-E_a/kT)$ (1/sec), Si(100) **표면 원자 밀도** = 6.8×10^{18} atom/㎡**를 적용함)**

ⓐ 0.0375 %　ⓑ 0.375 %　ⓒ 3.75%　ⓓ 37.5%

145 실리콘 (100) 기판의 표면에 8×10^{17} atom/㎠·sec의 flux로 금속 원자가 공급되는데, 기판의 온도가 727 °C라서 desorption energy($E_d = 2$ eV)의 특성으로 desorption이 발생하여 일부만 증착되는데, 증착 속도는? (단, $k = 8.62\times10^{-5}$ eV/K, desortion rate(kd) $= 10^{13} \cdot \exp(-E_a/kT)$ (1/sec), Si(100) 표면 원자 밀도 $= 6.8\times10^{18}$ atom/㎡, Si(100) 격자 상수 = 5.41 Å을 이용함)

ⓐ 7.14 ㎚/s　ⓑ 71.4 ㎚/s　ⓒ 714 ㎚/s　ⓓ 7,140 ㎚/s

146 leak rate(Q = d(PV)/dt)가 10^{-6} l·torr/min인 UHV(Ultra High Vacuum) 진공 챔버에 터보 펌프(TMP)를 이용하는 진공계의 펌핑 스피드(S = 104 LPM)를 사용하는 경우 얻을 수 있는 최저의 평형 압력은?

ⓐ 10^{-7} torr　ⓑ 10^{-8} torr　ⓒ 10^{-9} torr　ⓓ 10^{-10} torr

147 UHV(Ultra High Vacuum) 진공 챔버의 부피(V)가 10 l이고, leak rate(Q = d(PV)/dt)는 10^{-8} l·torr/min)이고, 터보 펌프(TMP)를 이용하는 진공계의 펌핑 스피드(S = 100 LPM)를 가동하는 경우 초기 압력(Pi) 10^{-4} torr에서 시작해서 10^{-9} torr까지 도달하는 시간은? ($P = P_i \exp\left(-\frac{S}{V}t\right) + P_{\triangle}$의 관계를 사용함)

ⓐ 0.138 min　ⓑ 1.38 min　ⓒ 13.8 min　ⓓ 138 min

148 UHV(초고진공) 시스템에서 leak의 원인(종류)에 해당하지 않는 것은?

ⓐ desorption of surface atoms　ⓑ outdiffusion from wall
ⓒ permeation　ⓓ x-ray

149 에피층의 특징을 이용하는 용도에 해당하지 않는 것은?

ⓐ 고농도 위의 저농도 층, 또는 농도 구배가 급변한 층
ⓑ 불순물의 농도가 균일한 층
ⓒ 결함 농도가 낮은 층
ⓓ 트렌치 채움(trench filling)을 위한 층

150 CVD 공정의 표에서 1, 2, 3, 4번 항에 바르게 조합된 것은?

Film	Deposition Process	Source Gas	Temperature(°C)
SiO_2	LTO	①	420
	TEOS	TEOS + O_2	②
poly-Si	LPCVD	③	620
Si_3N_4	④	SiH_4 + NH_3	300

ⓐ SiH_2 - 700 - SiH_4 + O_2 - PECVD

ⓑ SiH_2 + O_2 - 700 - SiH_4 - PECVD

ⓒ DCS + N_2O - 300 - SiH_4 - LPCVD

ⓓ SiH_2 - 300 - SiH_4 - LPCVD

[151-153] Ar 플라스마를 이용한 스퍼터(sputter) 증착에서 Ar 압력과 증착 온도에 대한 박막 상태의 존 모델(Zone model)에 대한 질문에 답하시오.

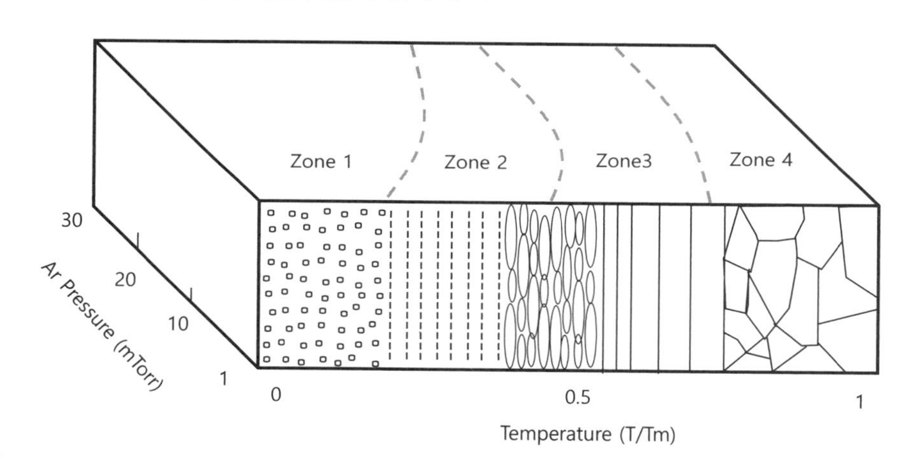

151 Zone 1의 조건에서 증착된 박막의 특징에 대한 설명으로 틀린 것은?

ⓐ 저온 증착으로 원자 이동이 무시될 정도이며 작은 grain이나 micro void를 내포함

ⓑ 물리적으로 매우 강도가 약한 상태임

ⓒ 습기나 산소를 흡수함

ⓓ 결합이 치밀하여 압축 응력의 상태임

152 Zone 3의 조건에서 증착된 박막의 증착 특징에 대한 설명으로 틀린 것은?

ⓐ 단결정보다 치밀한 결정 상태로 증착됨

ⓑ 표면 확산이 증가하며 증착이 진행됨

ⓒ 컬럼(columnar) 내지는 작은 입자(grain)의 형태로 증착됨

ⓓ 입자 성장(grain growth)이 발생함

153 Zone 4의 조건에서 증착된 박막의 증착 특징에 대한 설명으로 틀린 것은?

ⓐ 입자(grain)들의 agglomeration이 진행됨

ⓑ 온도가 높을수록 단위 부피당 입자의 수가 많아짐

ⓒ 온도가 높아지면서 입자(grain)의 크기가 증가함

ⓓ 다결정 구조로 증착됨

154 CVD(chemical vapor deposition)의 화학 반응에 포함되지 않는 것은?

ⓐ 시분해　ⓑ 열분해 및 광분해　ⓒ 산화　ⓓ 환원

155 플라스마 건식 식각이나 스퍼터 증착에 아르곤(Ar) 가스를 자주 사용하는 이유에 해당하지 않는 것은?

ⓐ 화학적 안정성　ⓑ 질량의 효과

ⓒ 산화의 활성화　ⓓ 이온화 단면적(cross-section)이 큼

[156-158] 증착 공정의 진공도와 증착 기술에 대한 표에 대해 답하시오

Pressure(Torr)	Rough λ(MFP)	Growth Technology	Flow Mechanism
1,000 (~760)	100 nm	(B)	(E)
100~1	1~100 μm	RP-CVD	
1~10-3	100 μm~10 cm	(C)	(F)
10-4	100 cm	GS-MBE	
10-6~10-8	(A)	(D)	
<10-9	>10 km	UHV-MBE	

156 표의 (A)에 들어갈 값으로 가장 정확한 것은?

ⓐ 1 m ~ 10 km　ⓑ 10 cm ~ 100 cm

ⓒ 10 m ~ 10 km　ⓓ 10 m ~ 1 km

157 표에서 순서대로 (B)-(C)-(D)에 들어갈 박막 증착법으로 가장 적합한 조합은?

ⓐ Sputter - Evaporation - LPCVD　ⓑ APCVD - LPCVD - Evaporation

ⓒ Sputter - APCVD - LPCVD　ⓓ Evaporation - LPCVD - APCVD

158 표에서 (E)-(F)에 들어갈 용어는?

ⓐ ballistic - viscous　ⓑ molecular - viscous

ⓒ viscous - molecular　ⓓ turbulant - viscous

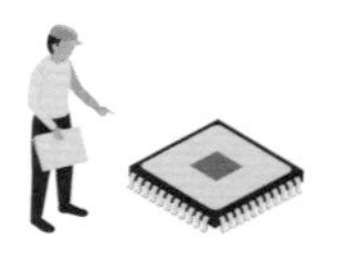

[159-160] 그림은 터보 펌프(TMP)를 이용하는 초진공 시스템의 시간에 따른 압력 변화에 대한 전형적 특성이다. 실선은 반응 가스의 주입이 없어 P_B(base pressure)까지 도달하고, 점선은 반응 가스를 주입하여 P_P(process pressure)까지 도달하는데, 이와 관련하여 문제에 대해 답하시오.

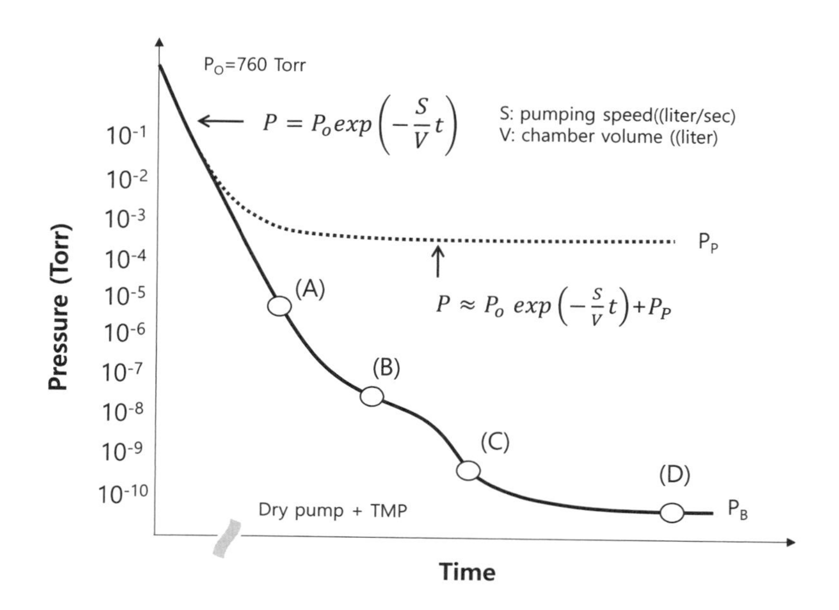

159 가스의 주입이 없는 실선의 (A)–(B)–(C)–(D) 위치와 관련해 주요 현상은?

ⓐ gas pumping – surface atom pumping – diffusion from wall – permeation

ⓑ permeation – surface atom pumping – diffusion from wall – gas pumping

ⓒ gas pumping – diffusion from wall – surface atom pumping – permeation

ⓓ surface atom pumping – gas pumping – diffusion from wall – permeation

160 상압에서 가스를 10 sccm 주입하는 점선의 압력 변화는 펌프의 펌핑 속도에 따라 공정 압력(P_P: Process Pressure)이 결정된다. 만일 3 mTorr 이하의 압력에서 펌핑 속도가 100(l/sec)인 TMP를 이용하는 경우 추정되는 공정 압력(P_P)은?

ⓐ 130 Torr　　ⓑ 1.3 Torr　　ⓒ 130 mTorr　　ⓓ 1.3 mTorr

제 6 장

리소그래피

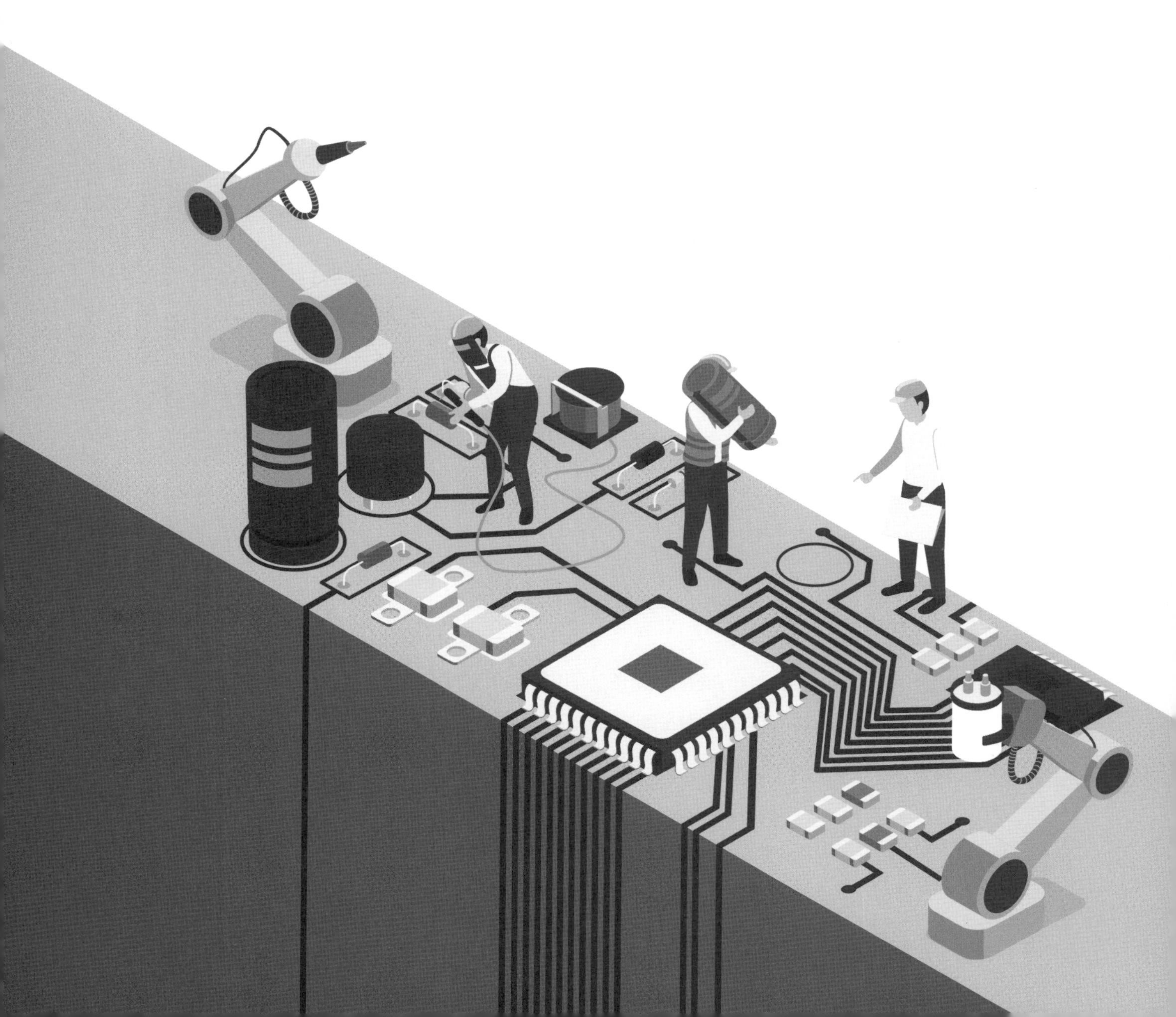

제6장 리소그래피

01 ArF(wavelength = 193 ㎚)를 이용하는 광 사진 전사(optical lithography)에 있어서 n = 1.0, θ = 30°, $k_1 = k_2 = 0.5$인 경우, 이론적 초점 깊이(depth of focus)는? (단, 해상도(resolution) = $k_1\ \lambda/NA$, 초점 심도(depth of focus) = $k_2\ \lambda/NA^2$, NA = n·sinθ을 적용함)

ⓐ 0.3 ㎛ ⓑ 0.8 ㎛ ⓒ 3.1 ㎛ ⓓ 6.2 ㎛

02 반도체에서 리소그래피를 이용한 스케일링 다운(scaling down)을 이루어 왔는데 그 효과가 아닌 것은?

ⓐ 집적도가 높아짐

ⓑ 전류 밀도가 낮아짐

ⓒ 구동 속도가 빨라짐

ⓓ 양산성(throughput)이 높아짐

03 초점 심도를 많이 감소시키지 않으면서 해상도를 높이기 위한 가장 적합한 방안은?

ⓐ 장파장의 광을 이용하며, 리소그래피 공정을 최적화하여 k_2 상수를 감소시킴

ⓑ 단파장의 광을 이용하며, 리소그래피 노광(exposure) 장치의 NA(Numerical Aperture) 상수를 증가시킴

ⓒ 단파장의 광을 이용하며, 리소그래피 공정을 최적화하여 k_1 상수를 감소시킴

ⓓ 장파장의 광을 이용하며, 리소그래피 노광(exposure) 장치의 NA 상수를 증가시킴

04 나노 패턴(nano pattern)을 이용하는 현대 반도체의 photolithography의 공정에서 위상 이동(phase shift) 마스크는 상쇄 간섭 현상으로 해상도를 높이는 데 사용된다. 상쇄 간섭을 발생시키는 위상 이동막의 두께(d)는 $d = \dfrac{\lambda}{2(n-1)}$인 경우, 실리콘 산화막(n = 3.9)을 위상 이동막으로 사용하고, ArF 레이저(파장 = 193 ㎚)를 사용하는 경우에 적합한 산화막의 두께는?

ⓐ 3.33 Å ⓑ 333 Å ⓒ 3.33 ㎛ ⓓ 333 ㎛

05 극자외선(EUV: Extreme Ultravilot) 리소그래피용 레이저의 파장(λ)이 13.5 ㎚인 경우, 광학계의 k_1 = 0.4, k_2 = 0.5, NA = 0.6이라면 해상도와 DoF(초점 심도)는? (단, 해상도: resolution = $k_1\ \lambda/NA$, 초점 심도(depth of focus) = $k_2\ \lambda/NA^2$, NA = n·sinθ을 적용함)

ⓐ 9 ㎚ / 18.75 ㎚ ⓑ 18 ㎚ / 18.75 ㎚

ⓒ 9 ㎚ / 187.5 ㎚ ⓓ 18 ㎚ / 187.5 ㎚

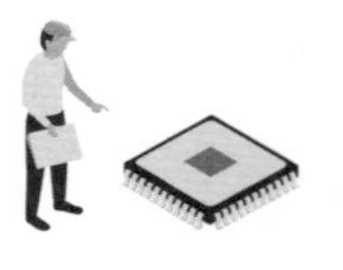

06 웨이퍼의 건식 세정에 대한 설명으로 부적합한 것은?

ⓐ 반도체 기판을 500 °C 이상의 고온으로 가열하는 조건이 필요함

ⓑ 저압 공정 장비들과 연계하여 사용하는 데 호환성이 높고 편리함

ⓒ 종횡비(aspect ratio)가 큰 트렌치(trench)가 있는 경우 습식 식각에 비해 유용함

ⓓ 습식 식각에 비해 화학 용액을 적게 사용하고 폐기물도 덜 발생함

07 극자외선(EUV: Extreme Ultravilot) 리소그래피용 레이저의 파장(λ)이 13.5 ㎚인 경우, 브래그 반사(Bragg reflector)에 다층의 Mo/Si 구조를 사용할 때, 입사각 $\theta = 30°$인 경우 최적인 한 주기(period) Mo/Si 층의 최소 두께(d)는? (단, $d = m\lambda/2\sin\theta$ 적용)

ⓐ 6.8 ㎚ ⓑ 13.5 ㎚ ⓒ 27 ㎚ ⓓ 54 ㎚

[08-09] 다음 그림을 보고 질문에 답하시오.

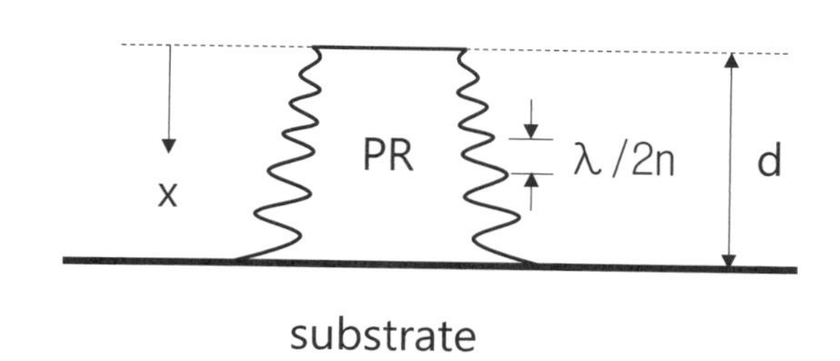

08 리소그래피에 있어서 정재파(standing wave)가 형성되는 그림의 설명을 참고하여, ArF($\lambda = 193$ ㎚) 레이저를 이용한 리소그래피에서 0.5 ㎛의 두께(d)인 PR($n = 3$)에 형성되는 정재파(standing wave)에 의해 낮은 광 강도(light intensity)로 노광되어 현상(develop) 후에 뾰족하게 형성된 위치의 대략적 숫자는?

ⓐ 5 ⓑ 10 ⓒ 15 ⓓ 20

09 ArF($\lambda = 193$ ㎚) 레이저를 이용하는 리소그래피에 있어서 1.0 ㎛ 두께(d)인 PR($n = 3$)의 경우 형성되는 정재파(standing wave)에 의해 최소 강도(intensity)의 부분(뾰족하게 나온 곳)의 대략적 수는?

ⓐ 20 ⓑ 30 ⓒ 40 ⓓ 50

10 광 사진 전사(photolithography)로 형성하는 패턴 중에서 이미지 반전용(image reversal) 음성 감광제(negative PR)의 주요 장점을 활용하는 특별한 용도는?

ⓐ diffusion ⓑ dry etching ⓒ lift-off ⓓ wet etching

11 반도체 공정 중 광 사진 전사(photolithography)로 형성하는 PR(photoresist) 패턴의 용도에 해당하지 않는 것은?

ⓐ dry etching ⓑ lift-off ⓒ ion implantation ⓓ diffusion

12 **실리콘 웨이퍼의 습식 세정에 있어서 금속류(metallics)를 제거하는 용도로 가장 부적합한 것은?**

ⓐ SC-1(NH_4OH, H_2O_2, H_2O)

ⓑ SC-2(HPM: HCl, H_2O_2, H_2O)

ⓒ piranha(SPM: H_2SO_4, H_2O_2, H_2O)

ⓓ DHF(HF, H_2O)

13 **건식 세정에 대한 설명으로 부적합한 것은?**

ⓐ 유기물, 무기물 금속류 등 다양한 성분을 제거하는 데 유용함

ⓑ 유기 감광제(photoresist)를 제거하는 ashing용으로 사용됨

ⓒ 기판 표면의 자연 산화막을 제거하는 목적에도 유용함

ⓓ 통상 습식 식각에 비해 화학 물질을 다량 사용하며 폐기물이 많이 발생함

14 **웨이퍼의 표면에서 파티클(particle)을 제거하는 원리(방식)에 해당하지 않는 것은?**

ⓐ 도금(electroplating)

ⓑ 용해(dissolution)

ⓒ 식각에 의한 떼어내기(lift-off by etch)

ⓓ 전기적 반발(electric repulsion)

15 **광 사진 전사(리소그래피)의 공정 흐름으로 가장 적합한 것은?**

ⓐ 감광제 코팅 – 소프트 베이크 – 정렬 – 노광 – 노광 후 굽기 – 현상 – 하드 베이크

ⓑ 감광제 코팅 – 노광 후 굽기 – 정렬 – 노광 – 소프트 베이크 – 현상 – 하드 베이크

ⓒ 소프트 베이크 – 감광제 코팅 – 정렬 – 노광 – 노광 후 굽기 – 현상 – 하드 베이크

ⓓ 하드 베이크 – 소프트 베이크 – 정렬 – 노광 – 현상 – 노광 후 굽기 – 감광제 코팅

16 **PR(photoresist)의 하드 베이크(hard bake)에 대한 설명으로 부적합한 것은?**

ⓐ 접착력을 향상시킴

ⓑ 100~130 ℃의 온도에서 1~2분 정도 열처리하여 경화함

ⓒ 패턴의 탄화를 위해 400 ℃ 이상의 고온에서 열처리함

ⓓ 식각과 같은 후속 공정에 대해 마스크로서 내성을 갖도록 함

17 **건식 세정에 대한 설명으로 부적합한 것은?**

ⓐ 저압 공정 장비들과 연계하여 사용하는 데 호환성이 높고 편리함

ⓑ 습식 식각에 비해 화학 용액을 적게 사용하고 폐기물도 덜 발생함

ⓒ 반도체 기판을 500 ℃ 이상의 고온으로 가열하는 조건이 필요함

ⓓ 플라스마를 사용하여 건식 세정이 가능함

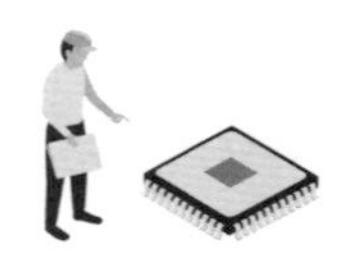

18 **광 사진 전사(리소그래피)의 공정 단계(flow)로 가장 올바른 것은?**

ⓐ 감광제 코딩 – 노광 후 굽기 – 정렬 – 노광 – 소프트 베이크 – 현상 – 하드 베이크

ⓑ 감광제 코딩 – 하드 베이크 – 정렬 – 노광 – 노광 후 굽기 – 현상 – 소프트 베이크

ⓒ 소프트 베이크 – 감광제 코딩 – 정렬 – 노광 – 노광 후 굽기 – 현상 – 하드 베이크

ⓓ 감광제 코딩 – 소프트 베이크 – 정렬 – 노광 – 노광 후 굽기 – 현상 – 하드 베이크

19 **감광제를 회전에 의한 원심력으로 코팅하는 기술에 대한 설명으로 부적합한 것은?**

ⓐ 감광제는 웨이퍼의 중앙 부분에서 가장 두껍게 코팅됨

ⓑ 7,000 rpm 이상의 고속에서 두께 균일도를 확보하는 데 유리함

ⓒ 프리머(HMDS)는 웨이퍼 표면의 탈수화(dehydration)를 방지하여 감광제의 접착력을 높임

ⓓ 웨이퍼 가장자리의 edge bead를 제거하여 웨이퍼 파괴나 오염을 방지함

20 **하드 베이크(hard bake)에 대한 설명으로 부적합한 것은?**

ⓐ 통상 600 ℃ 이상 고온으로 열처리하여 패턴을 경화함

ⓑ 감광제 내부의 잔류하는 솔벤트를 제거함

ⓒ 중합 반응(polymerization)을 촉진하여 핀홀(pinhole)을 감소시킴

ⓓ 접착력을 향상시킴

21 **광 사진 전사(리소그래피) 공정이 완료된 후 검사할 주요 항목이 아닌 것은?**

ⓐ 경사도 및 두께

ⓑ 물리적 강도

ⓒ 정렬 오류

ⓓ 선폭 손실

22 **감광제를 회전에 의한 원심력으로 코팅하는 공정 기술에 대한 설명으로 부적합한 것은?**

ⓐ 감광제의 점성도가 높을수록 두껍게 코팅됨

ⓑ 코팅 회전 속도가 빠를수록 얇게 코팅됨

ⓒ 감광제는 웨이퍼의 중앙 부분에서 가장 두껍게 코팅됨

ⓓ 웨이퍼 가장자리의 edge bead를 제거하여 웨이퍼 파괴나 오염을 방지함

23 **감광제(photoresist)에 대한 설명으로 부적합한 것은?**

ⓐ 얇은 감광제는 고분해능과 짧은 노광 시간의 장점을 제공함

ⓑ 단차가 큰 표면의 기판에는 3층 감광제를 이용해 해상도를 높일 수 있음

ⓒ 양성 감광제는 노광 에너지(mJ/㎠)가 커서 작업 처리량을 높이는 데 불리함

ⓓ 보관 중의 감광제는 일반 태양광에 의해서 영향을 받지 아니함

24 **광 사진 전사(리소그래피) 공정이 완료된 후** PCM(Process Control Monitor) **검사할 주요 항목이 아닌 것은?**

ⓐ 패턴의 크기 및 두께 ⓑ 정렬 오류

ⓒ 접착 강도 ⓓ 패턴 기울기

25 **포토 레지스트를 제거하는 데 가장 적합한 용액은?**

ⓐ 불산 ⓑ 염산 ⓒ 초산 ⓓ 아세톤과 황산과수

26 **리소그래피에서** HMDS(hexamethyldisilazane)**를 사용하는 이유는?**

ⓐ 웨이퍼 표면 결함을 제거하기 위해

ⓑ 웨이퍼 표면을 소수성으로 해서 감광제와 기판 사이의 점착력을 높이기 위해

ⓒ 빛에 반응시켜 미세 패턴을 형성하기 위해

ⓓ 포토 레지스트의 제거를 쉽게 하기 위해

27 **광 사진 전사(리소그래피) 공정이 완료된 후** PCM(Process Control Monitor) **검사할 주요 항목이 아닌 것은?**

ⓐ 패턴 찌그러짐 ⓑ 전기 전도도 ⓒ 핀홀의 유무 ⓓ 얼룩이나 오염

28 **감광제에 대한 설명으로 부적합한 것은?**

ⓐ 음성 감광제(negative photoresist)는 해상도가 양성 감광제에 비해 우수하여 널리 사용됨

ⓑ 양성 감광제(positive photoresist)는 수지(resin), 감광 물질, 유기 용매로 구성됨

ⓒ 양성 감광제(positive photoresist)는 광에 노출되면 현상액에 녹는 물질로 변형됨

ⓓ 음성 감광제(negative photoresist)는 감광 물질과 결합된 고분자 물질임

29 **다음 중 포토 레지스트(감광제)를 제거하는 데 가장 적합한 용액은?**

ⓐ 아세톤과 황산과수 ⓑ 메탄올

ⓒ 암모니아수 ⓓ 과산화수소와 질산

30 **광 사진 전사에 사용하는 파장으로 수은 램프**(mercury lamp)**의 광원과 관련 없는 것은?**

ⓐ Sn plasma(EUV, 13.5 ㎚) ⓑ G-line(436 ㎚)

ⓒ H-line(405 ㎚) ⓓ I-line(365 ㎚)

31 **감광제에 대한 설명으로 부적합한 것은?**

ⓐ 양성 감광제(positive photoresist)는 수지(resin), 감광 물질, 유기 용매로 구성됨

ⓑ 양성 감광제(positive photoresist)는 해상도가 음성 감광제에 비해 우수하여 널리 사용됨

ⓒ 감광제를 두껍게 코팅할수록 고분해능과 짧은 노광 시간의 장점을 제공함

ⓓ Lift-off 공정에 음성 감광제가 유용함

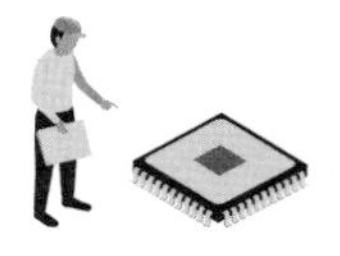

32 **리소그래피(광 사진 전사)에서 성능과 관련하여 해상도**(resolution) $= k_1 \lambda/NA$, **초점 심도**(depth of focus) $= k_2 \lambda/NA^2$, $NA = n \cdot \sin\theta$**로 알려져 있는데, 해상도를 향상시키는 기법이 아닌 것은?**

ⓐ 파장이 작은 광원을 이용함

ⓑ 광 근접 보정 기술(optical proximity correction)을 이용함

ⓒ 노광(exposure)을 수차례 반복해서 노광 에너지를 최대로 높여서 사용함

ⓓ 위상 이동 마스크(phase shift mask)를 사용함

33 **반도체 기판에서 포토 레지스트를 제거하는 방식이 아닌 것은?**

ⓐ 아세톤 처리

ⓑ 황산과수(SPM) 처리

ⓒ 산소 플라스마를 이용한 ashing

ⓓ 200 ℃ hard baking

34 **광 사진 전사에 사용하는 광원으로 에시머 레이저**(eximer laser)**의 광원과 관련 없는 것은?**

ⓐ Xe plasma(EUV, 13.5 ㎚)

ⓑ XeF(351 ㎚)

ⓒ XeCl(308 ㎚)

ⓓ KrF(DUV, 248 ㎚)

35 **감광제**(photoresist)**에 대한 설명으로 부적합한 것은?**

ⓐ 양성 감광제(positive photoresist)는 광에 노출되면 현상액에 녹는 물질로 변형됨

ⓑ 일반 태양광에 의해서 양성 감광제는 영향을 받지 아니함

ⓒ 음성 감광제(negative photoresist)는 광에 노출되면 교차 결합이 발생함

ⓓ 얇은 감광제는 고분해능과 짧은 노광 시간의 장점을 제공함

36 **광 리소그래피**(optical lithography)**와 관련 없는 것은?**

ⓐ 가장자리 비드 제거(edge bead removal)

ⓑ 위상 이동 마스크(phase shift mask)

ⓒ 그림자 효과(shadow effect)

ⓓ 변형 조명 기술

37 **반도체 기판에서 포토 레지스트**(photoresist)**를 제거하는 방식이 아닌 것은?**

ⓐ 아세톤 처리

ⓑ 산소 플라스마를 이용한 ashing

ⓒ 초임계 이산화탄소

ⓓ 인산(H_3PO_4) 처리

38 **리소그래피에서 HMDS(Hexamethyldisilazane)를 사용하는 이유는?**

ⓐ 웨이퍼 표면을 소수성으로 해서 감광제와 기판 사이의 접착력을 높이기 위해

ⓑ 웨이퍼 표면 결함을 제거하기 위해

ⓒ 빛에 반응시켜 미세 패턴을 형성하기 위해

ⓓ 기판 표면의 손상 방지를 위해

39 **광 사진 전사에 사용하는 광원으로 엑시머 레이저(eximer laser)의 광원과 관련 없는 것은?**

ⓐ XeF(351 ㎚)

ⓑ ArF(DUV, 193 ㎚)

ⓒ F_2(DUV, 157 ㎚)

ⓓ Xe plasma(EUV, 13.5 ㎚)

40 **리소그래피(광 사진 전사)에서 성능과 관련하여** resolution $= k_1 \lambda/NA$, depth of focus $= k_2 \lambda/NA^2$, NA $= n \cdot \sin\theta$**로 알려져 있는데, 해상도를 향상시키는 기법이 아닌 것은?**

ⓐ 대물 렌즈와 감광막 사이에 굴절률이 높은 매질을 채워 사용함

ⓑ 가능한 최대로 두꺼운 포토 레지스트를 사용함

ⓒ 변형 조명을 사용해 k_1 값을 줄임

ⓓ 광 근접 보정 기술(optical proximity correction)을 이용함

41 **광 사진 전사(리소그래피, optical lithography)와 관련 없는 것은?**

ⓐ edge bead removal

ⓑ EUV

ⓒ shadow effect

ⓓ phase shift mask

42 **리소그래피(광 사진 전사)에서 성능과 관련하여 해상도(resolution)** $= k_1 \lambda/NA$, **초점 심도(depth of focus)** $= k_2 \lambda/NA^2$, NA $= n \cdot \sin\theta$**로 알려져 있는데, 분해능을 향상시키는 기법이 아닌 것은?**

ⓐ 광 근접 보정 기술(optical proximity correction)을 이용함

ⓑ 위상 이동 마스크(phase shift mask)를 사용함

ⓒ 최대로 두꺼운 negative 포토 레지스트를 사용함

ⓓ 포토 레지스트 공정 조건의 최적화

43 **전자선 리소그래피(e−beam lithography)에 대한 설명으로 부적합한 것은?**

ⓐ 고에너지의 전자선으로 PR을 증발시켜서 패턴을 형성함

ⓑ 마스크를 사용하지 아니함

ⓒ 100 ㎚ 이하 패턴 형성이 가능함

ⓓ 감광막(photoresist)이 두꺼워도 광 사진 전사에 비해 미세 패턴 형성에 유리함

44 광 사진 전사에서 패턴의 해상도(resolution = kλ/NA)를 결정하는 k factor를 개량하는 방법에 해당하지 않는 것은?

ⓐ 감광제와 공정 변수의 최적화

ⓑ OAI(Off-Axis Illumination)

ⓒ OPC(Optical Proximity Correction)

ⓓ O_2 plasma descum

45 리소그래피(광 사진 전사)에서 k를 줄여서 분해능(resolution = kλ/NA)을 향상시키는 기법이 아닌 것은?

ⓐ 대물 렌즈와 감광막 사이에 굴절률이 높은 매질을 채워서 사용함

ⓑ 두꺼운 웨이퍼를 사용함

ⓒ 변형 조명(off axis illumination)을 사용함

ⓓ 포토 레지스트 공정 조건의 최적화

46 광 사진 전사에 있어서 광보정이 필요한 원인에 해당하지 않는 것은?

ⓐ 채널링 효과(channeling effect)

ⓑ 근접 효과(proximity effect)

ⓒ 선 단축(line shortening)

ⓓ 코너 곡선화(corner rounding)

[47-48] 다음 그림을 보고 질문에 답하시오.

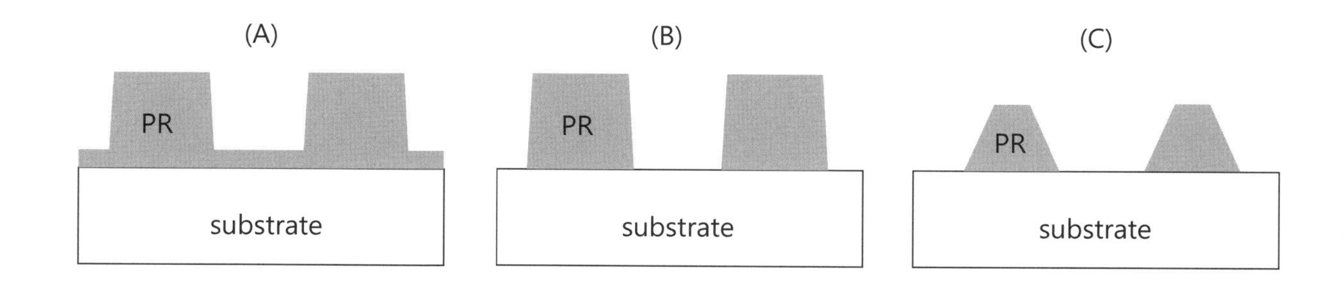

47 리소그래피의 현상(develop)을 마친 감광막 선(PR line) 패턴의 단면 구조에 대한 설명으로 적합한 것은?

ⓐ (A)는 under develop 형상이므로 just develop을 위해서 노광 에너지나 현상 시간을 감소해야 함

ⓑ (C)는 over develop 형상이므로 just develop을 위해서 노광 에너지나 현상 시간을 감소해야 함

ⓒ (A)는 over develop 형상이므로 just develop을 위해서 노광 에너지나 현상 시간을 증가해야 함

ⓓ (C)는 under develop 형상이므로 just develop을 위해서 노광 에너지나 현상 시간을 감소해야 함

48 **리소그래피의 현상(develop)을 마친 PR line 패턴의 단면 구조에 대한 적합한 설명은?**

ⓐ (A)는 under develop 형상이므로 just develop을 위해서 노광 에너지나 현상 시간을 증가해야 함

ⓑ (C)는 over develop 형상이므로 just develop을 위해서 노광 에너지나 현상 시간을 증가해야 함

ⓒ (A)는 over develop 형상이므로 just develop을 위해서 노광 에너지나 현상 시간을 감소해야 함

ⓓ (C)는 under develop 형상이므로 just develop을 위해서 노광 에너지나 현상 시간을 감소해야 함

49 **포토 리소그래피에서 극자외선(extreme UV) 파장에 해당하는 것은?**

ⓐ F_2 excimer laser(157 ㎚)

ⓑ KrF excimer laser(248 ㎚)

ⓒ ArF(193 ㎚)

ⓓ discharge produced Sn plasma(13.5 ㎚)

50 **광 사진 전사에 있어서 광 보정이 필요한 원인에 해당하지 않는 것은?**

ⓐ 근접 효과 (proximity effect)

ⓑ 비선형성 (nonlinearity)

ⓒ 트렌치 식각 효과 (trench etch effect)

ⓓ 선 단축 (line shortening)

51 **광 리소그래피(optical lithography)에서 광 산란(light scattering) 영향을 감쇄하는 방법과 관련 없는 것은?**

ⓐ 광 흡수체를 넣은 감광제(photoresist) 적용

ⓑ 다층 구조의 photoresist 적용

ⓒ 표면 평탄화를 하여 사용함

ⓓ RTA(Rapid Thermal Anneal)를 이용한 고온 열처리

52 **포토리소그래피에서 극자외선(extreme UV) 파장에 해당하는 것은?**

ⓐ F_2 excimer laser(157 ㎚)

ⓑ G-line(436 ㎚)

ⓒ I-ine(365 ㎚)

ⓓ laser-produced Xe plasma(11.4 or 13.5 ㎚)

53 **포토 리소그래피 공정에서 통상적으로 웨이퍼에 감광제(photoresist)를 코팅하기 전에 웨이퍼 표면에 HMDS(hexamethyldisilazane) 처리를 진행하는 이유는?**

ⓐ 웨이퍼 표면 결함을 없애기 위해

ⓑ 웨이퍼 표면을 소수성으로 만들어 감광제가 웨이퍼 표면에 부착하는 접착성을 높이기 위해

ⓒ 웨이퍼 표면 손상을 방지하기 위해

ⓓ 웨이퍼 표면을 친수성으로 하여 탈이온수(DI water)가 잘 부착하도록 하기 위해

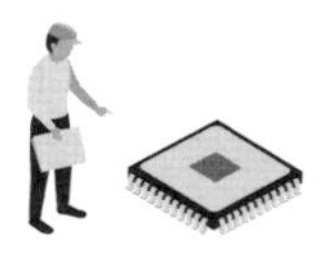

54 **웨이퍼의 표면에서 파티클(particle)을 제거하는 원리(방식)에 해당하지 않는 것은?**

ⓐ electroplating

ⓑ dissolution

ⓒ oxidizing degradation and dissolution

ⓓ lift-off by etch

55 **역메사(reverse mesa) 형태의 포토 레지스트(PR) 패턴으로 떼어내기(lift—off) 하여 금속 패턴을 형성하는 주요 공정 단계로 적합한 것은?**

ⓐ PR(negative) 코팅 – 광 리소그래피 – 표면 세정 – 금속막 증착 – 세정 및 건조 – PR 용해(초음파)

ⓑ PR(positive) 코팅 – 광 리소그래피 – 표면 세정 – 금속막 증착 – PR 용해(초음파) – 세정 및 건조

ⓒ PR(negative) 코팅 – 광 리소그래피 – 표면 세정 – 금속막 증착 – PR 용해(초음파) – 세정 및 건조

ⓓ PR(positive) 코팅 – 광 리소그래피 – 표면 세정 – 금속막 증착 – 세정 및 건조 – PR 용해(초음파)

56 **광 사진 전사에서 패턴의 해상도(resolution = kλ/NA)를 결정하는 k 상수를 개량하는 방법에 해당하지 않는 것은?**

ⓐ 감광제와 공정 변수의 최적화

ⓑ OPC(Optical Proximity Correction)

ⓒ PSM (Phase Shift Mask)

ⓓ O_2 plasma ashing

57 **반도체의 리소그래피용 광원으로 사용하지 않는 것은?**

ⓐ x-ray　　ⓑ EUV　　ⓒ electron beam　　ⓓ Ar laser

58 **반도체의 건식 세정(dry cleaning)에 해당하지 않는 것은?**

ⓐ mega sonic　　ⓑ O_2 plasma clean

ⓒ Ar/H_2 plasma clean　　ⓓ ultraviolet-ozone clean

[59-60] **다음 그림을 보고 질문에 답하시오.**

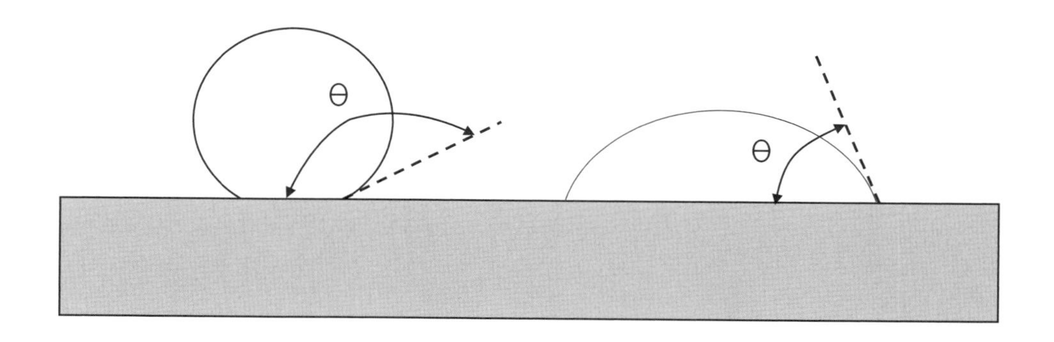

59 실리콘 웨이퍼의 표면에서 수분이 접촉된 두 종류의 상태를 보이는데 바르지 않은 설명은?

ⓐ 후속 공정을 위해서는 θ > 90°가 되는 표면 상태가 바람직함

ⓑ θ > 90°인 경우는 소수성(hydrophobic)이라 함

ⓒ θ < 90°인 경우는 친수성(hydrophillic)이라 함

ⓓ 표면 세정으로 산화막을 제거하면 θ < 90°의 상태가 얻어짐

60 실리콘 웨이퍼의 표면에서 수분이 접촉된 두 종류의 상태를 보이는데 바르지 않은 설명은?

ⓐ θ > 90°인 경우는 소수성(hydrophobic)이라 함

ⓑ 후속 공정을 위해서는 θ < 90°의 표면 상태가 바람직함

ⓒ θ < 90°인 경우는 친수성(hydrophillic)이라 함

ⓓ θ > 90°의 경우 표면의 온전한 세정에 유리

61 포토 레지스트(PR)를 이용한 광 리소그래피(photolithography)에 있어서 산란(scattering) 현상에 의한 패턴 크기의 변화를 최소화 하기 위한 방법이 아닌 것은?

ⓐ dye in photoresist　　ⓑ anti-reflection coating

ⓒ multi-layer resist　　ⓓ descum

62 극자외선(EUV) 리소그래피용 레이저의 파장(λ)이 13.5 ㎚인 경우, 광학계의 $k_1 = 0.4$, $k_2 = 0.5$이고, 해상도가 35 ㎚이면 DoF(초점 심도)는? (단, $R = k_1 \lambda/NA$, $DoF = k_2 \lambda/NA^2$를 적용함)

ⓐ 2.92 ㎚　　ⓑ 29.2 ㎚　　ⓒ 292 ㎚　　ⓓ 2,920 ㎚

63 건식 세정에 대한 설명으로 부적합한 것은?

ⓐ 유기물, 무기물 금속류 등 다양한 성분을 제거할 수 없음

ⓑ 유기 감광제(photoresist)를 제거하는 산소 플라스마의 ashing은 건식 세정임

ⓒ 물리적 화학적 반응이 모두 작용함

ⓓ 통상 습식식각에 비해 화학 물질을 적게 사용하는 장점이 있음

64 리소그래피(lithography)용 스텝퍼(stepper) 장치를 구성하는 주요 요소에 해당하지 않는 것은?

ⓐ beam source　　ⓑ align　　ⓒ lens　　ⓓ spin coat

65 전공정에서 트렌치의 내부를 세정하는 데 관련한 이슈로 맞지 않는 것은?

ⓐ 패턴이 미세하고 종횡비(aspect ratio)가 크면 세정이 난해함

ⓑ 트렌치 내부 불순물이나 잔유물의 제거에는 습식 세정이 가장 효과적임

ⓒ 기포로 인하여 세정 용액이 트렌치 내부로 바닥에 전달되기 어려움

ⓓ 오존 플라스마와 같은 건식 세정으로 효과를 높일 수 있음

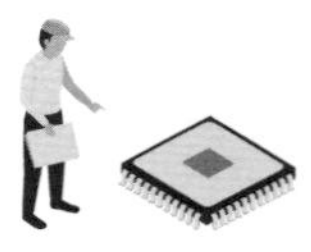

66 **리소그래피에서 노광**(exposure) **후에 열처리하는 공정 단계에 대한 설명으로 거리가 먼 것은?**

ⓐ PEB(Post Exposure Bake)라 함

ⓑ 정재파(standing wave) 효과를 감소시킴

ⓒ 패턴의 정렬 정밀도(align accuracy)를 높임

ⓓ 감광제(PR)의 유기 용매를 증발시키고 평탄하게 함

67 **리소그래피의 현상**(develop)**을 마친** PR **패턴의 단면 구조에 부합하는 판단인 것은?**

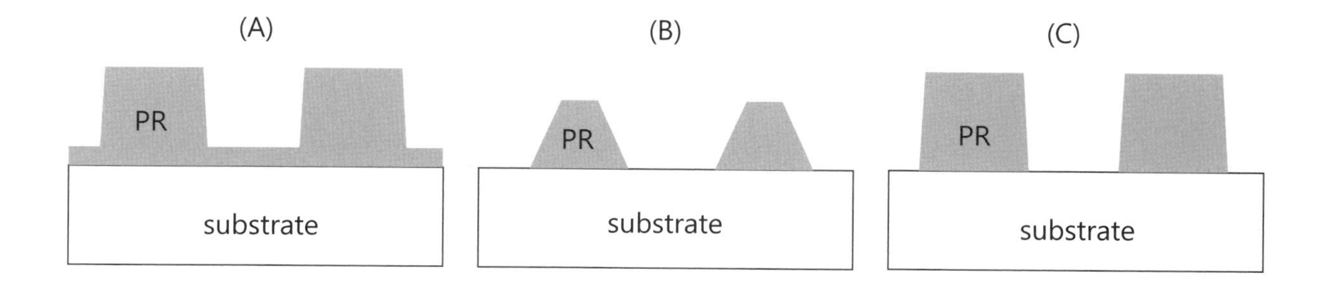

ⓐ under develop – over develop – just develop

ⓑ just develop – under develop – over develop

ⓒ over develop – under develop – just develop

ⓓ over develop – just develop – under develop

68 **리소그래피에서** BARC(Bottom Anti Reflection Coating)**의 효과와 무관한 것은?**

ⓐ 정재파(standing wave) 효과를 저감시킴

ⓑ PR 패턴의 PEB(Post Exposure Bake) 과정을 생략하게 함

ⓒ 산란(scattering) 현상에 의한 notching의 발생을 저감시킴

ⓓ 금속선에 의한 반사나 요철이 심각한 상부에 정밀한 미세 패턴을 형성하는 데 필요함

69 **공기 중에서 사용하여** $k_1 = 0.25$, $NA = 0.5$**인 통상의** DUV ArF(193 ㎚) **리소그래피에 추가적으로 물**(water)**을 사용하는 액침 노광**(immersion exposure) **방식을 적용하는 경우에 관한 설명으로 틀린 것은?**

ⓐ 초고순도의 물(water)을 사용하여 패턴 품질을 높이고 오염을 제거함

ⓑ 물의 n = 1.47로 NA를 증가시켜 해상도를 높임

ⓒ 이론상 해상도가 48 ㎚에서 33 ㎚ 정도로 개량됨

ⓓ 해상도를 높이기 위한 double exposure 같은 방식에 비해 생산성이 낮음

70 극자외선(EUV: Extreme Ultravilot) 리소그래피 기술에 대한 설명으로 틀린 것은?

ⓐ 파장이 13.5 ㎚로 매우 짧은 EUV 플라스마 소스를 사용함

ⓑ 광학계가 렌즈(lens)보다 미러(mirror)로 구성됨

ⓒ OPC(Optical Proximity Correction)나 PSM(Phase Shift Mask)을 적용할 필요 없음

ⓓ 마스크(레티클)는 광 투과보다 흡수와 반사에 의해 작용함

71 리소그래피에서 정재파(standing wave) 형태가 포토 레지스트(PR) 패턴에 발생하는 원인은?

ⓐ PR 표면의 높은 반사도

ⓑ 현상 과정의 용액의 불균일도

ⓒ soft baking 단계의 온도 불균일도

ⓓ PR 하단부 기판 측 계면의 높은 반사도

72 전자선 리소그래피(e–beam lithography)에 대한 설명으로 부적합한 것은?

ⓐ 광 사진 전사(optical lithography)용 마스크의 제작에 유용함

ⓑ 고에너지의 전자선으로 PR을 녹여서 패턴을 형성함

ⓒ 전자선을 조사하는 시간이 오래 소요되어 thoughput이 낮음

ⓓ 감광막(photoresist)이 두꺼워도 광 사진 전사에 비해 미세 패턴 형성에 유리함

73 리소그래피(광 사진 전사)에서 k_1 factor를 감소시켜 해상도(resolution = $k_1 \lambda/NA$)를 향상시키는 기법이 아닌 것은?

ⓐ 광 근접 보정 기술(optical proximity correction)을 이용함

ⓑ 위상 이동 마스크(phase shift mask)를 사용함

ⓒ 포토 레지스트 공정 조건의 최적화

ⓓ 웨이퍼의 두께를 크게 사용함

74 다음의 리소그래피 중에서 미세 패턴 형성에 있어서 해상도가 가장 우수한 기술은?

ⓐ i-line lithography

ⓑ e-beam ligthography

ⓒ x-ray lithography

ⓓ EUV lithography

75 리소그래피를 완료한 후에 PCM(Process Control Monitor) 검사할 항목이 아닌 것은?

ⓐ CD(critical dimension)

ⓑ 정렬(alignment)

ⓒ 경도(hardness)

ⓓ 표면 오염 및 결함

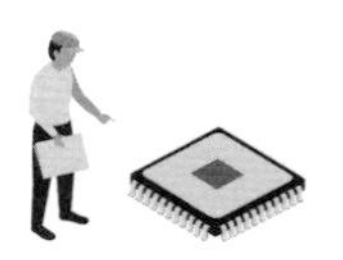

76 **리소그래피를 완료한 후에 PR 패턴에서 발견되는 결함의 종류에 해당되지 않는 것은?**

ⓐ 핀홀(pin hole) ⓑ 전위(dislocation) ⓒ 브릿지(bridging) ⓓ 들뜸(lifting)

77 **리소그래피에서 펠리클(pellicle)에 대한 설명으로 부적합한 것은?**

ⓐ 광 흡수가 적은 anti-reflection film(membrane)으로 구성됨

ⓑ 마스크(레티클)를 외부의 충격이나 오염으로부터 보호함

ⓒ 입자가 표면에 있는 경우 초점 심도의 차이로 인해 정확한 패턴 형성에 유리

ⓓ 수 ㎛ 두께의 불투명한 박막으로 입사광에 대한 반사도가 높음

78 **리소그래피의 한계를 넘는 작은 패턴 형성을 위한 멀티 패턴(multi patterning) 방식이 아닌 것은?**

ⓐ LELE(Litho Etch Litho Etch)

ⓑ LIO(Litho Induced Oxidation)

ⓒ SADP(Self Aligned Double Patterning)

ⓓ LLE(Litho Litho Etch)

79 **통상적 리소그래피의 한계를 넘어서는 리소그래피 공정에서 hard mask용 소재에 해당하지 않는 것은?**

ⓐ ARC(Anti Reflection Coating)

ⓑ ACL(Amorphous Carbon Layer)

ⓒ SiON

ⓓ CSOH(Carbon Spin On Hardmask)

80 **G-line(파장 = 436 ㎚)를 이용한 광 사진 전사 공정에서 최소 패턴 크기(해상도, $R = k\,\lambda/NA$)는 0.5 ㎛, 초점 깊이($DoF = 0.5\,\lambda/NA^2$)는 1 ㎛인 공정 기술을 확보했다. 공정 기술에 의한 k factor가 동일한 수준인 경우, 최소 패턴 크기는 0.2 ㎛이고 초점 심도는 0.15 ㎛인 기술을 갖추기 위한 최적의 장비는?**

ⓐ i-line stepper(λ = 365 ㎚, NA = 0.5)

ⓑ i-line stepper(λ = 365 ㎚, NA = 0.7)

ⓒ excimer laser stepper(λ = 248 ㎚, NA = 0.85)

ⓓ ArF stepper(λ = 193 ㎚, NA = 0.85)

81 **습식 세정 이후 행해지는 배치(batch)형 스핀 건조(spin dry)의 특징으로 부합하지 않는 것은?**

ⓐ 장비가 복잡하고 생산성이 낮으며 고가임

ⓑ 낱장 건조 방식에 비해 생산성이 높음

ⓒ 원심력에 의해 미세 패턴의 손상 발생 가능

ⓓ 불순물의 재부착 발생이 가능

82 웨이퍼의 건식 세정 공정에 해당하지 않는 것은?

ⓐ 자외선 오존(O_3) 세정

ⓑ 플라스마 세정

ⓒ 기체 불산(HF) 세정

ⓓ 메가소닉 및 스크러빙(scrubbing)

83 각각의 세정 방식에 대응하는 용도에 대한 설명으로 적합하지 않은 것은?

ⓐ 자외선 오존(O_3) 세정 → PR 제거, RIE 후 폴리머 제거

ⓑ 메가소닉 및 스크러빙 → 열 산화막 제거

ⓒ 플라스마 세정 → 다양한 오염 물질의 화학적, 물리적 제거

ⓓ 기체 불산(HF) 세정 → 자연 산화막 제거

[84-85] 초임계 상태도를 참고하여 초임계액(supercritical fluid)을 이용하는 건조 방식에 대해 답하시오.

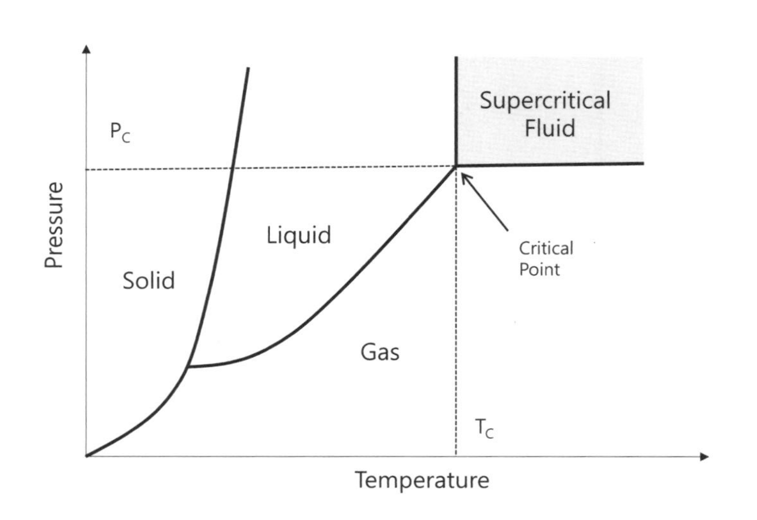

84 초임계 물질의 정의로 가장 올바른 것은?

ⓐ 온도가 높아지면 액화가 빠르게 발생하는 상태의 물질

ⓑ 온도와 압력의 조건에 따라 액체와 가스의 불안정한 중간 상태

ⓒ 압력이 높아지면 기화가 빠르게 발생하는 상태의 물질

ⓓ 압력이 높고 온도가 낮아지면 고체로 빠르게 변하는 상태의 물질

85 초임계 건조의 특징과 무관한 것은?

ⓐ 초임계 물질은 모세관 현상을 심화시켜 미세 구조의 변형을 심화시킴

ⓑ 미세 입자의 제거에 유용함

ⓒ CO_2를 이용한 초임계 물질은 표면 장력의 발생에 의한 문제를 저지함

ⓓ AR(aspect ratio)가 큰 미세 구조도 변형 없이 건조하는 데 유용함

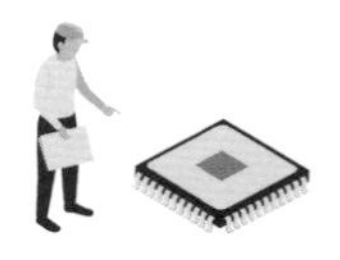

86 **세정 공정이** SPM → QDR(Quick Dump Rinse) → SC1 → QDR → SC2 → QDR → DHF → QDR**로 이루어지는 세정 방식의 명칭은?**

ⓐ 건식 세정

ⓑ 플라스마 세정

ⓒ RCA 세정

ⓓ 초임계 세정

87 OAI(Off Axis Illumination)**의 통상적인 패턴으로 사용하지 않는 것은?**

ⓐ annular

ⓑ dipole

ⓒ quadrupole

ⓓ rectangle

88 **리소그래피용 마스크(레티클)를 제작하는 공정 흐름에 있어서 ④, ⑥, ⑨번 항의 순서에 대한 공정 명으로 올바른 것은?**

① Quartz 세정	② Cr 증착	③ PR 코팅 및 베이킹	④ _?_	⑤ 베이킹 및 현상
⑥ _?_	⑦ PR 제거	⑧ Cr 패턴 검사	⑨ _?_	⑩ 세정 및 건조

ⓐ 패턴 노광, 수리(repair), Cr 식각

ⓑ 패턴 노광, Cr 식각, 수리(repair)

ⓒ Cr 식각, 패턴 노광, 수리(repair)

ⓓ Cr 식각, 수리(repair), 패턴 노광

89 **리소그래피를 완료한 후에 감광막**(PR) **패턴의 검사 과정에서 발견되는 결함의 종류에 해당되지 않는 것은?**

ⓐ 슬립(slip)

ⓑ 튀어나옴(protrusion)

ⓒ 브릿지(bridging)

ⓓ 가늘어짐(necking)

90 **스텝퍼**(5:1)**의 마스크를 이용하여 실리콘 웨이퍼에** 2 ㎝×2 ㎝**의 칩을 형성한다고 할 때, 칩 중앙의 정렬이 정확하고 칩 가장자리는 열팽창 계수의 차이로 인해 패턴의 이동**(shift)**이 발생하게 된다. 패턴** shift**를** 0.1 ㎛ **이내로 유지하기 위한 온도 변화의 한계는?** (단, 열팽창 계수(CTE)로 실리콘 기판은 2.6×10^{-6}/℃, 마스크는 4.6×10^{-6}/℃를 이용함)

ⓐ 1 ℃　　ⓑ 5 ℃　　ⓒ 10 ℃　　ⓓ 20 ℃

91 HMDS(Hexamethyl Disilzane)**을 이용한 프리밍**(priming)**에 대한 설명으로 틀린 것은?**

ⓐ 감광막(PR)이 5 ㎛ 이상 두꺼운 경우에 한정하여 유용함

ⓑ 표면을 소수성(phdrophobic)의 상태로 만듦

ⓒ 습기가 기판 표면에 부착되는 것을 방지함

ⓓ 금속, poly-Si, PSG의 상부에 PR 미세 패턴의 부착성이 향상됨

92 다음 중 BARC(Bottom Antireflection Coating)**용 박막으로 사용하지 않는 것은?**

ⓐ TiN　　ⓑ SiO_2　　ⓒ Si_3N_4　　ⓓ Al

93 PR**을 이용한 패턴 형성에 있어서 선**(line) **패턴을 트리밍**(triming)**하여 패턴의 폭을 감소시키는 패턴 미세화 방식과 관련한 설명으로 틀린 것은?**

ⓐ O_2 플라스마를 이용하여 선폭을 줄임

ⓑ 등방성(isotropic) 식각으로 패턴의 크기(폭과 높이)를 줄임

ⓒ 리소그래피 장치의 한계를 넘는 미소 패턴을 저렴한 비용으로 구현

ⓓ 웨이퍼 상부에 형성된 패턴의 해상도(line + space)를 감소시킴

94 포토 레지스트를 제거하는 방식(용액)에 해당하지 않는 것은?

ⓐ ozone plasma

ⓑ organic armines

ⓒ phosphoric acid

ⓓ sulfuric acid

제7장

식각

제7장

01 반응성 Cl_2 가스를 이용하여 12인치(300 ㎜) 실리콘 (100) 기판을 식각 챔버의 공정 압력이 10 mtorr인 상태에서 식각하는 데 있어서 Turbo Molecular Pump(TMP)를 사용한다. Cl_2 주입 튜브의 압력은 상압(760 torr)이고, 주입된 Cl_2의 1 %가 반응식($Si + 2Cl_2 \rightarrow SiCl_4$)에 따라 실리콘의 식각에 작용하여 식각 속도가 2 ㎛/min라고 할 때, 주입되는 Cl_2 가스의 유량(flow rate: l/min)은? (단, $PV = nRT$, $R = 0.082$ atm · L/mol · K, $d_{Si} = 1.4\times10^{23}$ atoms/㎤를 적용함)

ⓐ 0.145 LPM ⓑ 1.45 LPM ⓒ 14.5 LPM ⓓ 145 LPM

02 식각 공정에 있어서 관리해야 하는 주요 변수가 아닌 것은?

ⓐ 식각률 ⓑ 정렬도(alignment) ⓒ 선택도(selectivity) ⓓ 균일도

03 식각 공정 기술과 관련 없는 용어는?

ⓐ 과다 현상(over develop)
ⓑ 과다 식각(excess etch)
ⓒ 강화 마스크(hard mask)
ⓓ 종말점(end point)

04 반응에 필요한 Cl_2 가스를 이용하여 12인치(300 ㎜) 실리콘 (100) 기판을 식각 챔버의 공정 압력이 10 mTorr인 상태에서 식각하는 데 있어서 Turbo Molecular Pump(TMP)를 사용한다. Cl_2 주입 튜브의 압력은 상압(760 Torr)이고, 주입되는 Cl_2 가스 10 sccm만 고려할 때(반응에 의한 가스의 변화는 무시), 터보(turbo) 펌프(챔버 압력 1 mTorr에서 동작)의 펌핑 속도(l/min)는? (단, $PV = nRT$, $R = 0.082$ atm·L/mol·K, $d_{Si} = 1.4\times10^{23}$ atoms/㎤, 22.4 L/㏖)

ⓐ 7.6 LPM ⓑ 76 LPM ⓒ 760 LPM ⓓ 7,600 LPM

05 식각 공정 기술과 관련 없는 용어는?

ⓐ 과다 식각(excess etch)
ⓑ 과다 노광 조사(over exposure illumination)
ⓒ 이방성 형상(anisotropic profile)
ⓓ 종말점(end point)

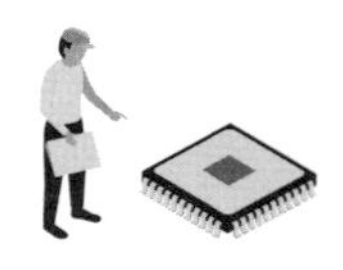

[06-07] 다음 그림을 보고 질문에 답하시오.

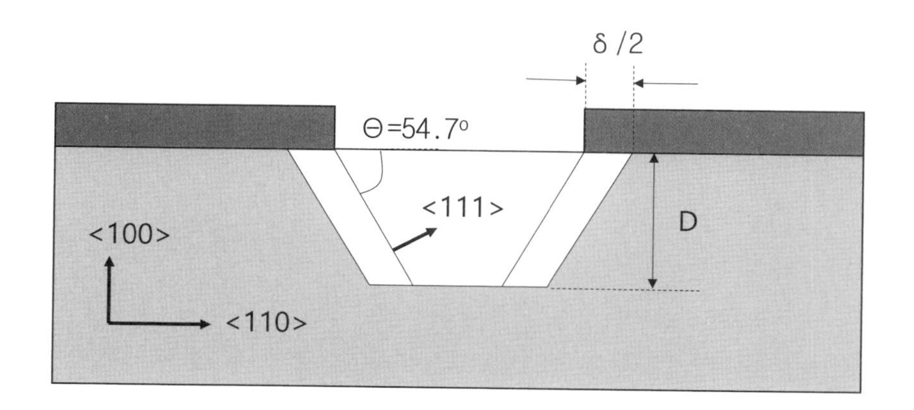

06 **그림과 같이 실리콘 기반의 비등방성 습식 식각에 가장 흔히 사용되는 KOH계 식각의 경우에 대체로 KOH(23.4 %):C_3H_8O(13.3 %):H_2O(63.3 %)의 식각 용액(etchant)을 사용한다. 이와 관련하여 부적합한 설명은?**

ⓐ (111)과 (100) 면에 대한 식각률의 차이를 10배 정도 얻을 수 있음

ⓑ 면에 따른 식각률의 차이는 표면의 결정 구조와 관계함

ⓒ 실리콘 기판에 V-형, 또는 피라미드형을 만들 수 있음

ⓓ (110) 면의 식각 속도는 (100)과 (111) 사이의 중간을 유지함

07 **그림과 같이 실리콘 기반의 비등방성 습식 식각에 가장 많이 사용되는 KOH계 식각의 경우에 대체로 KOH(23.4 %):C_3H_8O(13.3 %):H_2O(63.3 %)의 식각 용액(etchant)을 사용한다. 이와 관련하여 부적합한 설명은?**

ⓐ (111)과 (100) 면에 대한 식각 속도의 차이를 10배 정도 얻을 수 있음

ⓑ (100) 면이 (111) 면에 비해 식각 속도가 빠름

ⓒ (110) 면의 식각 속도는 (100)과 (111) 사이의 중간값을 보임

ⓓ 실리콘 기판에 V-형, 또는 피라미드형을 만들 수 있음

08 **건식 식각에 있어서 플라스마에서 고에너지 입자의 충돌로 인한 현상이 아닌 것은?**

ⓐ 분해(dissociation)

ⓑ 이온화(ionization)

ⓒ 재결합(recombination)

ⓓ 여기(excitation)

09 **건식 식각에 플라스마를 이용하는 장점이 아닌 것은?**

ⓐ 비등방성 식각 제어

ⓑ 식각 분포가 균일함

ⓒ 다양한 물질을 식각함

ⓓ 결함 발생이 없는 식각 표면

10 RIE(Reactive Ion Etch) **대비** ICP(Inductive Coupled Plasma)**의 특징에 해당하지 않는 것은?**

ⓐ 자석(magnet)을 사용해 웨이퍼 가장자리의 플라스마 밀도를 높게 제어함

ⓑ 가스의 유량(flow rate)을 낮게 사용

ⓒ 유도장(inductive field)에 의해 고밀도 플라스마를 생성시킴

ⓓ 캐소드에 인가하는 바이어스(bias) RF power로 식각 속도를 제어

11 **실리콘 산화막의 습식 식각에 사용되는** $HF:NH_4F:H_2O$ **혼합 용액에서 각** chemical**의 역할로 정확한 것은?**

ⓐ HF는 식각 용액의 안정화, NH_4F는 SiO_2와 반응하여 제거, H_2O는 식각 용액을 희석하여 식각 속도 제어

ⓑ HF는 SiO_2와 반응하여 제거, NH_4F는 식각 용액을 희석하여 식각 속도 제어, H_2O는 식각 용액의 안정화

ⓒ HF는 SiO_2와 반응하여 제거, NH_4F는 식각 용액의 안정화, H_2O는 식각 용액을 희석하여 식각 속도 제어

ⓓ HF는 식각 용액을 희석하여 식각 속도 제어, NH_4F는 SiO_2와 반응하여 제거, H_2O는 식각 용액의 안정화

12 **실리콘 기판의 전위 밀도**(dislocation density)**를 측정하기 위한 표면을 화학 용액으로 식각하는 방법은?**

ⓐ Secco etching

ⓑ SPM

ⓒ SC1

ⓓ SC2

13 **실리콘이나 산화막에** CF_4**를 이용한 건식 식각에 대한 설명으로 부적합한 것은?**

ⓐ CF_4에 O_2를 다량 첨가할수록 식각 속도가 계속해서 선형적으로 증가함

ⓑ CF_4 플라스마에 CF_3^+ 이온 상태에 비하여 CF_3와 F가 더 많이 존재함

ⓒ CF_4에 H_2를 첨가하면 HF를 생성되면서 F 농도가 감소해 식각률이 감소함

ⓓ CF_4에 O_2를 소량(< 10%) 첨가하면 CO의 발생으로 F의 농도가 높아져 식각률이 증가함

14 RIE(Reactive Ion Etch) **대비** ICP(Inductive Coupled Plasma)**의 특징에 해당하지 않는 것은?**

ⓐ ICP는 저압 조건이므로 반응 부산물의 제거가 빠름

ⓑ 캐소드에 인가된 bias RF power를 낮추어 이온의 에너지 감소시킴

ⓒ 자석(magnet)을 챔버에 사용하여 웨이퍼 중심으로 플라스마를 집중시킴

ⓓ 이온 에너지를 낮추어 식각 표면에 결함 생성을 감소시킴

15 **실리콘이나 산화막에** CF_4**를 이용한 건식 식각에 대한 설명으로 부적합한 것은?**

ⓐ CF_4 플라스마에 CF_3^+ 이온 상태에 비하여 CF_3와 F가 더 많이 존재함

ⓑ CF_4에 O_2를 다량 첨가할수록 식각 속도가 계속해서 선형적으로 증가함

ⓒ CF_4 플라스마에 발생된 F가 반응하여 Si 및 SiO_2을 식각함

ⓓ CF_4에 O_2를 소량(< 10 %) 첨가하면 CO의 발생으로 F의 농도가 높아져 식각률이 증가함

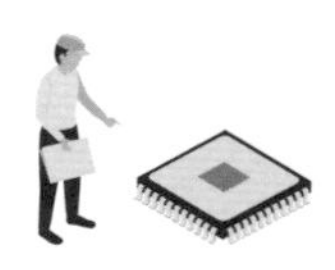

[16-17] 다음 데이터를 보고 질문에 답하시오.

Boiling Point (°C) at 1 atm			
Chlorides		Fluorides	
$AlCl_3$	177.8	AlF_3	1,291
$SiCl_4$	57.6	SiF_4	-90.3
Cu_2Cl_2	1,490	Cu_2F_2	1,100
TiC_4	136.4	TiF_4	284
WCl_6	346.7	WF_6	17.5

16 건식 식각 시 발생하는 화학 반응물에 대한 위의 데이터를 따르면 건식 식각이 가장 어려운 물질은?

ⓐ W ⓑ Al ⓒ Ti ⓓ Cu

17 건식 식각 시 발생하는 화학 반응물에 대한 위의 데이터를 따르면 가장 적합한 설명은?

ⓐ 알루미늄(Al) 식각에는 CF_4가 유용하고, W 식각에는 Cl_2가 유용함

ⓑ 알루미늄(Al)과 W 식각에 Cl_2가 유용함

ⓒ 알루미늄(Al)과 W 식각에 CF_4가 유용함

ⓓ 알루미늄(Al) 식각에는 Cl_2가 유용하고, W 식각에는 CF_4가 유용함

18 식각에는 표면 굴곡에 따라 과잉 식각(over etch)과 선택비(selectivity)에 대한 현상을 고려해야 한다. 패턴을 이용한 식각에 있어서 그림과 같이 기판에 영향을 주지 않고 박막만 완벽하게 식각하기 위해 반드시 필요한 조건은?

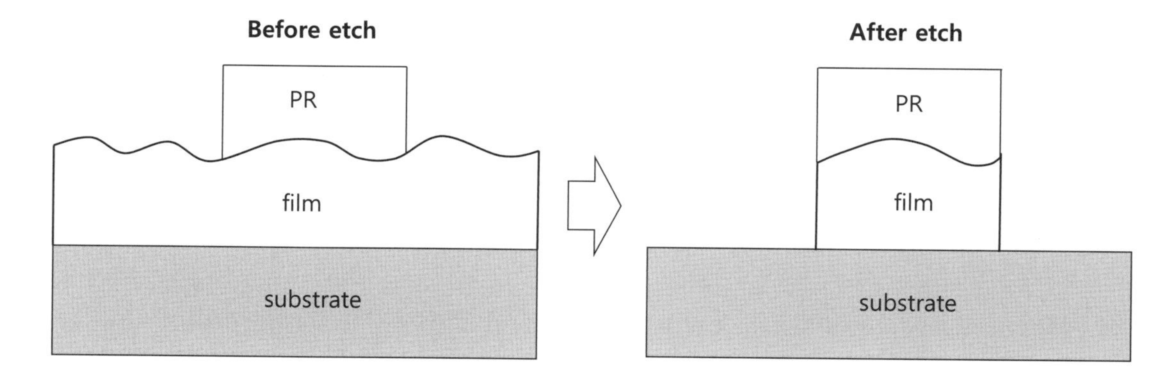

ⓐ PR과 박막에 대한 식각의 선택비(selectivity)가 최대한 높아야 함

ⓑ PR과 기판에 대한 식각의 selectivity가 최대한 높아야 함

ⓒ 박막과 기판의 식각률이 완전히 동일해야 함

ⓓ 기판과 박막에 대한 식각의 selectivity가 최대한 높아야 함

19 통상적으로 세 종류의 식각 기술에 대한 공정 압력의 범위를 구분할 수 있는데, 아래의 식각 공정을 비교한 설명으로 부적합한 것은?

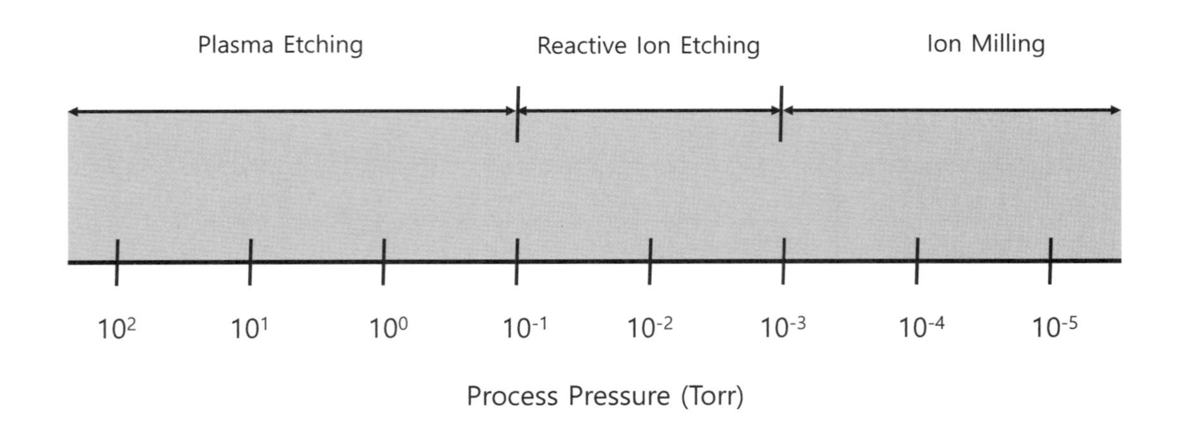

ⓐ 가장 화학적 반응에 의한 공정은 Plasma Etching임

ⓑ 가장 물리적 충돌에 의한 식각이 심한 공정은 Ion Milling임

ⓒ 식각된 표면에 결함을 가장 많이 발생시키는 것은 Ion Milling임

ⓓ 식각된 표면에 RIE(Reactive Ion Etching)이 가장 결함을 적게 발생시킴

[20-21] 다음 그림을 보고 질문에 답하시오.

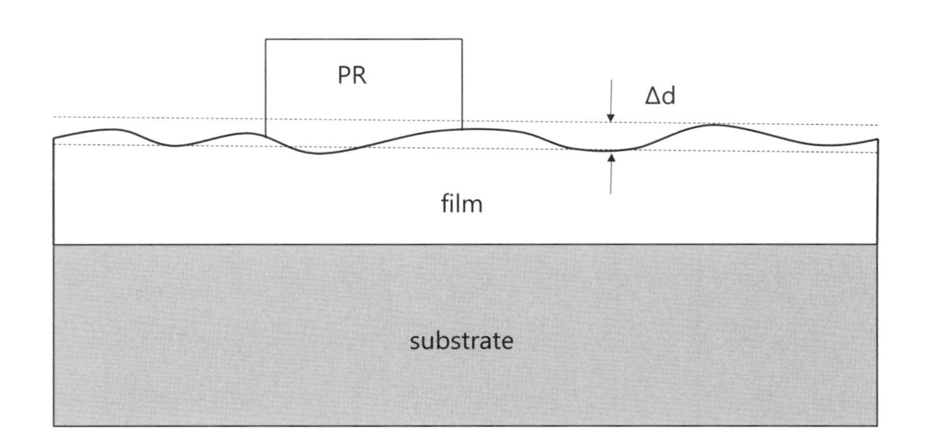

20 과잉 식각(over etch)과 선택비(selectivity)에 대한 현상을 고려하여 식각하려는데, 박막(film)의 평균 두께가 2 ㎛이고, 두께의 표준 편차는 0.2 ㎛이며, 박막의 식각률은 1 ㎛/min이고 감광막(PR) 마스크의 식각률은 0.1 ㎛/min이다. 완전히 필름을 식각하기 위해 박막 두께 표준 편차의 4배를 과잉 식각(over etch)하려는 경우 필요한 최소 PR 두께는?

ⓐ 0.28 ㎚　　ⓑ 2.8 ㎚

ⓒ 0.28 ㎛　　ⓓ 2.8 ㎛

21 과잉 식각(over etch)과 선택비(selectivity)를 고려하여 식각하는 데 있어서 박막(film)의 평균 두께가 1 ㎛이고, 두께의 표준 편차는 0.1 ㎛이며, 박막의 식각률은 1 ㎛/min인 경우 film의 식각을 완전히 마치려면 얼마의 시간이 필요한가? (단, 완전히 필름을 식각하기 위해 사용하는 과잉 식각(over etch)은 두께 표준 편차의 4배로 정함)

ⓐ 24초
ⓑ 1분 24초
ⓒ 2분 24초
ⓓ 4분

[22-23] 다음 그림을 보고 질문에 답하시오.

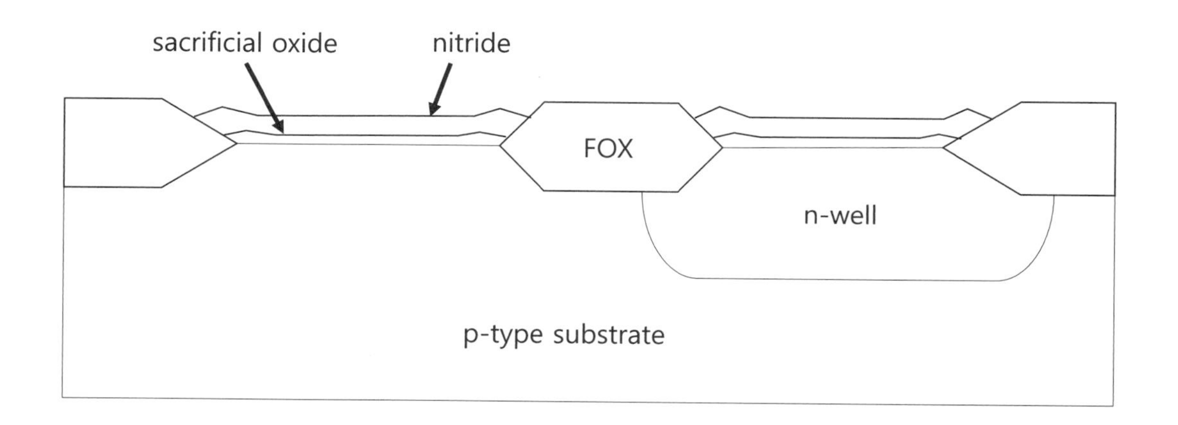

22 국부 산화막(LOCOS) 형성에 사용한 300 ㎚ 두께의 실리콘 질화막(Si_3N_4)을 제거하는 식각 공정을 설명한다. 온도를 180 ℃로 가열한 인산(H_3PO_4) 용액에서 실리콘 질화막의 식각률이 10 ㎚/min이고, 실리콘 산화막과는 선택비(selectivity)가 10:1이고, 실리콘 기판과는 선택비(selectivity)가 30:1이다. 실리콘 질화막을 완전히 제거하기 위하여 100 % 과잉 식각(over etch)한 경우 LOCOS의 식각되는 두께는?

ⓐ 6 ㎚
ⓑ 60 ㎚
ⓒ 6 ㎛
ⓓ 60 ㎛

23 실리콘 반도체에서 40 ㎚의 희생 산화막의 상부에 300 ㎚의 실리콘 질화막(Si_3N_4)을 마스크로 사용해 LOCOS(Local Oxidation of Silicon) 산화를 하였다. 질화막과 희생 산화막을 제거하는 식각 공정에 있어서 180 ℃로 가열한 인산(H_3PO_4) 용액에서 실리콘 질화막의 식각률이 10 ㎚/min이고, 실리콘 산화막과는 선택비(selectivity)가 10:1이고, 실리콘 기판과는 선택비(selectivity)가 30:1이다. 식각을 30분 한 후에 상태에 대한 설명으로 가정 적합한 것은?

ⓐ 질화막과 희생 산화막이 모두 제거되고 노출된 실리콘은 6 ㎚ 정도 식각된 상태임
ⓑ 질화막은 완전히 제거되고 희생 산화막은 40 ㎚가 잔류하는 상태임
ⓒ 질화막이 완전히 제거되고 희생 산화막은 1 ㎚ 정도 잔류하는 상태임
ⓓ 질화막과 희생 산화막이 모두 제거되고 노출된 실리콘은 0.6 ㎚ 정도 식각된 상태임

24 **반응성 이온 식각(RIE) 건식 식각에서 로딩 효과(loading effect)를 저감하기 위한 조건에 해당하지 않는 것은?**

ⓐ 공정 압력을 100 Torr 이상으로 높여서 식각 부위에 생성된 부산물의 제거를 억제함

ⓑ 기판의 온도를 낮추어 반응률 제어(reaction rate limit) 조건을 사용함

ⓒ 반응 가스의 주입량을 충분히 높여 국부적인 농도 불균일도를 감소시킴

ⓓ 이온 충돌(ion bombardment)에 의해 식각 속도가 제어되는 조건을 이용함

25 **실리콘 (100) 반도체 기판의 습식 식각과 건식 식각에 대한 설명으로 적합하지 않은 것은?**

ⓐ 웨이퍼의 전면에서 식각 균일도를 높이는 데 건식 식각이 유리함

ⓑ 배치(batch)로 할 수 있는 습식 식각의 경우 생산성이 높음

ⓒ 반도체 공정에서 건식 식각은 모든 물질을 유용한 조건으로 식각할 수 있음

ⓓ 식각 조건이 동일하여 재현성이 높고 장기간 사용하는 데 건식 식각이 유리함

26 **실리콘 (100) 반도체 기판의 습식 식각과 건식 식각에 대한 설명으로 적합하지 않은 것은?**

ⓐ HNO_3 용액을 이용한 습식 식각이 등방성 식각에 유용함

ⓑ 반도체 공정의 건식 식각은 모든 물질을 적합한 조건으로 식각할 수 있음

ⓒ (111) 표면을 형성하는 데 KOH 용액을 이용한 습식 식각이 방향성 식각에 유용함

ⓓ 건식 식각은 플라스마에 의한 표면 결함의 생성을 고려해야 함

27 **유도 결합 플라스마(ICP: Inductively Coupled Plasma)를 이용한 식각 공정으로 부적합한 것은?**

ⓐ 수 mTorr의 낮은 압력에서 공정이 가능함

ⓑ 저압에서 고밀도 플라스마를 발생시킴

ⓒ 균일도를 위해 항상 웨이퍼를 고온으로 가열해야 함

ⓓ ICP RF는 플라스마를 발생시켜 웨이퍼로 공급함

28 **실리콘 (100) 반도체 기판의 습식 식각과 건식 식각에 대한 설명으로 적합하지 않은 것은?**

ⓐ 종횡비(aspect ratio)가 큰 트렌치 식각에 건식 식각이 유용함

ⓑ 습식 식각에 비해 건식 식각이 미세 패턴의 형성에 더 우수함

ⓒ 습식 식각은 화학 용액(원료)를 많이 사용하는 단점이 있음

ⓓ 건식 식각은 화학 가스(원료)를 너무 많이 사용하는 단점이 있음

29 **기판에 두께(t1, t2)의 게이트(박막-1)와 산화막(박막-2)이 증착된 형태를 이용하여 게이트에 산화막 측벽 (side wall)을 형성하는 데 있어서 가정 적합한 식각 조건은?**

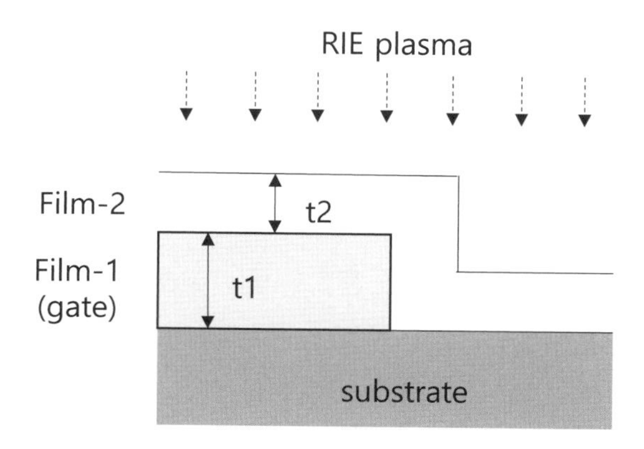

ⓐ 게이트와 기판에 대해 산화막의 식각 선택비는 최대한 작아야 하고, 측면 식각이 느려야 유리함

ⓑ 게이트와 기판에 대해 산화막의 식각 선택비는 최대한 커야 하고, 측면 식각이 느려야 유리함

ⓒ 게이트와 기판에 대해 산화막의 식각 선택비는 최대한 커야 하고, 측면 식각이 빨라야 유리함

ⓓ 게이트와 기판에 대해 산화막의 식각 선택비는 최대한 작아야 하고, 측면 식각이 빨라야 유리함

30 **유도 결합 플라스마(ICP: Inductively Coupled Plasma)를 이용한 식각 공정으로 부적합한 것은?**

ⓐ ICP단의 RF power는 이온의 밀도를 높이고 조절하는 데 유용함

ⓑ 웨이퍼를 고온으로 가열해야 균일한 식각이 이루어짐

ⓒ 웨이퍼에는 bias RF power를 인가함

ⓓ 기판에 도달하는 이온의 에너지를 높이고 제어하는 데 유용함

31 **포토 레지스트(PR) 패턴을 마스크로 이용하고, 혼합 용액(H_3PO_4, CH_3COOH, HNO_3, H_2O)으로 Al 금속을 습식 식각하는 데 있어서 틀린 설명은?**

ⓐ HNO_3는 표면의 Al을 산화시킴

ⓑ H_3PO_4은 Al 산화물을 용해시킴

ⓒ CH_3COOH는 식각 용액을 안정화함

ⓓ 비등방성(anisotropic) 식각이 되어 완벽히 수직형 프로파일이 형성됨

32 **유도 결합 플라스마(ICP: Inductively Coupled Plasma)를 이용한 식각 공정으로 부적합한 것은?**

ⓐ 전기 전도성이 없는 절연체 박막의 식각은 불가능함

ⓑ 수 mTorr의 낮은 압력에서 공정이 가능함

ⓒ 웨이퍼에는 bias RF를 인가함

ⓓ 선폭이 작고 프로파일이 정밀한 식각에 유용함

33 **Si 기판의 식각에 CF_4를 주요 가스로 이용한 RIE(반응성 이온 식각)에 있어서 틀린 설명은?**

ⓐ 반응 가스에 H_2를 첨가하면 식각 속도가 감소함

ⓑ 반응 가스에 H_2를 첨가하면 챔버에서 HF의 생성이 증가함

ⓒ 산소 가스를 10% 이내로 소량 첨가하면 식각 속도가 증가함

ⓓ 웨이퍼 측 전극에 인가된 bias RF power는 식각 속도에 영향을 미치지 않음

34 **포토 레지스트(PR) 패턴을 마스크로 이용하고, 혼합 용액(H_3PO_4, CH_3COOH, HNO_3, H_2O)으로 Al 금속을 습식 식각하는 데 있어서 틀린 설명은?**

ⓐ 비등방성(anisotropic) 식각이 되어 완벽히 수직형 식각 프로파일이 형성됨

ⓑ HNO_3는 표면의 Al을 산화시킴

ⓒ H_2O는 용액을 희석하여 식각 속도를 조절함

ⓓ 등방석(isoptropic) 식각이 되어 포토 레지스트 아래에 언더컷(undercut)이 발생함

35 **실리콘 반도체 기판의 습식 식각에 대한 설명으로 부적합한 것은?**

ⓐ HNO_3:HF:H_2O 용액은 등방성 시각에 적합함

ⓑ KOH:C_3H_8O:H_2O 용액은 비등방성 식각에 유용함

ⓒ KOH는 (100) 면에 비해 (111) 면의 식각 속도가 느림

ⓓ 선택적 식각을 위한 마스크는 반드시 포토 레지스트를 이용해야 함

36 **Si 기판의 식각에 CF_4를 주요 가스로 이용한 RIE(반응성 이온 식각)에 있어서 틀린 설명은?**

ⓐ 플라스마에서 반응성이 높은 F 래디칼(radical)이 생성되어 식각이 발생함

ⓑ 식각 공정에 물리적 식각과 화학적 식각이 동시에 일어남

ⓒ 웨이퍼에 인가된 bias RF power의 값은 식각 속도에 영향을 미치지 않음

ⓓ 반응물 SiF_4가 생성되며 진공 펌프에 의해 외부로 제거됨

37 **실리콘 반도체 기판에 C_3H_8O를 이용하는 습식 식각에 대한 설명으로 부적합한 것은?**

ⓐ 온도가 높아지면 식각 속도가 빨라짐

ⓑ 선택적 식각을 위한 마스크는 항상 포토 레지스트를 이용함

ⓒ C_3H_8O 대신에 IPA(Isoprophylalchohol)을 사용할 수 있음

ⓓ C_3H_8O는 식각 표면을 평탄하고 균일하게 함

38 **실리콘 반도체에서 건식 식각에 대한 설명으로 부적합한 것은?**

ⓐ 깊은 트렌치의 식각에 건식 식각을 이용할 수 없음

ⓑ 대부분 반응성 가스의 플라스마를 이용함

ⓒ 균일성과 재현성 측면에서 습식 식각에 비해 우수함

ⓓ Al 금속의 건식 식각에 Cl_2, BCl_3의 가스를 주로 이용함

39 **실리콘 반도체 기판의 습식 식각에 대한 설명으로 부적합한 것은?**

ⓐ HNO_3는 표면 실리콘의 산화제 역할을 함

ⓑ HF는 표면 산화막을 제거함

ⓒ KOH는 (100) 면에 비해 (111) 면의 식각 속도가 느림

ⓓ KOH는 식각 속도가 결정 방향에 무관하여 isotropic 식각에 가장 적합함

40 **실리콘 반도체 (110) 기판에 KOH 화학 용액의 습식 식각에 대한 아래 그림에 적합한 것은?**

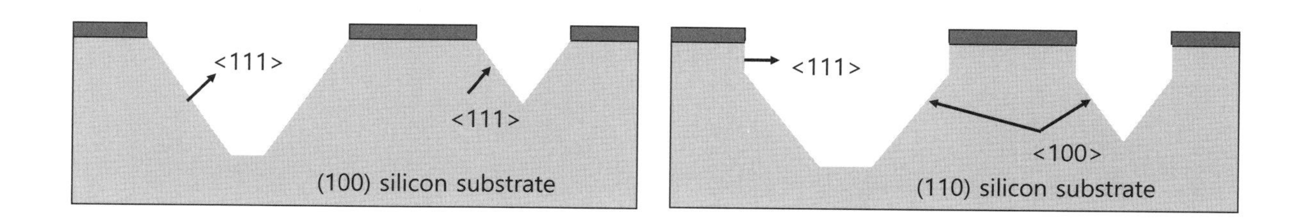

ⓐ 면에 단한 식각 속도는 (111) < (100) < (110) 순서로 큼

ⓑ 면에 단한 식각 속도는 (111) < (110) < (100) 순서로 큼

ⓒ 면에 단한 식각 속도는 (100) < (110) < (111) 순서로 큼

ⓓ 면에 단한 식각 속도는 (100) < (111) < (110) 순서로 큼

41 **실리콘 반도체에서 RIE 건식 식각에 대한 설명으로 부적합한 것은?**

ⓐ 건식 식각에 화학적 반응과 물리적 반응이 공존함

ⓑ 습식 식각에 비해 선택적 식각 성능이 대체로 부족함

ⓒ 깊은 트렌치의 식각에 건식 식각을 이용할 수 없음

ⓓ 비등방성 식각 성능은 습식 식각에 비해 탁월함

42 **실리콘 반도체 공정에 있어서 습식 식각에 대한 설명으로 부적합한 것은?**

ⓐ 아세톤(acetone)은 감광제(photoresist)를 제거함

ⓑ H_2O_2는 산화제로 작용함

ⓒ H_3PO_4은 산화막을 식각함

ⓓ 빠르고 균일한 식각을 위해 온도를 높이고 용액을 저어줌

43 **실리콘 반도체 공정에 있어서 습식 식각에 대한 설명으로 부적합한 것은?**

ⓐ 인산(H_3PO_4)은 실리콘 질화막(Si_3N_4)을 식각함

ⓑ 아세톤(acetone)은 photoresist를 제거함

ⓒ 빠르고 균일한 식각을 위해 온도를 높이고 저어줌

ⓓ 불산(HF)은 다결정 실리콘(poly-Si)을 식각함

44 **아래 중에서 산화막(SiO_2)의 식각 용액으로 가장 부적합한 것은?**

ⓐ $H_2SO_4 + H_3PO_4$

ⓑ HF + HCl

ⓒ $HF + NH_4F + H_2O$

ⓓ $HF + HNO_3 + H_2O$

45 **실리콘 반도체 공정에 있어서 습식 식각에 대한 설명으로 부적합한 것은?**

ⓐ 습식 식각 용액은 사용한 회수와 무관하게 장기간 동일한 식각 조건을 유지함

ⓑ HNO_3는 Poly-Si을 식각함

ⓒ HF는 SiO_2와 Si_3N_4을 식각함

ⓓ H_2SO_4는 Ti를 제거(strip)하는 데 유용함

46 **다음 중 식각을 위한 고밀도 플라스마(high density plasma) 방식에 해당하지 않는 것은?**

ⓐ ECR ⓑ magnetron RIE ⓒ ICP ⓓ RIE

47 **아래의 화학 용액 중에서 산화막(SiO_2)을 가장 잘 식각하는 용액인 것은?**

ⓐ H_2SO_4 ⓑ H_3PO_4 ⓒ HCl ⓓ KOH(70 ℃)

48 **Cl_2와 Ar을 1:1로 희석한 가스를 이용하는 ICP 식각에 있어서 동작 압력이 1 mTorr인 경우 간단한 계산을 위해 단지 Ar 가스만을 고려하기로 하여 온도(T: 300 K) 이상 기체 방정식을 적용하기로 한다.** (PV = nRT, R = 0.08 L.atm/K.㏖, 6.02×10^{23} atom/㏖). **챔버 내의 Ar 밀도(원자 수/㎤)는?**

ⓐ 3.25×10^{13} cm^{-3} ⓑ 3.25×10^{14} cm^{-3} ⓒ 3.25×10^{15} cm^{-3} ⓓ 3.25×10^{16} cm^{-3}

49 **Cl_2와 Ar을 1:1로 희석한 가스를 이용하는 ICP 식각에 있어서 동작 압력이 1 mTorr인 경우 간단한 계산을 위해 단지 Ar 가스만을 고려하기로 하여 이상 기체 방정식을 적용하기로 한다.** (PV = nRT, R = 0.08 L.atm/K.㏖, 6.02×10^{23} atom/㏖). **Ar의 이온화 효율이 1 %면 플라스마에 존재하는 Ar 이온의 추정되는 밀도(이온의 수/㎤)는?**

ⓐ 3.25×10^{11} cm^{-3} ⓑ 3.25×10^{12} cm^{-3} ⓒ 3.25×10^{13} cm^{-3} ⓓ 3.25×10^{14} cm^{-3}

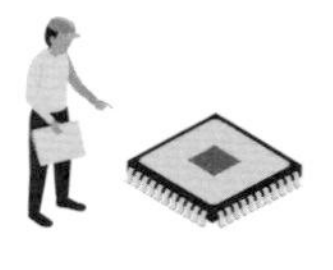

50 **실리콘 반도체 공정에 있어서 습식 식각에 대한 설명으로 부적합한 것은?**

ⓐ H_3PO_4은 Al을 식각함

ⓑ HNO_3는 poly-Si을 식각함

ⓒ 메탄올(methanol)은 감광제(photoresist)를 제거함

ⓓ H_2O_2는 강력한 산화제로 사용함

51 **Cl_2와 Ar을 1:1로 희석한 가스를 이용하는 ICP 식각에 있어서 동작 압력이 1 mTorr인 경우 간단한 계산을 위해 단지 Ar(40 amu) 가스만을 고려하기로 하여 이상 기체 방정식을 적용하기로 한다. 단위 면적당 분자의 충돌 Flux는 압력(P: Pascal = 7.5 mTorr), 분자 질량(M: atomic mass), 온도(T: 300 K)에 대하여, 대략적으로 $\Phi = 2.64 \times 10^{20}\left(\sqrt{\frac{P}{MT}}\right)$ molecules/$cm^2 \cdot$ sec 이다. 이온화 효율이 1 %면 기판 측으로 가속되는 Ar 이온의 유량(flux)은?**

ⓐ 1.6×10^{14}/㎠ sec　ⓑ 1.6×10^{15}/㎠ sec　ⓒ 1.6×10^{16}/㎠ sec　ⓓ 1.6×10^{17}/㎠ sec

52 **반도체의 식각 공정에서 고려할 사항이 아닌 것은?**

ⓐ 식각의 형상(etch profile)　ⓑ 초점 깊이(depth of focus)

ⓒ 잔유물(residue)　ⓓ 선택비(selectivity)

53 **아래 중에서 실리콘 산화막(SiO_2)를 잘 식각하는 용액인 것은?**

ⓐ KOH(70 °C)　ⓑ H_2SO_4　ⓒ HCl　ⓓ NH_4OH

54 **Cl_2와 Ar을 1:1로 희석한 가스를 이용하는 ICP 식각에 있어서 동작 압력이 1 mTorr인 경우 간단한 계산을 위해 단지 Ar(40 amu) 가스만을 고려하기로 하여 이상 기체 방정식을 적용하기로 한다. 단위 면적당 분자의 충돌 Flux는 압력(P: pascal = 7.5 mTorr), 분자 질량(M: atomic mass), 온도(T: 300 K)에 대하여, 대략적으로 $\Phi = 2.64 \times 10^{20}\left(\sqrt{\frac{P}{MT}}\right)$ molecules/$cm^2 \cdot$ sec 이다. Ar의 이온화 효율이 1 %이고, Si(100) 격자 상수는 0.54 ㎚, 표면 원자 밀도는 1.6×10^{15} $㎝^{-2}$이며, Ar 이온에 의한 스퍼터 수율(sputtering yield)이 1(one)이면 물리적(스퍼터링) 식각률은?**

ⓐ 0.54 ㎚/sec　ⓑ 5.4 ㎚/sec　ⓒ 54 ㎚/sec　ⓓ 540 ㎚/sec

55 **플라스마를 사용하는 건식 식각의 기술과 관련 없는 용어는?**

ⓐ 종말점 감지(end point detection)

ⓑ 트렌치 효과(trench effect)

ⓒ 보쉬 공정(Bosch process)

ⓓ 주입 공정(drive-in)

56 반도체의 식각 공정에서 PCM(Process Control Monitor)에 고려할 사항이 아닌 것은?

ⓐ 식각 속도(etch rate)
ⓑ 과잉 식각(over etch)
ⓒ 해상도(resolution)
ⓓ 잔유물(residue)

57 식각에 사용하는 종결점(end point detection) 측정 기술과 관련 없는 것은?

ⓐ 레이저 반사 간섭기
ⓑ timer
ⓒ 질량 분석기
ⓓ optical emission spectroscopy

58 Cl_2와 Ar을 1:1로 희석한 가스를 이용하는 ICP 식각에 있어서 동작 압력이 1 mTorr인 경우 간단한 계산을 위해 단지 Ar 가스만을 고려하기로 하여 이상 기체 방정식을 적용하기로 한다. 단위 면적당 분자의 충돌 Flux는 압력(P: pascal = 7.5 mTorr), 분자 질량(M: atomic mass), 온도(T: 300 K)에 대하여, 대략적으로 $\Phi = 2.64 \times 10^{20}\left(\sqrt{\frac{P}{MT}}\right)$ molecules/$cm^2 \cdot$ sec로 주어지며, Si(100) 격자 상수는 0.54 ㎚, 표면 원자 밀도는 1.6×10^{15} $㎝^{-2}$이다. Ar의 이온화 효율이 1 %이고, Ar 이온에 의한 스퍼터 수율(sputtering yield)이 1(one)이고, 식각률(물리적 및 화학적 식각 총합)이 1.54 ㎚/sec인 경우, 화학적 식각률은?

ⓐ 0.74 ㎚/sec
ⓑ 0.84 ㎚/sec
ⓒ 0.94 ㎚/sec
ⓓ 1 ㎚/sec

59 Cl_2와 Ar을 1:1로 희석한 가스를 이용하는 ICP 식각에 있어서 물리적 식각을 높이기 위한 방안으로 적합한 것은?

ⓐ Ar의 함량은 감소시키고, 웨이퍼에 인가된(bias) RF power는 증가시킴
ⓑ Cl의 함량과 웨이퍼에 인가된(bias) RF power 모두 감소시킴
ⓒ Cl의 함량은 증가시키고, 웨이퍼에 인가된(bias) RF power를 감소시킴
ⓓ Ar의 함량과 웨이퍼에 인가된(bias) RF power를 증가시킴

60 반응성 이온 식각(RIE)의 핵심 공정 변수(process parameter)에 해당하지 않는 것은?

ⓐ 압력
ⓑ 반응 가스의 종류와 비율
ⓒ 가속기 전압
ⓓ RF 전력

61 플라스마를 이용하는 건식 식각 기술과 관련 없는 용어는?

ⓐ soft baking
ⓑ end point detection
ⓒ local loading effect
ⓓ Bosch process

62 아래 중에서 등방성 식각(isotropic etch) 용액이 아닌 것은?

ⓐ KOH
ⓑ $HF:HNO_3:CH_3COOH:H_2O$
ⓒ HF
ⓓ $HF:NH_4F$

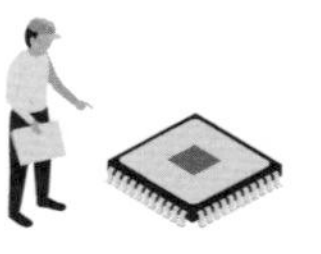

63 **아래 중에서 산화막(SiO_2)의 식각 용액으로 부적합한 것은?**

ⓐ HF + HCl　　ⓑ H_3PO_4 + H_2O　　ⓒ KOH(90 ℃)　　ⓓ HF + HNO_3 + H_2O

64 **비등방석 식각(anisotropic etch)용 용액이 아닌 것은?**

ⓐ KOH　　ⓑ CsOH

ⓒ HF:HNO_3:CH_3COOH:H_2O　　ⓓ NaOH

65 **감광막(PR) 패턴을 이용하여 300 ㎚ 두께의 산화막을 습식 식각하는 데 있어서 100 % 과잉 식각(overetch) 한 경우 결과적인 식각 단면으로 예상되는 가장 합당한 구조는?**

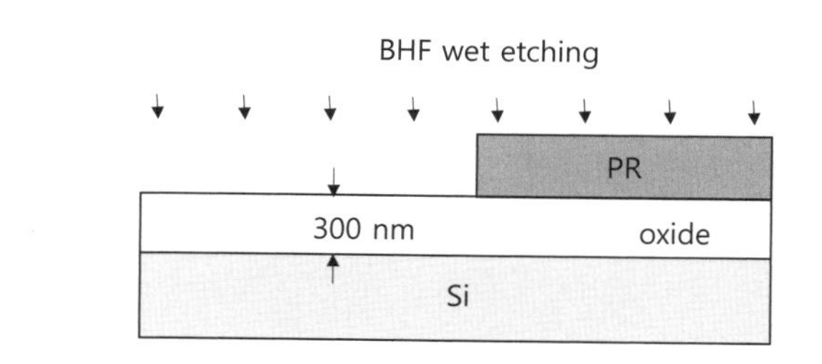

ⓐ

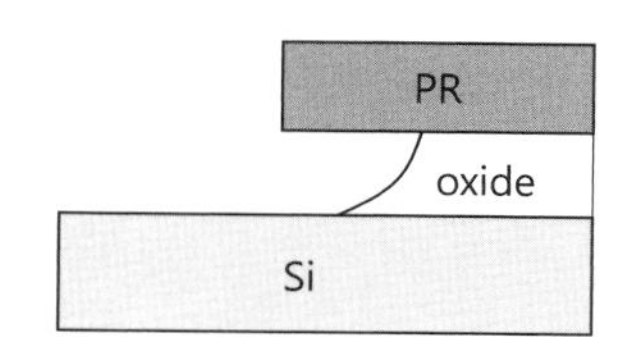

ⓑ

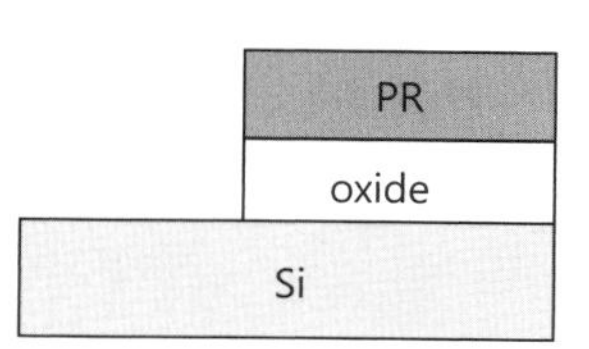

ⓒ

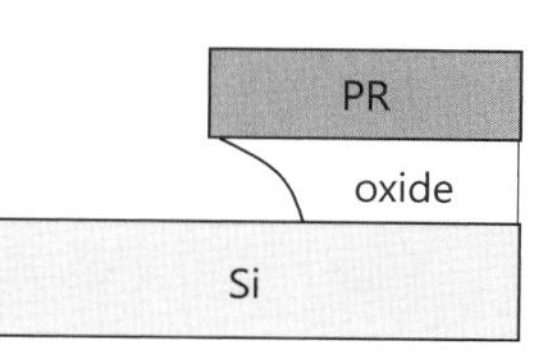

ⓓ

PR
oxide
Si

66 **반도체의 식각 공정에서 고려할 공정 능력이 아닌 것은?**

ⓐ 식각 속도(etch rate)　　ⓑ 균일도(uniformity)

ⓒ 접촉 저항(contact resistance)　　ⓓ 선택비(selectivity)

67 **RIE 식각의 핵심 공정 변수(process parameter)에 해당하지 않는 것은?**

ⓐ 반응 가스의 종류와 비율　　ⓑ RF 전력

ⓒ 기판 온도　　ⓓ 가속기 전압

68 **Deep RIE를 사용한 TSV(through silicon via)용 반도체 식각 공정에 Bosch 공정에 대한 고려 사항이 아닌 것은?**

ⓐ 측벽의 각도를 수직 내지 아주 약한 positive taper 형태로 조절

ⓑ 마스크 하단부의 undercut 발생 정도

ⓒ Al 금속의 오염도 증가

ⓓ 측벽의 scallop(조개껍데기의 물결 문양) 생성과 곡면의 굴곡도

69 **반응 가스로 C_4F_8와 SF_6 가스를 교대로 주입해 식각하는 Bosch 공정에 대한 설명으로 부적합한 것은?**

ⓐ C_4F_8 가스는 식각 표면에 고분자를 증착시킴

ⓑ 반응 가스로 C_4F_8와 SF_6 가스를 동시에 주입하며 식각해도 동일한 식각이 가능함

ⓒ SF_6 가스는 RF bias와 작용하여 트렌치를 수직으로 식각하고, RF bias 없으면 등방(isotropic) 식각함

ⓓ SF_6 가스에서 분해된 F와 Si 원자가 반응하여 SiF_4의 가스로 되고 진공으로 제거되면서 식각됨

70 **실리콘 반도체에 $O_2 + SF_6$ 혼합 가스를 사용한 저온(cryogenic) RIE에 대한 설명으로 부적합한 설명은?**

ⓐ 기판의 온도를 극저온인 영하 100 ℃ 내지 이하로 조절하여 식각함

ⓑ positive taper보다 reverse taper 형태의 트렌치 식각에 유리함

ⓒ bosch 방식이 아니어도 수직형 트렌치 식각을 할 수 있음

ⓓ 기판이 저온이라 F와 Si의 반응에 의한 등방성(isotropic) 식각이 저지됨

71 **반도체 기판의 표면에서 전위 밀도, 슬립 등의 결정 결함을 관찰하기 위한 습식 식각법이 아닌 것은?**

ⓐ secco etching　　ⓑ schimmel etching

ⓒ sirl etching　　ⓓ ammoina etching

72 **반도체 기판의 그림과 같은 식각에서 비등방성(anisotropy: A)에 대한 설명으로 부적합한 것은?**

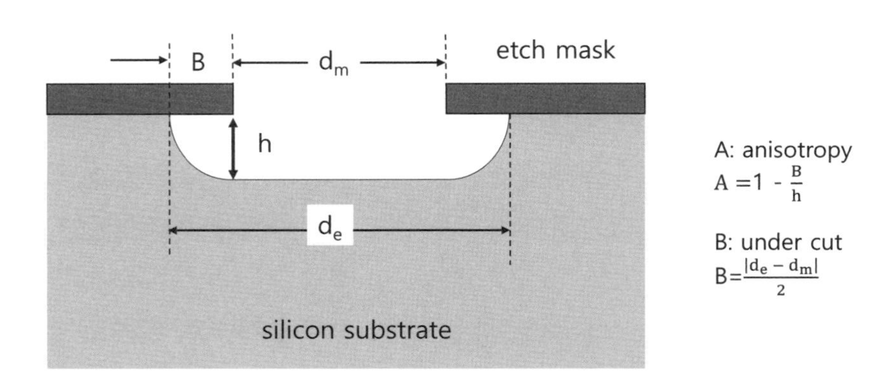

ⓐ A = 0은 isotropic　　ⓑ A = 1은 anisotropic

ⓒ A = 0은 반응률 제어 조건　　ⓓ A = 1은 측면 식각률 = 0

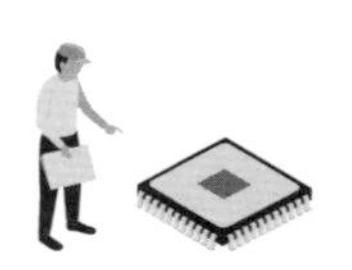

73 식각에 있어서 필름 대비 마스크의 선택비(S_{fm})와 기판 대비 필름의 선택비(S_{fs})는 아래 그림과 같다. 마스크의 원 상태를 최대한 유지하면서 필름을 식각하되 기판은 가능한 한 식각이 안 되도록 자가 정지(self limiting) 식각을 위한 선택비의 조건은?

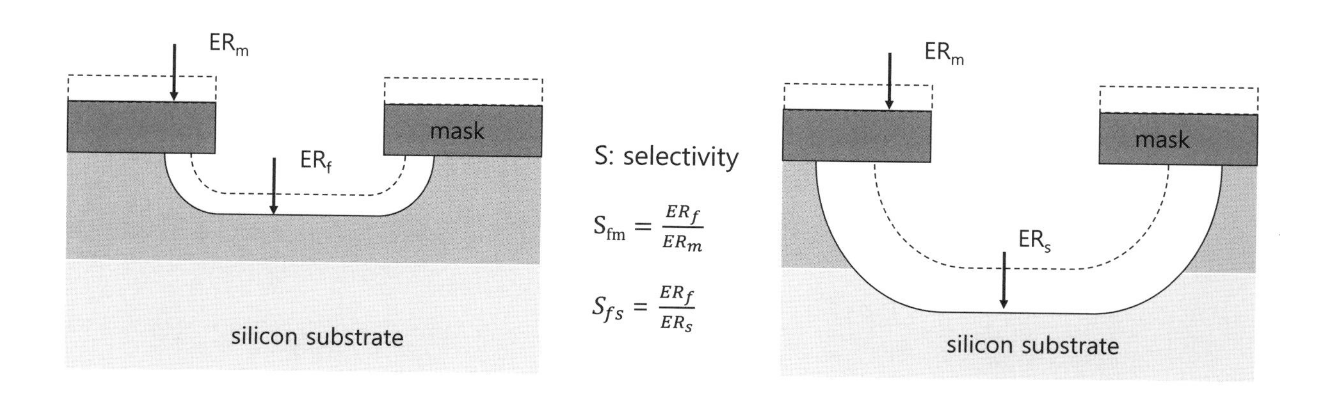

ⓐ $S_{fm} << 1$, $S_{fs} << 1$

ⓑ $S_{fm} << 1$, $S_{fs} >> 1$

ⓒ $S_{fm} >> 1$, $S_{fs} >> 1$

ⓓ $S_{fm} >> 1$, $S_{fs} << 1$

74 산화막/질화막 패턴을 에칭 마스크와 반응성 가스를 사용하는 건식 식각의 단면 형태에 대해 정확한 설명이 아닌 것은?

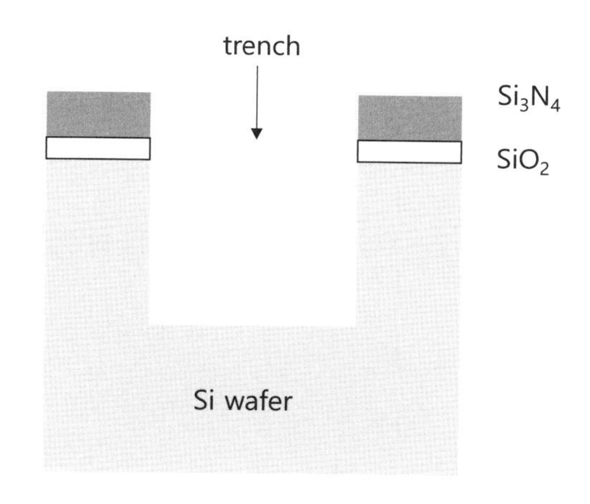

ⓐ 플라스마 전력(power)을 높여서 물리적 반응으로 선택비를 높임

ⓑ 플라스마를 이용해 화학 반응과 물리 반응이 복합적으로 작용함

ⓒ 수직 방향 속도가 수평 방향 식각에 비해 훨씬 빠르게 할 수 있음

ⓓ 플라스마 건식 식각으로 습식에 비해 CD(Critical Dimension) 손실을 최소로 하는 데 유리함

75 감광막(PR) 패턴을 이용하는 식각의 단면 형태에 대해 정확한 설명이 아닌 것은?

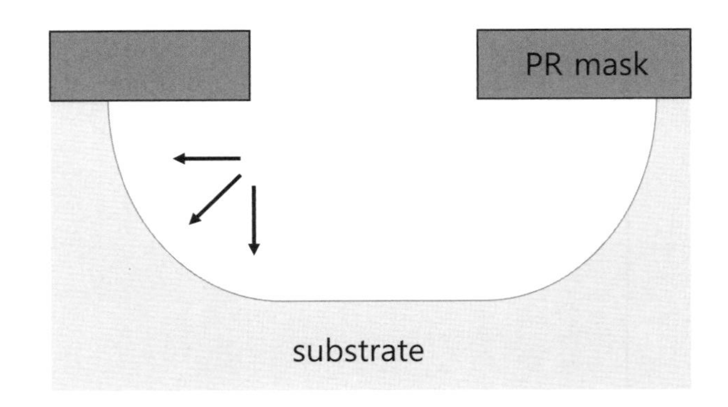

ⓐ 화학 용액을 이용한 습식 식각에서 주로 발생함

ⓑ 수평 방향 식각과 수직 방향 식각의 속도가 동일하여 등방성 식각(isotrpic etch)이라 함

ⓒ 비정질 기판에만 발생하는 식각의 형태임

ⓓ CD(Critical Dimension) 손실이 크게 발생함

76 혼합 용액을 이용한 실리콘 반도체의 습식 식각에서 표면의 산화막을 제거하는 용액들은?

ⓐ HF, H_2SO_4, HNO_3

ⓑ HF, CH_3COOH, HNO_3

ⓒ HF, H_2SO_4, NH_4OH

ⓓ HF, CH_3COOH, NH_4OH

77 혼합 용액을 이용한 실리콘 반도체의 습식 식각에서 바르지 않은 설명인 것은?

ⓐ HNO_3는 산화제로 표면을 산화시킴

ⓑ H_2O_2는 환원제로 표면의 산소를 제거함

ⓒ H_2SO_4는 환원제로 표면의 산소를 제거함

ⓓ CH_3COOH는 희석제로 반응의 정도를 조절함

78 SiO_2, Si 기판은 식각 속도가 무시할 정도로 낮고, 실리콘 질화막(Si_3N_4)만을 선택적으로 식각하는 용액은?

ⓐ HF ⓑ HNO_3 ⓒ NH_4OH ⓓ H_3PO_4

79 **습식 식각에서 초음파를 이용하는 데 대한 설명으로 적합한 것은?**

ⓐ 용액이 균일하게 공급되게 하고 반응물을 빠르게 제거해 균일한 식각에 유리

ⓑ 초음파 에너지로 화학 반응을 가속시켜 식각 속도를 높이는 목적임

ⓒ 기판의 방향에 따른 식각 속도를 조절하여 비등방성 식각이 되도록 함

ⓓ 기판의 표면에 용액이 흡착되는 것을 방해하여 식각 속도를 감소시킴

80 **반응성 가스를 이용하는 플라스마 건식 식각의 장점이 아닌 것은?**

ⓐ 종말점(end point)의 정확한 제어

ⓑ 식각 표면에 결함이 절대 발생하지 않음

ⓒ 식각의 균일성과 재현성

ⓓ 종횡비(aspect ratio)가 큰 비등방성(anisotropic) 식각

81 **반복**(cyclic) **원자층 식각**(atomic layer etching)**에 대한 틀린 설명은?**

ⓐ 원자층을 반복(cyclic) 식각하여 일반적 건식 식각 기술에 비해 식각 속도가 느림

ⓑ 이온의 에너지를 낮게(10 eV~30 eV) 제어하여 표면에서 플라스마에 의한 결함 발생을 방지

ⓒ 원자 수준을 제어하여 평탄한 표면을 생성하는 데 유용함

ⓓ 크고 깊은 식각이 필요한 패턴을 가장 빠르게 형성하는 용도로 적합함

82 **그림처럼 이방성**(anisotropic) **건식 식각에서 식각 패턴의 크기에 따라 깊이가 다른 형태를 보이는 것을 무슨 효과라 하는가?**

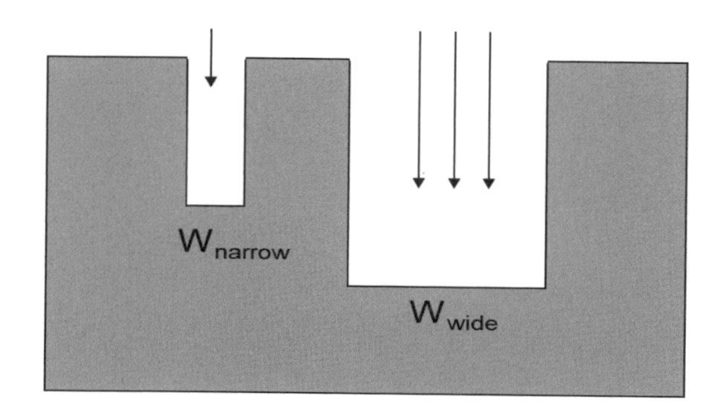

ⓐ 바이어스 효과(bias effect)

ⓑ 압력 효과(pressure effect)

ⓒ 트렌치 효과(trench effect)

ⓓ 로딩 효과(loading effect)

83 마스크 패턴을 이용한 건식 식각에서 흔하게 발견되는 단면의 형태를 보이는데 정확한 설명은?

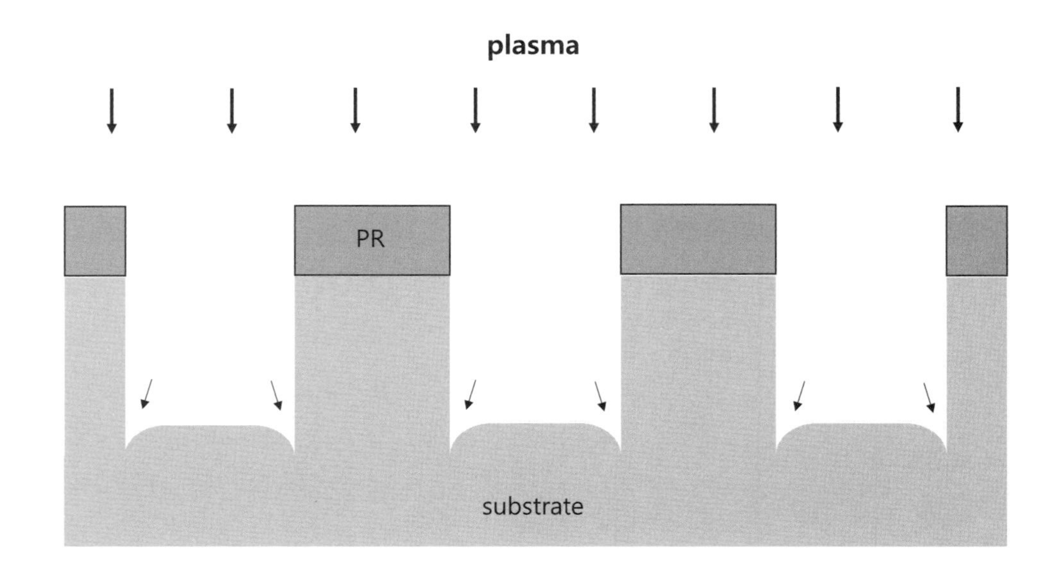

ⓐ 고에너지 이온의 물리적 충돌이 패턴 가장자리에 집속해 발생하는 side effect라 함

ⓑ 반응성 이온의 화학적 반응이 패턴 가장자리에 집속해 발생하는 trench effect라 함

ⓒ 고에너지 이온의 물리적 충돌이 패턴 가장자리에 집속해 발생하는 trench effect라 함

ⓓ 반응성 이온의 화학적 반응이 패턴 가장자리에 집속해 발생하는 side effect라 함

84 다음 중 Al 금속 배선의 건식 식각을 위해 사용할 수 없는 반응성 가스는?

ⓐ $O_2 + CF_4$ ⓑ $Ar + Cl_2$ ⓒ $Ar + BCl_3$ ⓓ CCl_4

85 아래 그림의 식각된 단면의 형태에 대해 순서대로 가장 정확한 판단인 것은?

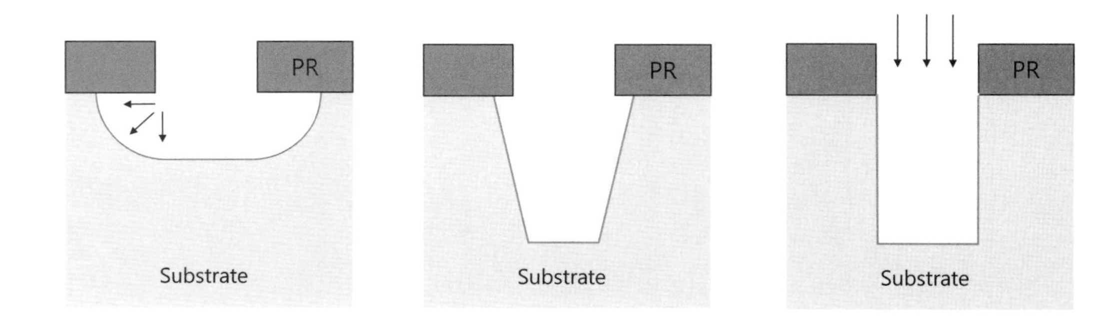

ⓐ isotropic etch, vertical etch, anisotropic directional etch

ⓑ directional etch, vertical etch, isotropic etch

ⓒ directional etch, isotropic etch, vertical etch

ⓓ isotropic etch, anisotropic directional etch, vertical etch

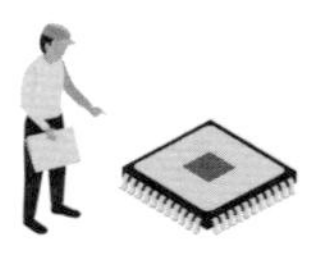

86 **원자층 식각(atomic layer etching)에 대한 틀린 설명은?**

ⓐ Cl과 같은 반응성 가스와 기판 표면의 원자가 반응하여 surface modification 층이 형성됨

ⓑ Ar, 크립톤(Kr)의 불활성 플라스마의 이온 충돌에 의해 surface modification 층을 제거함

ⓒ self-limiting 반응에 의해 원자 수준의 반응과 식각이 이루어짐

ⓓ 공정 조건으로 기판의 온도를 높일수록 선택적 ALE 식각에 유리함

87 **HF(Hydrofloric acid), HNO_3(Nitric acid), CH_3COOH(Acetic acid)의 삼원계(NHA) 습식 식각 용액의 실리콘 식각 속도에 대한 등식각 등고선(Isoetch Contour) 그림에 대한 영역별(A−B−C) 설명으로 적합한 것은?**

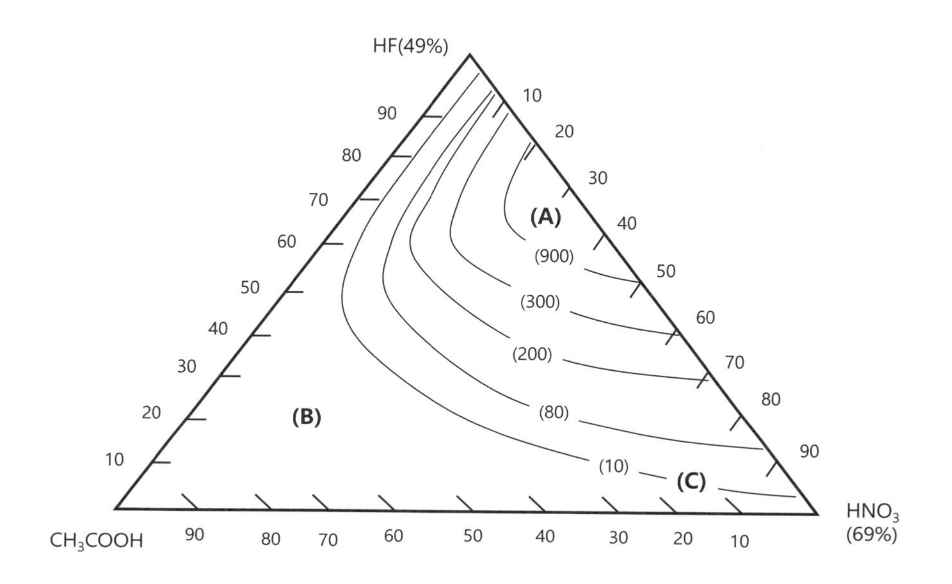

ⓐ 희석에 의한 저속 식각 − 산화와 식각이 최대인 고속 식각 − 낮은 산화에 의한 저속 식각

ⓑ 낮은 산화에 의한 저속 식각 − 산화와 식각이 최대인 고속 식각 − 희석에 의한 저속 식각

ⓒ 희석에 의한 저속 식각 − 낮은 환원에 의한 저속 식각 − 산화와 식각이 최대인 고속 식각

ⓓ 산화와 식각이 최대인 식각 − 희석에 의한 저속 식각 − 낮은 환원에 의한 저속 식각

88 **주기적(cyclic) ALE(Atomic Layer Etching)의 메커니즘에 의한 공정 순서로 가장 부합하는 것은?**

ⓐ surface activation(modification) − purge − passivation − ion bombardment − purge

ⓑ surface activation(modification) − passivation − purge − ion bombardment − purge

ⓒ surface activation(modification) − ion bombardment − purge − passivation − purge

ⓓ passivation − surface activation(modification) − purge − ion bombardment − purge

89 **반응성 이온 식각(RIE)에서 로딩 효과(loading effect)에 대한 설명으로 올바르지 않은 것은?**

ⓐ 고온에서 질량 이송 제어(mass transport control) 조건이면 로딩 효과(loading effect)가 감소함

ⓑ 식각되는 면적이 큰 패턴이 면적이 작은 패턴에 비해 식각률이 낮음

ⓒ 웨이퍼에 식각되는 패턴의 밀도가 낮으면 식각 속도가 높아짐

ⓓ 반응 가스를 충분히 공급하면 loading effect를 감소시킴

90 **다음의 습식 식각 화학 반응식에 관련한 표현 중에서 부적합한 것은? (단, 여기에서 (…)는 복잡한 반응계를 의미함)**

ⓐ $Si_3N_4 + 12HCl \rightarrow \cdots \rightarrow 3SiCl_4\uparrow + 6H_2$

ⓑ $Si + 2KOH \rightarrow \cdots \rightarrow Si(OH)_2 \rightarrow \cdots \rightarrow Si(OH)_4\uparrow$

ⓒ $SIO_2 + 6HF \rightarrow H_2SiF_6\uparrow + 2H_2O$

ⓓ $Si_3N_4 + 4HF \rightarrow \cdots \rightarrow SiF_4\uparrow + Si_2NH\uparrow$

91 **건식 식각에 있어서 종말점을 감지(end point detection)하는 방법에 해당하지 않는 것은?**

ⓐ laser reflectance (interferometry)

ⓑ optical emission spectrometry

ⓒ atomic force microscope

ⓓ mass spectroscopy

92 **일반적으로 식각 공정에 대한 주요 공정 변수(parameter)가 아닌 것은?**

ⓐ step coverage

ⓑ 균일도

ⓒ 선택도(selectivity)

ⓓ 식각 속도

93 **주기적(cyclic) ALE(Atomic Layer Etching)의 공정 순서에서 탈착(desorption)에 의해 실질적으로 원자층이 식각되는 단계는?**

ⓐ 이온 충돌(ion bombardment)

ⓑ 표면 활성화(surface activation)

ⓒ 차폐(passivation)

ⓓ 제거(purge)

94 **반응성 이온 식각(RIE: Reactive Ion Etching) 건식 식각에서 로딩 효과(loading effect)의 설명으로 올바르지 않은 것은?**

ⓐ 패턴에 따라 식각량이 많은 영역은 반응 가스의 농도가 낮아 식각 속도가 감소함

ⓑ 저온에서 반응률 제어(reaction rate control) 조건이 되면 로딩 효과(loading effect)가 감소함

ⓒ 이온(ion)의 에너지에 의해 식각률이 주로 제어되면 로딩 효과(loading effect)가 감소함

ⓓ 웨이퍼에서 식각되는 패턴의 면적이 증가하면 식각 속도도 높아짐

95 **반응성 이온 식각(RIE) 장치를 구성하는 주요 요소(기능)가 아닌 것은?**

ⓐ 음극(anode)

ⓑ RF 발생기(RF generator)

ⓒ 적외선 램프(IR lamp)

ⓓ 정전척(ESD chuck)

96 **아래 중에서 습식 식각의 단점이라 할 수 있는 것은?**

ⓐ 높은 선택비

ⓑ 빠른 식각 속도

ⓒ 등방성 식각

ⓓ 진공 설비 불필요한 저비용

97 **박막의 식각 공정을 수행한 결과 그림과 같이 차례로 불충분 식각(under etch), 과잉 식각(over etch), 정확한 식각(just etch)을 보이는데, 박막(film)만 정확히 제거된 just etch를 전체 웨이퍼에서 항상 쉽게 얻기 위한 가장 유용한 조건은?**

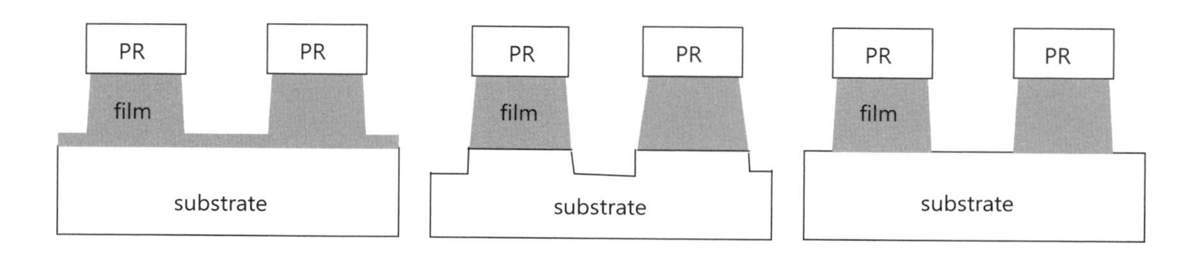

ⓐ 박막 대비 기판의 식각의 선택비가 무한대 정도로 큰 식각의 공정 조건

ⓑ 감광제(PR)에 비교하여 빠른 박막의 식각 속도

ⓒ 감광제(PR) 대비 박막의 높은 식각 선택비의 식각 공정 조건

ⓓ 기판의 식각을 감지하는 센서의 적용

98 **다음의 습식 식각 화학반응식 관련 표현 중에서 부적합한 것은? (단, …는 복잡한 반응계를 의미함)**

ⓐ $3Si + (4HNO_3 + HF) \rightarrow \cdots \rightarrow 3SiO_2 + 18HF \rightarrow \cdots \rightarrow 3H_2SiF_6\uparrow$

ⓑ $SiO_2 + 4HF \rightarrow SiF_4\uparrow + 2H_2O$

ⓒ $SiO_2 + 4HCl \rightarrow SiCl_4\uparrow + 2H_2O$

ⓓ $Si_3N_4 + (4H_3PO_4 + 10H_2O) \rightarrow \cdots \rightarrow Si\text{-}(OH)_3\text{-}H_2PO_4\uparrow$

99 **Si/SiGe 적층(stack)에피를 사용하여 GAA(Gate All Around) 소자를 제작하는 과정에 있어서 그림과 같은 선택적 식각 공정에 대한 정확한 표현은?**

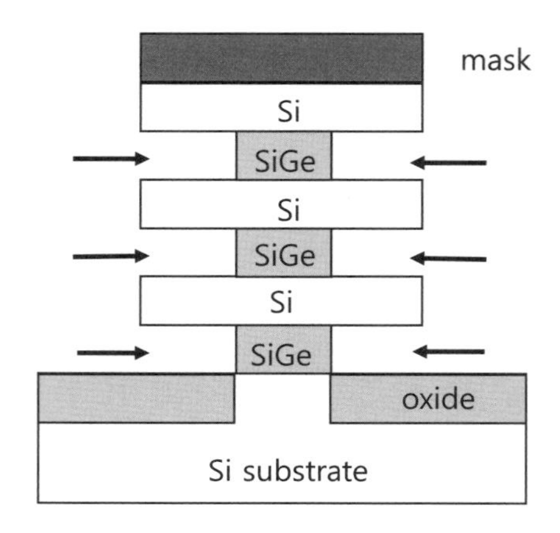

ⓐ SiGe 희생층의 수평 방향 비등방성 식각

ⓑ SiGe 희생층의 선택적(S > 1,000:1) 수평 방향 등방성 식각

ⓒ Si 희생층의 선택적(S > 1,000:1) 수직 방향 비등방성 식각

ⓓ Si 희생층의 수직 방향 등방성 식각

100 **반도체 식각에 있어서 식각 속도를 제어하는 주요 기구(mechanism)에 해당하지 않는 것은?**

ⓐ 반응성 원자 및 분자의 흡착(adsorption)

ⓑ 반응로 생성된 물질의 기상(gas phase)에서의 재분포(redistribution)

ⓒ 흡착된 원자 및 분자와 식각 물질의 반응(reaction)

ⓓ 반응에 의해 형성된 물질의 탈착(desorption)에 의한 제거

101 **실리콘 반도체의 ICP(Inductive Coupled Plasma) 극저온 식각(cryogenic etch) 기술에 대한 설명으로 부적합한 것은?**

ⓐ 기판의 온도를 -100 °C 정도로 낮추어 건식 식각함

ⓑ 측면 방향으로 화학 반응에 의한 식각을 저지하여 HAR(High Aspect Ratio) 식각에 유용

ⓒ 로딩 효과(loading effect)의 문제를 개선하여 좁고 깊은 트렌치 식각에 유용

ⓓ 식각 과정에 측벽에 주름(scallop)이 많이 형성되어 수평 방향의 식각 한계를 제어함

102 **주기적(cyclic) 원자층 식각(ALE: Atomic Layer Etching)을 이용하는 장점이 아닌 것은?**

ⓐ 빠른 식각 속도로 생산성을 높임

ⓑ 식각 표면의 결정 결함을 최소화

ⓒ 원자 단위로 정밀한 식각

ⓓ 높은 선택비(selectivity)와 자발 저지(self-limiting) 조건에 유리

103 **다음의 습식 식각 화학반응식 관련 표현 중에서 부적합한 것은? (단, …는 복잡한 반응계를 의미함)**

ⓐ $Ti + 4H_2O \rightarrow Ti(OH)_4\uparrow + 2H_2$

ⓑ $Al + (H_3PO_4 + CH_3COOH + HNO_3 + H_2O) \rightarrow \cdots \rightarrow 6H^+ + 2Al \rightarrow 2Al^{3+}\uparrow + 3H_2$

ⓒ $W + H_2O_2 \rightarrow \cdots \rightarrow WO_2 \rightarrow \cdots \rightarrow WO_3 \rightarrow \cdots \rightarrow WO_4^{2-}\uparrow$

ⓓ $Ti + 4HF \rightarrow TiF_4\uparrow + 2H_2$

104 **반응 가스 CF_4를 이용하는 poly–Si 게이트의 식각 공정에 있어서 산소(oxygen) 가스를 소량(10 % 이내) 조절하여 추가하는 이유는?**

ⓐ 식각 장비를 보호하는 환경을 유지하기 위함

ⓑ 식각 속도를 감소시키고 게이트 산화막과 poly-Si 사이의 선택비(selectivity)를 높임

ⓒ 식각 속도를 높이고 게이트 산화막과 poly-Si 사이의 selectivity를 높임

ⓓ 수직형의 비등방성 식각을 하기 위함

105 **혼합 가스($SF_6 + O_2$)를 이용하여 극저온(< –100 ℃) 조건에서 ICP 식각(cryogenic etch)하는 반응 기구(reaction mechanism)에 대한 설명으로 틀린 것은?**

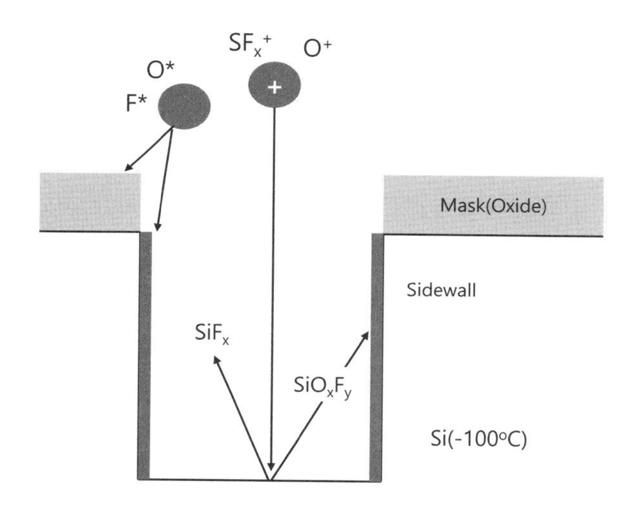

ⓐ 극저온에서 산화막과 F 래디칼의 화학 반응이 감소하여 산화막 마스크층의 식각 속도는 감소함

ⓑ 극저온에서 산화막 식각에 반응하는 소모가 적으므로 실리콘의 식각 속도는 다소 증가함

ⓒ 생성된 SiO_xF_y가 트렌치의 측벽에 붙어서 비등방성 식각 효과를 높임

ⓓ 산소(oxygen) 가스의 유량이 증가하면 실리콘 트렌치의 식각 속도가 증가함

106 **습식 식각과 비교하여 건식 식각의 장점에 해당하지 않는 것은?**

ⓐ 화학 용액을 사용하지 않고 안전성이 높음

ⓑ 산소와 아르곤 가스를 사용하지 아니함

ⓒ 비등방성 식각 특성

ⓓ 재현성과 균일도가 높음

107 습식 세정과 건식 세정을 비교한 설명으로 바르지 않은 것은?

ⓐ 유기, 무기의 오염물 입자를 제거하는 데 습식이 효율적임

ⓑ 습식 세정은 표면장력의 문제로 미세 패턴에 결함을 발생시킴

ⓒ 건식 세정은 화학 물질 사용이 적고 안전도가 높음

ⓓ 건식 세정은 중금속이나 전이 금속을 제거하는 효율이 높음

108 반응성 가스를 이용하는 ICP 건식 식각의 공정 조건으로 가장 정확한 것은?

ⓐ 압력, 휘발성 가스, ICP power, bias RF power, 기판 두께

ⓑ 압력, 반응성 가스, ICP power, Laser power, 기판 두께

ⓒ 압력, 반응성 가스, ICP power, bias RF Power, 기판 온도

ⓓ 압력, 반응성 가스, ICP power, Laser Power, 기판 온도

109 hydrofloric acid, nitric acid, acetic acid의 삼원계(NHA) 습식 식각 용액의 실리콘 식각 속도에 대한 등식각 등고선(isoetch contour) 그림에서 $HF:HNO_3:CH_3COOH = 4:4:1$ 조건에 가장 부합하는 위치는?

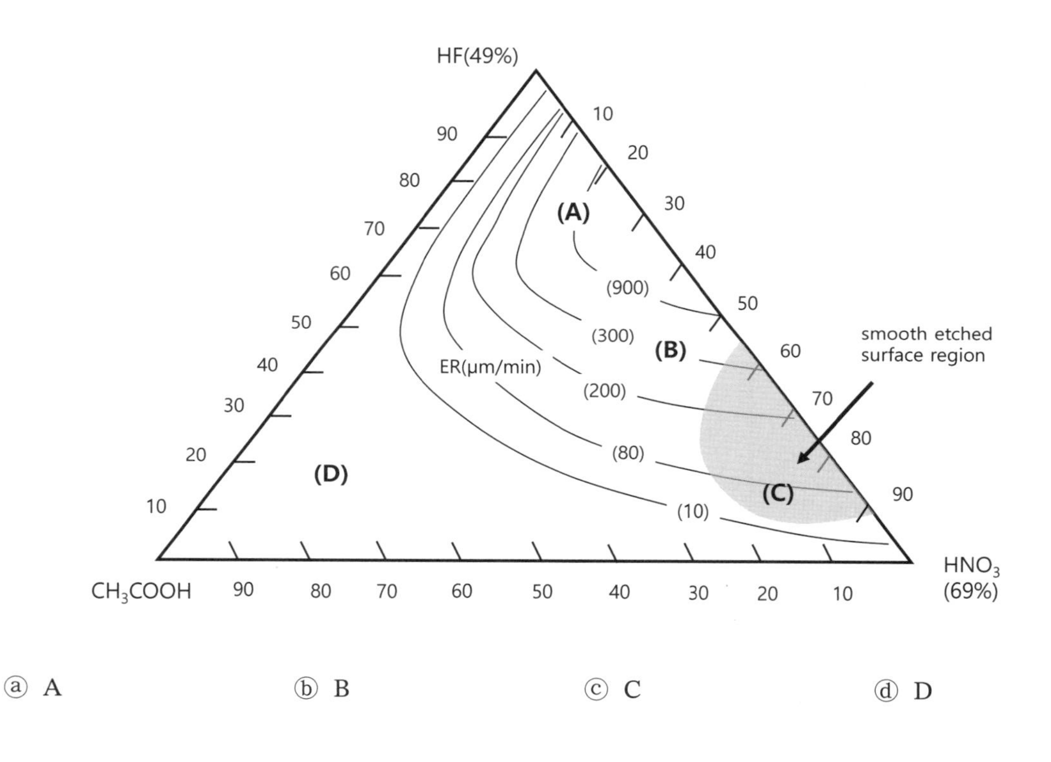

ⓐ A　　ⓑ B　　ⓒ C　　ⓓ D

110 원자층 식각(ALE: Atomic Layer Etching)에 대한 틀린 설명은?

ⓐ 크고 깊은 식각이 필요한 패턴을 고속으로 형성하는 용도로 적합함

ⓑ 나노 스케일(nano-scale)의 HAR(high Aspect Ratio) 식각하는 데 유용함

ⓒ 높은 선택비(S > 1,000:1)를 이용한 SAC(Self-Aligned Contact)의 형성에 유용함

ⓓ 공정 조건에서 기판의 온도를 낮추면 선택적 ALE 식각에 유리함

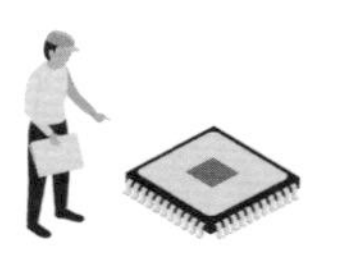

111 **플라스마를 이용하는 건식 식각의 반응 가스에 대한 설명으로 부적합한 것은?**

ⓐ CF_4, SF_6. BCl_3, Cl_2의 반응성 가스가 주요 식각 가스임

ⓑ 반응성 식각 가스만 이용해서는 건식 식각을 할 수 없음

ⓒ O_2, N_2와 같은 첨가제성 가스는 선택적 식각을 조절하는 데 유용함

ⓓ Ar, He와 같은 불활성 가스는 플라스마를 안정화하는 용도로 유용함

112 PR(photoresist) **마스크 패턴을 이용한 등방성**(isotropic)**의 습식 식각의 결과에 부합하는 단면 형태는?**

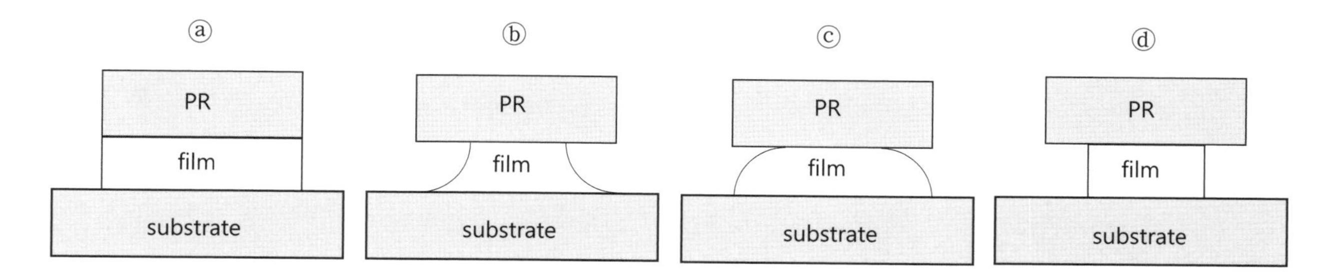

113 **그림과 같이 감광제**(PR) **마스크 패턴을 이용하여 산화막을 등방성**(isotropic)**의 조건으로 습식 식각하는 공정에서** 50% **과잉 식각을 한 경우 예상되는** A/B**는?**

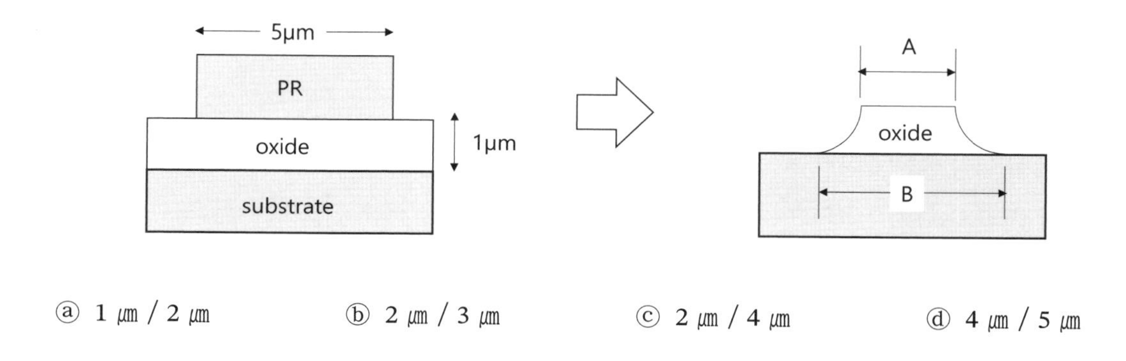

ⓐ 1 ㎛ / 2 ㎛　　ⓑ 2 ㎛ / 3 ㎛　　ⓒ 2 ㎛ / 4 ㎛　　ⓓ 4 ㎛ / 5 ㎛

114 **금속선 배선을 위하여 감광제**(PR) **마스크 패턴을 이용하여 산화막을 등방성**(isotropic)**의 조건으로 절반을 습식 식각하고 이어서 건식 식각의 비등방성**(anisotropic)**으로 하단부의 금속선까지 남은 산화막을 식각한 경우 예상되는 단면 구조는?**

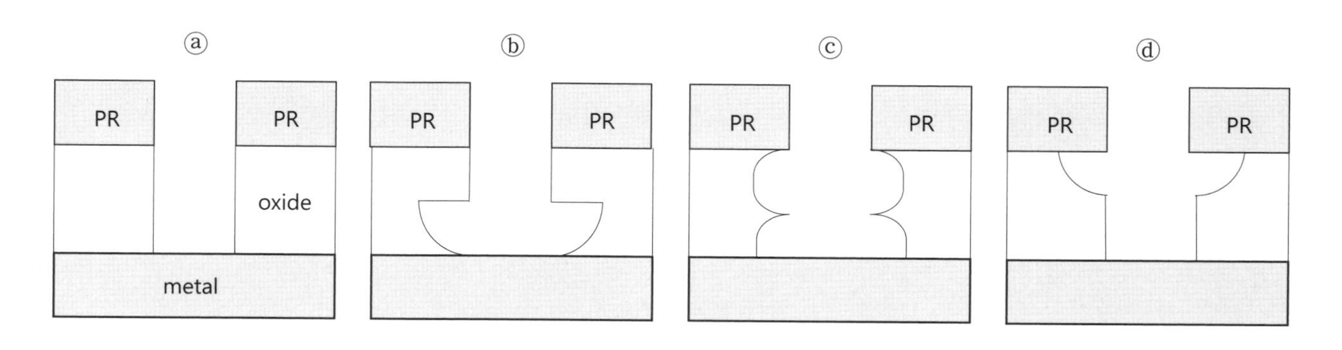

115 **건식 세정에 대한 설명으로 부적합한 것은?**

ⓐ 가스류를 사용하여 습식 세정에 비교하여 생산성(throughput)이 높음

ⓑ 회로 선폭이 100 ㎚ 이하로 미세 공정화되면서 건식 세정이 더욱 필요함

ⓒ HAR(High Aspect Ratio) 패턴에 습식 용액은 침투가 어렵고 표면장력에 의한 결함 발생

ⓓ 반응성 가스나 플라스마를 사용하므로 트렌치(trench) 바닥 세정에 유용함

116 **건식 세정을 위해 사용하는 에너지(방식)에 해당하지 않는 것은?**

ⓐ x-ray

ⓑ 자외선

ⓒ 플라스마

ⓓ 아르곤 에어로졸

117 **다음 중 염기성의 화학 용액만으로 구성된 것은?**

ⓐ H_2SO_4, HF, NaOH

ⓑ HCl, NaOH, KOH

ⓒ HF, NH_4F, KOH

ⓓ KOH, TMAH, NaOH

118 **다음의 습식 식각 종류에 따라 용도가 틀리게 설명된 것은?**

ⓐ SC1 – ($NH_4OH/H_2O_2/H_2O$) – 파티클 제거

ⓑ SPM – (H_2SO_4/H_2O_2) – 유기물 제거

ⓒ BHF – ($NH_4F/HF/H_2O$) – 유기물 제거

ⓓ SC2 – ($HCl/H_2O_2/H_2O$) – 금속 불순물 제거

119 **반응 가스 CF_4를 이용하여 실리콘 기판을 ICP(Inductive Coupled Plasma) 식각하는 데 있어서 부적합한 내용은?**

ⓐ 대표적인 반응으로 $CF_4^+ + e^- \rightarrow CF_3^+ + F + e^-$, $Si + 4F \rightarrow SiF_4$에 의해 식각함

ⓑ 플라스마의 가속 전압에 의해 이온은 비등방 식각을 심화함

ⓒ 반응성이 높은 래디칼(F)은 등방성 식각을 심화함

ⓓ 불활성 아르곤(Ar)을 추가하면 등방성 식각이 심하게 증가함

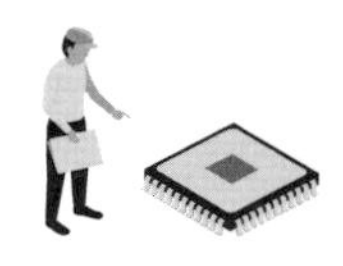

120 플라스마 식각, 반응성 이온 식각, 스퍼터 식각을 비교한 아래의 표에서 빈칸(A, B, C, D, E)에 대해 차례대로 특징이 가장 적합한 것은?

변수	Plasma Etching	RIE	Sputter Etching
압력(Torr)	0.1~10	0.01~0.1	0.01~0.1
전압(V)	25~100	250~500	500~1,000
웨이퍼 위치	접지 전극	(A)	전원 전극
화학 반응	있음	있음	(B)
물리적 식각	없음	(C)	없음
선택비	아주 우수	(D)	나쁨
비등방성	나쁨	우수	(E)

ⓐ 전원 전극 – 없음 – 있음 – 나쁨 – 나쁨
ⓑ 전원 전극 – 없음 – 있음 – 우수 – 아주 우수
ⓒ 접지 전극 – 없음 – 없음 – 우수 – 나쁨
ⓓ 접지 전극 – 있음 – 있음 – 우수 – 아주 우수

121 그림과 같이 1차와 2차의 식각으로 원하는 식각 단면의 형태를 만들기 위해 습식 용액으로 가장 유용한 조합은?

식각 용액/ 식각률(Å/min)	A 식각	B 식각	C 식각
	$NH_4F:HF(7:1)$	$H_2O:HF(10:1)$	H_3PO_4(155 °C)
열 산화막	800	300	2
CVD 산화막	1,500	500	3
실리콘 질화막	20	15	40

mask
oxide
nitride
Si

mask removed after oxide etch

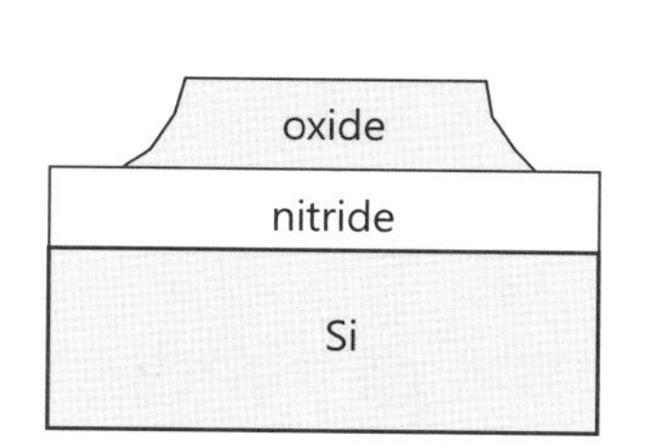

nitride etch using oxide pattern

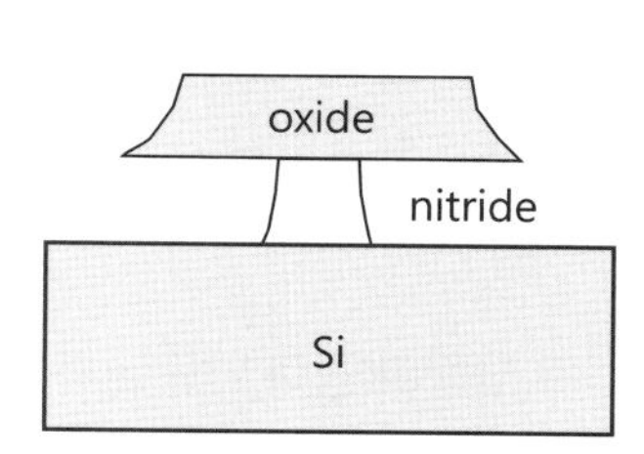

ⓐ 1차 A 식각, 2차 C 식각
ⓑ 1차 C 식각, 2차 A 식각
ⓒ 1차 A 식각, 2차 A 식각
ⓓ 1차 B 식각, 2차 B 식각

122 **플라스마를 사용하는 반응성 이온 식각(RIE)에서 발생하는 현상들에 대한 설명으로 틀린 것은?**

ⓐ 플라스마 고에너지 이온의 충돌 등으로 인해 기판에 열이 발생함

ⓑ 기판의 도핑이 n^+, intrinsic, p^+인 순서로 식각 속도가 감소함

ⓒ 기판의 온도를 낮추면 이온 충돌이 심해져서 식각 속도가 증가함

ⓓ 기판이 놓인 전극에 인가된 RF 전력에 비례하여 식각 속도가 증가함

[123-124] **다음 그림을 보고 질문에 답하시오.**

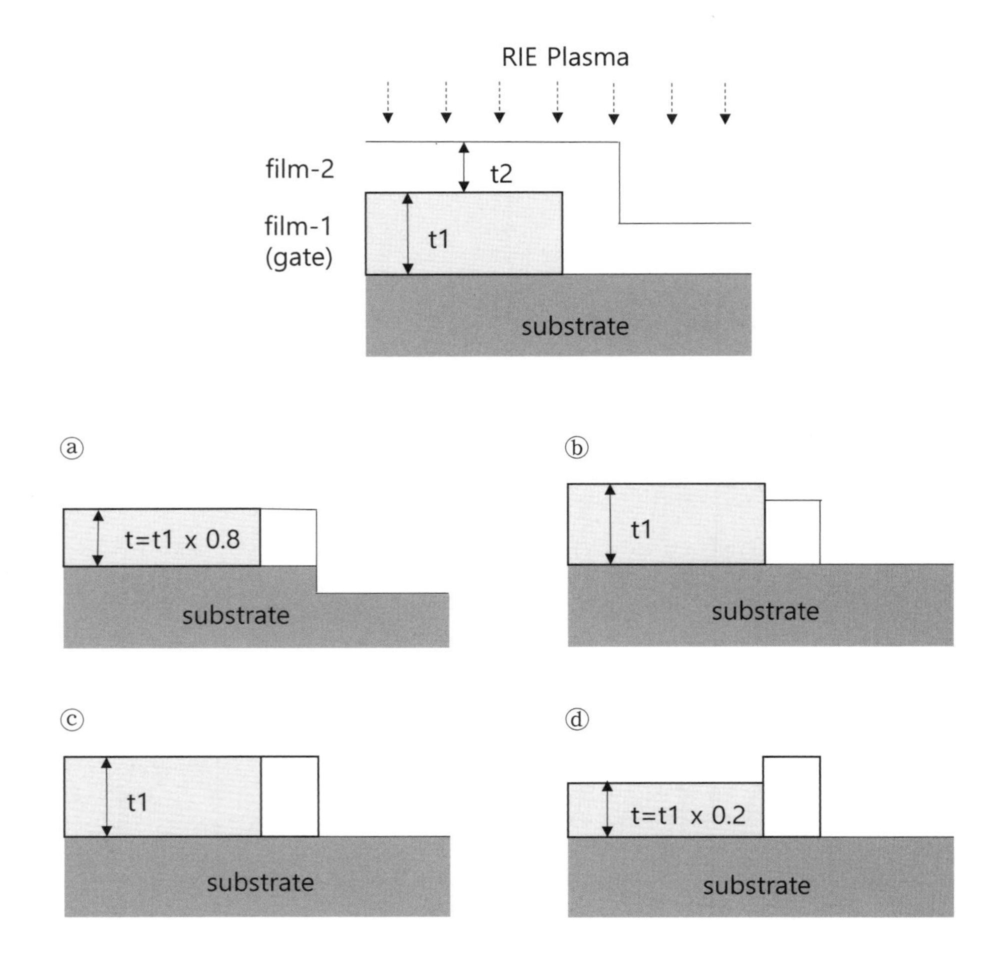

123 **위 그림과 같이 기판에 두께(t1, t2)의 박막-1과 박막-2가 증착된 형태에 있어서 RIE 건식 식각을 하는 식각 조건에 따르면 박막-1, 박막-2, 기판이 모두 상호간에 선택비(selectivity)가 1이고, 측면 식각은 무시할 만하다. 이 상태에서 전면을 박막-2의 두께 대비 20 % 과잉 식각(over etch)한 경우, 식각 후 얻어지는 단면 구조에 해당하는 것은?**

124 **위 그림과 같이 기판에 두께(t1, t2)의 박막-1과 박막-2가 증착된 형태에 있어서 RIE 건식 식각을 하는 식각 조건에 따르면 박막-2는 산화막으로 박막-1(다결정 실리콘)과 기판(단결정 실리콘)에 비해 식각이 빨라서 모두 선택비(selectivity)가 100 이상이고, 측면 식각은 무시할 만하다. 이 상태에서 전면을 박막-2의 두께 대비 20 % 과잉 식각(over etch)한 경우, 식각 후 얻어지는 단면 구조에 해당하는 것은?**

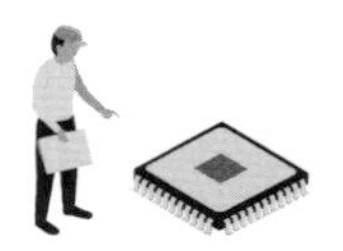

125 그림의 식각된 단면 구조의 경우 마스크 대비 실리콘 반도체 식각의 선택비(selectivity)는 얼마?

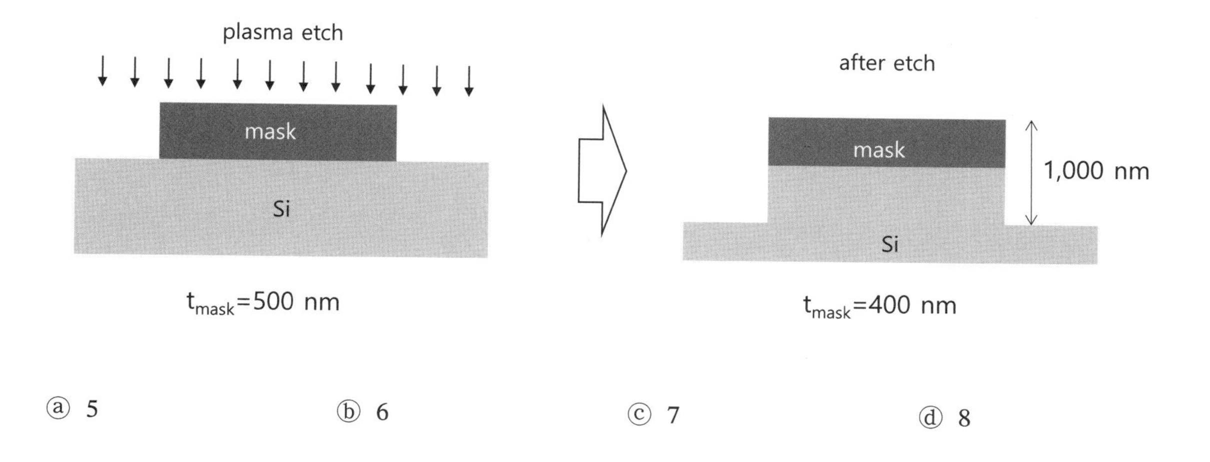

ⓐ 5　　ⓑ 6　　ⓒ 7　　ⓓ 8

126 극저온(cryogenic temperature) 식각 장치의 가스 주입 전극과 RF power가 인가되는 웨이퍼 척의 단면 개략도에 관한 설명으로 틀린 설명은?

Cryogenic Dry Etch

Si ring (guide)
Si electrode
plasma
Si ring (focus)
Wafer
ESC chuck

ⓐ Si ring(guide)은 음극 전극(cathode)를 안정하게 보호함
ⓑ 웨이퍼의 식각에 대체로 영하 100~150 ℃의 온도를 이용함
ⓒ Si ring(focus)은 웨이퍼 상부의 플라스마 분포를 제어하여 균일한 식각을 유도함
ⓓ Si ring과 Si electrode는 플라스마에 대한 내성이 높아 영구히 사용함

[127-128] 마스크 패턴을 이용하여 산화막을 식각하는 단면 구조를 보고 답하시오.

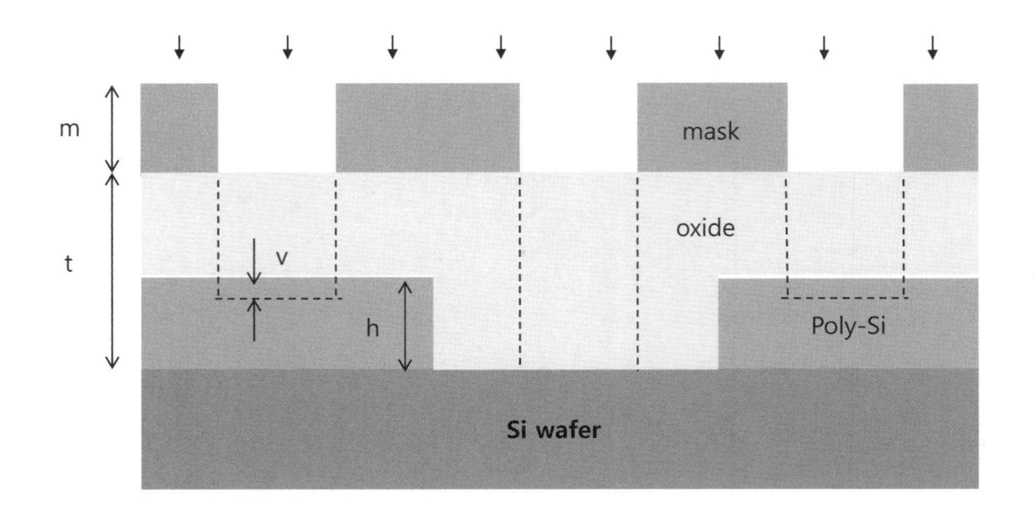

127 그림에서 t = 2 ㎛, h = 1 ㎛이며, 산화막의 식각 속도가 1 ㎛/min인 조건으로 산화막을 실리콘까지 식각하는 경우, poly−Si이 과잉 식각된 깊이(v)를 최초 두께(h)의 1 % 이내로 유지하고자 한다면 산화막의 poly−Si에 대한 식각의 선택비는 최소 얼마?

ⓐ 1:1　ⓑ 10:1　ⓒ 100:1　ⓓ 1,000:1

128 그림에서 t = 2 ㎛, h = 1 ㎛이며, 산화막의 식각 속도를 1 ㎛/min이고, 20 % 과잉 식각(over etch)하는 조건으로 산화막을 실리콘까지 식각하는 데 있어서, 산화막의 poly−Si에 대한 선택비가 10:1이고, 실리콘의 poly−Si에 대한 선택비는 1:1이라면 과잉 식각된 깊이(v)의 추정치는?

ⓐ 0.014 ㎛　ⓑ 0.14 ㎛　ⓒ 0.024 ㎛　ⓓ 0.24 ㎛

129 TMAH를 이용한 실리콘의 식각 속도가 온도에 따라 표와 같이 얻어진 경우 활성화 에너지는? (k = 8.62×10^{-5} eV/K)

Temperature(°C)	Etch Rate(㎚/min)
60	483
70	600
80	1,033
90	1,450

ⓐ 0.18 eV　ⓑ 0.28 eV　ⓒ 0.38 eV　ⓓ 0.48 eV

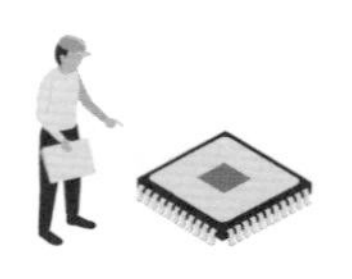

130 DSE(Doping Selective Etching)의 사례로서 boron(B)의 도핑 농도에 따른 식각률의 변화와 관련한 설명으로 부적합한 것은?

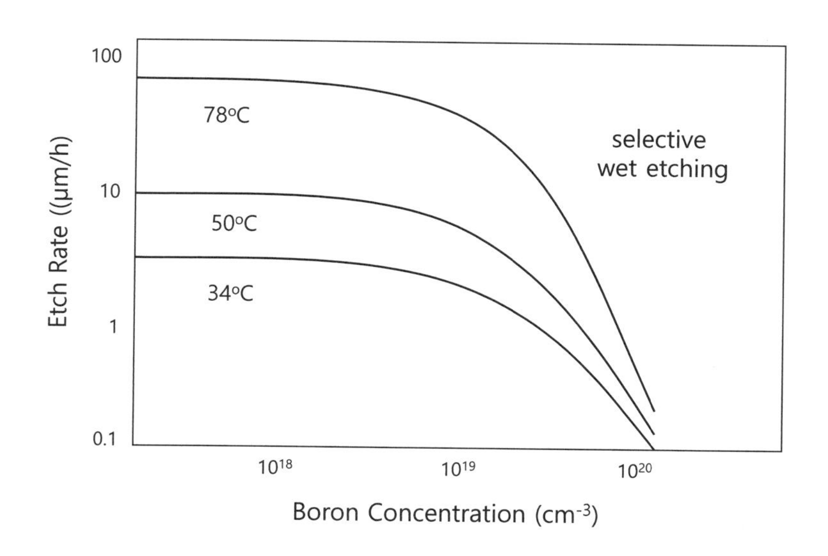

ⓐ 식각되는 실리콘의 결정 방향에 따른 영향이 없으며, (100)과 (111) 면의 식각 속도가 동일함

ⓑ DSE용 화학 용액으로 TMAH, KOH, NaOH, EDP(ethylenediamine pyrocatechol)이 있음

ⓒ 실리콘 산화막과 질화막(SiO_2, Si_3N_4)을 선택적 식각을 위한 마스크로 활용 가능함

ⓓ Boron 도핑 농도 > 10^{19} ㎝$^{-3}$ 이상에서 인장 응력(tensile stress)의 유발로 식각 속도가 급격히 감소함

131 SF_6 반응 가스를 이용한 실리콘의 건식 식각에 대한 단면 구조에 있어서 적합하지 않은 설명은?

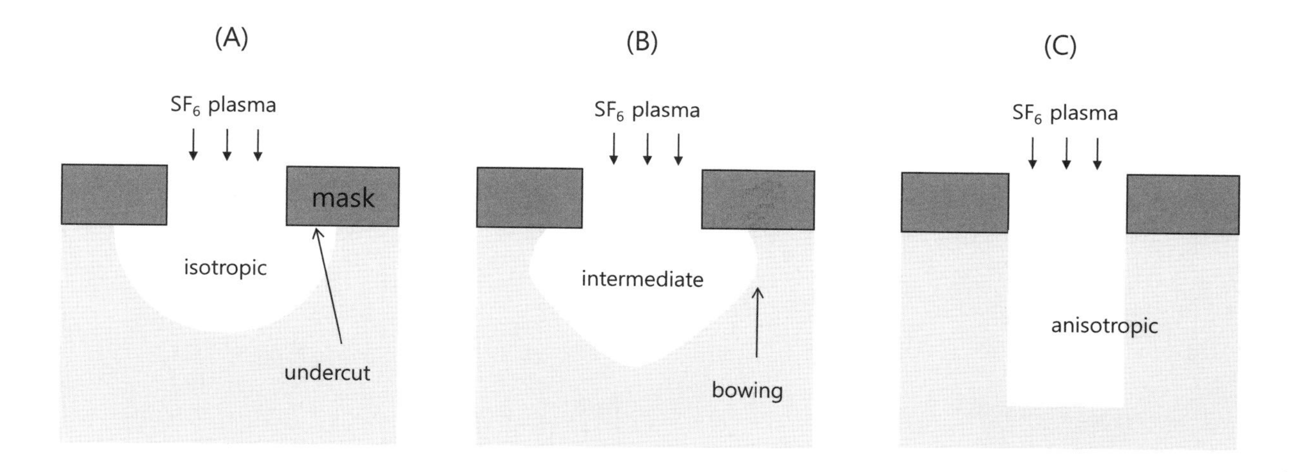

ⓐ (A)는 상온에서 바이어스(bias)를 인가하지 않은 플라스마에서의 등방성(isotropic) 식각임

ⓑ (B)는 상온에서 전압(bias)을 인가한 플라스마 조건에서의 비등방성(semi-isotropic) 식각임

ⓒ (C)의 비등방성(anisotropic) 식각을 위해서 저온으로 화학 반응을 줄이고 bias를 인가함

ⓓ 저온의 조건에서 트렌치 하부의 물리적 식각 속도가 증가하여 비등방성 식각이 이루어짐

132 아르곤(Ar) 플라스마와 웨이퍼 사이에 0.2 ㎜ 두께의 sheath(dark area)가 발생하여 800 V가 인가된 경우 아르곤 이온(Ar^+)이 sheath를 통과하는 시간은? (단, 운동 에너지 $KE = mv^2/2$, 포텐셜 에너지 $PE = qV$를 적용하며, m(Ar) = 39.95 g/㏖, NA = 6.02×10^{23} #/㏖, q = 1.6×10^{-19} C, J(㎏ ㎡/s2), V=J/C)

ⓐ 3.2 ㎱ ⓑ 32 ㎱ ⓒ 3.2 ㎲ ⓓ 32 ㎲

133 플라스마와 웨이퍼 사이에 발생된 sheath(dark area)에 800 V가 인가된 상태의 아르곤(Ar) 플라스마에서 sheath 두께가 0.2 ㎜이면, 아르곤 이온(Ar^+)이 sheath를 관통하여 기판에 도달하는 속도는? (단, 운동 에너지 $KE = mv^2/2$, 포텐셜 에너지 $PE = qV$를 적용하며, m(Ar) = 39.95 g/㏖, NA = 6.02×10^{23} #/㏖, q = 1.6×10^{-19} C, J(㎏ ㎡/s2), V=J/C)

ⓐ 6.25 m/s ⓑ 62.5 m/s ⓒ 6.25 ㎞/s ⓓ 62.5 ㎞/s

134 실리콘 웨이퍼를 Cl 플라스마로 식각하는 반응식($Si + 6Cl^{-1} \rightarrow SiCl_6 + 6e$)을 이용하면 식각 속도가 10 ㎚/mim의 경우 실리콘 기판에 공급되는 전류 밀도는? (Si의 원자 밀도는 5×10^{22} #/㎤, q = 1.6×10^{-19} C)

ⓐ 0.8 ㎃/㎠ ⓑ 8 ㎃/㎠ ⓒ 80 ㎃/㎠ ⓓ 0.8 A/㎠

135 직경이 300 mm인 실리콘 웨이퍼를 Cl 플라스마로 식각하는 반응식으로 $Si + 6Cl^{-1} \rightarrow SiCl_6 + 6e$을 이용하면 식각 속도가 10 ㎚/mim의 경우 실리콘 기판에 공급되는 전류는? (Si의 원자 밀도는 5×10^{22} #/㎤, q = 1.6×10^{-19} C)

ⓐ 1.1 ㎂ ⓑ 1.1 ㎃ ⓒ 1.1 A ⓓ 11 A

136 기판(S)에 박막층(L)이 올라간 상태 (A) complete wetting, (B) wetting, (C) no wetting 각각의 표면 에너지에 대한 상태로 정확한 것은?

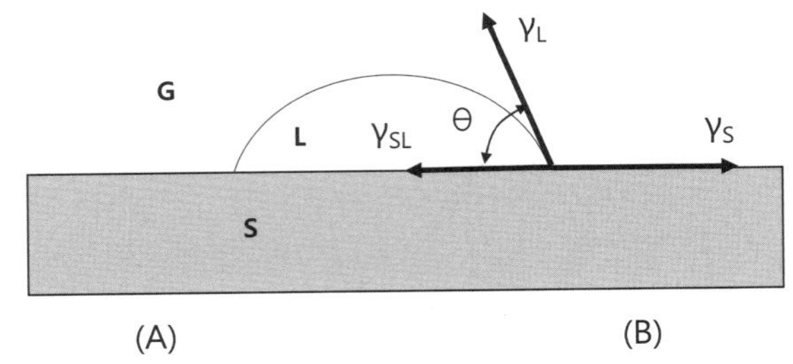

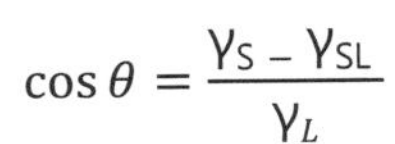

(A) (B) (C)

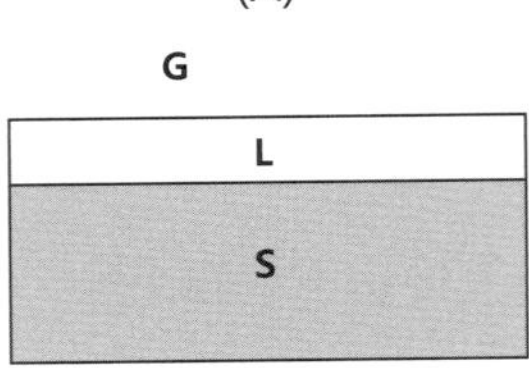

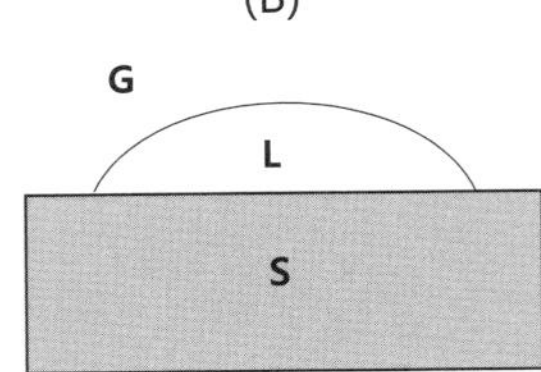

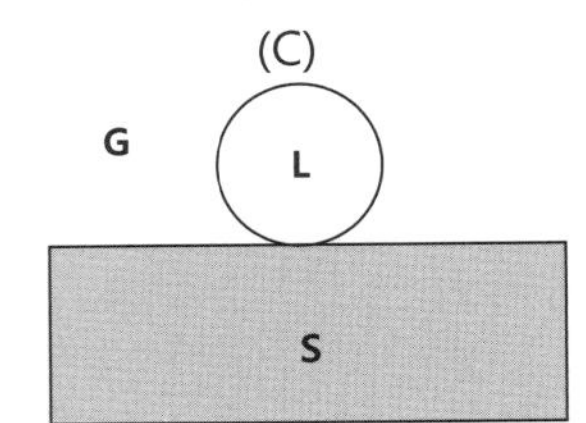

ⓐ $(\gamma_S < \gamma_L + \gamma_{SL})$, $(-\gamma_L > \gamma_L + \gamma_{SL} < \gamma_L)$, $(\gamma_{SL} > \gamma_L + \gamma_S)$

ⓑ $(\gamma_S > \gamma_L + \gamma_{SL})$, $(-\gamma_L > \gamma_L + \gamma_{SL} < \gamma_L)$, $(\gamma_{SL} > \gamma_L + \gamma_S)$

ⓒ $(\gamma_S > \gamma_L + \gamma_{SL})$, $(-\gamma_L > \gamma_L + \gamma_{SL} < \gamma_L)$, $(\gamma_{SL} < \gamma_L + \gamma_S)$

ⓓ $(\gamma_S < \gamma_L + \gamma_{SL})$, $(-\gamma_L > \gamma_L + \gamma_{SL} < \gamma_L)$, $(\gamma_{SL} < \gamma_L + \gamma_S)$

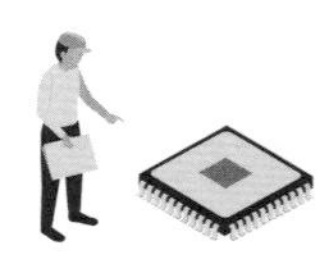

137 CF_4를 주요 식각 가스로 이용해 산화막과 질화막을 건식 식각하는 경우 플라스마에 존재하는 CF_x(x = 1, 2, 3)에 의한 현상들에 대한 설명으로 틀린 것은?

ⓐ x = 3의 함량이 많으면 산화막과 질화막의 식각 속도가 증가함

ⓑ x = 1의 함량이 많으면 산화막의 식각 속도가 빨라 질화막에 대한 선택비가 증가함

ⓒ x = 1의 함량이 많으면 질화막(Si_3N_4) 식각 표면에 C에 의한 polymer 형성이 증가함

ⓓ CF_4에 CO나 H_2의 유량을 추가한 혼합 가스를 이용하면 식각 속도가 증가함

[138-140] 반도체 공정에 대표적으로 사용되는 물질들의 건식 식각 특징을 비교한 표에 대해 답하시오.

Materials	Major Etching Gas	Byproducts
Si	①	SiF_4
	Cl_2	③
Al	②	Al_2Cl_6, $AlCl_3$
PR	$CF_4 + O_2$	CO, CO_2, H_2O, HF
W	CF4	④

138 ①번에 적합한 것은?

ⓐ Cl_2

ⓑ NH_3

ⓒ BCl_3

ⓓ CF_4

139 ②번과 ④번에 각각 적합한 것은?

ⓐ BCl_3, WF_6

ⓑ BCl_3, WF_4

ⓒ Cl_2, WF_4

ⓓ HCl, WF_2

140 ③번에 적합한 것은?

ⓐ SiCl, $SiCl_2$

ⓑ $SiCl_2$, $SiCl_4$

ⓒ $SiCl_3$, $SiCl_6$

ⓓ $SiCl_4$, $SiCl_8$

[141-143] 실리콘 탐침 형상을 제조하는 공정 흐름을 보고 질문에 답하시오.

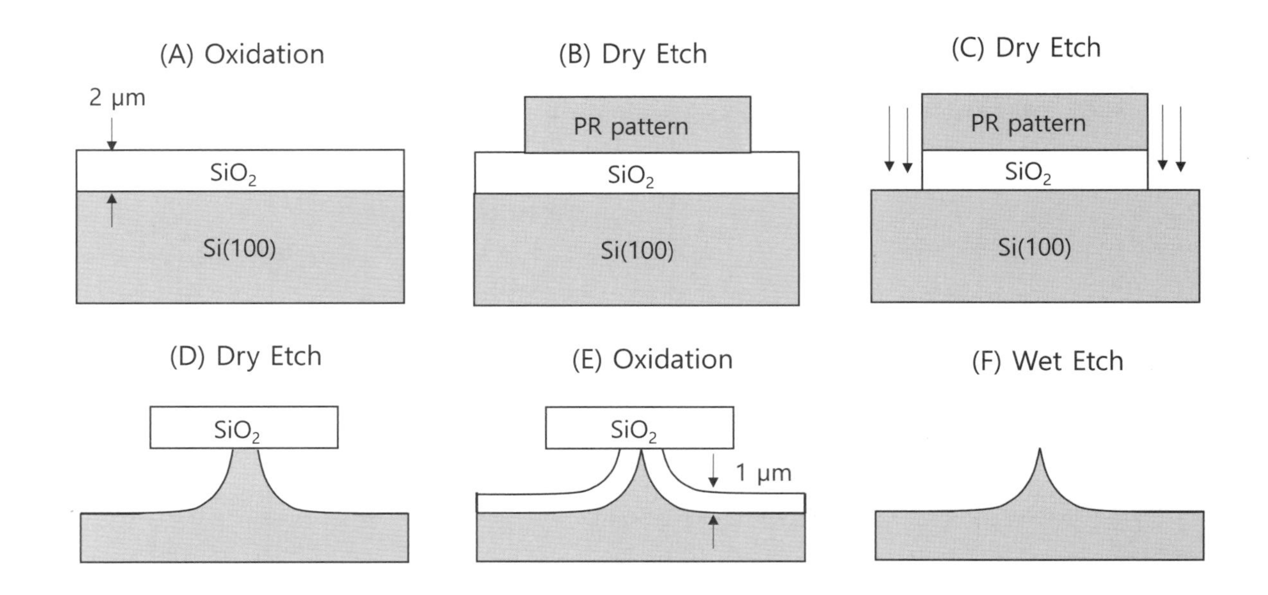

141 (A)번과 (E)번 모두의 경우 생산성이 높으며 구조상 가장 적합한 공정은?

ⓐ PECVD ⓑ 건식 열산화 ⓒ LPCVD ⓓ 습식 열산화

142 (D)번의 건식 식각에 적합한 반응 가스는?

ⓐ BCl_3 ⓑ Cl_2 ⓒ SF_6 ⓓ N_2

143 (F)번의 습식 식각에 적합한 화학 용액은?

ⓐ HCl ⓑ KOH ⓒ BHF ⓓ H_3PO_4

[144-145] 반도체 공정에 대표적으로 사용되는 물질별 습식 식각 용액에 대한 표를 참고로 질문에 답하시오.

Materials	Wet Etchant	Condition
①	NH_4F:HF = BHF	7:1 at 25 ℃
Poly-Si	$HF:HNO_3:H_2O$	6:10:40
②	$H_3PO_4:HNO_3:H_2O$	80:4:16
W	$H_2O_2:H_2O$	1:1
Ti	$HF:H_2O$	-
Au	$KI:I_2:H_2O$, $KCN:H_2O$	-
Si_3N_4	③	at 60~180 ℃

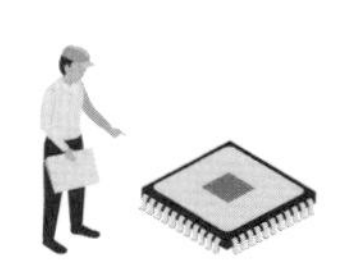

144 ①번과 ②번에 차례로 들어갈 가장 적합한 물질인 것은?

ⓐ Al, Si　　ⓑ TiN, Si　　ⓒ SiO_2, TiN　　ⓓ SiO_2, Al

145 ③번에 들어갈 가장 적합한 식각 용액인 것은?

ⓐ H_3PO_4　　ⓑ HF　　ⓒ HNO_3　　ⓓ H_2SO_4

[146-147] 표에 주어진 결합 에너지(bonding energy)를 비교하여 답하시오.

Bonds	Bonding Energy(kj/mom)
Si-O	470
Si-Si	227
Si-F	550
Si-Cl	403
Si-Br	370

146 표의 본딩 에너지에 따르면 Si의 건식 식각에 가장 유용한 원소는?

ⓐ O　　ⓑ F　　ⓒ Cl　　ⓓ Br

147 실리콘 산화막(SiO_2)을 경질 마스크(hard mask)로 이용하여 Si을 비등방성 형상으로 건식 식각하는 데 가장 유용한 원소는?

ⓐ O　　ⓑ F　　ⓒ Cl　　ⓓ Br

148 실리콘의 비등방성 식각 용액에 대한 다음의 표에 의거하면, 산화막과 질화막을 마스크로 각각 이용하여 실리콘을 선택적 식각하는 측면에서 가장 적합한 용액은?

Property	KOH	TMAH	EDP(Ethylene diamine)
ER(㎛/min) at 80 ℃	1	0.5	1(at 115 ℃)
Selectivity (100) vs (111)	200:1	30:1	35:1
Selectivity Si vs SiO_2	200:1	30:1	35:1
Selectivity Si vs Si_3N_4	200:1	2,000:1	10,000:1

ⓐ KOH, EDP　　ⓑ EDP, TMAH　　ⓒ TMAH, EDP　　ⓓ TMAH, KOH

[149-150] **불산**(hydrofloric acid), **질산**(nitric acid), **초산**(acetic acid)**의 삼원계**(NHA) **습식 식각 용액의 실리콘 식각 속도에 대한 등식각 등고선**(isoetch contour) **그림에 대해 답하시오.**

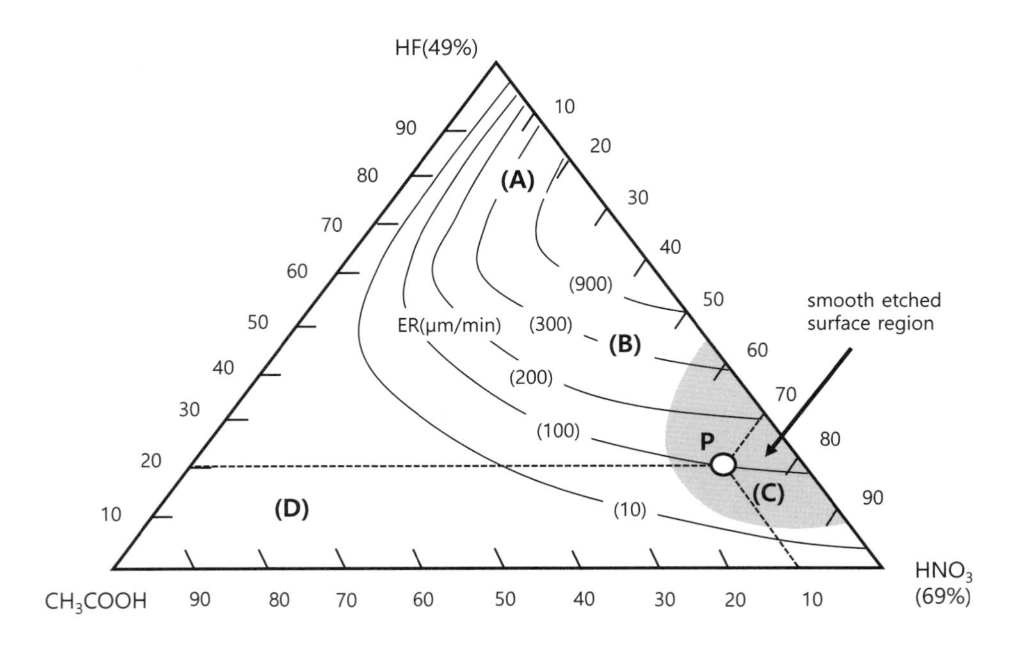

149 **위의 불산**(hydrofluoric acid), **질산**(nitric acid), **초산**(acetic acid)**의 삼원계**(NHA) **습식 식각 용액의 실리콘 식각 속도에 대한 등식각 등고선**(isoetch contour) **그림에서** P**의 위치에 해당하는** HF:HNO_3:CH_3COOH **조성비는?**

ⓐ 2:1:7　　ⓑ 7:1:2　　ⓒ 1:2:7　　ⓓ 2:7:1

150 **위의** hydrofluoric acid, nitric acid, acetic acid**의 삼원계**(NHA) **습식 식각 용액의 실리콘 식각 속도에 대한 등식각 등고선**(isoetch contour) **그림에서** (C) **영역에 대한 틀린 설명은?**

ⓐ 질산은 표면을 빠르고 균일하게 산화시킴

ⓑ P 위치의 혼합 용액에서 초산(acetic acid)의 함량은 20 %임

ⓒ 질산에 의해 생성된 표면의 산화물을 HF가 식각함

ⓓ 등방성(isotropic) 식각으로 표면의 평탄화 특성 우수

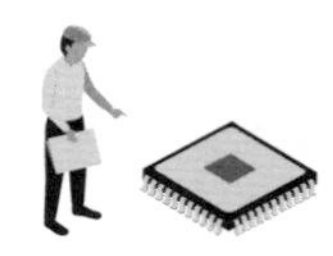

제 8 장

금속 배선

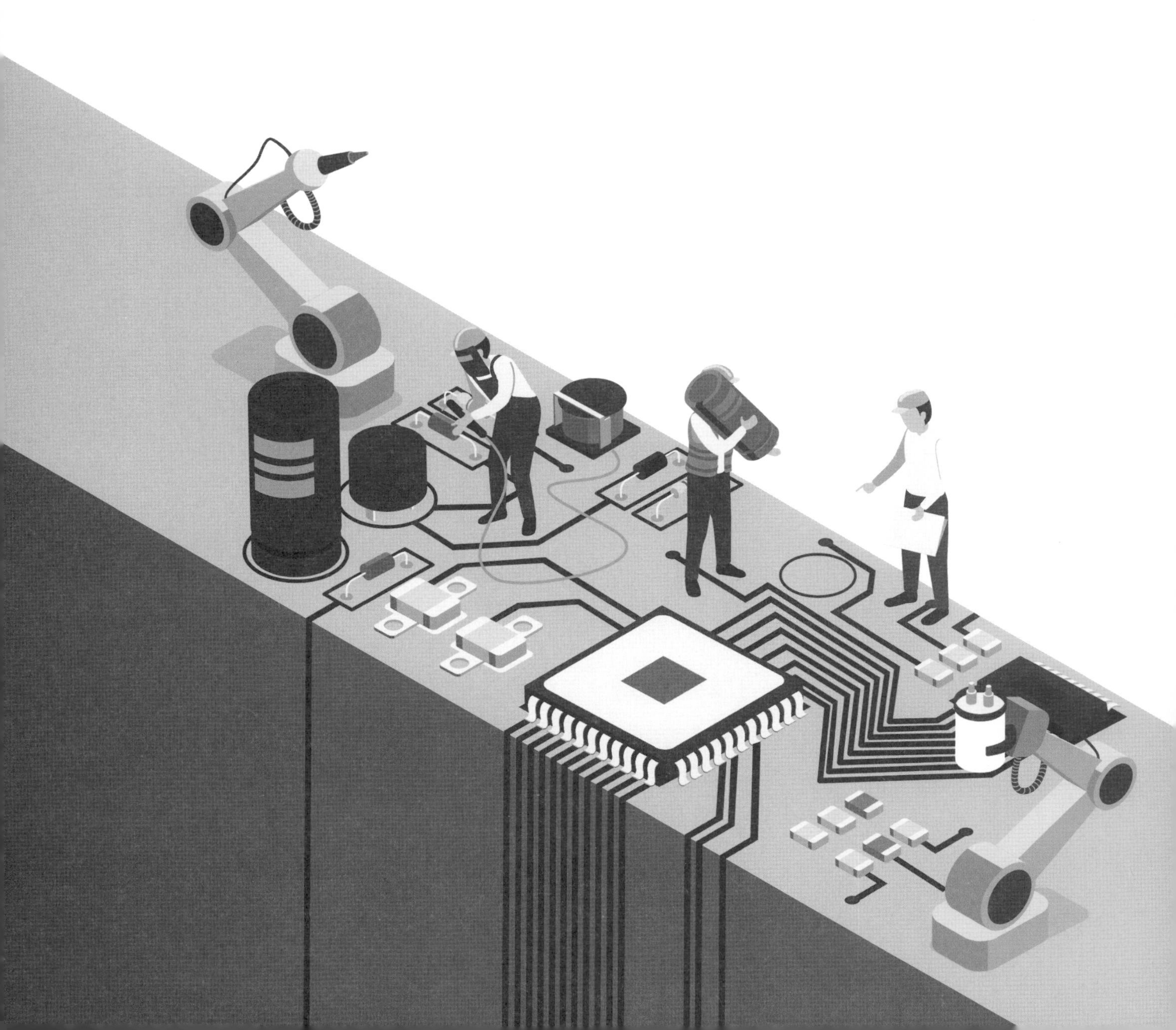

제8장 금속 배선

01 **비저항이 Ag, Cu, Au, Al 순서로 커지는 물리적 특성이 있음에도 불구하고, 집적 회로 제작 공정의 금속 배선에서는 Al를 주로 사용한다. 관련 설명으로 부적합한 것은?**

ⓐ Cu나 Au에 비해 비저항이 크지만 Al은 식각 등 공정이 간단함

ⓑ Al은 가격이 저렴하고 산화막과 접합면이 안정함

ⓒ 전기 도금(electroplating)으로 형성한 Al 박막을 금속 배선에 주로 사용함

ⓓ Al에 Cu(4 %)를 첨가하여 사용하여 전자 이탈(electromigration)에 대해 안정화함

02 **MOSFET의 소스, 드레인, 게이트에 Ti 금속 박막을 증착하여 샐리사이드(salicide)화 함으로써 MOSFET 소자의 외부 저항을 크게 감소시킬 수 있다. 이런 Ti–salicide의 제작 공정과 관련한 설명으로 부정확한 것은?**

ⓐ 1차 저온 열처리로 실리사이드($TiSi_2$)는 C49상으로 형성됨

ⓑ 1차 열처리 후 반응하지 않은 Ti는 습식 식각 공정으로 제거함

ⓒ 2차 열처리는 산소 분위기이며 1차 열처리보다 낮은 온도의 조건을 이용함

ⓓ 2차 고온 열처리로 실리사이드($TiSi_2$)는 C54로 변형되어 비저항이 감소함

03 **비저항이 Ag, Cu, Au, Al 순서로 커지는 물리적 특성이 있음에도 불구하고, 집적 회로 제작 공정의 금속 배선에서는 Al를 주로 사용하였다. 관련 설명으로 부적합한 것은?**

ⓐ Al은 가격이 저렴하고 산화막과 접합면이 안정함

ⓑ Al에 Cu(4 %)를 첨가하여 사용하여 전자 이탈(electromigration)에 대해 안정화함

ⓒ Al에 Si(1 %)을 첨가하여 사용하여 스파이크(spike) 문제를 해소함

ⓓ 저가의 전기 도금 방식으로 형성한 Al 박막을 금속 배선에 주로 사용함

04 **비저항이 $2.65 \times 10^{-6}\ \Omega \cdot cm$인 Al을 이용하는 금속 배선에서 최대 허용 전류 밀도는 $10\ mA/\mu m^2$이고, 금속 배선의 폭(W_m)은 $10\ \mu m$으로 고정한다. 금속 배선에 최대 $10\ mA$의 전류를 사용하는 조건으로 Al 배선의 최소 두께($t_{m,\ min}$)를 정하여 금속 배선을 사용하는 경우, 면저항은?**

ⓐ $2.65\ \Omega/\square$　　ⓑ $26.5\ \Omega/\square$　　ⓒ $2.65\ k\Omega/\square$　　ⓓ $26.5\ k\Omega/\square$

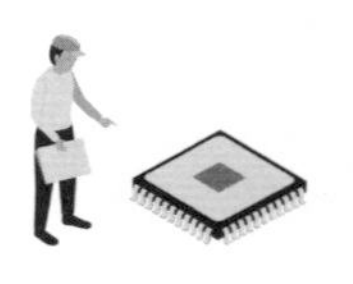

05 MOSFET의 소스, 드레인, 게이트에 Ti 금속 박막을 증착하여 Salicide화 함으로써 MOSFET 소자의 외부 저항을 크게 감소시킬 수 있다. 이런 Ti–salicide의 제작 공정과 관련한 설명으로 부정확한 것은?

ⓐ Ti/TiN의 이중 박막을 사용하여 TiN는 Ti의 산화를 방지함

ⓑ 2차 열처리는 산소 분위기이며 1차 열처리보다 낮은 온도의 조건을 이용함

ⓒ 1차 저온 열처리로 실리사이드($TiSi_2$)는 C49상으로 형성됨

ⓓ 1차 저온 열처리 후 반응하지 않은 Ti는 습식 식각 공정으로 제거함

06 Al을 이용하는 금속 배선에서 최대 허용 전류 밀도는 10 ㎃/㎛²이고, 금속 배선의 폭(W_m)은 10 ㎛으로 고정한다. 금속 배선에 최대 10 ㎃의 전류를 사용하고자 할 때, Al 배선의 최소 두께($t_{m,\ min}$)는?

ⓐ 0.1 ㎚　　ⓑ 10 ㎚　　ⓒ 0.1 ㎛　　ⓓ 10 ㎛

07 비저항이 2.65×10^{-6} Ω·㎝인 Al을 이용하는 금속 배선에서 최대 허용 전류 밀도는 10 ㎃/㎛²이고, 금속 배선의 폭(W_m)은 10 ㎛으로 고정한다. 금속 배선에 최대 10 ㎃의 전류를 사용하는 조건으로 Al 배선의 최소 두께($t_{m,\ min}$)를 정하여 금속 배선을 사용하며 금속 배선 사이 거리는 $t_{ox} = 1$ ㎛이다. 이웃한 두 금속 배선 사이에 인가되는 단위 길이당 정전 용량(capacitance)은? ($\varepsilon_o = 8.854\times10^{-12}$ F/m, $\varepsilon_{r,\ SiO2} = 3.9$)

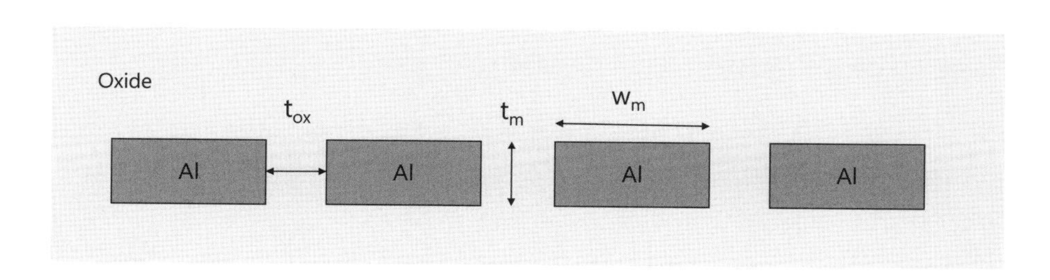

ⓐ 3.45 fF/㎜　　ⓑ 34.5 fF/㎜　　ⓒ 88.54 fF/㎜　　ⓓ 885.4 fF/㎜

08 금속 배선에 있어서 RC 지연 시간(delay time)을 감소시키기 위한 방안에 해당하지 않는 것은?

ⓐ 금속층을 비정질화하여 사용함

ⓑ 기공이 내포된 porous low-k 유전체를 사용함

ⓒ 금속 배선 사이에 air gap을 삽입함

ⓓ 낮은 비저항의 금속을 사용함

09 금속 배선에 있어서 RC 지연 시간(delay time)을 감소시키기 위한 방안에 해당하지 않는 것은?

ⓐ ferroelectric 유전체를 절연막으로 사용함

ⓑ porous low-k 유전체를 사용함

ⓒ 낮은 비저항의 금속을 사용함

ⓓ 다층의 금속 배선 구조를 사용함

10 비저항이 $2.65\times10^{-6}\ \Omega\cdot$㎝인 Al을 이용하는 금속 배선에서 최대 허용 전류 밀도는 10 ㎃/㎛^{2}이고, 금속 배선의 폭(W_m)은 10 ㎛으로 고정한다. 금속 배선에 최대 10 ㎃의 전류를 사용하는 조건으로 Al 배선의 최소 두께($t_{m,\ min}$)를 정하여 금속 배선을 사용하며 기찻길과 같이 평형으로 배치된 금속 배선 사이 거리는 $t_{ox} = 1$ ㎛이다. ($\varepsilon_o = 8.854\times10^{-12}$ F/m, $\varepsilon_{r,SiO2} = 3.9$). 금속선의 길이가 1 ㎜이고 양 측면 금속선과의 정전 용량만을 고려하는 경우, RC 지연 시간(delay time)은?

ⓐ 18.3 ps ⓑ 183 ps ⓒ 18.3 ns ⓓ 183 ns

11 반도체와 오믹 금속 접합에서 접촉 비저항(ρ_c)이 $10^{-6}\ \Omega\cdot$㎠인데, 오믹 접합의 크기가 10 ㎛×10 ㎛이고, 10^9개가 집적되어 있는 집적 회로칩에서 지속하여 모든 접합으로 1 ㎃씩 DC 전류가 흐른다고 하면 오믹 저항에 의한 전력 소모는?

ⓐ 1 W ⓑ 10 W ⓒ 100 W ⓓ 1 ㎾

12 오믹 접합을 위한 n-type 실리콘 반도체와 금속의 접합에 대한 설명으로 부적합한 것은?

ⓐ Si에 n-type 불순물 농도가 낮으면 주로 thermal emission에 의해 금속-반도체 전류가 흐름

ⓑ Si에 n-type 불순물 농도가 매우 높으면 주로 tunneling emission에 의해 금속-반도체 전류가 흐름

ⓒ 금속의 일함수(work function)가 크면 오믹 접합 특성을 얻을 수 없음

ⓓ 금속의 work function이 작을수록 오믹 접합의 형성에 유리함

13 상온(300 K)에서 Al 금속 배선의 MTTF가 10년 이상 되려면 최대 허용되는 전류 밀도는?

$$\mathrm{MTTF(hr)} = 8\times10^{13}\cdot J^{-2}\exp\left(\frac{E_a}{kT}\right),\ E_a = 0.44eV,\ J = \left(\text{current density}, \frac{A}{\mathrm{cm}^2}\right)$$

ⓐ 0.212 A/㎠ ⓑ 2.12 A/㎠ ⓒ 21.2 A/㎠ ⓓ 212 A/㎠

14 오믹(ohmic) 접합을 위한 n-type 실리콘 반도체와 금속의 접합에 대한 설명으로 부적합한 것은?

ⓐ 금속의 일함수(work function)가 크면 오믹 접합 특성을 얻기 불가능함

ⓑ 밴드 구조에서 이상적인 오믹 접합을 위한 최적의 금속이 존재하지 않음

ⓒ Si에 n-type 불순물 농도가 높지 않으면 주로 thermal emission에 의해 금속-반도체 전류가 흐름

ⓓ Si에 n-type 불순물 농도가 매우 높으면 주로 tunneling emission에 의해 금속-반도체 전류가 흐름

15 금속 배선(metal interconnection) 공정에서 절연층의 평탄화(planarization)가 필요한 이유에 해당하지 않는 것은?

ⓐ 식각 후 side wall과 같은 원리로 발생하는 잔유물(residue)의 문제

ⓑ 얇게 photoresist를 사용해서 높은 해상도 유지

ⓒ 웨이퍼의 열처리 시 불균일한 온도의 분포 문제

ⓓ 배선 금속이 굴곡지면 전자 이탈(electromigation)에 약해지는 문제

16 **실리콘 반도체와 금속의 오믹 접합에서 접촉 비저항(ρ_c)이 $10^{-6}\ \Omega\cdot cm^2$의 오믹 접합을 이용할 때, 접촉 면적이 $10\times10\ nm^2$인 경우 접촉 저항(R_c)은?**

ⓐ 1 kΩ　　ⓑ 10 kΩ

ⓒ 1 MΩ　　ⓓ 10 MΩ

17 **금속 배선(metal interconnection) 공정에서 절연층의 평탄화(planarization)가 필요한 이유에 해당하지 않는 것은?**

ⓐ 리소그래피의 초점 심도에 의한 패턴 정밀도 문제

ⓑ 금속 배선을 상하 굴곡 없이 일정한 두께로 균일하게 형성

ⓒ 웨이퍼의 세정 공정에서 불균일한 세척 효과의 문제

ⓓ 얇은 photoresist를 사용하여 높은 해상도를 얻는 데 유리

18 **구리(Cu)를 이용하는 이중 상감(dual–damascene) 공정에 있어서 부정확한 설명은?**

ⓐ Cu 금속은 식각이 어려워 배선(interconnection)에 상감(damascene) 기법을 사용함

ⓑ ECD(Electrochemical deposition)를 위해 금속의 씨앗층(seed layer)을 사용함

ⓒ Al 금속 배선에 비하여 저비용으로 저저항 금속 배선하는 기술임

ⓓ Cu 금속 원자가 산화막으로 확산하는 현상을 저지하는 확산 방지층(Ta, TaN)을 사용함

19 **금속 배선(metal interconnection)에 있어서 사용되는 유전체가 지녀야 하는 물리적 특성으로 부적합한 것은?**

ⓐ 유전체의 유전 상수가 낮아야 함

ⓑ 반도체와 같이 운반자의 이동도가 높아야 함

ⓒ 절연 파괴 강도(Ec > 5 mV/cm)가 높아야 함

ⓓ 비저항(> $10^{15}\ \Omega\cdot cm$)이 높아야 함

20 **반도체 소자의 신뢰성을 평가하는 방식에 해당하지 않는 것은?**

ⓐ HST　　ⓑ PGA

ⓒ EOS　　ⓓ HTRB

21 **금속 배선(metal interconnection)에 있어서 사용되는 유전체가 지녀야 하는 물리적 특성으로 부적합한 것은?**

ⓐ 비저항(> $10^{15}\ \Omega\cdot cm$)이 높아야 함

ⓑ 최상부의 마지막 유전체 박막으로 SiO_2보다 Si_3N_4을 주로 사용함

ⓒ 유전 상수가 가능한 높은 절연막을 사용함

ⓓ 절연 파괴 강도(E_c > 5 mV/cm)가 높아야 함

22 Ti와 Co의 경우, 여러 상(phase)의 실리사이드가 형성되는 상태와 관련한 설명으로 부적합한 것은?

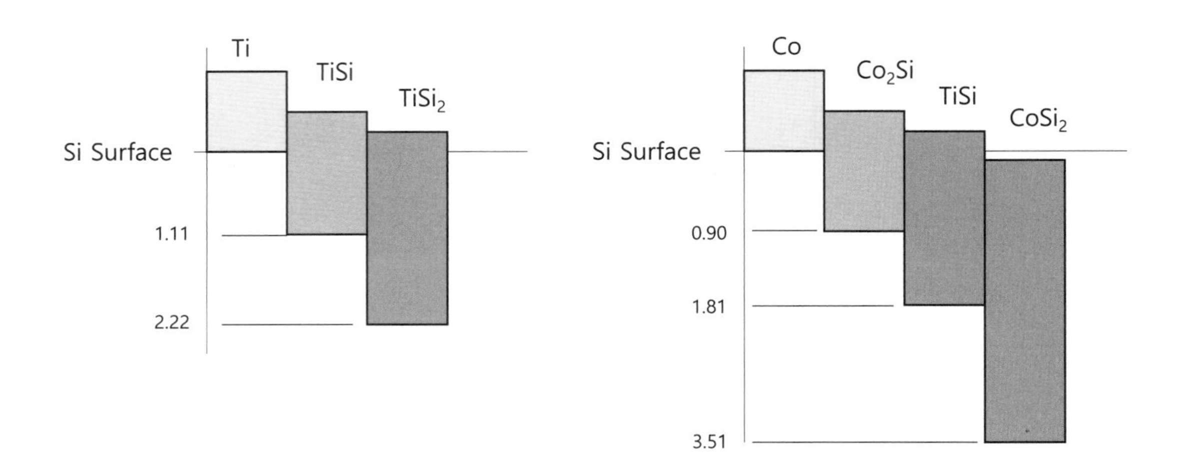

ⓐ 산소 분위기에서 열처리하면 실리사이드를 형성하여 표면을 보호함

ⓑ 실리사이드 원자 밀도의 차이로 부피 변화(volume change) 현상이 발생함

ⓒ Ti와 Co 중에 얕은 접합(shallow junction)용 오믹 접합에 Ti가 유리함

ⓓ 실리사이드 상(phase)을 형성하기 위해서 열처리 온도와 시간이 중요함

23 반도체 소자의 신뢰성을 평가하는 측정법에 해당하지 않는 것은?

ⓐ FPPT(Four Point Probe Test)

ⓑ HST(High Temperature Storage Test)

ⓒ HAST(Highly Accelerated Stress Test)

ⓓ HTRB(High Temperature Reverse Breakdown)

24 IMD(Inter Metal Dielectric) 유전체 박막이 지녀야 할 특성과 관련 없는 것은?

ⓐ 가능한 한 낮은 전하 및 쌍극자의 농도

ⓑ 열팽창 계수의 차이에 의한 높은 응력(stress)

ⓒ 두께 균일도

ⓓ 금속과의 접착 특성

25 n^-형 Si 반도체에 쇼트키 접합(Schottky contact)을 형성하는 공정에서 이론적 일함수(work function)만 고려할 때, 테이블의 금속 중에서 장벽 높이(barrier height)가 가장 커서 정류 특성에 유리한 용도의 물질은 어느 것?

소재	Al	Ni	Ag	Au	Pt	Ti	Mo	Cr	Fe	Cu	Co
일함수 (eV)	4.3	5.1	4.3	5.1	5.3	4.3	4.4	4.5	4.7	4.6	5.0

ⓐ Ti ⓑ Al ⓒ Ni ⓓ Pt

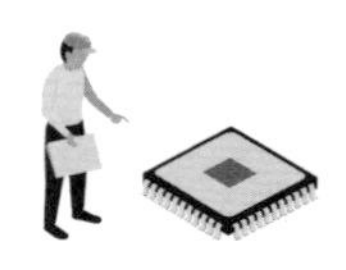

[26-27] 다음 그림을 보고 질문에 답하시오.

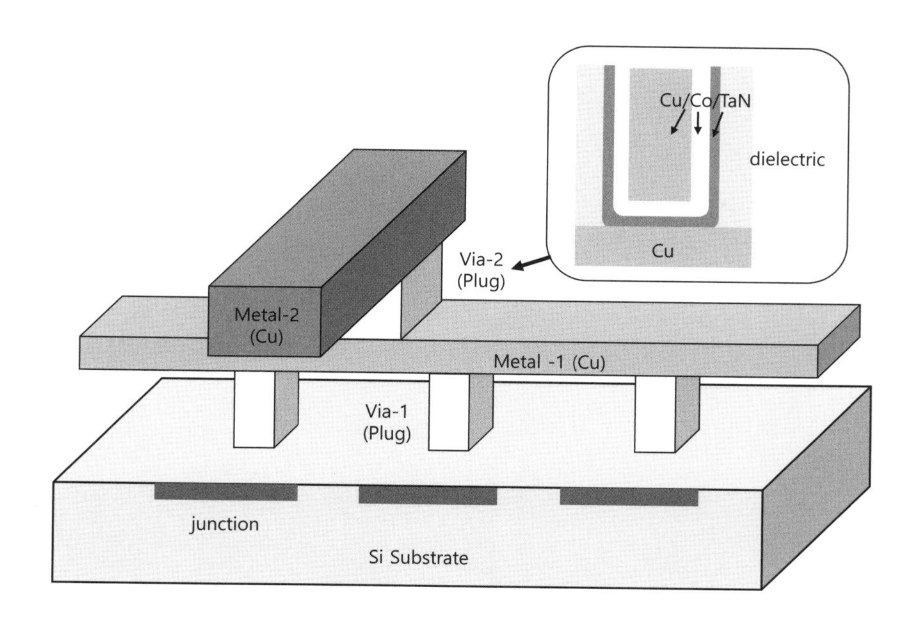

26 위 금속 배선(interconnection) **그림과 관련하여 부적합한 설명은?**

ⓐ 유전체(dielectric) 박막은 안정한 절연체임

ⓑ 구리(Cu) 금속선은 습식 식각의 공정으로 식각하여 패턴을 형성함

ⓒ via는 상단과 하단의 금속선이 연결되는 통로

ⓓ Cu와 절연체의 CMP 공정이 필요함

27 위 금속 배선(interconnection) **그림과 관련하여 부적합한 설명은?**

ⓐ TaN은 장벽 박막(barrier film)으로서 Cu 원자의 확산을 저지함

ⓑ Co는 라이너(liner)로서 Cu의 접착을 향상시킴

ⓒ Cu 금속선은 건식 식각의 공정으로 식각하여 패턴을 형성함

ⓓ Cu는 전도 금속(conductor metal)으로서 낮은 비저항으로 전기 전도도를 높임

28 IMD(Inter Metal Dielectric) **유전체 박막이 지녀야 할 특성과 관련 없는 것은?**

ⓐ 높은 응력(stress)과 열적 팽창 계수

ⓑ 높은 비저항(> 10^{15} Ω·㎝)

ⓒ 습기 비흡수성

ⓓ 전하 및 쌍극자가 없어야 함

[29-30] 다음 그림을 보고 질문에 답하시오.

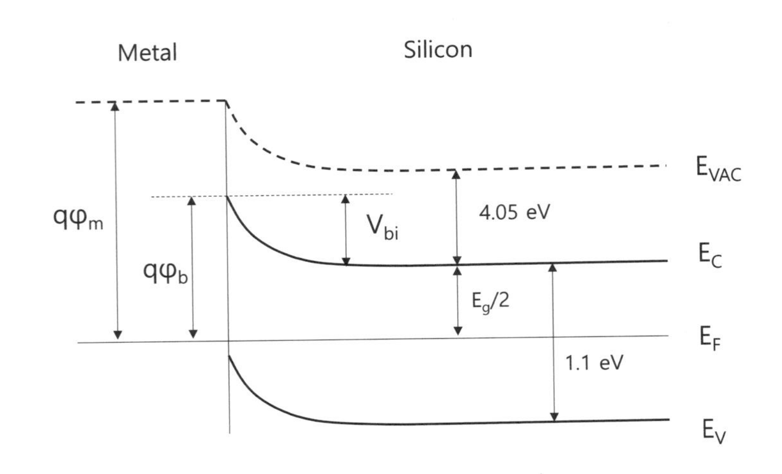

29 **진성**(Intrinsic) Si **반도체(전자 친화도** = 4.05 eV, Eg = 1.1 eV)**에 쇼트키 접합**(Schottky contact)**을 형성하는 구조에서** Pt**의 일함수**(5.3 eV)**만 고려할 때, 이론적인 빌트인 전압**(built–in potential)**은?**

ⓐ 0.7 eV ⓑ 1.0 eV ⓒ 1.4 eV ⓓ 1.5 eV

30 **진성**(intrinsic) Si **반도체(전자 친화도** = 4.05 eV, Eg = 1.1 eV)**에 쇼트키 접합**(Schottky contact)**을 형성하는 구조에서** Pt**의 일함수**(5.3 eV)**만 고려할 때, 이론적인 장벽 높이**(barrier height)**는?**

ⓐ 1.2 eV ⓑ 2.2 eV ⓒ 3.2 eV ⓓ 4.2 eV

31 **금속 배선 공정에서 유전체 박막의 평탄화에 대한 설명으로 부적합한 것은?**

ⓐ 고온의 열흐름에 의한 평탄화는 IMD(Inter Metal Dielectric)에 부적합함

ⓑ 패턴 크기가 0.25 ㎛ 이하로 감소하면서 CMP(Chemical Mechanical Polishing)가 필요함

ⓒ IMD 평탄화에 유전체막, photoresist, SOG를 이용하는 평탄화 식각법이 유용함

ⓓ IMD 박막의 평탄화 식각법에서 선택비를 최대한 높여야 함

32 IMD(Inter Metal Dielectric) **유전체 박막이 지녀야 할 특성과 관련 없는 것은?**

ⓐ 상하의 물질과 사이에 발생하는 응력의 최소화

ⓑ 금속과의 접착 특성

ⓒ 고온(500 ℃) 안정성

ⓓ 증착 조건에 따른 내부 응력의 축적

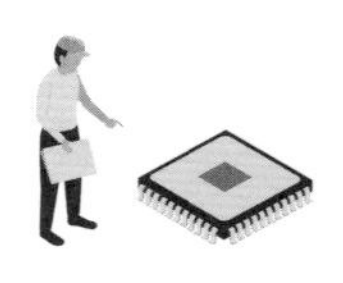

33 Ti를 이용한 샐리사이드(자기 정렬 실리사이드) 공정에 대한 설명으로 부적합한 것은?

ⓐ 샐리사이드는 진성 반도체인 i-Si에도 오믹 접합을 형성함

ⓑ 2차 열처리로 800~900 ℃의 급속 열처리에서 C54상의 $TiSi_2$가 형성됨

ⓒ 열처리 시 O_2로 인한 TiO_x의 생성은 방지해야 함

ⓓ C54상의 비저항이 C49상보다 작음

34 구리(Cu) 이중 상감(dual damascene) 공정에 대한 설명으로 부적합한 것은?

ⓐ 도금으로 형성된 과잉 Cu의 평탄화에는 스퍼터링을 사용하면 최적임

ⓑ Cu 금속은 식각이 난해하여 상감(다마신) 공정이 유용함

ⓒ Cu는 실리콘 산화막으로 확산이 빨라 회로를 단락시킬 수 있음

ⓓ Cu 확산을 방지하기 위해 TaN과 같은 방지막이 필요함

35 금속 배선 공정에서 유전체 박막의 평탄화에 대한 설명으로 부적합한 것은?

ⓐ 평탄화는 리소그래피에서 초점 심도(DoF: Depth of Focus) 문제를 완화시켜 줌

ⓑ 금속 배선의 상하 굴곡을 줄여서 전자 이탈(electromigration)을 감소시킴

ⓒ 금속 배선의 단차 피복성을 개량함

ⓓ 금속간 절연체(IMD: inter metal dielectric) 박막의 평탄화 식각법에서 선택비를 최대로 높여야 함

36 IMD(Inter Metal Dielectric) 유전체 박막이 지녀야 할 특성과 관련 없는 것은?

ⓐ 높은 절연 파괴 전계 강도(> 5 ㎹/㎝)

ⓑ 유전체 내부에 전하 및 쌍극자 없어야 함

ⓒ 금속선과의 높은 응력(stress)과 열팽창 계수

ⓓ 우수한 단차 피복성(step coverage)

37 실리콘 반도체에 Al 금속을 접합시켜 열처리하는 소결(sintering)에 대한 설명 중 부적합한 것은?

ⓐ 신터링은 450~500 ℃의 온도에서 10~30분 열처리로 됨

ⓑ Al이 반도체 표면의 자연 산화막을 통과해 오믹 접합 특성이 개량됨

ⓒ Al 금속에 Cu를 1 wt% 넣어서 스파이크 현상을 억제함

ⓓ Al 금속의 원자 밀도가 증가하여 치밀해짐

38 IMD(Inter Metal Dielectric) 유전체 박막이 지녀야 하는 특성과 관련 없는 것은?

ⓐ 높은 절연 파괴 전계 강도(> 5 ㎹/㎝)

ⓑ 우수한 단차 피복성

ⓒ 전하 및 쌍극자 없어야 함

ⓓ 높은 열전도 및 전기 전도도

39 **Ti를 이용한 샐리사이드(자기 정렬 실리사이드) 공정에 대한 설명으로 부적합한 것은?**

ⓐ 1차 열처리로 600~800 ℃의 금속 열처리에서 Si 위의 Ti는 반응해 C49상의 $TiSi_x$상을 형성함

ⓑ 2차 열처리로 형성되는 C54상의 비저항이 C49상보다 큼

ⓒ 1차 열처리 후 남은 Ti 금속은 NH_4OH:H_2O_2:H_2O 용액으로 제거함

ⓓ 열처리 시 O_2와 산화에 의해 TiO_x가 생성되지 않도록 방지해야 함

40 **금속 배선 공정에서 유전체 박막의 평탄화에 대한 설명으로 부적합한 설명은?**

ⓐ 금속 배선의 단차 피복성을 개량함

ⓑ 금속 배선의 전자 이탈(electromigration)을 심하게 증가시킴

ⓒ 열흐름에 의한 평탄화는 BPSG를 이용하되 접합의 확산 문제가 있음

ⓓ 고온의 열흐름에 의한 평탄화는 IMD(Inter Metal Dielectric)에 부적합함

41 **다음의 금속 재료 중 전기 전도도가 가장 높은 것은?**

ⓐ Al

ⓑ Cu

ⓒ Ag

ⓓ Au

42 **실리콘 반도체에 Al 금속을 접합시켜 열처리하는 소결(sintering)에 대한 설명 중 부적합한 것은?**

ⓐ Al의 ~~용융~~점인 660 ℃까지 신터링 온도로 열처리할 수 있음

ⓑ 접합하는 반도체가 shallow junction인 경우 spike 현상에 유의해야 함

ⓒ Ti를 Al 금속과 실리콘 사이에 증착하면 스파이크 현상이 억제됨

ⓓ Al 금속에 Si을 1 wt% 넣으면 스파이크 현상이 억제됨

43 **실리콘 반도체 공정에서 Al 금속 배선의 전자 이탈(electromigration)에 대한 설명으로 부적합한 것은?**

ⓐ Al 결정립 계면에 존재하는 Cu는 전자 충격을 감소시킴

ⓑ 이동한 Al 원자는 빈 공간(단락)이나 힐록(hillock)을 발생시킴

ⓒ Al 금속 배선이 미세해지면 전자 충돌이 감소하여 전자 이탈 현상이 완화됨

ⓓ Al에 Cu를 0.5~4 wt% 첨가하여 전자 이탈(elecromigration) 현상을 억제함

44 **금속 배선을 위한 평탄화 공정 기법에 해당하지 않는 것은?**

ⓐ PR coating and etchback

ⓑ ALD

ⓒ PECVD etchback

ⓓ CMP

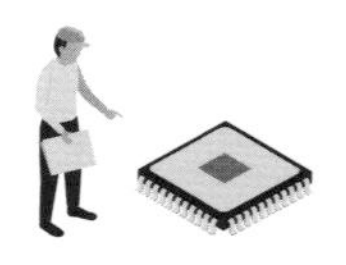

45 **통상적인 Al 금속 배선의 전자 이탈(electromigration)에 대한 설명으로 부적합한 것은?**

ⓐ Al에 Au를 4 wt% 첨가하여 전자 이탈 현상을 억제함

ⓑ Al 금속 배선은 결정립이 많은 다결정 구조이며 전자의 충돌로 발생함

ⓒ 전류 밀도가 높은 부분에 온도가 오르고 Al 원자의 이동(migration)이 발생함

ⓓ 높은 전계로 인해 이동한 Al 원자는 빈 공간(단락)과 힐록(hillock)을 발생시킴

46 **구리(Cu) 이중 다마신(dual damascene) 공정에 대한 설명으로 부적합한 것은?**

ⓐ Cu의 도금을 위해 Ta/TaN과 같은 배리어층을 사용함

ⓑ 도금으로 형성된 과잉 Cu의 평탄화에는 스퍼터링을 사용함

ⓒ Al 금속 배선에 비해 공정 단계가 감소하여 경제적임

ⓓ ALD는 배리어층의 형성에 있어서 단차 피복성(step coverage)을 높게 함

47 **금속 배선 공정에 있어서 평탄화 기법으로 가장 완벽하여 널리 사용되는 공정 방식은?**

ⓐ deposition and etchback

ⓑ SOG

ⓒ BPSG reflow

ⓓ CMP

48 **CMP(Chemical Mechanical Polishing) 기술과 관련이 없는 것은?**

ⓐ 슬러리 ⓑ dishing 효과 ⓒ 평탄화 ⓓ hillock

49 **반도체의 평탄화를 위해 사용하는 공정 기법에 해당하지 않는 것은?**

ⓐ SOG(Spin on Glass)

ⓑ BPSG(Boro-Phosphor-Silicate Glass) reflow

ⓒ ALD(Atomic Layer Deposition)

ⓓ CMP(Chemical Mechanical Polishing)

50 **반도체 기술 수준이 0.25 ㎛ 대에서 소자 격리의 방식이 LOCOS 격리(isolation)로부터 얕은 트렌치 격리(shallow trench isolation) 방식으로 변경되었는데 그 이유와 무관한 것은?**

ⓐ 채널 스톱(channel stop)이 확산하여 임계 전압(V_{th})이 변화되는 문제 해결

ⓑ 액티브 영역(active area)의 측면이 감소하는 문제 해결

ⓒ 게이트 산화막의 품질 향상

ⓓ 게이트 리소그래피 패턴의 해상도 향상

51 **평탄화 기법 중에서 공정 비용은 높지만 가장 완벽하여 최근 금속 배선 공정으로 사용되는 공정 방식은?**

ⓐ PR coating and etchback

ⓑ SOG(Spin on Glass)

ⓒ BPSG reflow

ⓓ CMP(Chemical Mechanical Polishing)

52 **집적 회로(IC) 공정의 최종 단계로 final baking(alloy)과 관련 없는 설명은?**

ⓐ 400 ℃ 부근의 온도에서 열처리하여 계면 결함이 감소함

ⓑ 금속 배선 사이의 접촉성이 개량됨

ⓒ 불순물이 대폭 확산하여 접합(junction)이 깊어짐

ⓓ 전기 전도도와 신뢰성이 향상됨

53 **집적 회로(IC) 제조 공정의 마지막 단계에서 차폐(passivation) 절연막을 형성하는 목적이 아닌 것은?**

ⓐ 습도 방지

ⓑ 전극의 전도도 개량

ⓒ 긁힘 방지

ⓓ 오염 방지

54 **구리(Cu) 금속의 CMP(Chemical Mechanical Polishing) 공정에 대한 설명으로 부적합한 것은?**

ⓐ PH는 1로 낮추어 가능한 한 부식성(corrosive)의 조건을 사용

ⓑ 마모제로 알루미나를 사용

ⓒ 첨가제로 NH_3, NH_4OH, 에탄올 사용 가능

ⓓ Cu와 Ta 확산 방지막을 위해 2중 슬러리 사용

55 **CMP(Chemical Mechanical Polishing) 공정에서 고려할 특성에 해당하지 않는 것은?**

ⓐ 제거 속도(removal rate)

ⓑ 균일도(uniformity)

ⓒ 열전도도(thermal conductivity)

ⓓ 패임(dishing)

56 **얕은 트렌치 격리(shallow trench isolation)를 형성하는 주요 공정 순서로 가장 적합한 것은?**

ⓐ 질화막 증착 – 산화막 성장 – STI 패터닝 – STI 식각 – liner 산화 – CMP – 산화막 증착 – 질화막 제거

ⓑ 산화막 성장 – 질화막 증착 – STI 패터닝 – STI 식각 – liner 산화 – 산화막 증착 – CMP – 질화막 제거

ⓒ 산화막 성장 – 질화막 증착 – STI 패터닝 – STI 식각 – 산화막 증착 – liner 산화 – CMP – 질화막 제거

ⓓ 질화막 증착 – STI 패터닝 – 산화막 성장 – STI 식각 – liner 산화 – 산화막 증착 – CMP – 질화막 제거

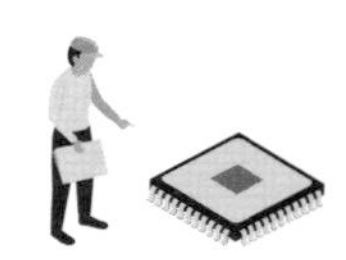

57 CMP(Chemical Mechanical Polishing)**에서 종료점을 감지하는 방식에 해당하지 않는 것은?**

ⓐ 마찰력에 따른 모터 전류 변화

ⓑ 웨이퍼 기판의 무게 변화

ⓒ 단일 파장 광의 반사도에 대한 간섭 현상(절연막)

ⓓ 광대역 광을 이용한 광 반사도 변화(금속류)

58 CMP(Chemical Mechanical Polishing)**용 슬러리로서 고려할 요소가 아닌 것은?**

ⓐ 열전도도　ⓑ PH　ⓒ oxidant　ⓓ suspension

59 **텅스텐**(W) **금속의** CMP(Chemical Mechanical Polishing) **공정에 대한 설명으로 부적합한 것은?**

ⓐ 마모제로 알루미나 가루를 사용

ⓑ $Fe(NO_3)_3$, H_2O_2를 식각 및 산화제로 사용

ⓒ KH_2PO_4를 첨가제로 하여 PH를 14 정도로 사용

ⓓ W 금속과 Ti/TiN 배리어를 위해 2단계 CMP 적용

60 **구리**(Cu) **금속의** CMP(Chemical Mechanical Polishing) **공정에 대한 설명으로 부적합한 것은?**

ⓐ H_2O_2 또는 HNO_4를 산화제로 사용

ⓑ 마모제로 알루미나를 사용

ⓒ PH는 14로 높여서 가능한 한 corrosive한 조건을 사용

ⓓ 첨가제로 NH_3, NH_4OH, 에탄올 사용 가능

61 **텅스텐**(W) **금속의** CMP(Chemical Mechanical Polishing) **공정에 대한 설명으로 부적합한 것은?**

ⓐ $Fe(NO_3)_3$, H_2O_2를 식각 및 산화제로 사용

ⓑ PH는 14로 높여서 가능한 한 corrosive한 조건을 사용

ⓒ KH_2PO_4를 첨가제로 하여 PH를 7 정도로 사용

ⓓ W 금속과 Ti/TiN 배리어를 위해 2단계 CMP 적용

62 CMP(Chemical Mechanical Polishing) **슬러리로서 고려할 요소가 아닌 것은?**

ⓐ 전기 전도도　ⓑ 산화제(Oxidant)

ⓒ 마모제　ⓓ PH

63 CMP(Chemical Mechanical Polishing) **공정에서 고려할 사항에 해당하지 않는 것은?**

ⓐ 제거 속도(removal rate)　ⓑ 균일도(uniformity)

ⓒ 선택도(selectivity)　ⓓ 열전도도(thermal conductivity)

64 금속을 반도체 접합과 배선 공정에 사용할 때, 발생하는 문제점과 무관한 것은?

ⓐ junction spike
ⓑ crack
ⓒ hillock
ⓓ electromigration

65 금속선의 전류 흐름과 결함의 발생에 대한 그림에서 A–to–E 순서로 정확한 명칭은?

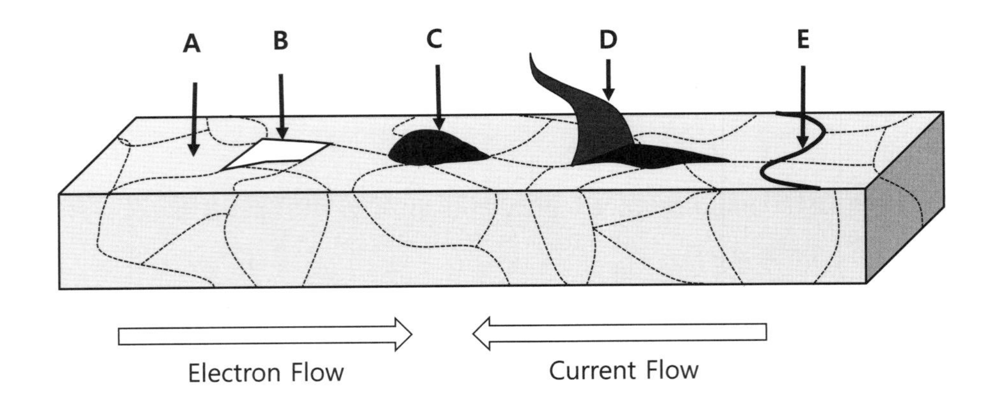

ⓐ grain – void – hillock – whisker – grain boundary
ⓑ grain – void – hillock – grain boundary – whisker
ⓒ grain – whisker – void – hillock – grain boundary
ⓓ grain – hillock – whisker – void – grain boundary

66 두꺼운 금속 박막의 패턴을 형성하는 용도의 PCM(Process Control Monitor)법에 해당하지 않는 것은?

ⓐ four point probe(면저항)
ⓑ ellipsometer(두께)
ⓒ energy dispersive spectrometer(조성)
ⓓ α-step(step height)

67 CMP(Chemical Mechanical Polishing)에서 불완전한 공정으로 인한 문제점의 종류가 아닌 것은?

ⓐ dielectric erosion
ⓑ edge erosion
ⓒ residue particle
ⓓ vacancy

68 감광막(PR) 패턴을 마스크로 이용한 Si 트렌치의 건식 식각에 있어서 식각 선택비가 10:1(Si:PR)인 레시피 공정 조건을 이용하는 경우, PR의 두께가 1 ㎛이면 형성할 수 있는 트렌치의 최대 깊이는 얼마인가?

ⓐ 10
ⓑ 20
ⓒ 30
ⓓ 40

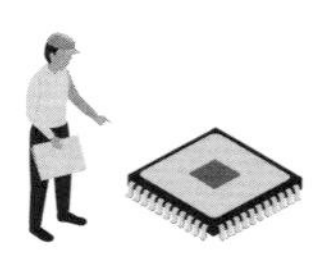

69 Al 금속 배선(비저항 = 2.8×10^{-8} Ω·m)의 설계 규칙 표에서 빈칸의 Rs(A, B, C) 이론치는?

Layer	최소폭: Min. width(㎛)	두께: thickness(㎛)	R_s(Ω/□)
M1, M2	0.3	0.3	(A)
M3, 4, 5, 6	0.4	0.45	(B)
M7	1.0	1.2	(C)

ⓐ 0.093 / 0.062 / 0.23
ⓑ 0.93 / 0.62 / 0.23
ⓒ 9.3 / 6.2 / 2.3
ⓓ 93 / 62 / 23

70 CMP(Chemical Mechanical Polishing) 장치를 구성하는 주요 요소(기능)가 아닌 것은?

ⓐ pad ⓑ platen(table) ⓒ ionizer ⓓ conditioner

71 BEOL(Back End Of Line)의 단계에 해당하지 않는 것은?

ⓐ via ⓑ CMP ⓒ electroplating ⓓ implantation

72 반도체 공정에서 Titanium(Ti) 금속 재료의 용도에 해당하지 않는 것은?

ⓐ lithography mask
ⓑ TiN barrier
ⓒ adhesion layer
ⓓ silicidation

73 실리콘 반도체 집적 회로에서 광역 배선(global interconnection)에 가장 널리 사용되는 금속은?

ⓐ Al ⓑ Au ⓒ Ag ⓓ Cu

74 CMP(Chemical Mechanical Polishing)에서 불완전한 공정으로 인해 웨이퍼에서 발견될 수 있는 결함의 종류에 해당하지 않는 것은?

ⓐ dishing ⓑ hillock ⓒ delamination ⓓ scratch

75 금속 박막의 패턴을 정확하게 형성하기 위해 평가하는 PCM(Process Control Monitor)법에 해당하지 않는 것은?

ⓐ four point probe(면저항)
ⓑ van der Pauw(면저항)
ⓒ ellipsometer(굴절률)
ⓓ α-step(step height)

76 다음의 집적 회로 단면 구조에 해당하는 CMP 공정의 횟수는?

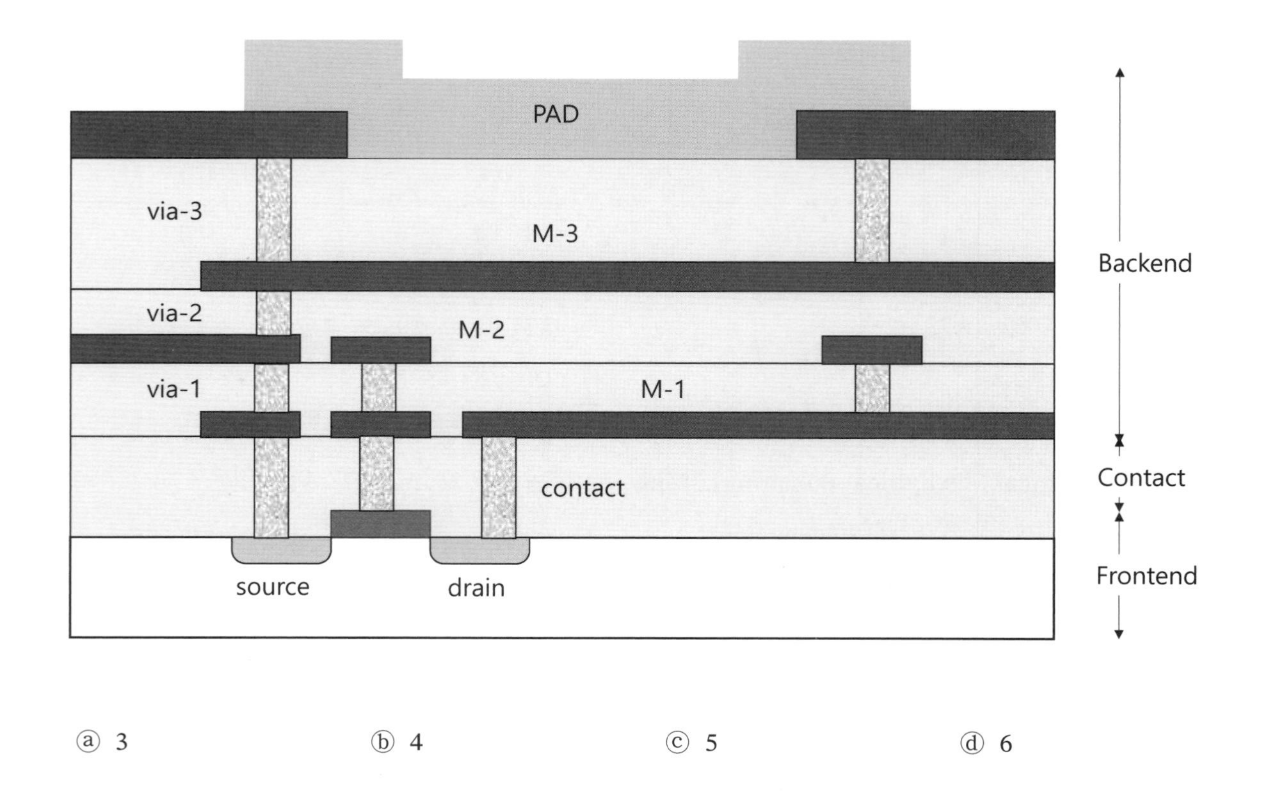

ⓐ 3　　ⓑ 4　　ⓒ 5　　ⓓ 6

[77-80] 실리콘에 Ti 금속막을 증착하여 열처리를 통한 실리사이드(silicide) 반응에 있어서 온도에 따른 면저항의 변화 단계(①~⑤)의 상태에 대한 질문에 답하시오.

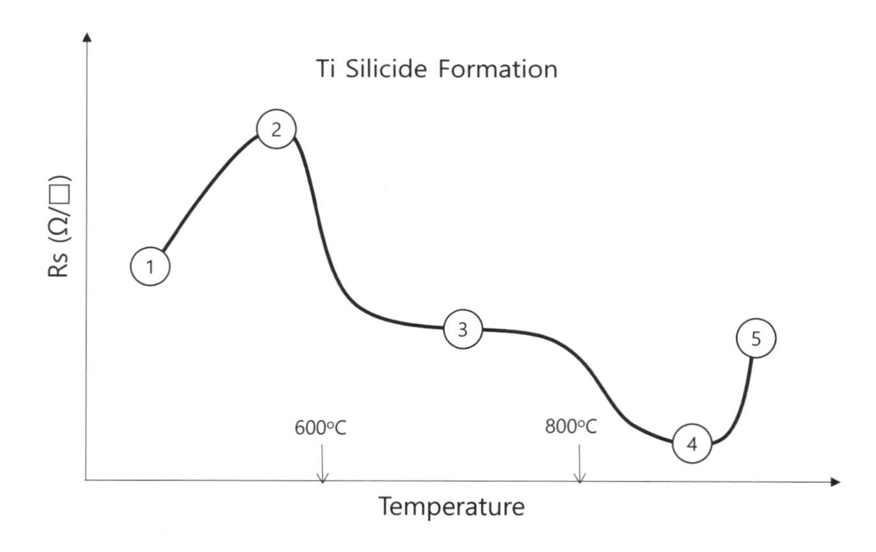

77 면저항의 변화 단계(①~⑤)의 상태에 가장 정확한 것은?

ⓐ 비정질 Ti - 비정질 $TiSi_x$ - C49 $TiSi_2$ - C54 $TiSi_2$ - agglomeration

ⓑ 비정질 Ti - 비정질 $TiSi_x$ - C54 $TiSi_2$ - C49 $TiSi_2$ - agglomeration

ⓒ 비정질 Ti - 비정질 $TiSi_x$ - agglomeration - C49 $TiSi_2$ - C54 $TiSi_2$

ⓓ 비정질 Ti - agglomeration - C49 $TiSi_2$ - C54 $TiSi_2$ - 비정질 $TiSi_x$

78 **면저항의 변화 단계(①~⑤)의 상태 중에서 저저항 오믹 접합으로 가장 적합한 구간은?**

ⓐ 2 ⓑ 3 ⓒ 4 ⓓ 5

79 **SPER(Solid Phase Epitaxial Regrowth)가 진행되는 구간은?**

ⓐ 1~2 ⓑ 2~3 ⓒ 3~4 ⓓ 4~5

80 **그림의 ①에서 ②구간 사이에 관한 설명으로 가장 적합한 것은?**

ⓐ Si이 Ti로 확산하고 공공(vacancy)이 Si 기판으로 주입되어 계면에 결함이 발생함

ⓑ Si이 Ti로 확산하여 결정질 상태의 $TiSi_2$가 형성됨

ⓒ Ti이 실리콘 기판으로 확산하여 비정질 TiSi이 형성됨

ⓓ Ti이 실리콘 기판으로 확산하여 비정질 $TiSi_2$가 형성됨

81 **개념적으로 그림의 ③과 ⑤번 구간에 해당하는 상태의 단면 구조는?**

(A)

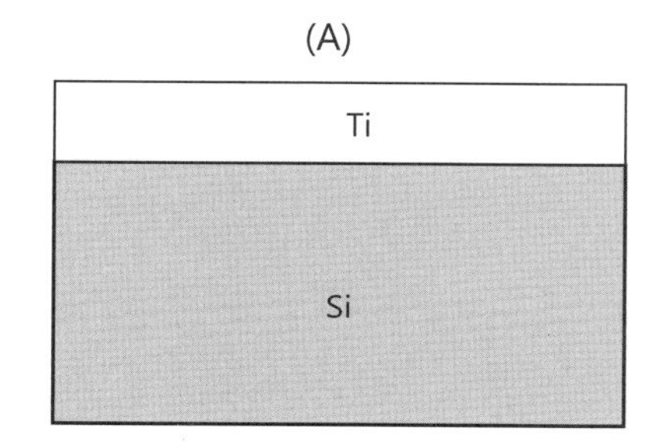

(B)

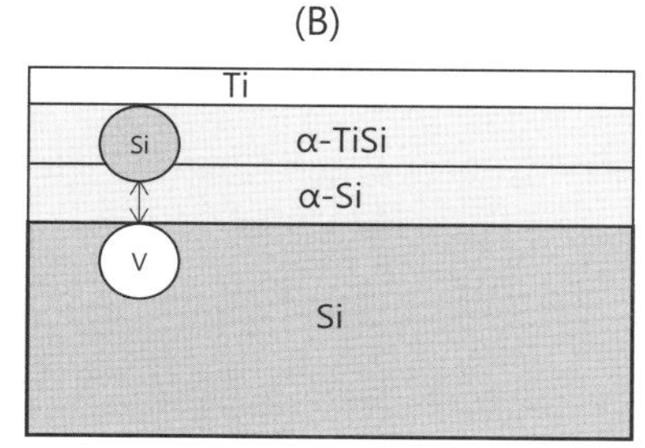

(C)

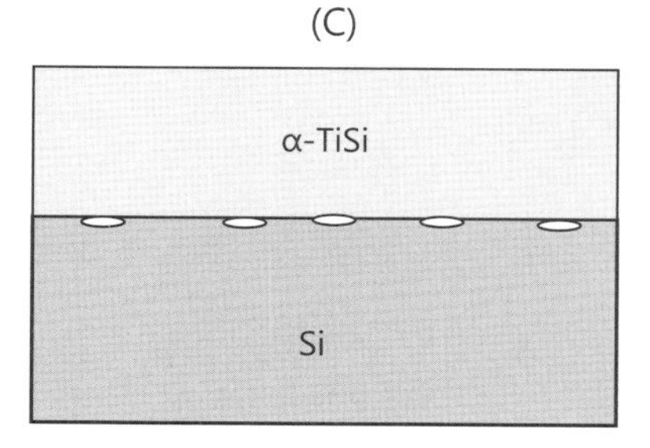

(D)

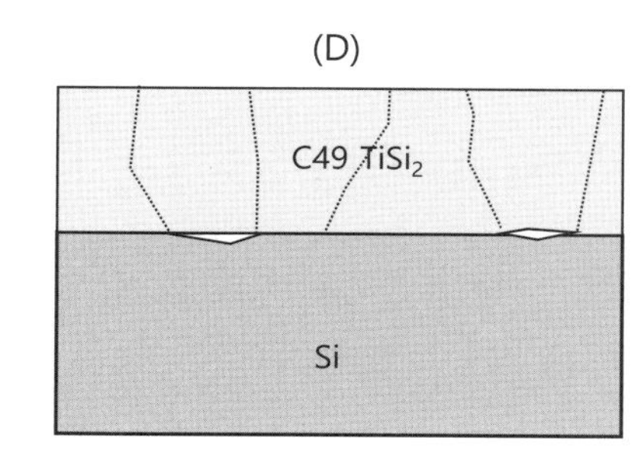

(E)

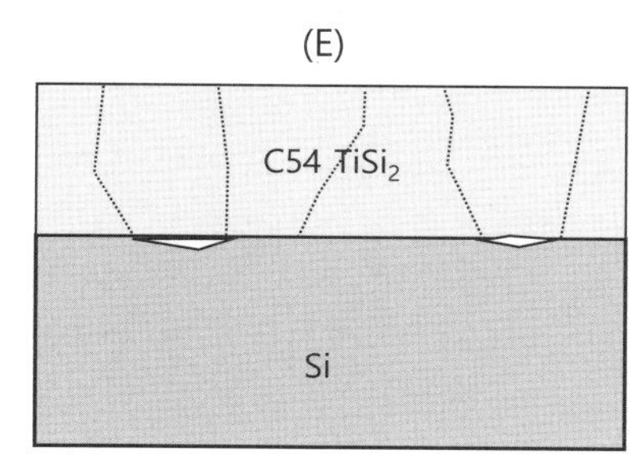

(F)

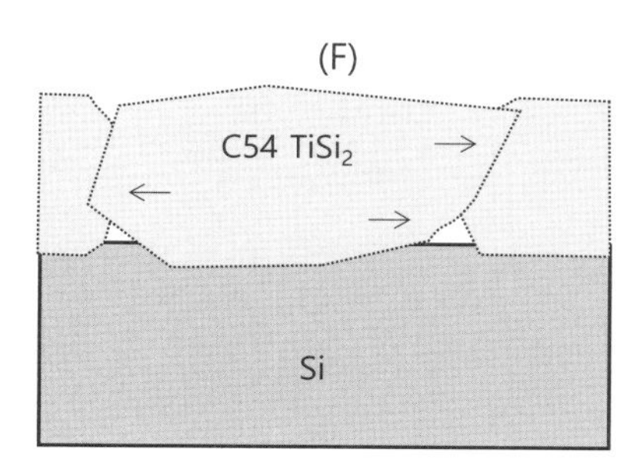

ⓐ B, C ⓑ B, D ⓒ C, E ⓓ D, F

82 **금속 배선에 텅스텐 플러그(W–plug)를 주로 사용하는 이유로 해당하지 않는 것은?**

ⓐ 플러그(plug)에 연결되는 다른 금속과의 낮은 반응성

ⓑ 높은 활성화 에너지의 전자 이탈(electromigration) 현상

ⓒ Al이나 Cu 대비 현저히 높은 열전도도

ⓓ 용융점이 높아 고온 동작에서 다른 금속 대비하여 안정

83 **다음 중 구리(Cu) 금속 배선의 장점은?**

ⓐ 낮은 비저항

ⓑ 편리한 증착 공정

ⓒ 저비용 식각 공정

ⓓ 산화에 대한 내성

84 **다음 중 Al 금속 접합이나 배선 이후 > 500 °C의 고온 열처리를 피해야 하는 이유가 아닌 것은?**

ⓐ spike, hillock 발생

ⓑ grain growth 전자 이탈(electromigration) 심화

ⓒ 비저항 증가

ⓓ 주변(산화막)으로 확산 내지 침투

85 **다층 금속 배선에 있어서 텅스텐 플러그(W–plug)를 형성하는 증착 공정의 단계가 ① 10 ㎚ Ti/TiN, ② 5 ㎚ WSi, ③ 100 ㎚ W의 차례로 구성된 경우 관련한 설명으로 부적합한 것은?**

ⓐ Ti/TiN은 부착층 및 라이너층(liner)이며, 단차 피복성(step coverage)이 좋은 ALD가 유용함

ⓑ WSi CVD 박막은 TiN과 W 사이의 계면 저항을 높이기 위해 사용함

ⓒ W CVD 박막은 우수한 단차 피복성(step coverage)으로 plug를 채우게 제어함

ⓓ WSi 증착에는 (WF_6 + SiH_4) 혼합 가스를, W 증착에 (WF_6 + H_2)를 사용함

86 **다층 금속 배선에 있어서 텅스텐 플러그(W–plug)를 형성하는 증착 공정의 단계가 ① 10 ㎚ TiN, ②5 ㎚ WSi, ③ 100 ㎚ W의 차례로 구성된 경우 관련한 설명으로 올바른 것은?**

ⓐ TiN은 단차 피복성(step coverage)이 중요하지 않으므로 전자선 증착이 가장 유용함

ⓑ W 박막은 800 °C 이상의 고온에서 증착하여 seam이 중앙에 형성되도록 제어함

ⓒ W 증착에 (WF_6 + H_2 + H_2Cl_2)의 혼합 가스를 사용함

ⓓ WSi 박막은 후속 공정인 W 증착의 균일한 핵생성을 위해 이용됨

87 **다음의 금속–실리콘 반도체 접합에서 ESD/EOS(electrostatic discharge/electrical over stress)에 가장 취약한 금속인 것은?**

ⓐ Ti　　ⓑ Al　　ⓒ W　　ⓓ Ta

88 **텅스텐–실리콘(WSi_x)의 물리적 특성과 관련한 설명으로 부적합한 것은?**

ⓐ 고온에서 안정하여 TiN과 같은 장벽층(barrier)이 전혀 필요하지 않음

ⓑ 비저항이 비교적 낮음(70~90 μΩ·㎝)

ⓒ 용융 온도가 높아 열적으로 안정함(T_m~2,165 °C)

ⓓ 전공정 단계인 gate, bit line 형성에 사용 가능함

89 SOG(spin on glass)에 phosphorous(P)를 첨가하는 이유와 현상에 대한 설명으로 틀린 것은?

ⓐ 코팅면을 부드럽게 형성함

ⓑ 열처리에 의한 부피 감소의 정도가 감소함

ⓒ 요철면의 갭 채우기(gap filling)에 유용함

ⓓ 수분의 흡수를 방지하여 더욱 안정적임

90 다음 평탄화 공정의 결과가 (A)→(B)→(C)의 순서대로 매칭이 정확한 것은?

> (A) SOD(BPSG, PSG) + thermal reflow
>
> (B) SOD + EB(etch back)
>
> (C) CMP(chemical mechanical polishing)

ⓐ surfce smoothing → local planarization → global planarization

ⓑ local planarization → global planarization → surfce smoothing

ⓒ local planarization → surfce smoothing → global planarization

ⓓ surfce smoothing → global planarization → local planarization

91 Stribeck curve 모델에 의거한 CMP의 접촉 모드(contact mode)와 관련이 없는 것은?

ⓐ direct mode

ⓑ hydrodynamic mode

ⓒ mixed mode

ⓓ elctrochemical mode

92 유전 상수가 작은 low–k 유전체 물질에 해당하지 않는 것은?

ⓐ BPSG(borophosphorous silicate glass)

ⓑ 폴리머(polymer)나 비정질 카본 계열(non-Si)

ⓒ FSG(fluorinated silicate glass), OSG(organosilicate glass: SiOF, SiOCH(black diamond)

ⓓ HSG(hydrogen silsesquioxane), MSSG(methyl terminated silsesquioxane glass)

93 측정한 온도가 250 ℃에서 Al(2 % wt. Cu) 배선의 수명이 MTF = 200 hrs인 경우, 상온(300 K)에서 추정되는 MTF는? (단, 활성화 에너지는 0.8 eV, k = 8.62×10^{-5} eV/K를 적용함)

ⓐ 106 hrs　　ⓑ 107 hrs　　ⓒ 108 hrs　　ⓓ 109 hrs

94 RTA(rapid thermal anneal)**의 용도에 해당하지 않는 것은?**

ⓐ 오믹 접합 alloy

ⓑ 1 ㎛ 두께의 필드 산화막(field oxide oxidation) 공정

ⓒ TiN과 같은 장벽층의 경화

ⓓ Ti 실리사이드 형성

95 금속 배선에서 구리(Cu**)의 단점이 아닌 것은?**

ⓐ 산화물에서 확산이 빠름

ⓑ 플라스마 건식 식각이 어려움

ⓒ 저온(< 200 ℃)에서 산화가 잘됨

ⓓ 비저항이 Al에 비해 낮음

96 연마(polishing**) 공정에서 물질의 제거 속도(**R**)는** Preston **방정식** R = k · P · v**로 표현되는데, 이와 관련한 설명으로 틀린 것은?**

ⓐ 기판의 온도는 영향에 들어가지 아니함

ⓑ k는 산화물 경도, 연마 슬러리, 연마 패드 등 공정 조건에 의한 공정 상수임

ⓒ P는 웨이퍼에 인가된 압력임

ⓓ v는 웨이퍼와 연마 패드와의 상대 속도임

97 SOG(spin on glass)**에 코팅 박막이 고온에서 안정하여 결함(**crack**)의 발생을 방지하는 방법은?**

ⓐ SOG 두께를 10 ㎛ 이상으로 코팅함

ⓑ 코팅 후에 저온에서(100 ℃~400 ℃) 여러 단계로 온도를 올리면서 열처리(curing)함

ⓒ 코팅하는 회전수를 10,000 rpm으로 높여 사용함

ⓓ SOG 코팅 후에 순수(DI water)에 담가서 보관함

98 금속 배선에 텅스텐 플러그(W−plug**)를 주로 사용하는 이유로 해당하지 않는 것은?**

ⓐ 전자 이탈(electromigration) 현상에 강함

ⓑ 연결되는 Al이나 Cu 금속과 낮은 반응성

ⓒ Al이나 Cu 대비 현저히 높은 전기 전도도

ⓓ 용융점이 높고 고온에서 안정성 유지

99 구리(Cu**) 상감(**damascene**)법의 배선 공정에서 사용하는** Ru−Co **라이너의 가장 중요한 장점은?**

ⓐ Ru-Co는 wetting을 위해 얇게 사용할 수 있으며 배선의 저항을 줄이고 집적화를 높임

ⓑ PVD(physical vapor deposition) 공정을 이용해 단차 피복성과 생산성이 높고 편리함

ⓒ 패턴의 습식 식각 공정을 이용해 저비용의 장점을 제공함

ⓓ 고온에서 산화에 대한 내성을 제공하여 TaN과 같은 장벽층이 불필요함

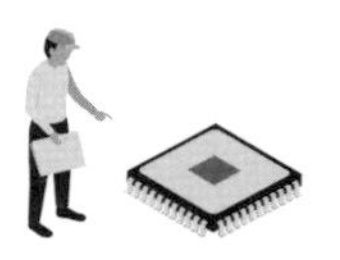

100 **구리(Cu) 마이크로 기둥(필라, pillar)의 대표적 단면 구조에서 부위별 설명으로 부적합한 것은?**

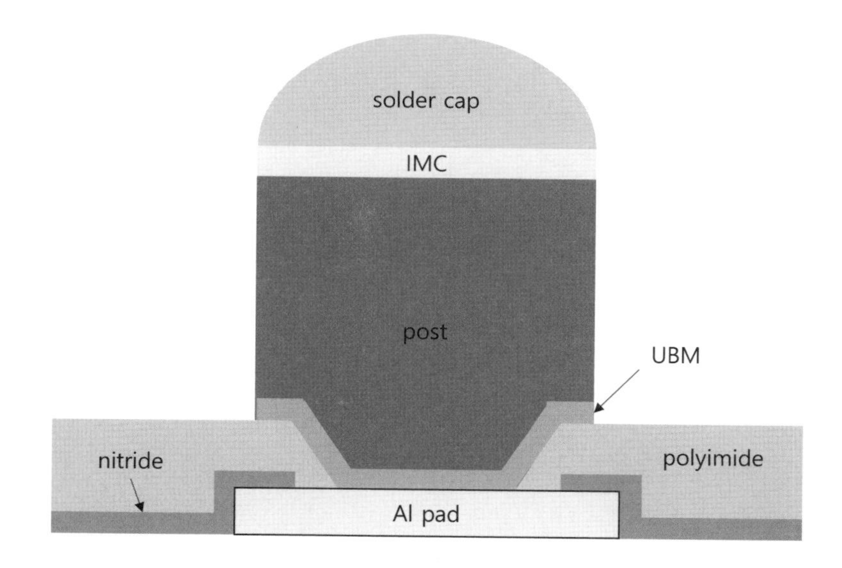

ⓐ post의 직경의 축소는 고집적 금속 배선에 필수이며 저저항을 위해 Cu를 사용

ⓑ IMC(intermetallic compound)로는 금속 간 안정한 접합을 위해 Al-Au을 이용함

ⓒ solder cap으로는 Sn-Ag와 같이 eutectic으로 220 ℃ 정도의 저온에서 금속 간 부착에 용이함

ⓓ UBM(under bump metal)은 Cu/Ti와 같이 하단부 금속과 접촉 및 상단부 Cu 도금용 seed 층으로 구성

제 9 장

소자 공정

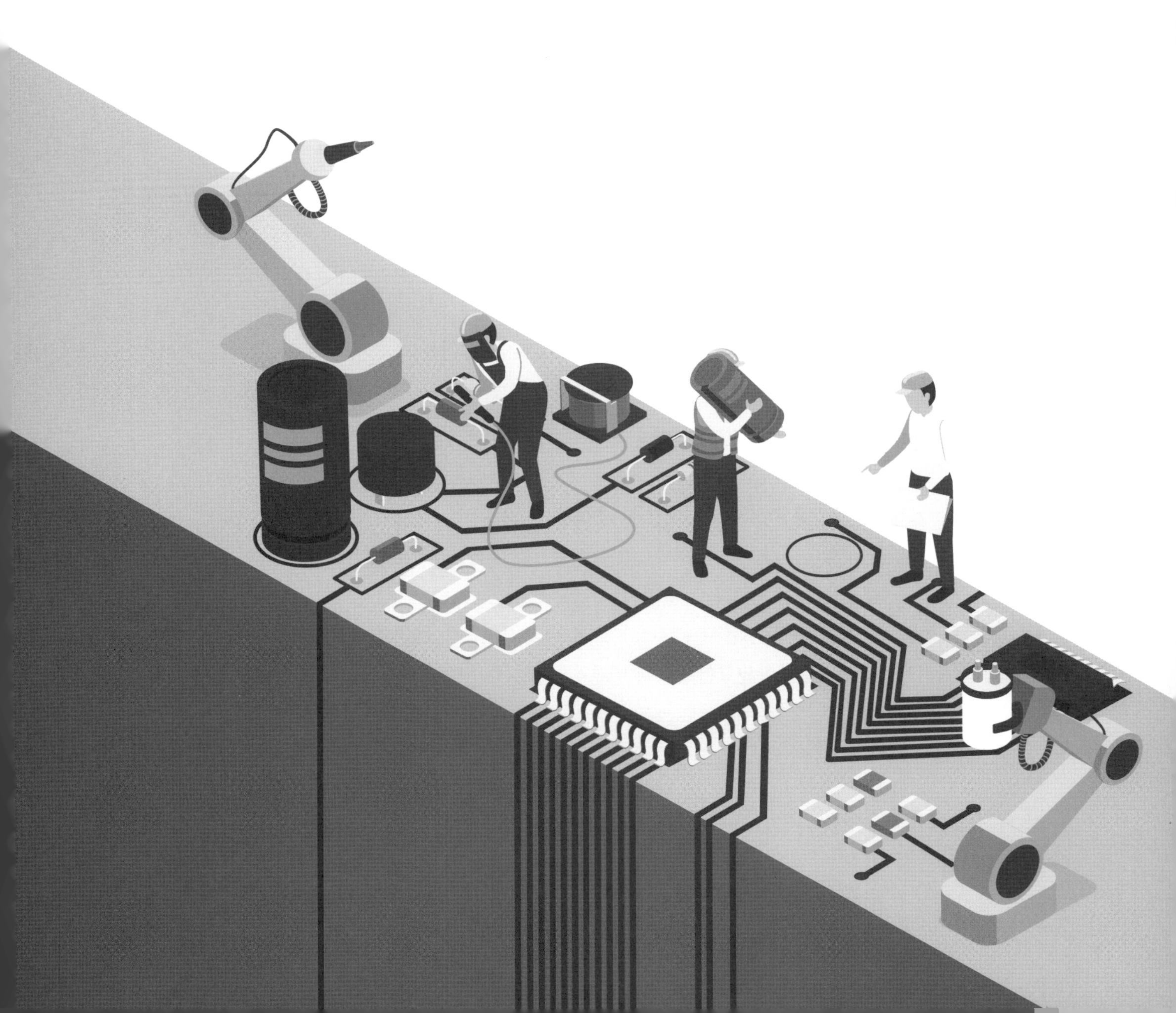

제9장 | 소자 공정

01 **CMOS 집적 회로의 제작 공정에 있어서 단채널 효과(Schort channel effect)를 경감하기 위한 공정법에 해당하는 것은?**

ⓐ LDD(Lightly Doped Drain), halo implantation

ⓑ field ion implantation

ⓒ LOCOS

ⓓ deep trench

02 **Si 집적 회로의 제작 공정에 있어서, 소자 격리(isolation)의 방식과 관련한 기술이 아닌 것은?**

ⓐ mesa　　ⓑ via　　ⓒ trench　　ⓓ junction isolation

03 **CMOS 집적 회로의 제작 공정에서 채널 스톱(channel stop) 이온 주입 사례에 대한 가장 적합한 설명은?**

ⓐ segregation coefficient가 1보다 작은 phosphorous가 산화막 외부로 확산해 계면의 실리콘에 누설 전류 채널이 발생하는 문제를 해결하기 위해 미리 phosphorous를 이온 주입하여 보강해 주는 방법

ⓑ segregation coefficient가 1보다 큰 boron이 산화막 외부로 확산해 계면의 실리콘에 누설 전류 채널이 발생하는 문제를 해결하기 위해 미리 boron을 이온 주입하여 보강해 주는 방법

ⓒ segregation coefficient가 1보다 작은 boron이 산화막 외부로 확산해 계면의 실리콘에 누설 전류 채널이 발생하는 문제를 해결하기 위해 미리 boron을 이온 주입하여 보강해 주는 방법

ⓓ segregation coefficient가 1보다 큰 phosphorous가 산화막 외부로 확산해 계면의 실리콘에 누설 전류 채널이 발생하는 문제를 해결하기 위해 미리 phosphorous를 이온 주입하여 보강해 주는 방법

04 **게이트 전압(V_G)을 9 V까지 사용하는 MOSFET 소자의 경우 SiO_2 게이트 산화막($E_c = 9$ MV/cm, $k = 3.9$, $\varepsilon_o = 8.85\times10^{-12}$ F/m)의 최소 필요한 산화막 두께?**

ⓐ 10 nm　　ⓑ 100 nm　　ⓒ 10 μm　　ⓓ 100 μm

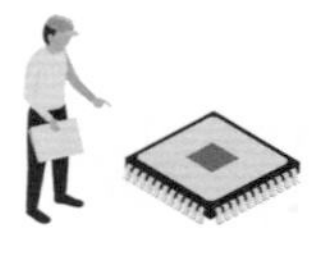

05 게이트 전압(V_G)을 9 V까지 사용하는 MOSFET 소자의 경우 SiO_2 게이트 산화막(E_c = 9 MV/cm, k = 3.9, $\varepsilon_o = 8.85 \times 10^{-12}$ F/m)을 최소 필요한 산화막 두께의 2배로 사용하는 경우, 게이트에 인가되는 oxide capacitance(Cox)는?

ⓐ 1.7×10^{-9} F/cm² ⓑ 1.7×10^{-7} F/cm² ⓒ 1.7×10^{-5} F/cm² ⓓ 1.7×10^{-3} F/nm²

06 NPN–BJT(Bipolar Junction Transistor) 소자를 제작하는 그림의 공정 단계에서 n^+형 sub–collector를 형성하기 위한 As 이온 주입 공정 조건에 대한 설명으로 가장 부합하는 것은?

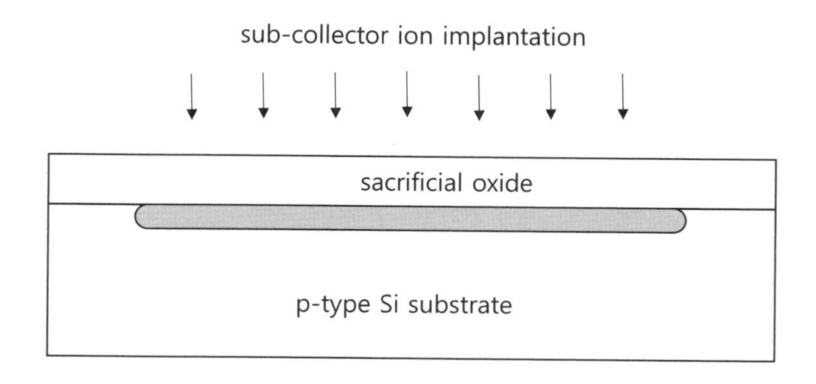

ⓐ 고용도가 높아 n^+형에 유리하고 확산 계수가 높은 As를 주로 이온 주입하여 사용함
ⓑ 고용도가 낮아 n^+형에 유리하고 확산 계수가 작은 As를 주로 이온 주입하여 사용함
ⓒ 고용도가 낮아 n^+형에 유리하고 확산 계수가 높은 As를 주로 이온 주입하여 사용함
ⓓ 고용도가 높아 n^+형에 유리하고 확산 계수가 작은 As를 주로 이온 주입하여 사용함

07 NPN–BJT(Bipolar Junction Transistor) 소자를 제작하는 그림의 공정 단계에서 n^- 에피층을 성장하는 과정에 발생하는 out–diffusion과 auto–doping에 가장 적합한 설명은?

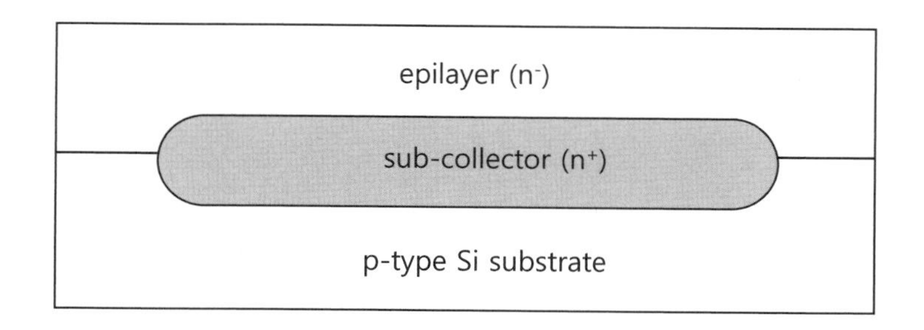

ⓐ 이온 주입된 불순물은 auto–doping 하고, 기판의 p–type 불순물은 out–diffusion 함
ⓑ 이온 주입된 불순물과 기판의 p–type 불순물은 out–diffusion 함
ⓒ 이온 주입된 불순물과 기판의 p–type 불순물은 auto–doping 함
ⓓ 이온 주입된 불순물은 out–diffusion 하고, 기판의 p–type 불순물은 auto–doping 함

08 NPN-BJT(Bipolar Junction Transistor) **소자를 제작하는 그림의 공정 단계에서 사용되는 소자 격리에 대한 가장 정확한 설명은?**

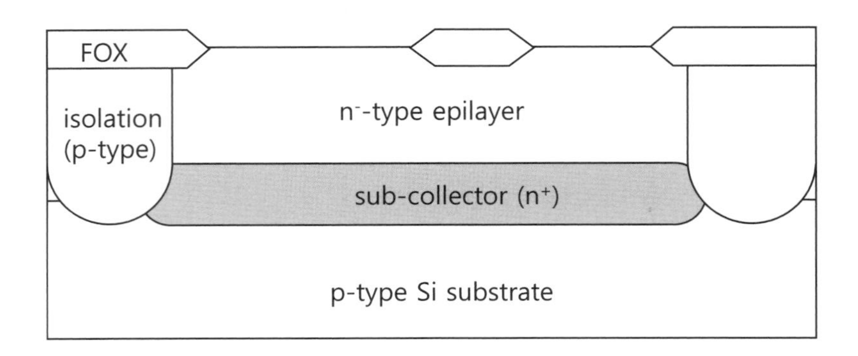

ⓐ LOCOS 공정 전에 이온 주입된 boron은 LOCOS 공정 단계에서 sub-collector와 만나야 함

ⓑ plug 이온 주입된 phosphorous는 LOCOS 공정 단계에서 sub-collector와 만나야 함

ⓒ LOCOS 공정 전에 이온 주입된 boron은 LOCOS 공정 단계에서 p-type 기판과 만나야 함

ⓓ LOCOS 공정 전에 이온 주입된 phosphorous는 LOCOS 공정 단계에서 sub-collector와 만나야 함

09 NPN-BJT(Bipolar Junction Transistor) **소자를 제작하는 그림의 공정 단계에서** p-type base junction**을 매우** shallow **하게 형성해서 게인이 높은 소자를 형성하고자 할 때, 동일한 이온 주입 에너지라면 가장 유용한 이온인 것은?**

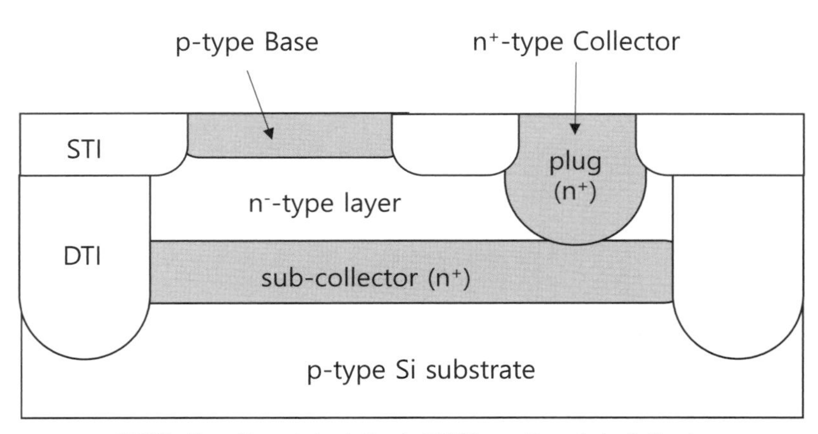

STI(Shallow Trench Isolation), DTI(Deep Trench Isolation)

ⓐ B^{++}　　ⓑ BF_2^{+}　　ⓒ BF^{+}　　ⓓ B^{+}

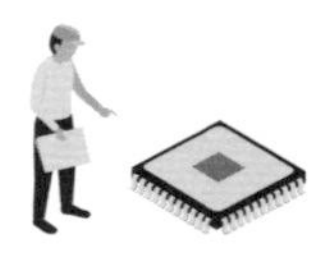

10 NPN-BJT(Bipolar Junction Transistor) 소자를 제작하는 그림의 공정 단계에서 도핑 농도가 $> 10^{19}$ ㎝$^{-3}$ 대로 높은 n^+ poly-Si을 에미터로 사용하는 가장 정확한 이유는?

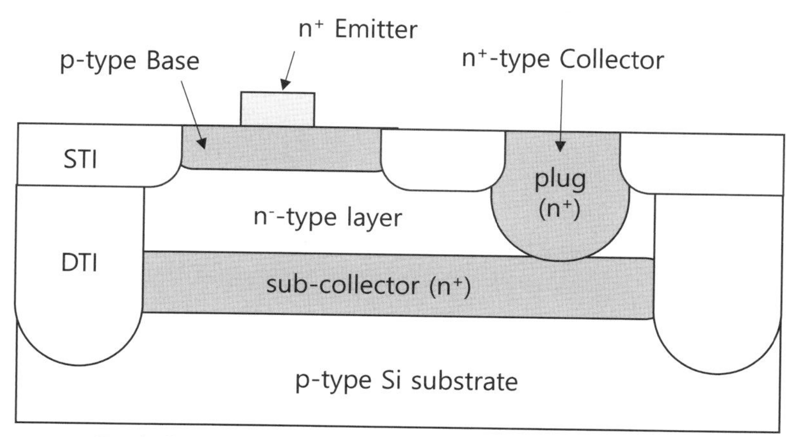

STI(Shallow Trench Isolation), DTI(Deep Trench Isolation)

ⓐ 비저항이 작고 베이스 측으로 전자 주입 효율이 높으며 주입된 정공의 재결합이 빠름
ⓑ 비저항이 크고 베이스 측으로 정공 주입 효율이 높으며 주입된 정공의 재결합이 빠름
ⓒ 비저항이 크고 베이스 측으로 전자 주입 효율이 높으며 주입된 전자의 재결합이 느림
ⓓ 비저항이 작고 베이스 측으로 전자 주입 효율이 높으며 주입된 정공의 재결합이 느림

11 두 종류의 소자의 단면도 그림에 대한 소자의 명칭으로 가장 부합하는 것은?

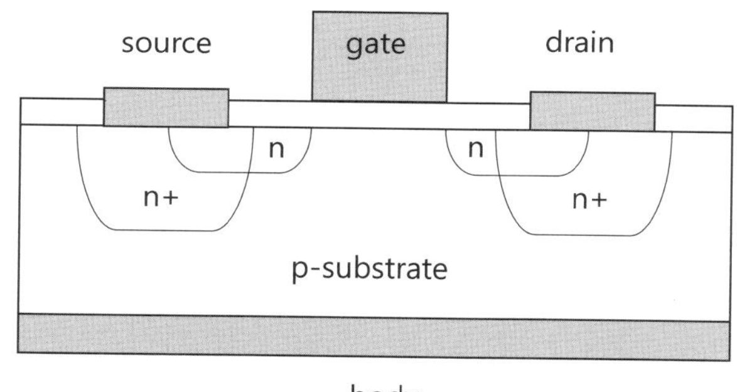

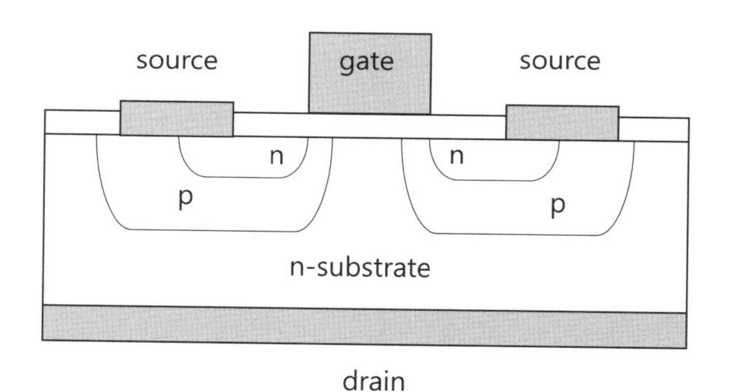

ⓐ p-MOSFET, p-VDMOS
ⓑ n-MOSFET, n-VDMOS
ⓒ n-MOSFET, IGBT
ⓓ p-MOSFET, IGBT

12 실리콘 기판의 접합으로 제작할 수 있는 커패시터의 구조에 해당하지 않는 것은?

ⓐ MOS ⓑ p-n Junction
ⓒ Schottky contact ⓓ MIM

[13-16] 다음 그림을 보고 질문에 답하시오.

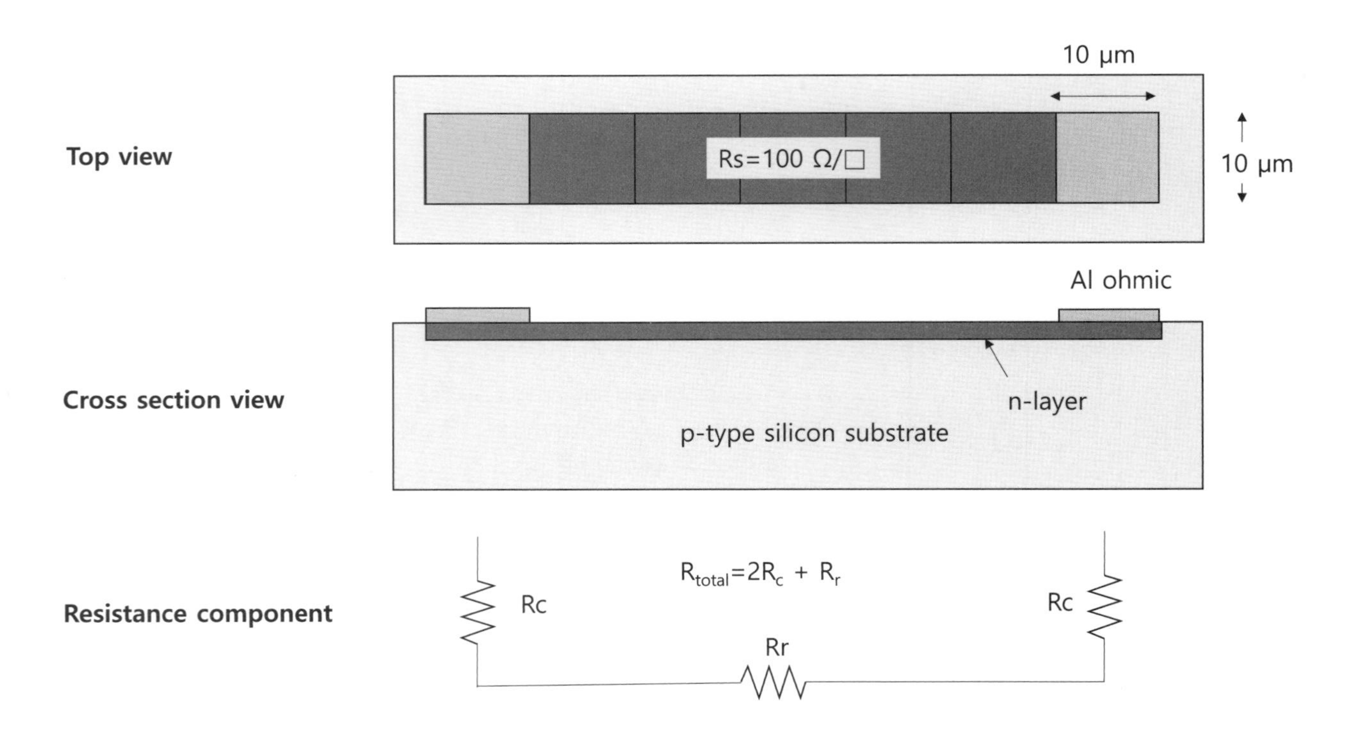

13 그림은 고저항 p-type Si 기판에 n-type 불순물을 주입하여 저항(resistor)을 제작하는 단면, top view, 저항 성분을 보여준다. 단, 레지스터 면저항의 계산에 있어서 기판 내부의 p-type 불순물 농도는 매우 낮으므로 무시된다. n-type 레지스터의 면저항 $R_s = 100\ \Omega/\square$이고, 오믹 접합의 접촉 비저항 ρ_c는 $10^{-3}\ \Omega\cdot\text{cm}^2$이며, Al 금속 접합 부분은 오믹 저항의 성분(R_c)만 고려한다. 전체 저항 R_{total}은?

ⓐ 2.5 Ω ⓑ 25 Ω ⓒ 2.5 kΩ ⓓ 25 kΩ

14 그림은 고저항 p-type Si 기판에 n-type 불순물을 주입하여 저항(resistor)을 제작하는 단면, top view, 저항 성분을 보여준다. 단, 레지스터 면저항의 계산에 있어서 기판 내부의 p-type 불순물 농도는 매우 낮으므로 무시하고 이온 주입된 n-type 불순물의 영향만 고려한다. Hall 이동도가 1,000 ㎠/Vs인 n-type 저항층을 형성하기 위해 P^+ 이온을 주입하는 경우 $R_s = 100\ \Omega/\square$를 맞추기 위한 dose(이온 주입량)은?

ⓐ 7.1×10^{12} ion/㎠ ⓑ 7.1×10^{13} ion/㎠

ⓒ 7.1×10^{14} ion/㎠ ⓓ 7.1×10^{15} ion/㎠

15 그림은 p-type(2×10^{16} ㎝$^{-3}$) 실리콘 기판에 n-type 불순물을 주입하여 저항(resistor)을 제작하는 단면과 top view, 저항 성분을 보여준다. 저항의 부분에 P^+ 이온을 100 keV($R_p = 0.13$ ㎛, $\Delta R_p = 0.45$ ㎛), Q $= 2\times10^{15}$ ㎝$^{-2}$의 조건으로 이온 주입한 경우 가우시안 분포($N(x) = \frac{Q}{\sqrt{2\pi}\Delta R_p}\exp\left[-\frac{(x-R_p)^2}{2\Delta R_p^2}\right]$)를 적용하여 형성된 p-n 접합의 metallic(p형과 p형 불순물의 농도가 동일한 위치) 접합의 깊이는?

ⓐ 0.019 ㎛ ⓑ 0.19 ㎛ ⓒ 1.9 ㎛ ⓓ 19 ㎛

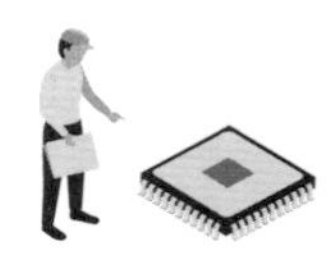

16 그림은 고저항 p−type(1×10^{13} cm^{-3}) 실리콘 기판에 n−type 불순물을 주입하여 저항(resistor)을 제작하는 단면, top view, 저항 성분을 보여준다. 저항의 부분에 P^+ 이온을 $Q = 2\times10^{15}$ cm^{-2} 이온 주입하여 형성한 n−layer의 면저항(R_s)은? (단, 간단한 계산을 위해 이동도 100 cm^2/V sec, 주입된 이온만이 저항 성분에 기여한다고 봄)

ⓐ 0.3125 Ω/□
ⓑ 3.125 Ω/□
ⓒ 31.25 Ω/□
ⓓ 312.5 Ω/□

17 일반적인 NPN−BJT 소자의 평면도와 단면도에 있어서 그림과 같이 에미터 하단부의 깊이 방향으로 형성된 불순물의 농도 분포로 가장 부합하는 그림은?

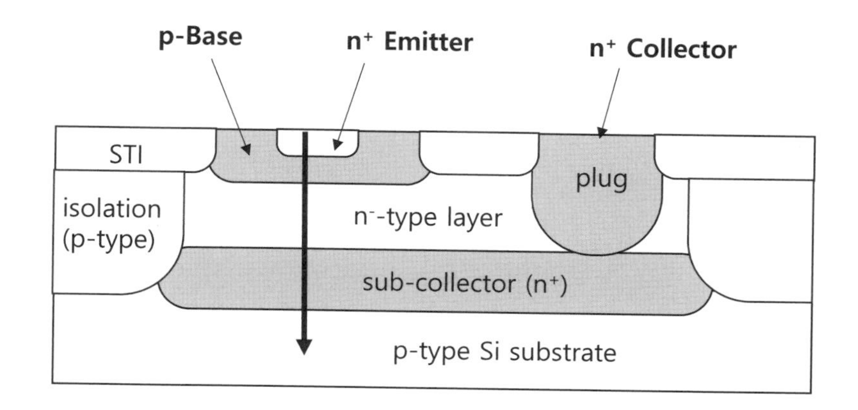

ⓐ

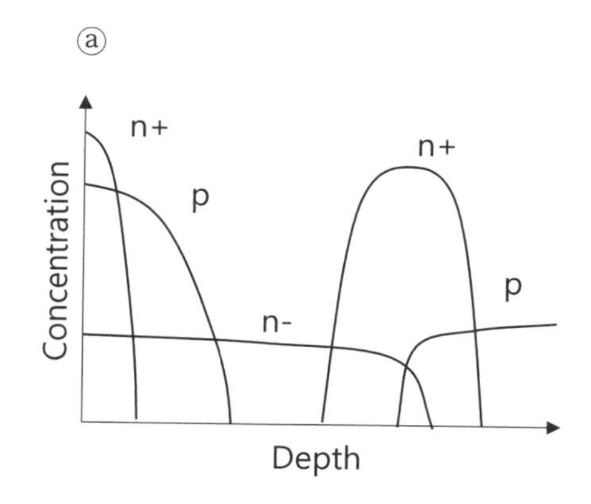

ⓑ

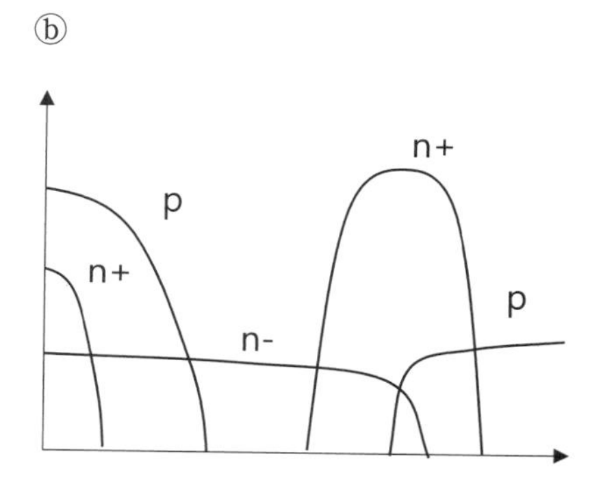

ⓒ

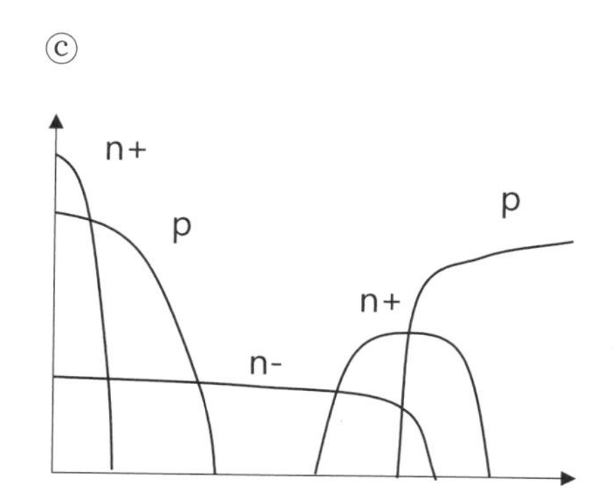

ⓓ

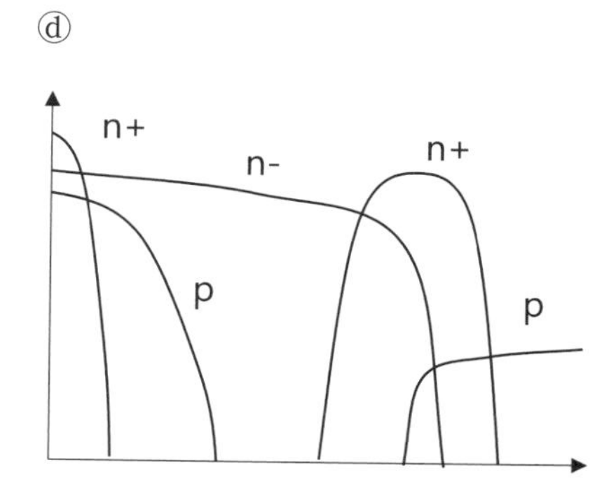

18 CMOS **공정 단계에서** Ti / Al(Cu) / TiN **형태의** Metal−1 interconnection **공정과 관련한 설명으로 부적합한 것은?**

ⓐ Al은 단결정 상태를 유지함

ⓑ Ti는 하층부의 물질과 접촉성을 높임

ⓒ Cu는 Al의 electromigration 현상을 개량함

ⓓ TiN은 Al 표면을 강화하여 안정화함

19 Si **반도체 공정에서 자주 사용하는 희생 산화막에 대한 설명으로 가장 적합한 것은?**

ⓐ 실리콘 표면에 산화막을 1 ㎛ 이상으로 최대한 두껍게 형성하여 이용함

ⓑ 실리콘 표면에 PECVD로 증착하여 공정 중에 표면을 안정화함

ⓒ 실리콘 표면에 LPCVD로 증착하여 공정 중에 불순물의 인입을 방지함

ⓓ 실리콘 표면을 산화하여 성장하며 공정 중에 불순물의 인입이나 부착을 방지함

20 MOSFET**의 단채널 효과**(short channel effect)**를 경감하는 방법과 무관한 것은?**

ⓐ side wall

ⓑ LDD

ⓒ halo(pocket) implantation

ⓓ LOCOS

21 **전극이** 2**개인 아래의 단면 구조에 해당하는 소자의 적합한 명칭은?**

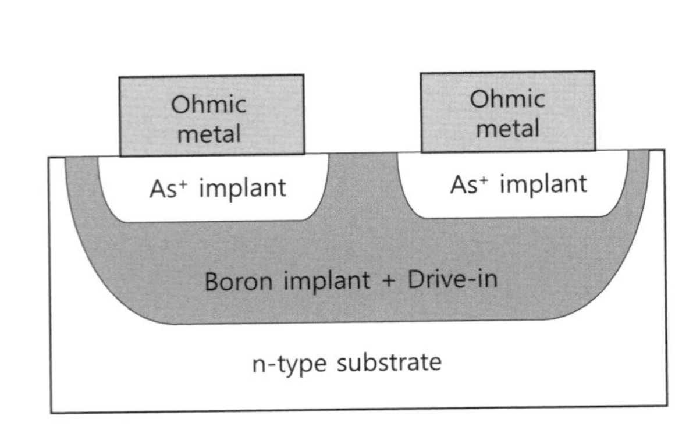

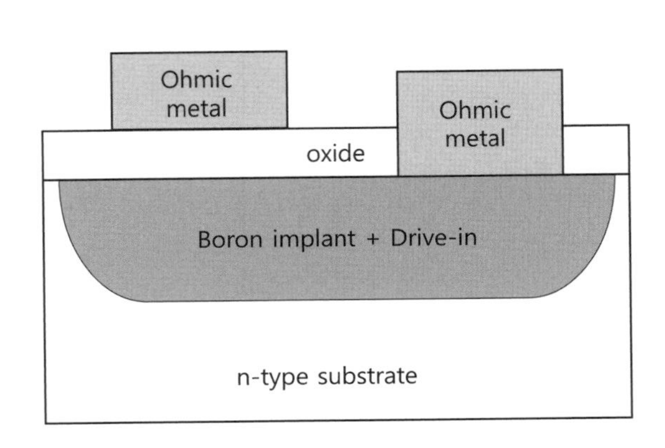

ⓐ NPN BJT, MOSFET

ⓑ NPN diode, MOSFET

ⓒ NPN diode, MOS capacitor

ⓓ NPN BJT, MOS capacitor

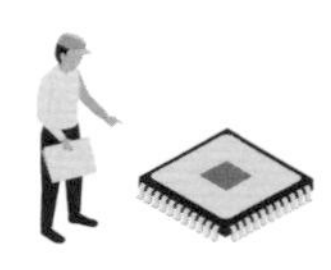

22 **전극이 2개로 제작되는 아래의 단면 구조에 해당하는 소자의 적합한 명칭은?**

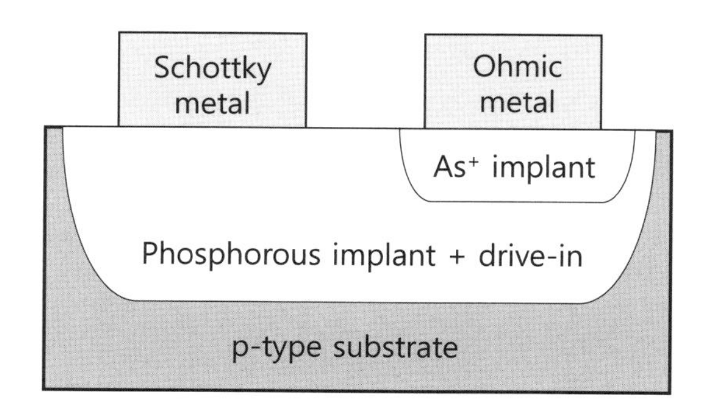

ⓐ inductor, resistor
ⓑ Schottky diode, resistor
ⓒ Schottky diode, NPN diode
ⓓ inductor, NPN diode

23 N−MOSFET **소자의 단면 구조에서** A **커트라인에 가장 일치하는 도핑 형태는?**

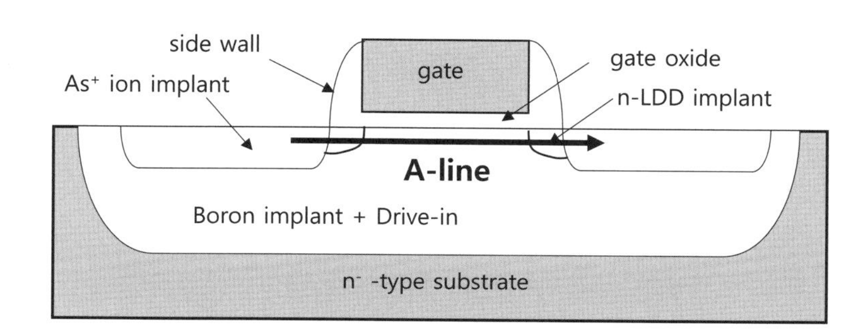

ⓐ

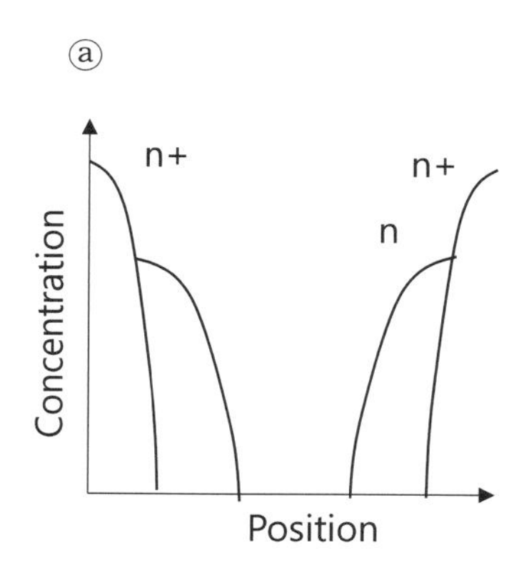

ⓑ

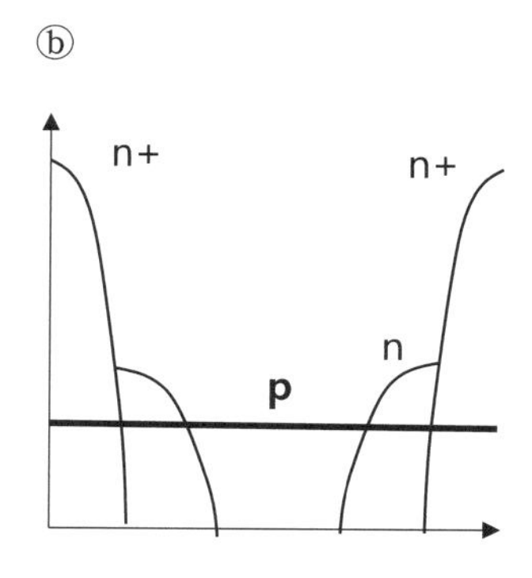

ⓒ

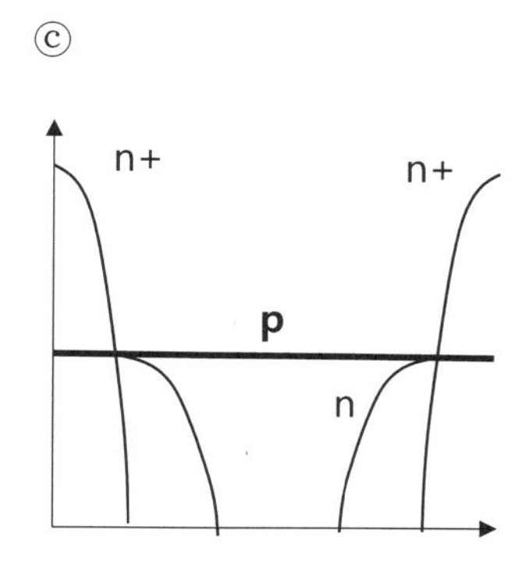

ⓓ

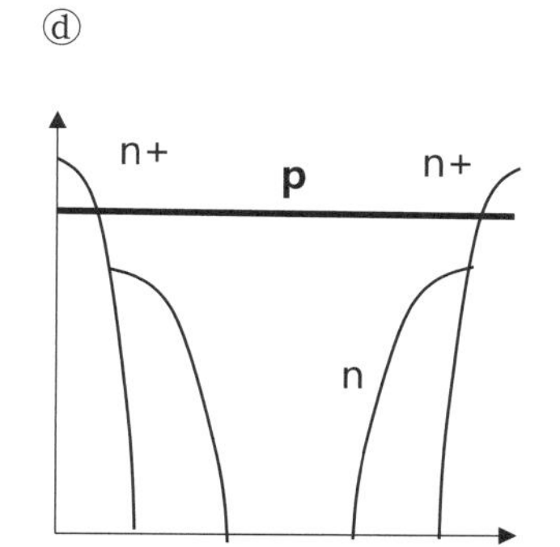

24 Si MOSFET 제조 공정 중 LOCOS 산화막을 형성하는 스텝에 있어서 field implantation 공정인데, 두꺼운 실리콘 질화막(Si_3N_4)을 마스크로 차폐하여 국부적으로 boron을 이온 주입하는 과정이다. 보론 빔의 이온 주입 에너지와 함량(dose)이 각각 40 keV와 1×10^{13} cm^{-2}이라면 MOSFET active 영역(소자가 만들어질 부분)에 영향을 주지 않기 위해 필요한 실리콘 질화막의 최소 두께는? (단, 여기에서 산화막의 두께는 20 nm이며, 간단한 계산을 위해 99.99 % 차폐를 위한 두께는 $d = R_p + 3.96 \cdot \Delta R_p$이고, 질화막과 산화막에서 이온 주입되는 보론의 R_p, ΔR_p는 Si으로의 이온 주입에 대한 R_p, ΔR_p와 동일하다고 간주하며, boron은 40 keV에서 $R_p = 130$ nm, $\Delta R_p = 70$ nm임)

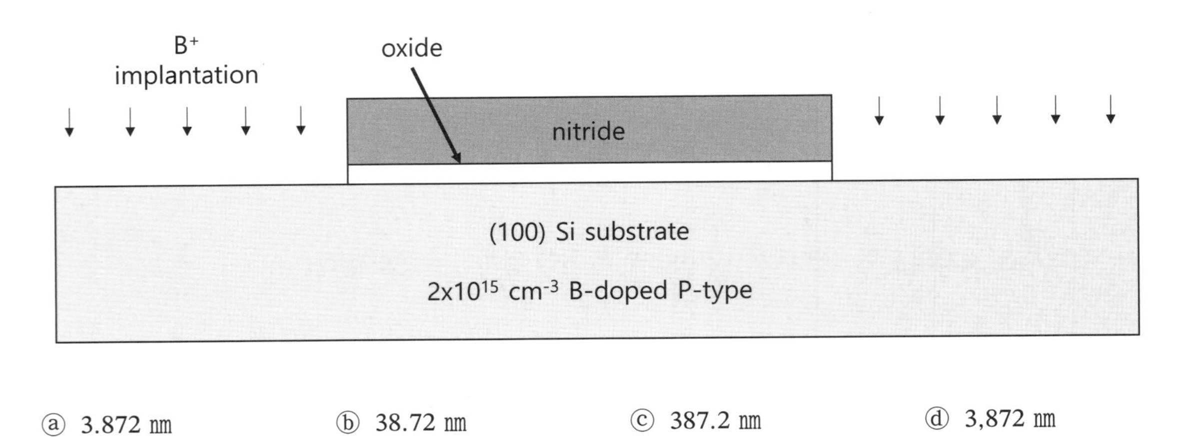

ⓐ 3.872 nm　　ⓑ 38.72 nm　　ⓒ 387.2 nm　　ⓓ 3,872 nm

25 Si MOSFET 제조 공정 중 wet oxidation으로 1,000 °C 온도에서 600 nm 두께의 LOCOS를 형성하는 경우 산화에 소요되는 시간은? (단, 산화에 대해 아래 주어진 성장률 수식과 상수를 이용하되 $\tau = 0$으로 간주하며, $k = 8.6 \times 10^{-5}$ eV/K, 산화에 대한 성장률 수식 및 상수(B, B/A)는 데이터 표를 적용함)

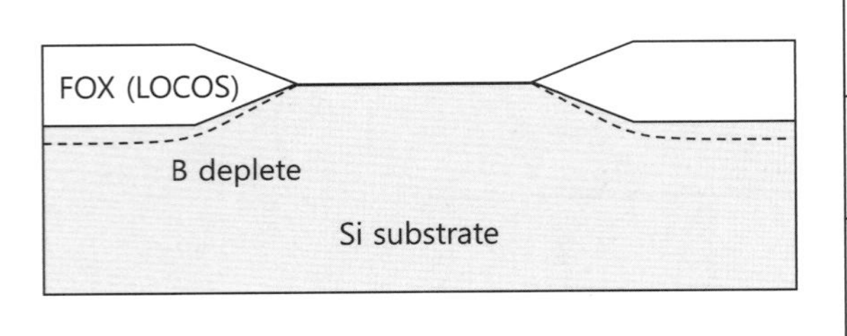

Oxidation time (t) $t = \frac{x^2}{B} + \frac{x}{B/A} - \tau$		Wet Oxidation (xi=0nm)		Dry Oxidation (xi=25 nm)	
		Do	Ea	Do	Ea
Si <100>	Linear(B/A)	9.7x10⁷ um/hr	2.05 eV	3.71x10⁶ um/hr	2.00 eV
	Parabolic (B)	386 um²/hr	0.78 eV	772 um²/hr	1.23 eV
Si <111>	Linear(B/A)	1.63x10⁸ um/hr	2.05 eV	6.23x10⁶ um/hr	2.00 eV
	Parabolic (B)	386 um²/hr	0.78 eV	772 um²/hr	1.23 eV

ⓐ 1.186 min　　ⓑ 11.86 min　　ⓒ 118.6 min　　ⓓ 1,186 min

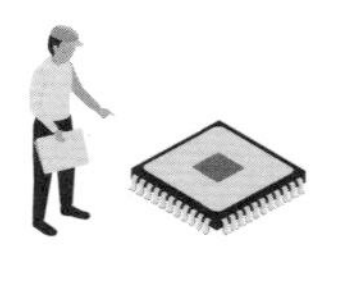

26 Si MOSFET 제조 공정 중 건식 산화로 게이트 산화막을 900 ℃에서 40 ㎚ 두께로 형성하는 경우 소요되는 산화 시간은? (단, 산화에 대해 아래 주어진 성장률 수식과 상수를 이용하되 $\tau = 0$으로 간주하고, $k = 8.6\times10^{-5}$ eV/K이고, 산화에 대한 성장률 수식 및 상수(B, B/A)는 데이터 표를 적용함)

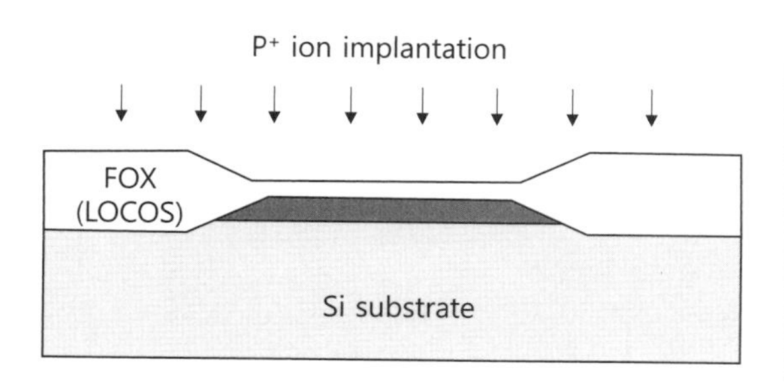

Oxidation time (t) $t=\frac{x^2}{B}+\frac{x}{B/A}-\tau$		Wet Oxidation (xi=0nm)		Dry Oxidation (xi=25 nm)	
		Do	Ea	Do	Ea
Si <100>	Linear(B/A)	9.7×10^{7} um/hr	2.05 eV	3.71×10^{6} um/hr	2.00 eV
	Parabolic (B)	386 um^2/hr	0.78 eV	772 um^2/hr	1.23 eV
Si <111>	Linear(B/A)	1.63×10^{8} um/hr	2.05 eV	6.23×10^{6} um/hr	2.00 eV
	Parabolic (B)	386 um^2/hr	0.78 eV	772 um^2/hr	1.23 eV

ⓐ 5.24 min ⓑ 52.4 min ⓒ 5.24 hr ⓓ 52.4 hr

27 Si MOSFET 제조 공정 중 phosphorous를 4×10^{15} cm^{-2} 이온 주입하고 1,000 ℃에서 drive–in 확산을 하여 n–well을 형성하였다. n–well 표면(산화막과 실리콘의 계면)에서 phosphorous 농도를 1×10^{17} cm^{-3}으로 형성하기 위한 확산 시간은? (단, 간단한 계산을 위해 이온 주입된 phosphorous는 산화막과의 계면에 포인트 소스(delta function)로 주입된 것으로 간주하고, $D_o = 8\times10^{4}$ ㎠/sec, Ea = 3 eV, $k = 8.617\times10^{-5}$ eV/K이고, drive–in 확산의 경우 Gaussian 분포($c = \frac{Q}{2\sqrt{\pi Dt}}\exp\left(-\frac{x^2}{4Dt}\right)$)를 적용함)

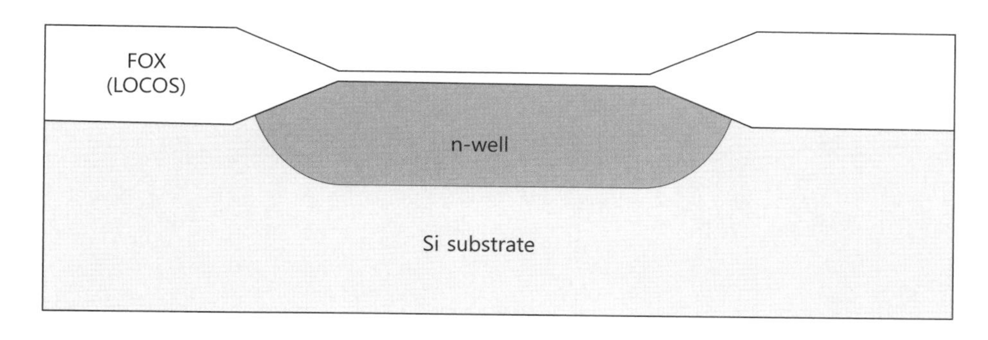

ⓐ 1.274 sec ⓑ 12.47 sec ⓒ 127.4 sec ⓓ 1,274 sec

28 Si MOSFET 제조 공정 중 ArF 레이저 리소그래피 스텝퍼를 사용하는 데 있어서 NA = 0.6, λ = 193 ㎚, k_1 = 0.6, k_2 = 0.5, $R = k_1(\lambda/NA)$, $DoF = k_2(\lambda/NA^2)$를 적용하는 경우, 리소그래피로 형성할 수 있는 poly-gate의 산술적 최소 선폭은?

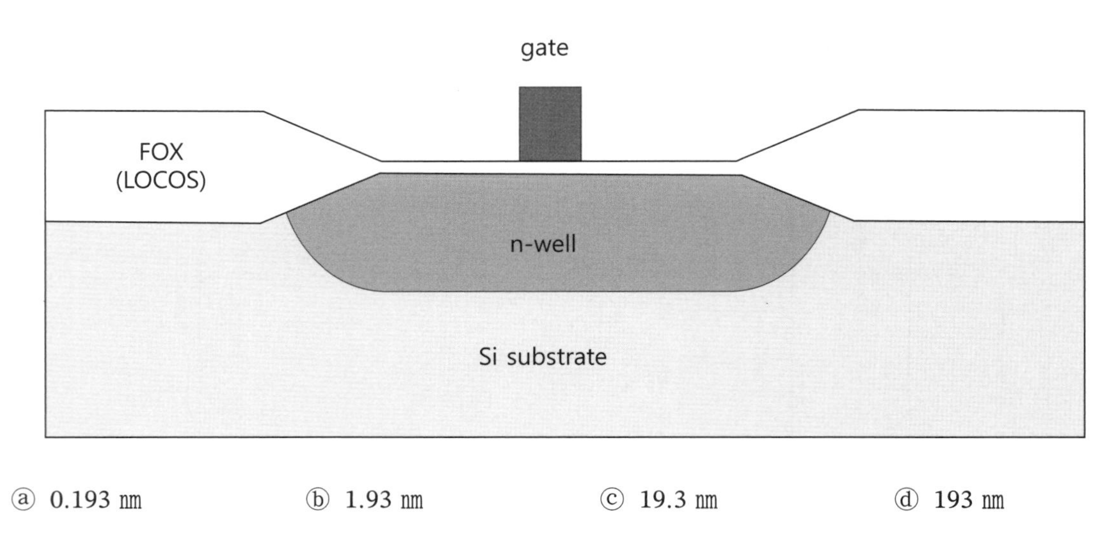

ⓐ 0.193 ㎚　　ⓑ 1.93 ㎚　　ⓒ 19.3 ㎚　　ⓓ 193 ㎚

29 Si MOSFET 제조 공정 중 ArF 레이저 리소그래피 스텝퍼를 사용하는 데 있어서 NA = 0.6, λ = 193 ㎚, and k_1 = 0.6, k_2 = 0.5, $R = k_1(\lambda/NA)$, $DoF = k_2(\lambda/NA^2)$를 적용하는 경우, DoF(Depth of Focus)는 반도체 기판에 존재하는 step height보다 커야 패턴의 형성이 정확하다. 산술적으로 허용되는 최대의 step height(실리콘 표면과 LOCOS의 표면 사이 높이 격차)는?

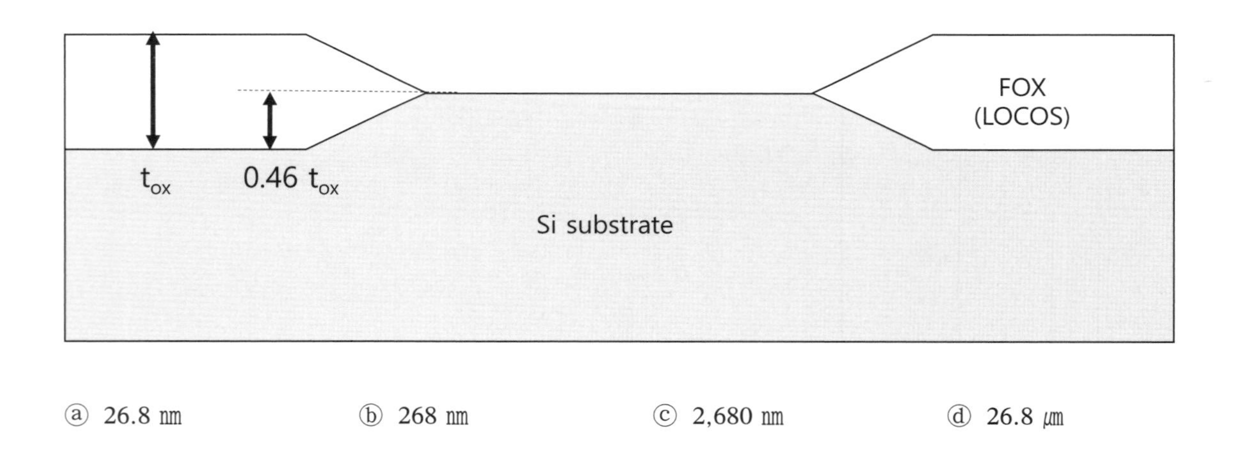

ⓐ 26.8 ㎚　　ⓑ 268 ㎚　　ⓒ 2,680 ㎚　　ⓓ 26.8 ㎛

30 Si MOSFET 제조 공정 중 실리콘 반도체의 산화막 형성에 있어서 LOCOS 두께는 초기 실리콘 표면을 기준으로 상부와 하부가 각각 54:46로 형성된다. ArF 레이저 리소그래피 스텝퍼를 사용하는 데 있어서 NA = 0.6, λ = 193 ㎚, k_1 = 0.6, k_2 = 0.5, $R = k_1(\lambda/NA)$, $DoF = k_2(\lambda/NA^2)$를 적용하는 경우, DoF(Depth of Focus)는 반도체 기판에 존재하는 step-height보다 커야 패턴의 형성이 비교적 정확하다. 후속 리소그래피에 문제가 안 되도록 산술적으로 허용되는 최대 step-height의 조건으로 하려면 LOCOS의 최대 허용 두께는?

ⓐ 496.3 ㎚　　ⓑ 4,963 ㎚　　ⓒ 49.63 ㎚　　ⓓ 4.963 ㎚

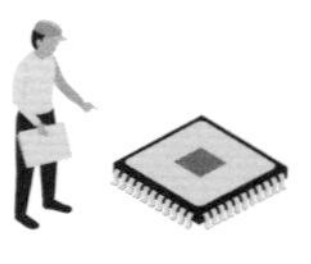

31 Si MOSFET 제조 공정 중 10 ㎚ 두께의 게이트 산화막 위에 0.4 ㎛ 두께의 poly–Si을 증착하고, 게이트 패턴을 형성한 후에 PR 패턴을 마스크로 해서 poly–Si을 건식 식각하여 게이트를 형성하려 한다. 다결정 실리콘(poly–Si)의 식각률은 0.2 ㎛/min이고, 10 % 과잉 식각을 하되 노출된 게이트 산화막의 두께는 8 ㎚ 이상 유지되어야 한다. poly–Si과 산화막 사이의 식각에 대해 필요한 최소의 선택비(selectivity)는?

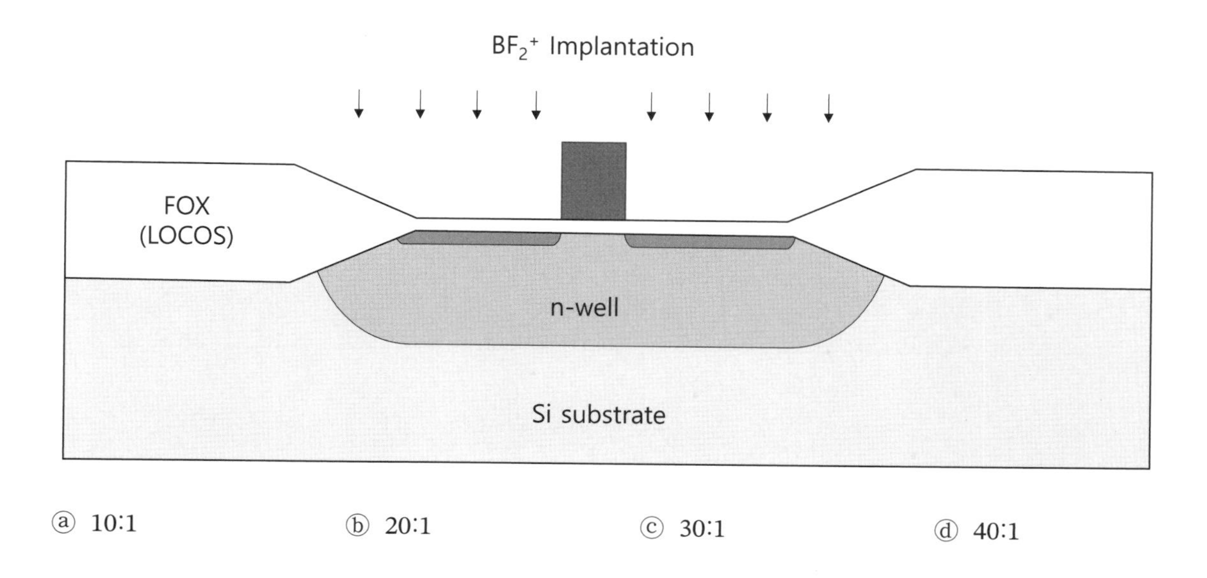

ⓐ 10:1 ⓑ 20:1 ⓒ 30:1 ⓓ 40:1

32 Si MOSFET 제조 공정 중 산화막(SiO_2) 측벽(side wall) spacer를 형성하고자 한다. 비등방성(anisotropic) 건식 식각 레시피는 산화막의 종횡비(aspect ratio)가 100:1이고, 식각의 완벽성을 위해 10 %를 과잉 식각(over etch) 하여 조건을 잡는다고 한다. 최종적으로 측벽 산화막 스페이서의 폭을 100 ㎚로 형성하기 위해 증착해야 하는 산화막의 두께는? (단, 여기에서 산화막 증착 시 step coverage는 완벽하다고 간주함)

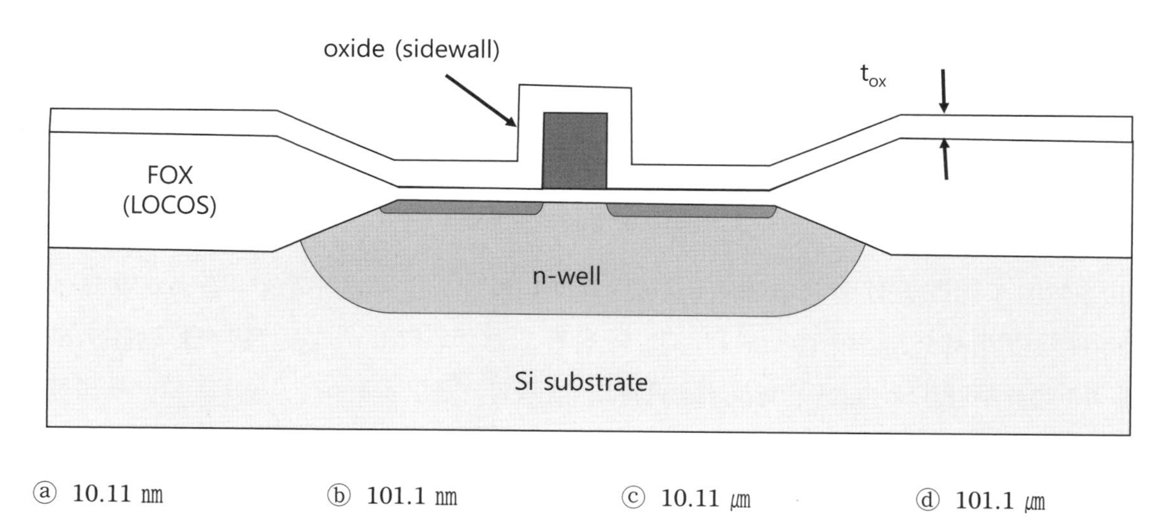

ⓐ 10.11 ㎚ ⓑ 101.1 ㎚ ⓒ 10.11 ㎛ ⓓ 101.1 ㎛

33 Si MOSFET 제조 공정 중 500 ㎚ 두께인 다결정 실리콘(poly–Si) 게이트에 두께 100 ㎚로 증착된 산화막을 이용해 측벽을 형성하는 건식 식각에 있어서 10 %를 과잉 식각한다. 산화막과 poly–Si의 식각 선택비(selectivity)가 10:1인 조건의 경우 산화막 측벽을 형성하는 식각을 마친 후에 poly–gate의 두께는?

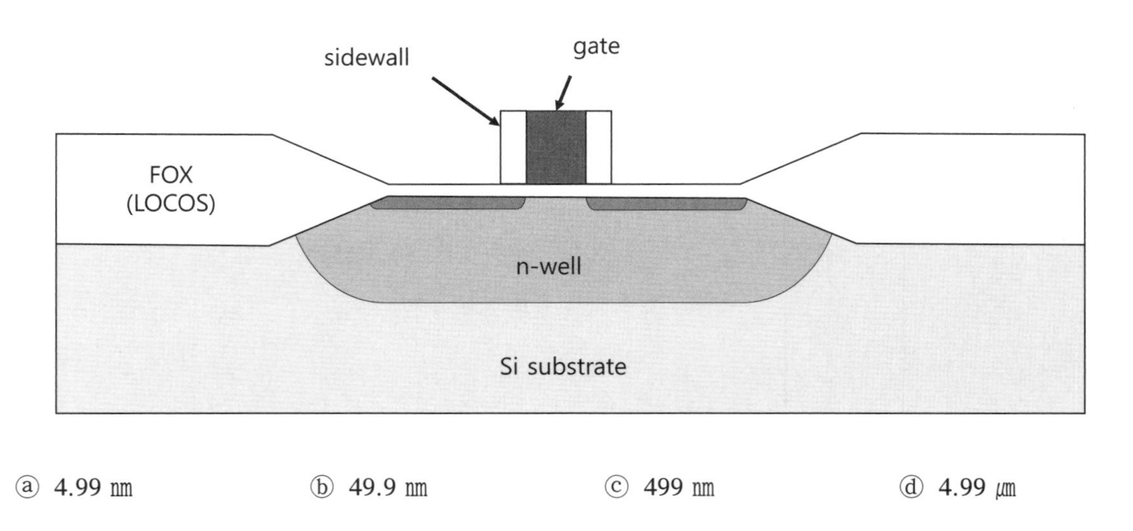

ⓐ 4.99 ㎚ ⓑ 49.9 ㎚ ⓒ 499 ㎚ ⓓ 4.99 ㎛

[34–36] 다음 그림을 보고 질문에 답하시오.

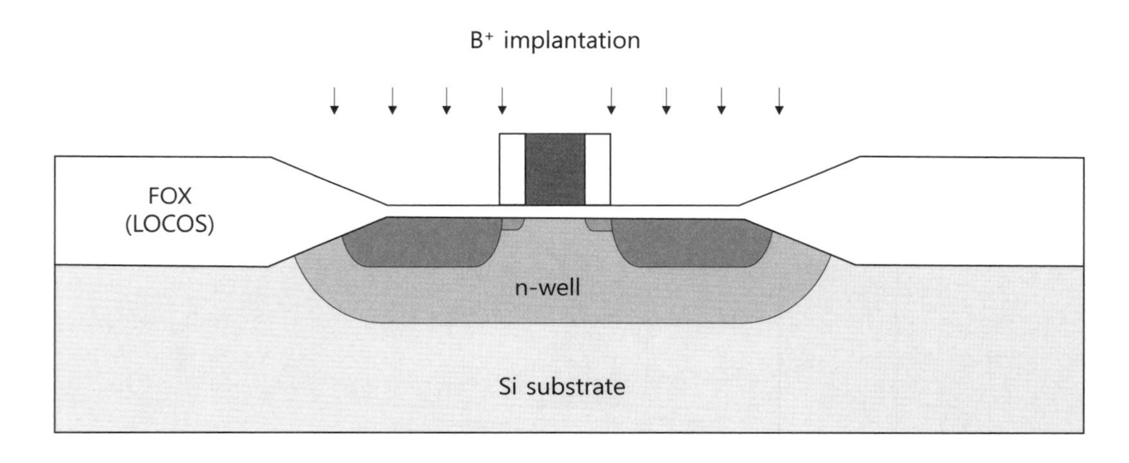

34 Si MOSFET 제조 공정 중 boron을 100 keV의 에너지로 이온 주입하여 p^+–형 소스와 드레인을 형성하는 데 있어서 면저항이 10 Ω/□가 되도록 하기 위한 주입량(ion dose)은? (단, 간단한 계산을 위해 여기에서 주입된 boron은 완벽히 활성화되고, p^+ 층의 이동도는 100 ㎠/Vs이고, 확산에 의한 재분포(redistribution)는 무시하고, n–well의 phosphorous의 영향도 무시할 수준이라 간주함)

ⓐ 6.25×10^{12} ㎝$^{-2}$ ⓑ 6.25×10^{13} ㎝$^{-2}$ ⓒ 6.25×10^{14} ㎝$^{-2}$ ⓓ 6.25×10^{15} ㎝$^{-2}$

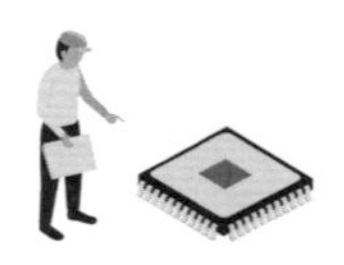

35 Si MOSFET 제조 공정 중 n^+형 Poly Gate(As 불순물이 2×10^{20} ㎝$^{-3}$ 고농도로 도핑된 n^+–poly Si 박막)는 측벽(side–wall)과 더불어 자기 정렬로 소스와 드레인 이온 주입 영역을 정의하는 마스크 용도로 활용된다. 게이트 산화막의 두께가 10 ㎚이고, boron이 100 keV, 4×10^{15} ㎝$^{-2}$의 조건으로 이온 주입되는 경우 poly–gate 하단부인 채널층으로 이온 주입될 수 있는 boron을 충분히 차단(masking 효과 > 99.99 %)하는 데 필요한 최소한의 n^+ poly Si 게이트의 두께($d_{min} = R_p + 3.96 \cdot \Delta R_p$)는? (단, 간단한 계산을 위해 poly–Si 및 산화막에서도 R_p, ΔR_p는 실리콘과 동일하다고 근사하며, boron 이온 주입은 40 keV에서 R_p = 130 ㎚, ΔR_p = 70 ㎚, 100 keV에서 R_p = 300 ㎚, ΔR_p = 140 ㎚를 적용)

ⓐ 8.444 ㎚ ⓑ 84.44 ㎚ ⓒ 844.4 ㎚ ⓓ 8,544 ㎚

36 Si MOSFET 제조 공정 중 n^+형 poly–Si 게이트는 자기 정렬로 소스와 드레인 이온 주입 영역을 정의하는 마스크로 활용된다. 게이트 산화막의 두께가 10 ㎚이고 poly–Si 두께가 1 ㎛인 경우 오믹을 위한 B^+ 이온의 최대로 허용되는 이온 에너지는? (단, 이온 주입을 충분히(> 99.99 %) 차단하는 데 필요한 최소한의 두께는 $d_{min} = R_p + 3.96 \cdot \Delta R_p$이고, boron 이온 주입은 40 kV에서 R_p = 130 ㎚, ΔR_p = 70 ㎚, 100 kV에서 R_p = 300 ㎚, ΔR_p = 140 ㎚이며, 간단한 계산을 위해 poly–Si 및 산화막에서 R_p, ΔR_p는 실리콘과 동일하고 이온 에너지에 비례하여 R_p, ΔR_p가 선형으로 변한다고 간주함)

ⓐ 0.303 keV ⓑ 3.03 keV ⓒ 30.3 keV ⓓ 303 keV

[37–38] 다음 그림을 보고 질문에 답하시오.

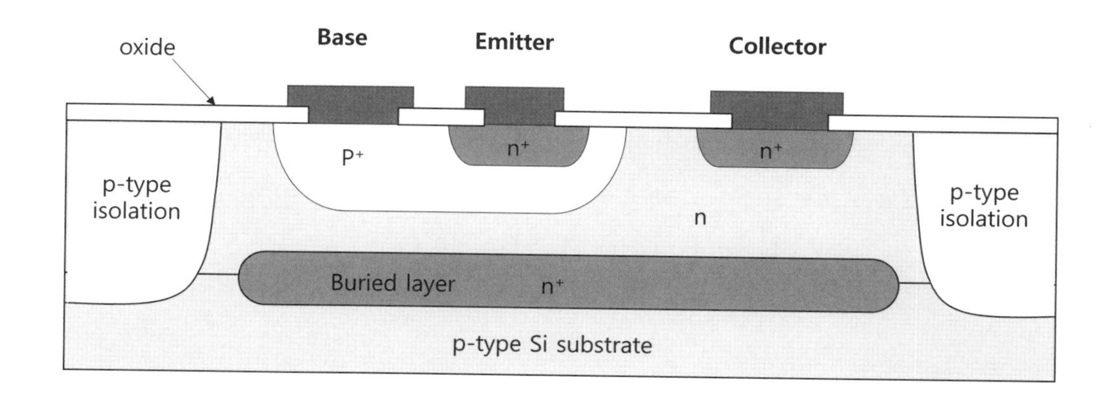

37 BJT 제조 공정에 있어서 n^+ 매몰층(buried layer)의 면저항(R_s)을 100 Ω/□로 형성하기 위해 P(인)을 이온 주입하여 이용했는데 전자 이동도가 500 ㎠/Vs로 측정되었다. 주입된 불순물이 100 % 전기 전도도에 기여한다고 할 때 필요한 이온 주입 도즈(dose)는?

ⓐ 1.2×10^{13} ㎝$^{-2}$ ⓑ 1.2×10^{14} ㎝$^{-2}$ ⓒ 1.2×10^{15} ㎝$^{-2}$ ⓓ 1.2×10^{16} ㎝$^{-2}$

38 그림의 BJT(Bipolar Junction Transistor) 제조 공정에 있어서 n^+ 매몰층(buried layer)을 형성하기 위하여 n형 불순물을 이온 주입을 하고, 그 상부에 n^-형 에피층의 성장 과정에서 고려해야 하는 현상과 무관한 것은?

ⓐ 전자 이탈(electromigration)
ⓑ 외부 확산(out-diffusion)
ⓒ 패턴 이동(pattern shift)
ⓓ 자동 도핑(auto-doping)

39 그림과 같이 BJT(Bipolar Junction Transistor) 제조 공정에 있어서 n−type 콜렉터용 에피층의 농도는 10^{16} ㎝$^{-3}$, 두께는 2 ㎛인 경우, p^+ isolation을 형성하기 위한 drive−in 확산 공정을 하는 데 있어서, 붕소(boron)의 표면(x = 0) 농도가 1×10^{18} ㎝$^{-3}$이며 drive−in 확산 계수가 $D = 4\times10^{-12}$ ㎠/sec인 1,000 ℃ 조건에서 열처리하는 경우 p^+ isolation의 도핑 농도가 에피와 기판의 계면에서 동일하게 1×10^{18} ㎝$^{-3}$가 되어 접촉하는 데 소요되는 확산 시간은? (단, 간단한 계산을 위해 불순물 농도는 Gaussian 분포($N(x) = \dfrac{Q}{\sqrt{2\pi}\Delta R_p}\exp\left[-\dfrac{(x-R_p)^2}{2\Delta R_p^2}\right]$)를 따르며, 기판의 boron이 에피층으로 확산하는 현상은 무시하기로 함)

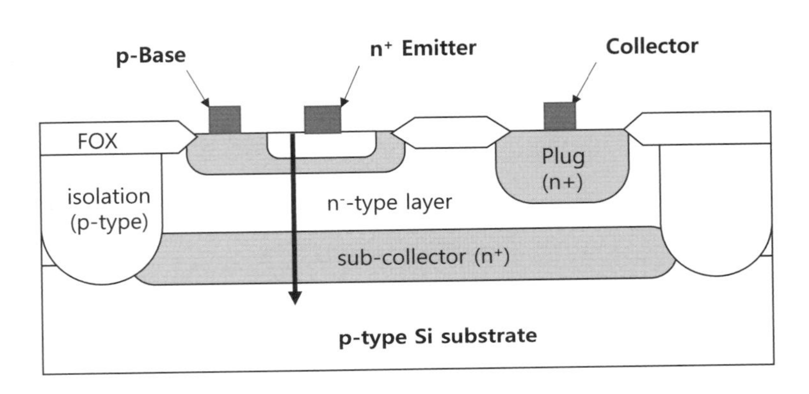

ⓐ 8 min
ⓑ 18 min
ⓒ 28 min
ⓓ 38 min

40 그림과 같은 NPN−BJT 소자의 제조 공정에 있어서 콜렉터 전극의 오믹 접합을 위해 n+ 도핑층을 형성하는 데 이온 주입할 불순물로서 부적합한 것은?

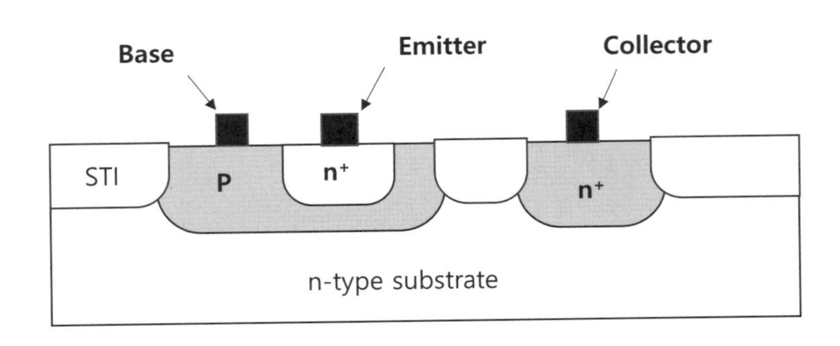

ⓐ Sn
ⓑ P
ⓒ Sb
ⓓ As

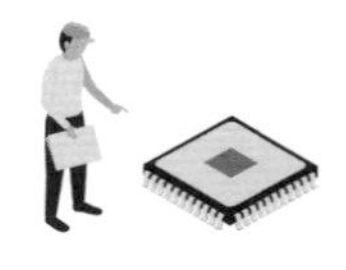

41 그림의 TSV(Through Silicon Via) 제조 공정에 관련한 설명으로 부적합한 것은?

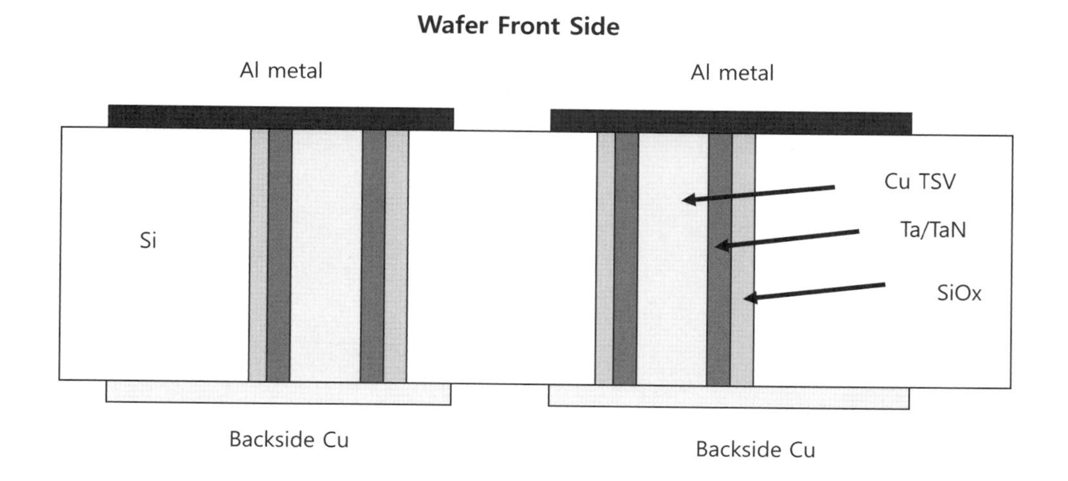

ⓐ SiO_2 산화막은 via 금속 연결선의 절연이나 기생 정전 용량과 무관함

ⓑ 비아 식각에는 종횡비(aspect ratio)가 큰 공정 조건을 이용해야 함

ⓒ 비아 식각의 속도는 생산성(throughput)을 위해 충분히 높아야 함

ⓓ Ta/TaN은 via filling을 위한 liner(barrier + seed)로 step coverage가 우수해야 함

42 선 본딩(wire bonding) 기술에 비해 그림과 같은 TSV(Through Silicon Via) 기술의 장점으로 해당하지 않는 것은?

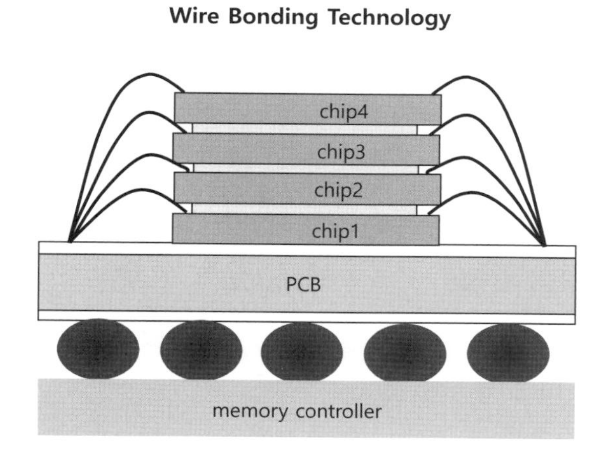

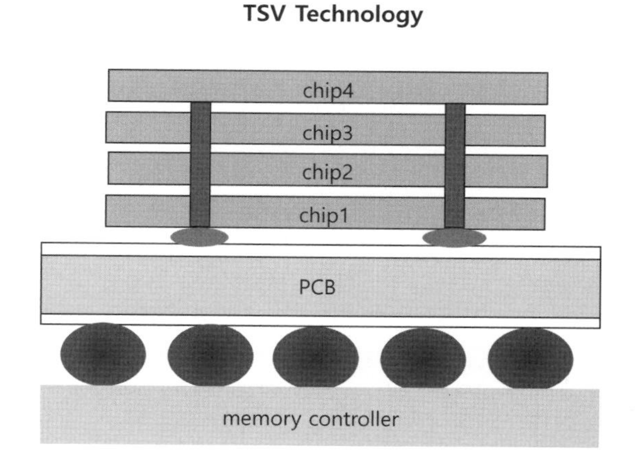

ⓐ 동작 속도 빠름

ⓑ 제조 공정 쉽고 저렴

ⓒ 열전도도 높음

ⓓ 소형으로 고집적화에 유리

[43-44] 다음 그림을 보고 질문에 답하시오.

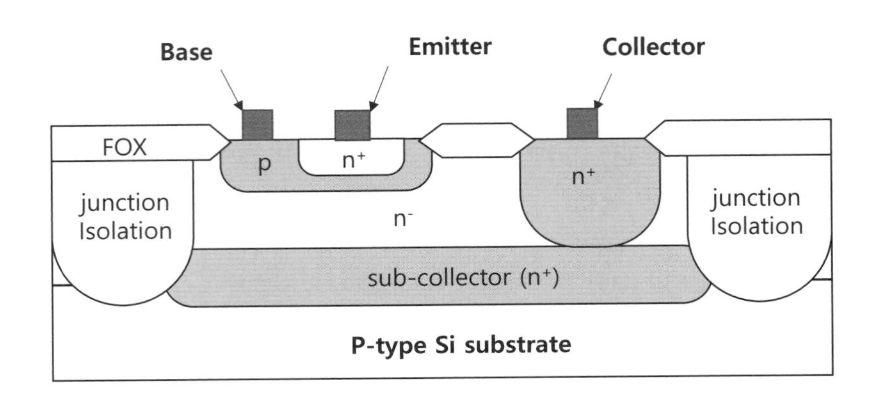

43 위 그림과 같이 p형 실리콘 기판에 NPN-BJT 소자의 제조 공정에 있어서 접합 격리(junction isolation)를 위해 이온 주입할 불순물로서 가장 적합한 것은?

ⓐ As ⓑ P ⓒ Sb ⓓ B

44 위 단면 구조의 소자를 형성하기 위한 리소그래피용 마스크의 최소 수량은?

ⓐ 5 ⓑ 7 ⓒ 9 ⓓ 11

45 Si/SiGe 에피층을 이용한 nano-sheet MOSFET를 제작하기 위한 공정에서 부적합한 설명은?

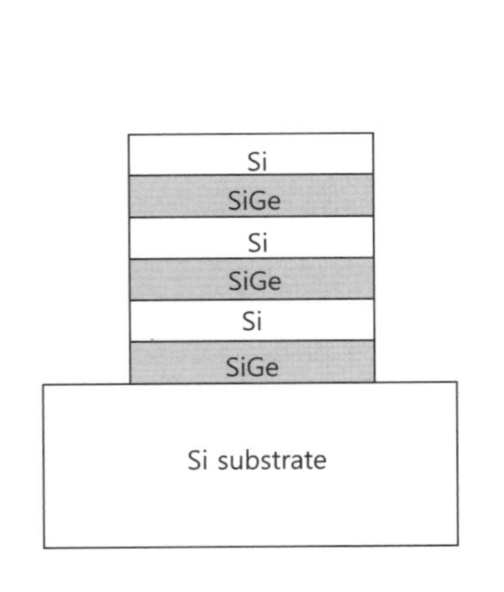

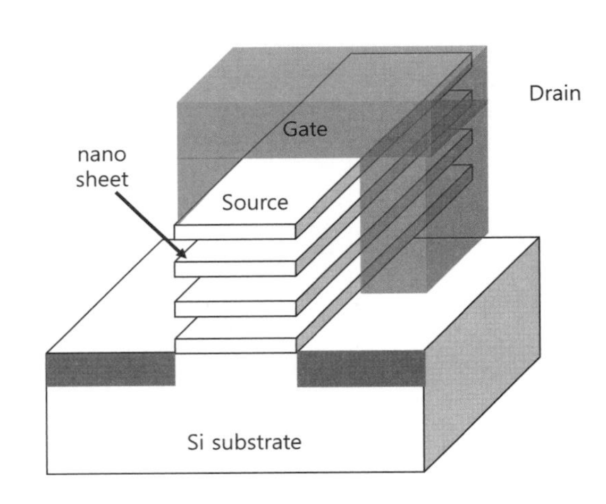

ⓐ Si과 SiGe의 수직 식각은 선택비가 낮을수록 유리함

ⓑ Si과 SiGe의 수평 식각은 선택비가 높을수록 유리함

ⓒ SiGe 층은 비정질 결정 구조로 이용됨

ⓓ 소자의 채널에는 Si 에피층이 이용됨

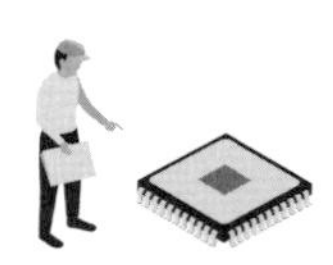

46 **고유전율(high-k) 게이트 절연막을 사용한 MOSFET 집적 회로 제조의 전공정이 완료된 후에 고압 수소 어닐링을 하는 목적으로 가장 부합하는 것은?**

ⓐ 수소가 절연막의 금속과 결합하여 전기 전도도를 높임

ⓑ 수소가 절연막의 산소와 결합해 H_2O로 제거됨

ⓒ 절연막과 반도체의 계면에 존재하는 댕글링 본드(dangling bond)와 결합해 계면 결함을 저감함

ⓓ 수소가 반도체 내부에 도핑되어 전기 전도도를 높임

47 **실리콘 반도체 전공정이 완료된 후에 고압 수소 어닐링을 하는 효과에 해당하지 않는 것은?**

ⓐ 계면 결함 밀도의 감소

ⓑ 산소와 반응하여 수분 농도 증가

ⓒ 전자 이동도 저하 문제 개선

ⓓ 댕글링(dangling) 본드의 감소로 트랜지스터 안정화 및 성능 향상

48 **실리콘 반도체 전공정이 완료된 후에 고압 수소 어닐링 공정 조건에 해당하지 않는 것은?**

ⓐ 가압에 의한 1~25 ATM(기압)의 압력을 사용

ⓑ 수율을 높이기 위한 10초 이내의 고속 열처리(RTA)

ⓒ 비교적 낮은 250~450 ℃의 어닐링 온도

ⓓ 분위기를 위한 5~100 %의 수소 농도

49 **실리콘 기판에 제작할 수 있는 커패시터의 구조에 해당하지 않는 것은?**

ⓐ MOS　　ⓑ W plug

ⓒ MIM　　ⓓ Schottky

50 **희생 산화막에 대한 설명으로 가장 적합한 것은?**

ⓐ 실리콘 표면에 산화막을 한 번 성장하여 모든 공정이 완료될 때까지 사용함

ⓑ 실리콘 표면을 산화하여 성장하며 공정 중에 불순물의 인입이나 부착을 방지함

ⓒ 실리콘 표면에 산화막을 1 ㎛ 이상으로 가능한 한 두껍게 형성하여 이용함

ⓓ 실리콘 표면에 PECVD로 증착하여 공정 중에 표면을 안정화함

51 **TSV(Through Silicon Via) 제조 단계에 필요하지 않은 공정은?**

ⓐ 확산(diffusion)　　ⓑ 식각(etching)

ⓒ 스퍼터(sputtering)　　ⓓ 도금(electroplating)

52 NPN bipolar junction transistor에 대한 설명으로 적합하지 않은 것은?

ⓐ n^+형 에미터는 다결정 실리콘 박막보다 단결정 실리콘이 동작 속도를 높이는 데 유용함

ⓑ n^+형 에미터의 도핑 농도는 베이스 p형 불순물의 도핑 농도보다 높아야 함

ⓒ n^-형 콜렉터의 도핑 농도는 베이스 p형 불순물의 도핑 농도보다 낮아야 함

ⓓ p형 베이스의 도핑 농도 분포는 폭이 작고 sharp하게 조절하여 이득을 높일 수 있음

53 고저항 p−type Si 기판에 n−type 불순물을 주입하여 오믹 접합을 형성하는 데 있어서 접촉 면적이 10 ㎛ ×10 ㎛인 Al 오믹 전극의 접촉 저항(R_c)을 1 Ω로 하려면 필요한 접촉 비저항(ρ_c)은?

ⓐ 10^{-3} Ω·㎠　ⓑ 10^{-4} Ω·㎠　ⓒ 10^{-5} Ω·㎠　ⓓ 10^{-6} Ω·㎠

54 전극(electrode)이 2개인 그림의 소자 구조를 제작하는 데 최소로 필요한 리소그래피용 마스크의 수는?

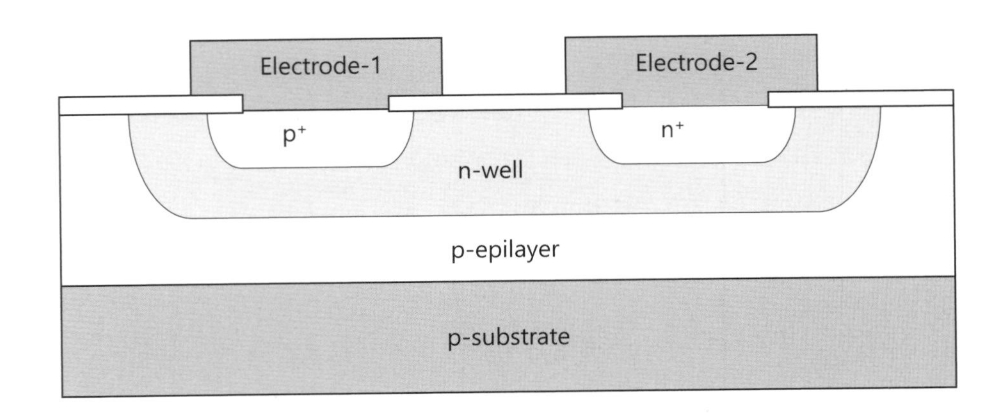

ⓐ 2　ⓑ 3　ⓒ 4　ⓓ 5

55 전극이 3개인 그림의 단면 구조에 해당하는 소자의 명칭은?

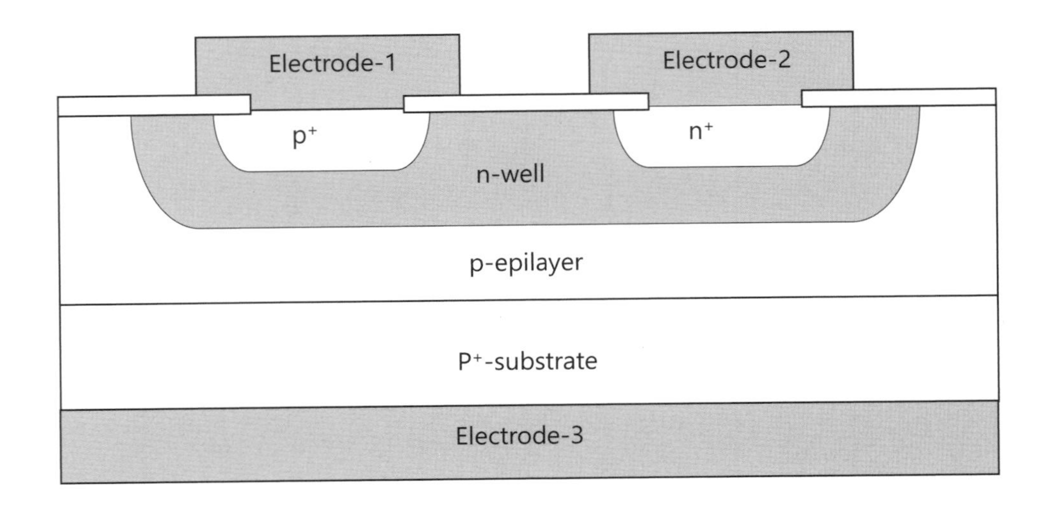

ⓐ BJT　ⓑ MOSFET　ⓒ JFET　ⓓ IGBT

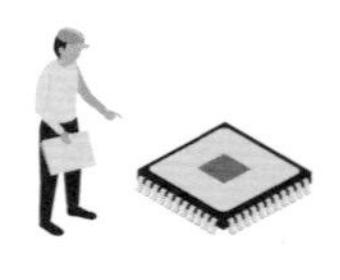

56 MOSFET**에 대한 설명으로 올바른 것은?**

ⓐ n-MOSFET에서 채널 전류의 운반자는 정공(hole)임

ⓑ p-MOSFET에서 채널 전류의 운반자는 전자(electron)임

ⓒ MOSFET의 게이트 전극 측 전류 흐름은 무시할 수준임

ⓓ MOSFET의 게이트에 전류를 흘려서 스위칭 동작을 함

57 n−MOSFET **소자의 단면 구조에서** B **커트라인에 가장 일치하는 도핑 형태는?**

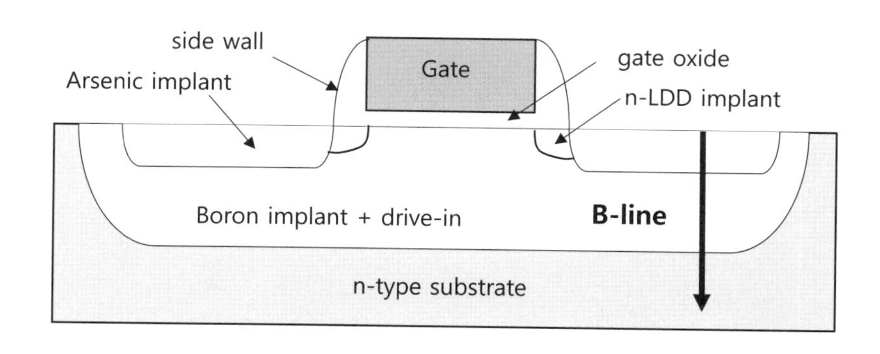

ⓐ

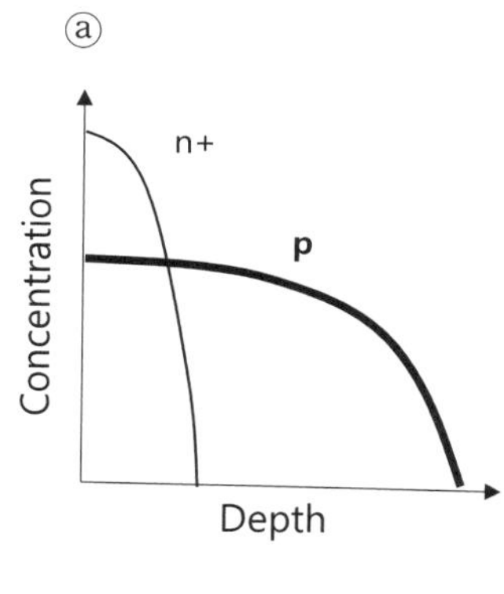

ⓑ

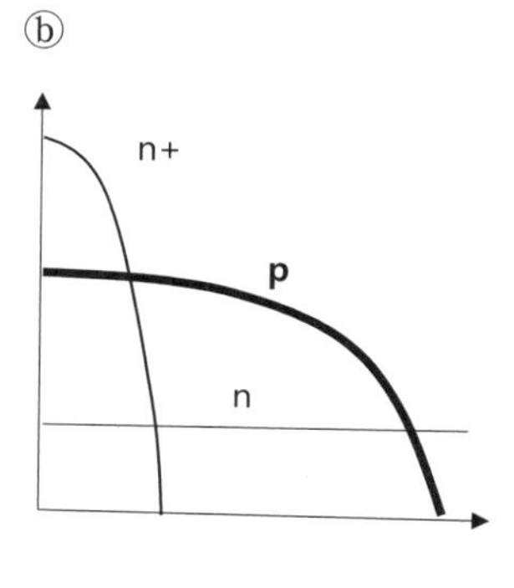

ⓒ

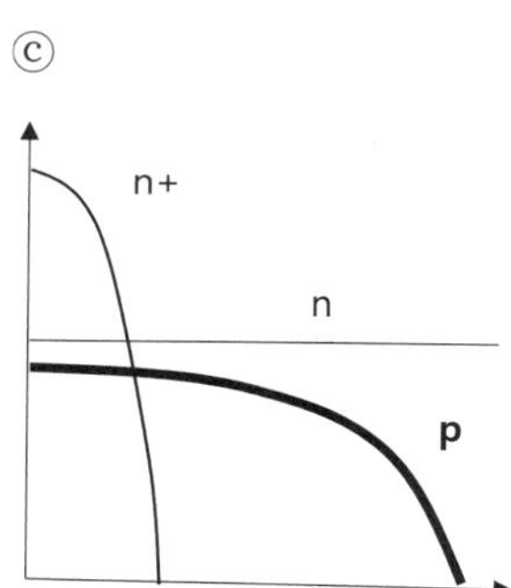

ⓓ

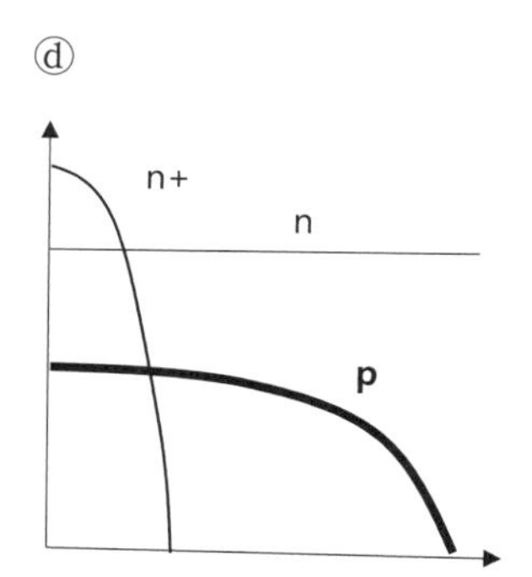

58 그림의 MOSFET 상태를 형성하는 공정에 있어서 자기 정렬 식각과 자기 정렬 이온 주입을 최대한 활용하는 경우 최소한 필요한 마스크의 수는?

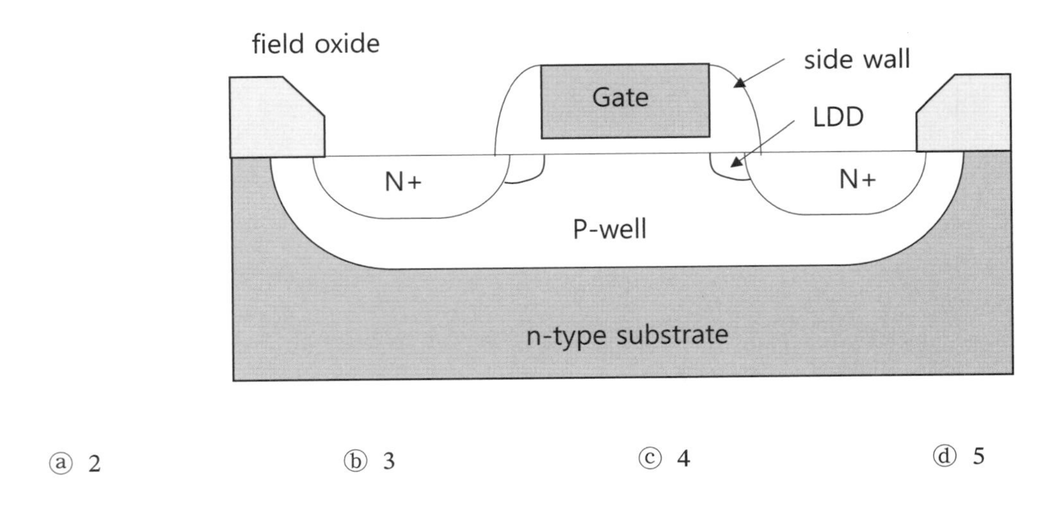

ⓐ 2 ⓑ 3 ⓒ 4 ⓓ 5

59 그림의 단면 구조의 소자 구조를 형성하는 공정 순서로 가장 잘 표현된 것은?

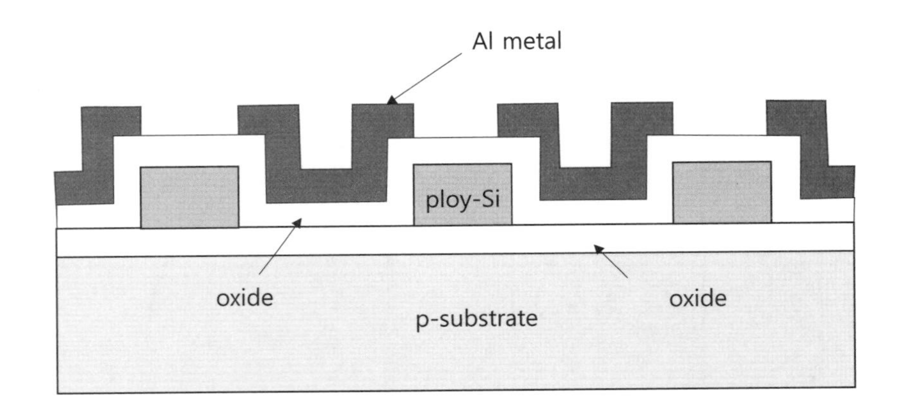

ⓐ 산화 – 다결정 Si 증착 – 리소그래피 – Si 식각 – 산화 – Al 식각 – 리소그래피 – Al 증착
ⓑ 산화막 증착 – 다결정 Si 증착 – 리소그래피 – Si 식각 – 산화 – Al 증착 – 리소그래피 – Al 식각
ⓒ 산화막 증착 – 다결정 Si 증착 – Si 식각 – 리소그래피 – 산화막 증착 – Al 증착 – 리소그래피 – Al 식각
ⓓ 산화 – 다결정 Si 증착 – 리소그래피 – Si 식각 – 산화막 증착 – Al 증착 – 리소그래피 – Al 식각

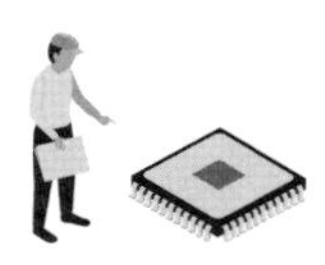

60 그림의 소자 구조에 대한 명칭으로 가장 부합하는 것은?

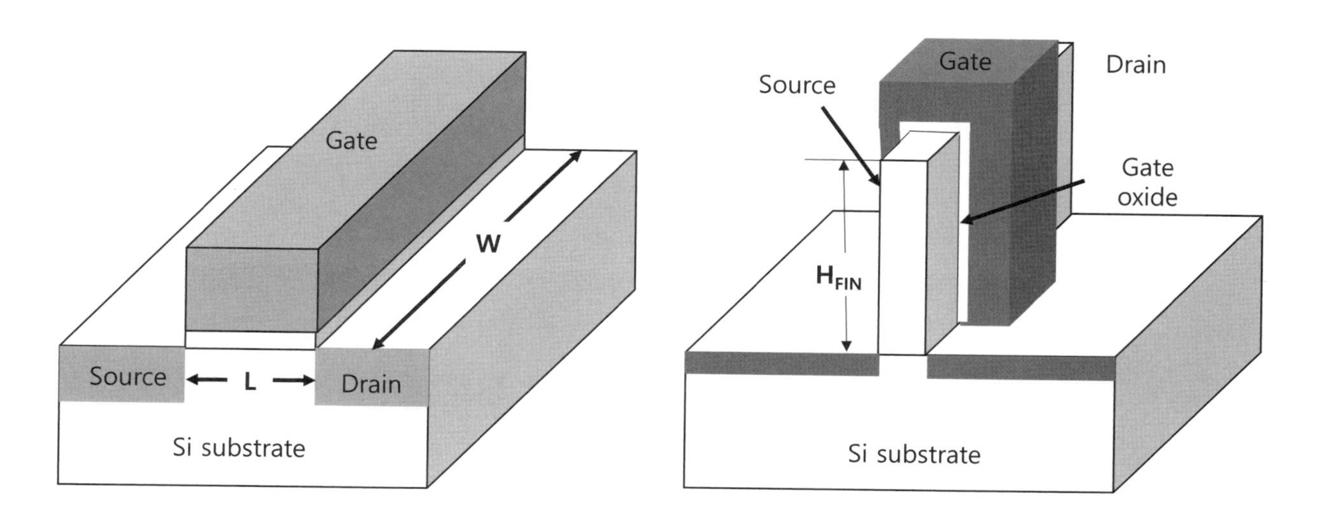

ⓐ planar MOSFET, Fin-MOSFET

ⓑ planar MOSFET, BJT

ⓒ BJT, PN junction diode

ⓓ MESFET, Fin-MOSFET

61 MOSFET 제조 공정에서 게이트의 양측에 자기 정렬 오믹 소스-드레인 금속 접합을 형성하는 데 사용하는 것은?

ⓐ nitride　ⓑ aluminide　ⓒ salicide　ⓓ carbide

62 MOSFET 제조 공정에서 고순도의 게이트 산화막을 형성하는 데 이용되는 가스의 종류는?

ⓐ O_2　ⓑ H_2O　ⓒ N_2O　ⓓ H_2O_2

63 MOSFET 제조 단계 중에서 소자 격리에 해당하는 공정은?

ⓐ ILD deposition　ⓑ gate oxidation

ⓒ conctact via etching　ⓓ field oxidation

64 MOSFET용 고유전율(high-k) 게이트 절연막의 특성과 무관한 것은?

ⓐ 낮은 열전도도　ⓑ 큰 밴드 갭　ⓒ 낮은 결함 밀도　ⓓ 높은 유전 상수

65 LOCOS(Local Oxidation of Silicon) 형성에 40 ㎚ 두께의 희생 산화막(scarificial oxide)과 300 ㎚ 두께의 실리콘 질화막(Si_3N_4)을 사용했고, LOCOS 형성 후 질화막을 제거하려 한다. 온도를 180 ℃로 가열한 인산(H_3PO_4) 용액에서 실리콘 질화막의 식각률이 30 ㎚/min이고, 실리콘 산화막과는 선택비(selectivity)가 10:1이고, 실리콘 기판과는 선택비(selectivity)가 100:1이다. 실리콘 질화막을 완전히 제거하기 위해 100 % 과잉 식각(over etch)한 경우 잔류하는 희생 산화막의 두께는?

ⓐ 0 ㎚ ⓑ 10 ㎚ ⓒ 20 ㎚ ⓓ 30 ㎚

66 MOSFET용 고유전율(high–k) 게이트 절연막의 물질에 해당하지 않는 것은?

ⓐ HfO_2 ⓑ Al_2O_3 ⓒ SiO_2 ⓓ Y_2O_3

[67–68] 다음 그림을 보고 질문에 답하시오.

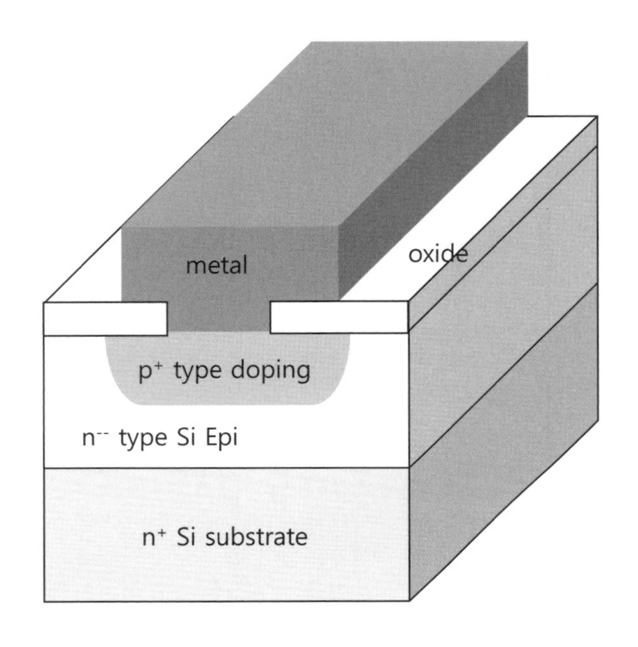

67 고농도의 n–type 실리콘 기판을 이용하는 그림의 반도체 구조의 제조 방식에 대해 가장 부합하는 공정 순서는? (단, 여기에서 간략화를 위해 패턴 형성을 위한 리소그래피 공정 단계는 생략함)

ⓐ 에피 성장 – 이온 주입 – 산화 – 산화막 식각 – 금속 증착 – 확산 – 금속 식각
ⓑ 에피 성장 – 산화 – 확산 – 산화막 식각 – 금속 증착 – 이온 주입 – 금속 식각
ⓒ 에피 성장 – 이온 주입 – 확산 – 산화 – 금속 증착 – 산화막 식각 – 금속 식각
ⓓ 에피 성장 – 산화 – 이온 주입 – 확산 – 산화막 식각 – 금속 증착 – 금속 식각

68 고농도의 n–type 실리콘 기판을 이용하는 그림의 반도체 구조의 제조 공정에 있어서 패턴 형성을 위한 리소그래피 공정의 횟수와 마스크의 종류로 정확한 것은?

ⓐ 2회, 2종 ⓑ 3회, 3종
ⓒ 4회, 4종 ⓓ 5회, 5종

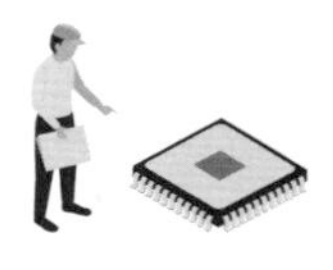

【69-70】 다음 그림을 보고 질문에 답하시오.

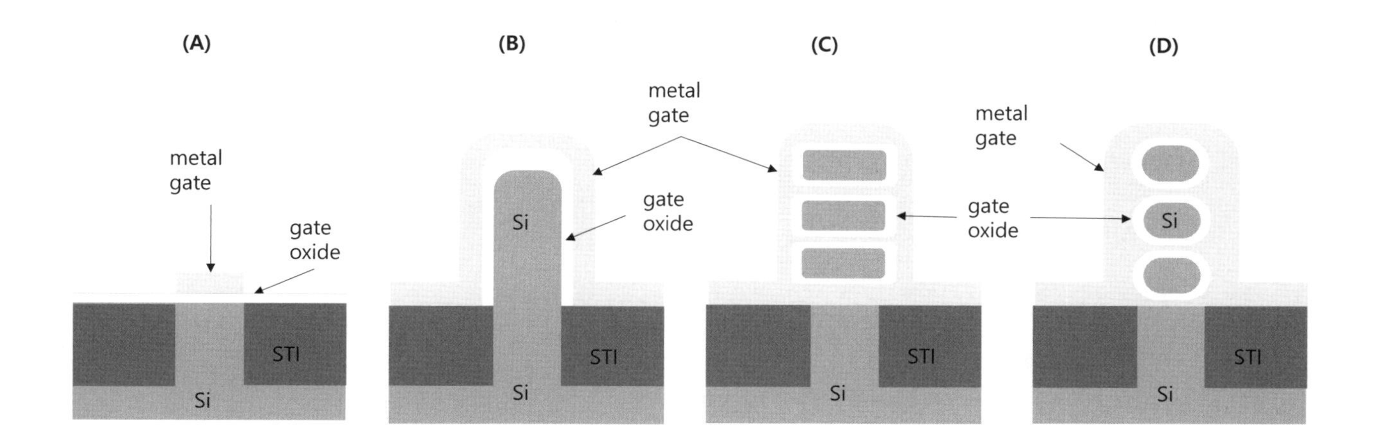

69 **다음 4종의** MOSFET **단면 구조에서** multi-channel GAA(Gate All Around) **형태로서 가장 작은** nano-wire MOSFET **소자에 적합한 구조는?**

ⓐ A 구조　　ⓑ B 구조　　ⓒ C 구조　　ⓓ D 구조

70 **다음 4종의** MOSFET **단면 구조와 관련한 설명으로 부적합한 것은?**

ⓐ 그림 (A)는 단채널 효과(SCE: Schort Channel Effect)로 인하여 미세화에 한계가 있음

ⓑ 그림 (B)는 Fin-MOSFET의 단면 구조로 GAA 구조에 비해 제조 공정이 간단함

ⓒ 그림 (C)는 그림 (A)의 평면형(planar) 구조에 비하여 전류 구동과 SCE의 성능이 낮음

ⓓ 그림 (D)는 GAA 형태의 nono-wire 채널 구조로서 on/off 비와 전류 구동력이 높음

71 **다음의** MOSFET**를 제작하는 공정 흐름에서** LDD(Lightly Doped Drain) **이온 주입과 소스-드레인 이온 주입을 해야 하는 각 공정 단계의 위치는?**

① LOCOS(field oxidation)	⑥ Side wall RIE etch
② P-well implantation	⑦ Activation anneal
③ Gate oxidation	⑧ Oxide deposition
④ Gate poly formation	⑨ Contact open
⑤ Side wall oxide deposition	

ⓐ 1~2 사이와 4~5 사이

ⓑ 3~4 사이와 7~8 사이

ⓒ 4~5 사이와 6~7 사이

ⓓ 5~6 사이와 7~8 사이

72 그림과 같이 기판에 phosphorous(P)를 100 keV($R_p = 0.13$ ㎛, $\Delta R_p = 0.04$ ㎛) 에너지로 이온 주입한 경우 Si 기판의 내부에 형성되는 P의 도핑 농도가 개념적으로 가장 적합하게 표현된 것은? (단, 간단한 계산을 위해 PR, oxide, Si에서 R_p, ΔR_p는 모두 동일하며, 이온 주입 깊이($d = R_p + 3.96 \cdot \Delta R_p$)는 이온 주입을 99.99 % 차폐하는 깊이로 적용함)

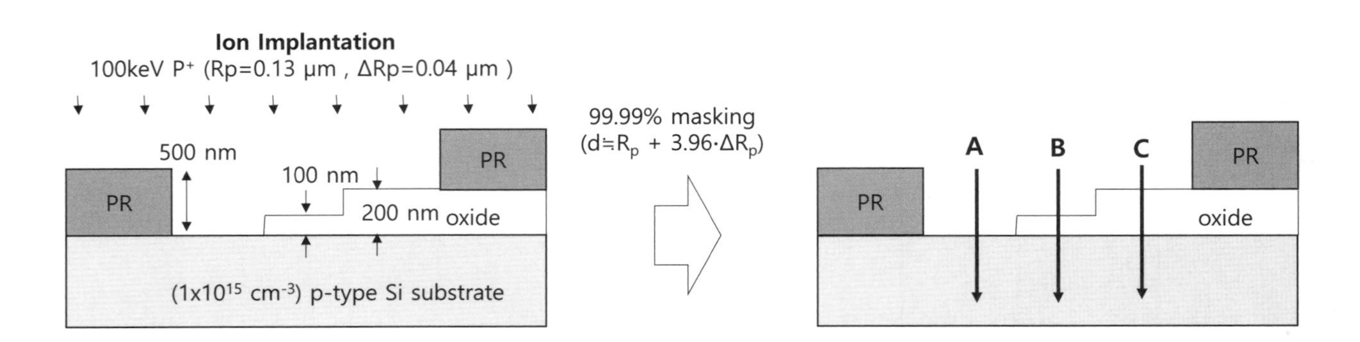

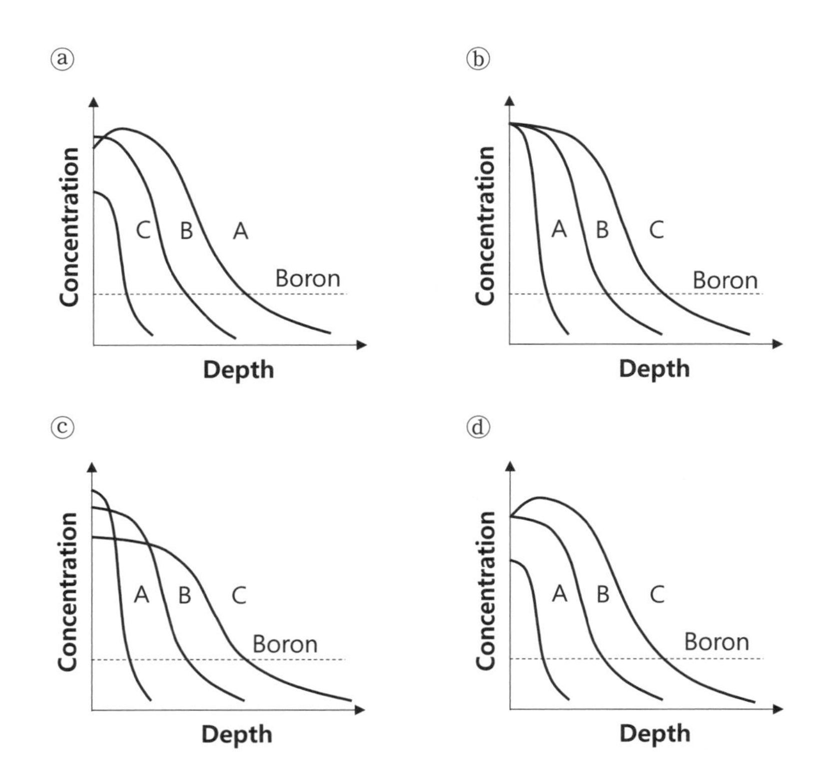

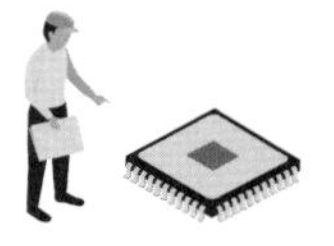

[73-74] 다음 그림을 보고 질문에 답하시오.

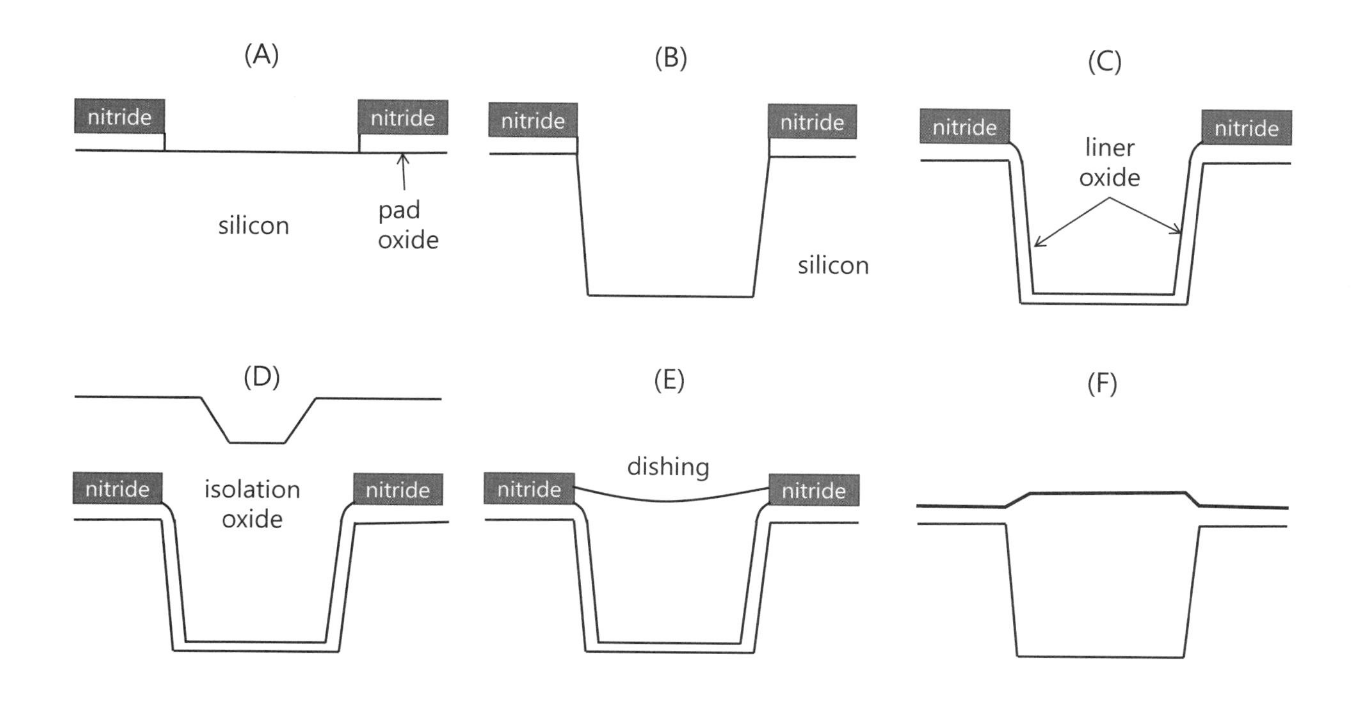

73 **얕은 트렌치(shallow trench)를 제작하는 공정 흐름에서 (A)–(C)–(D) 각 단계의 산화막을 형성하는 공정 기술로 가장 적합한 것은?**

ⓐ 열 산화막 – 열 산화막 – 고밀도 플라스마 산화막

ⓑ 플라스마 증착 산화막(PECVD) – 열 산화막 – 고밀도 플라스마 산화막

ⓒ 열 산화막 – 플라스마 증착 산화막(PECVD) – 고밀도 플라스마 산화막

ⓓ 고밀도 플라스마 산화막 – 플라스마 증착 산화막(PECVD) – 고밀도 플라스마 산화막

74 **얕은 트렌치(shallow trench)를 제작하는 공정 흐름에서 (B)–(C)–(D)–(E)–(F) 각 단계를 형성하는 공정 기술로 가장 적합한 것은?**

ⓐ 건식 식각 – 화학 증착 – 스퍼터 증착 – CMP 평탄화 – 습식 식각

ⓑ 건식 식각 – 열산화 – 스퍼터 증착 – 건식 식각 – 건식 식각

ⓒ 습식 식각 – 열산화 – 화학 증착 – 건식 식각 – 습식 식각

ⓓ 건식 식각 – 열산화 – 화학 증착 – CMP 평탄화 – 습식 식각

[75-77] 소자 제조에 대한 공정 흐름(process flow)의 단면 구조를 보고 질문에 답하시오.

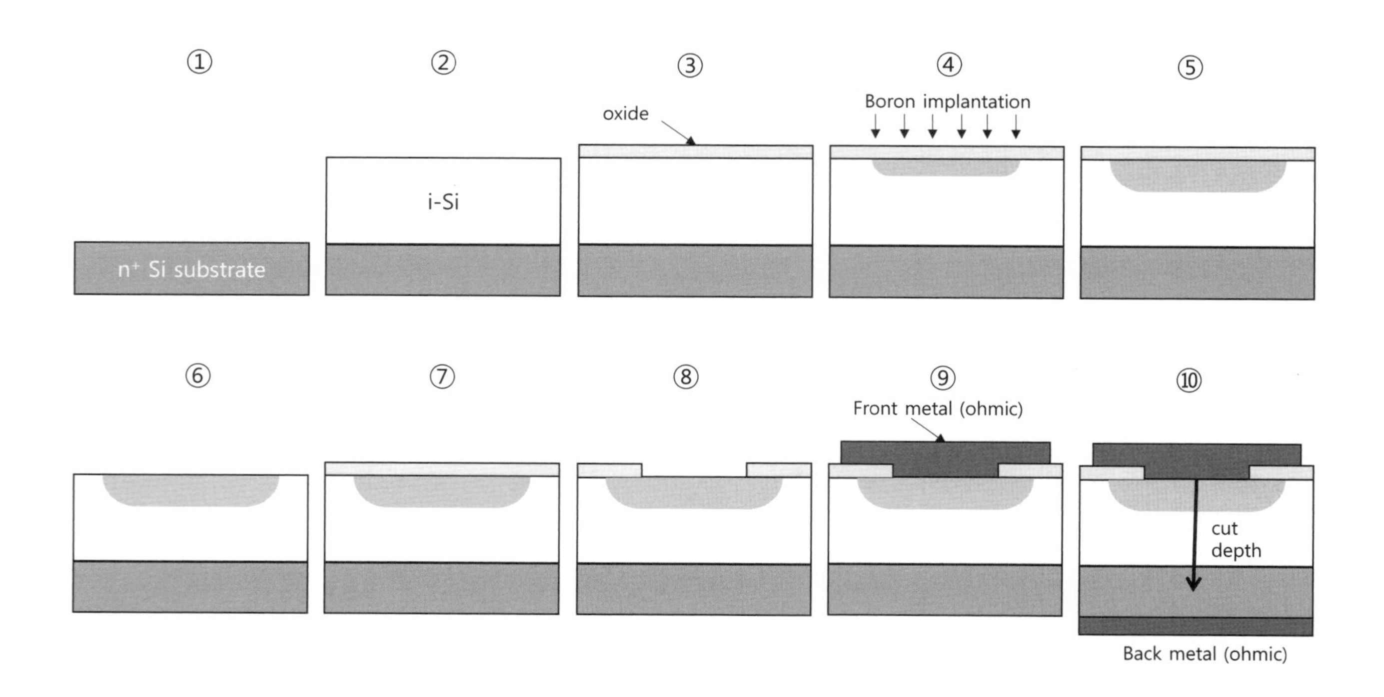

75 소자 제조의 공정 흐름(process flow)에 대한 단면 구조에 부합하는 소자의 명칭은?

ⓐ Zener diode
ⓑ Schottky diode
ⓒ PN diode
ⓓ PIN diode

76 소자 제조의 공정 흐름(process flow)의 ⑩번에서 수직 방향 화살표에 해당하는 비저항 분포로 가장 일치하는 형태는?

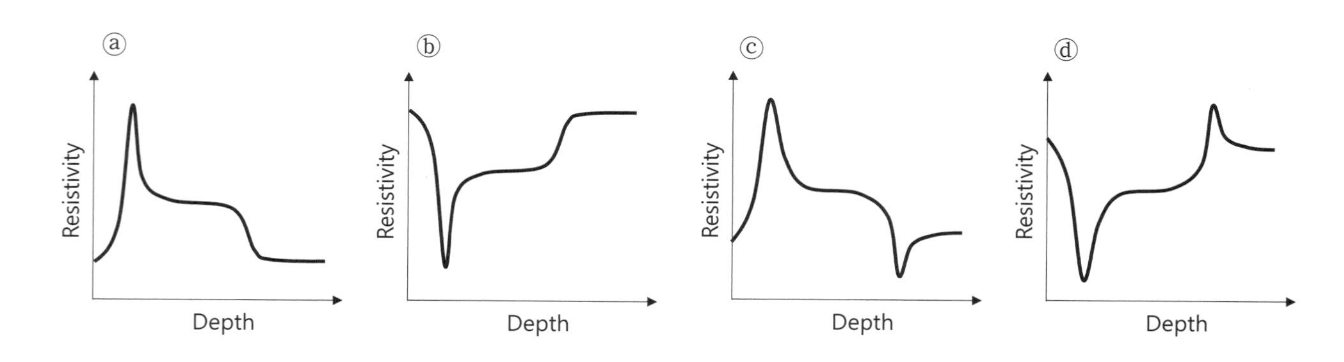

77 그림의 소자 제조의 공정 흐름(process flow)에 사용된 광 사진 전사용 마스크의 종류는?

ⓐ 2
ⓑ 3
ⓒ 4
ⓓ 5

78 EDS(Electical Die Sorting)의 단계에 속하지 않는 것은?

ⓐ wafer dicing, bonding

ⓑ electrical test, wafer burn in

ⓒ hot, cold test

ⓓ repair, final test

79 EDS(Electical Die Sorting)의 단계에 속하지 않는 것은?

ⓐ electrical test, wafer burn in

ⓑ back grind, back metal

ⓒ repair, final test

ⓓ inking

80 반도체 내부에 도핑 농도를 제어하는 공정 기술에 해당하지 않는 것은?

ⓐ 결정 성장

ⓑ 에피 성장

ⓒ 습식 식각

ⓓ 이온 주입

81 높이가 0.4 ㎛, 직경이 0.2 ㎛인 원기둥 형태에 W(비저항 $= 5.6 \times 10^{-8}\ \Omega \cdot m$)를 증착하여 제작된 텅스텐 플러그(W–plug) 하나의 저항은?

ⓐ 0.045 Ω　　ⓑ 0.45 Ω　　ⓒ 4.5 Ω　　ⓓ 45 Ω

82 반도체 웨이퍼에 주요 금속성 오염원으로 주의해야 할 부분이 아닌 것은?

ⓐ 이온 주입 장치의 이온 빔

ⓑ 초순수와 순수 HCl 용액

ⓒ 용기나 배관의 소재(Fe, Ni)

ⓓ 인간의 몸과 호흡(Na)

83 실리콘 산화물(SiO_2)의 용도에 해당하지 않는 것은?

ⓐ MOSFET의 게이트 절연막

ⓑ LOCOS 소자 격리(isolation)

ⓒ 측면 장벽(sidewall barrier)

ⓓ 고유전률 유전체막

84 **RTA(Rapid Thermal Anneal)의 용도에 해당하지 않는 것은?**

ⓐ 증착 박막의 조밀화(densification)

ⓑ PR 제거(removal)

ⓒ TiN과 같은 장벽층 박막의 경화

ⓓ BPSG reflow

85 **실리콘 기판에 HDP(High Density Plasma)를 이용하여 두께 3 ㎛의 산화막을 기판에 증착한 경우 높이가 1 ㎛인 금속 배선에서 평탄화가 50 % 되었다면 금속 배선의 상부에 증착된 산화막의 두께는?**

ⓐ 0.5 ㎛ ⓑ 1 ㎛ ⓒ 1.5 ㎛ ⓓ 2 ㎛

86 **Al이 증착된 실리콘 기판을 450 ℃에서 30분간 열처리하는 경우 Al로 확산한 Si 원자의 확산 길이는? (단, 실리콘의 확산 계수 $D = D_o exp(-Ea/kT)$, $Ea = 0.79$ eV, $D_o = 2.5\times10^{-3}$ ㎠/sec, $k = 8.62\times10^{-5}$ eV/K, 확산 길이(l)는 $2(Dt)^{1/2}$을 적용함)**

ⓐ 0.082 ㎛ ⓑ 0.82 ㎛ ⓒ 8.2 ㎛ ⓓ 82 ㎛

87 **온도 450 ℃에서 30분간 열처리되는 경우 Al 금속으로 확산하는 Si 원자의 확산 길이가 수십 ㎛에 달하게 되는데, 이런 원인으로 인하여 소자의 제작 공정에서 발생할 수 있는 현상은?**

ⓐ 스파이크(spike) ⓑ 표면 산화 ⓒ 에피 성장 ⓓ 식각

88 **실리콘 MOSFET에서 나노(㎚)급 축소화(scaling)에 따른 발전에 있어서 Nano−wire로 구성되는 GAA(Gate All Around) 구조로의 변화와 관련한 특징과 무관한 것은?**

ⓐ 채널 제조 공정의 단순화

ⓑ 전류 구동에 대한 높은 on/off ratio 확보

ⓒ 고속의 동작 성능

ⓓ 단채널 효과(SCE)의 감소

89 **실리콘 n−MOSFET 소자의 제조 공정에 있어서 임계 전압을 조정하기 위한 이온 주입(TAI: Threshold Adjustment Implantation)에 대한 설명으로 틀린 것은?**

ⓐ 게이트 산화막을 형성하는 공정의 바로 이전 단계에서 이온 주입(TAI)을 진행함

ⓑ 대체로 저에너지 및 저전류(dose)의 조건에서 매우 정밀한 제어가 필요함

ⓒ 임계 전압을 조정하기 위한 이온 주입(TAI)은 활성화를 위한 열처리가 필요하지 않음

ⓓ 붕소(boron) 이온을 주입하면 n-MOSFET의 임계 전압이 양(+)의 방향으로 변화함

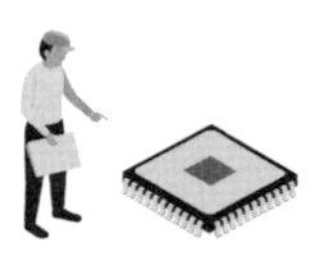

90 PR 마스크를 이용하여 산화막을 습식 식각하는 공정으로 단면의 형태가 그림과 같이 (A) 식각 전, (B) 정상적 식각, (C) 약간의 under cut, (D) PR lift-off가 있는 경우 관련된 설명으로 부적합한 것은?

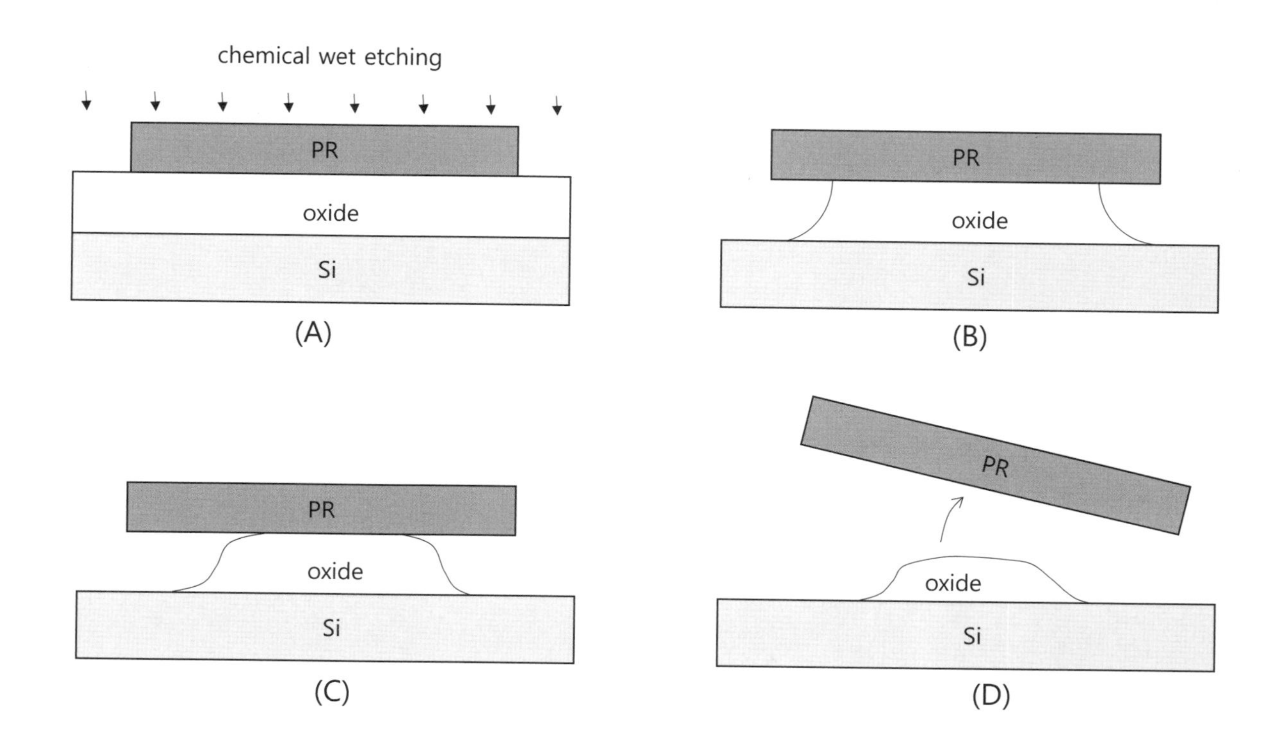

ⓐ 산화막과 PR 사이에 용액이 침투하면서 (C)와 (D)는 불균일한 식각 발생

ⓑ 정상적 식각을 위해 열처리로 PR을 강화하고 산화막과의 접착력을 높임

ⓒ 용액 침투로 under cut이 심화되기 전에 가급적 산화막 식각을 신속히 완료

ⓓ 초음파를 인가하면 (B)와 같이 under cut이 없는 정상적 식각에 유용함

제 10 장

패키징

제10장 | 패키징

01 주변의 온도가 40 ℃이고, 10 W의 전력을 소모하는 고온용 패키징 소자가 85 ℃를 유지한다면, 이러한 고온용 패키징 소자의 열저항(thermal resistance)은?

ⓐ 2.5 K/W　ⓑ 3.5 K/W　ⓒ 4.5 K/W　ⓓ 5.5 K/W

02 반도체의 패키지에서 고려해야 하는 특성에 해당하지 않는 것은?

ⓐ 친수성　ⓑ 열전도도　ⓒ 기계적 강도　ⓓ 전기 전도도

03 반도체 전공정이 끝나고 후면 연마를 하는 목적이나 효과에 해당하지 않는 것은?

ⓐ 저저항 금속 접합　ⓑ 불순물 활성화　ⓒ 열전도도 증가　ⓓ 게더링 효과

04 반도체 전자 소자의 패키지에서 고려해야 하는 특성에 해당하지 않는 것은?

ⓐ 전기 전도도　ⓑ 기계적 강도　ⓒ 광 흡수도　ⓓ 내화학성

05 flip chip BGA(Ball Grid Array) 패키지에 있어서 범프를 형성하는 방법이 아닌 것은?

ⓐ 스크린 프린팅　ⓑ 몰딩　ⓒ 무전해 도금　ⓓ 전해도금

06 반도체 전자 소자의 패키지에서 고려해야 하는 특성에 해당하지 않는 것은?

ⓐ 열전도도　ⓑ 열팽창 계수　ⓒ 방습　ⓓ 광 흡수 효율

07 반도체 전공정이 끝나고 후면 연마를 하는 효과에 해당하지 않는 것은?

ⓐ 불순물 활성화　ⓑ 열전도도 증가　ⓒ 칩 분리에 편리　ⓓ 게더링

08 UBM(Under Bump Metal)용 TiW/Cu/Au 구조에서 TiW, Cu, Au층 각각의 역할로 맞는 것은?

ⓐ adhesion, barrier, wetting

ⓑ adhesion, wetting, barrier

ⓒ barrier, adhesion, wetting

ⓓ wetting barrier, adhesion

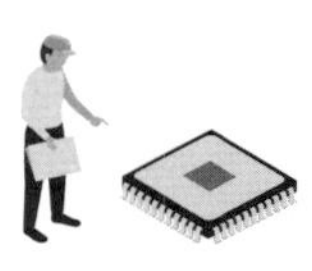

09 범프 리플로우(bump reflow)에 사용하는 플럭스(flux)의 역할로 정확한 것은?

ⓐ 솔더 퍼짐으로 납땜성(solderability) 감소

ⓑ 공기 접촉과 산화에 의한 표면의 안정화

ⓒ 표면의 산화막 제거

ⓓ 표면의 친수성을 위한 수분 공급

10 플립 칩(flip chip) BGA(Ball Grid Array) 패키지에 있어서 범프를 형성하는 기술과 무관한 것은?

ⓐ 스크린 프린팅

ⓑ 무전해 도금

ⓒ 스터드(stud)

ⓓ CMP

11 UBM(Under Bump Metal)용 물질 구조로 적합하지 않은 것은?

ⓐ Cr / Cu / Au

ⓑ Ti / Cu / Ni

ⓒ TiW / Cu / Au

ⓓ Ni / AlN / Ag

12 범프 리플로우(bump reflow) 공정 단계로 가장 적합한 순서는 어느 것?

ⓐ cool down – soak – reflow – preheat

ⓑ soak – reflow – preheat – cool down

ⓒ preheat – soak – relow – cool down

ⓓ reflow – preheat – cool down – soak

13 범프 리플로우(bump reflow)에 사용하는 플럭스(flux)의 역할이 아닌 것은?

ⓐ 표면의 친수성을 위한 수분 공급

ⓑ 표면 산화막 제거

ⓒ 표면 청정화로 납땜성(Soderability) 증가

ⓓ 공기 접촉에 의한 표면 산화의 방지

14 플립 칩 범프(flip chip bump)를 형성하는 방법이 아닌 것은?

ⓐ electroplating

ⓑ electroless plating

ⓒ wedge bonding

ⓓ stud bump

15 범프 리플로우(bump reflow)에 사용하는 플럭스(flux)의 역할이 아닌 것은?

ⓐ 표면 산화막 제거

ⓑ 표면의 산화를 위한 공기의 공급

ⓒ 공기 접촉에 의한 표면 산화의 방지

ⓓ 솔더 퍼짐을 돕는 표면장력 제어 효과

16 **칩급 패키지(chip scale package)의 플립 칩 범프(flip chip bump)를 형성하는 아래 공정 흐름(process flow)에서 가장 적합한 것은?**

ⓐ UBM 증착 – PR 패턴 형성 – bump reflow – 전기 도금 – PR 제거 – UBM 식각

ⓑ PR 패턴 형성 – UBM 증착 – 전기 도금 – PR 제거 – bump reflow – UBM 식각

ⓒ PR 패턴 형성 – UBM 증착 – 전기 도금 – UBM 식각 – PR 제거 – bump reflow

ⓓ UBM 증착 – PR 패턴 형성 – 전기 도금 – PR 제거 – UBM 식각 – bump reflow

17 **패키지의 금속 연결(metal interconnection) 방식과 관련 없는 것은?**

ⓐ slip bonding ⓑ wire bonding ⓒ TAB bonding ⓓ flip chip bonding

18 **칩 패키지(chip scale package)에서 플립 칩 범프(flip chip bump)를 형성하는 공정 흐름(process flow)으로 가장 적절한 것은?**

ⓐ UBM 증착 – PR 패턴 형성 – 전기 도금 – PR 제거 – UBM 식각 – Bump reflow

ⓑ PR 패턴 형성 – UBM 증착 – UBM 식각 – PR 제거 – 전기 도금 – Bump reflow

ⓒ UBM 증착 – PR 패턴 형성 – Bump reflow – 전기 도금 – PR 제거 – UBM 식각

ⓓ PR 패턴 형성 – UBM 증착 – 전기 도금 – PR 제거 – Bump reflow – UBM 식각

19 **플립 칩 범프(flip chip bump)를 형성하는 방법이 아닌 것은?**

ⓐ wedge bonding ⓑ printing ⓒ electroplating ⓓ stud bump

20 **패키지의 금속 연결(metal interconnection) 방식에 해당하지 않는 것은?**

ⓐ clip bonding ⓑ wedge bonding ⓒ glue bonding ⓓ ball bonding

21 **금속 선(metal wire)의 형태에 따른 부착(bonding) 방식이 아닌 것은?**

ⓐ ball bonding ⓑ wedge bonding ⓒ eutectic bonding ⓓ ribbon bonding

22 **반도체 패키지용 리드 프레임이 갖추어야 하는 특성으로 가장 적합한 것은?**

ⓐ 전기 전도도, 방열은 높아야 하고 인장도는 낮아야 함

ⓑ 전기 전도도, 방열, 인장도가 모두 낮아야 함

ⓒ 전기 전도도, 방열, 인장도가 모두 높아야 함

ⓓ 전기 전도도, 방열은 낮아야 하고 인장도는 높아야 함

23 **선 부착(wire bonding)의 에너지 형태에 따른 부착(bonding) 방식에 해당하지 않는 것은?**

ⓐ 레이저 ⓑ 초음파 ⓒ 열음파 ⓓ 열압착

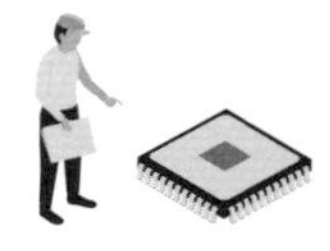

24 반도체 패키지에서 밀봉 재료로 사용하지 않는 소재인 것은?

ⓐ resin　　ⓑ ceramic　　ⓒ silicon　　ⓓ glass

25 반도체 패키지(package) 방식의 종류에 해당하지 않는 것은?

ⓐ SOP　　ⓑ UFC　　ⓒ SIP　　ⓓ QFP

26 리드 프레임(lead frame)을 사용하는 SOT(Small Outline Transistor) 패키지 공정으로 올바른 것은?

ⓐ die attach - seal - wire bonding - moulding - trimming - forming

ⓑ die attach - wire bonding - seal - trimming - moulding - forming

ⓒ die attach - wire bonding - forming - seal - moulding - trimming

ⓓ die attach - wire bonding - seal - moulding - trimming - forming

27 패키지(package)의 발전 단계에서 집적도가 높은 순서로 가장 적합하게 정렬된 것은?

ⓐ QFP(Quad Flat) - DIP(Dual Inline) - FO WLP(Fan Out Wafer Level) - CSP(Chip Scale)

ⓑ DIP - CSP - QFP - FO WLP

ⓒ DIP - QFP - CSP - FO WLP

ⓓ QFP - CSP - FO WLP - DIP

28 그림과 같은 FC–BGA(Flip Chip Ball Grid Array) 방식의 패키지에서 위로부터 차례대로 제조 공정에 의한 명칭의 순서가 올바른 것은?

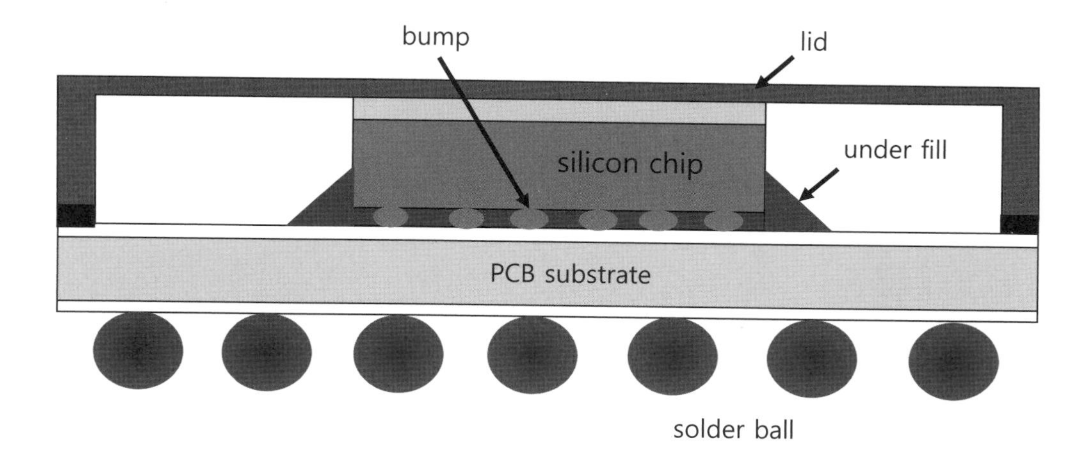

ⓐ die solder ball – under fill – PCB solder bump

ⓑ die solder bump – under fill – PCB solder ball

ⓒ PCB solder bump – under fill – die solder ball

ⓓ PCB solder ball – under fill – die solder bump

29 **반도체 칩을 분리하는 쏘(saw)를 이용한 다이싱(dicing)에 있어서 무관한 전문 용어는?**

ⓐ chiping ⓑ debris ⓒ kerf loss ⓓ eutectic

[30-31] 다음 상태도(phase diagram)를 보고 질문에 답하시오.

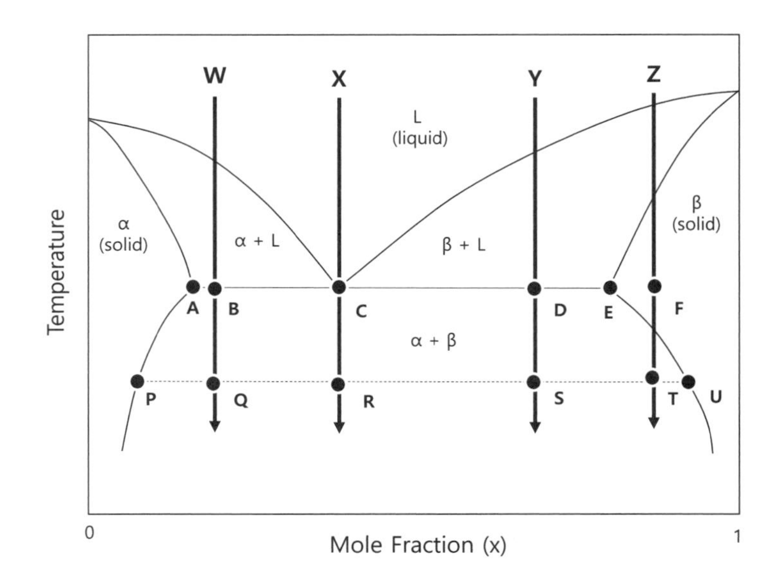

30 **공정(eutectic) 금속을 이용한 다이(die) 본딩에 있어서 상변태도(phase diagram)에서 가장 바람직한 조성의 조건은?**

ⓐ X(x = 0.2)
ⓑ Y(x = 0.3)
ⓒ Z(x = 0.97)
ⓓ Y-Z 사이 조건

31 **공정(eutectic) 금속을 이용한 die 본딩에 대한 설명으로 적합하지 않은 것은?**

ⓐ 전력 소자용에는 액상화 온도가 높은 Z의 조성이 유용함
ⓑ reflow 열처리 시 eutectic 온도가 낮아 쉽게 액상이 되고 균일한 부착이 가능
ⓒ reflow 열처리 시 eutectic 온도 아래에서 β상과 α상이 존재하는 고체로 됨
ⓓ X, Y, Z 중 Y의 조성이 가장 적합한 조건에 해당함

32 **Ball Gid Array(BGA) 패키지를 위한 범프 리플로우(bump reflow) 단계로 정확한 것은?**

ⓐ pre-heat, reflow, soak, cool down
ⓑ pre-heat, soak, cool down, reflow
ⓒ pre-heat, soak, reflow, cool down
ⓓ pre-heat, cool down, soak, reflow

33 **반도체 IC칩의 DIP(Dual In-line Package)에서 고려해야 하는 특성으로 가장 적합한 것은?**

ⓐ 전기 전도도, 열전도도, 내화학성, 내마모성, 친수성

ⓑ 전기 전도도, 열전도도, 기계적 강도, 내화학성, 내마모성

ⓒ 열전도도, 기계적 강도, 내화학성, 내마모성, UV 투과성

ⓓ 열전도도, 기계적 강도, 내마모성, 친수성, UV 투과성

34 **반도체 집적 회로(IC) 칩의 DIP(Dual In-line Package) 패키지에서 고려해야 하는 특성으로 가장 적합한 것은?**

ⓐ 전기 전도도, 열전도도, 내화학성, 내마모성, 친수성

ⓑ 열전도도, 기계적 강도, 내화학성, 내마모성, UV 투과성

ⓒ 전기 전도도, 열전도도, 기계적 강도, 내화학성, 내마모성

ⓓ 열전도도, 기계적 강도, 내마모성, 친수성, UV 투과성

35 **BGA(Ball Grid Array) 패키지를 위한 범프 리플로우(bump reflow) 단계로 올바른 것은?**

ⓐ pre-heat, reflow, soak, cool down

ⓑ pre-heat, soak, reflow, cool down

ⓒ pre-heat, soak, cool down, reflow

ⓓ pre-heat, cool down, soak, reflow

36 **HBM(High Bandwidth Memory) 제조에 사용하는 실리콘 관통 비아(TSV: Through Silicon Via)가 제공하는 주요 성능과 관련이 없는 것은?**

ⓐ 빠른 신호 전달

ⓑ 적은 전력 소모

ⓒ 높은 입출력 단자 밀도

ⓓ 높은 휘어짐 탄성도

37 **Si 웨이퍼의 후면 연마(back grind) 후에 후면의 상태에 대한 설명으로 적합하지 않은 것은?**

ⓐ 기판의 후면에는 결정 결함이 다량 존재함

ⓑ 후면에 back metal을 증착하면 완전한 단결정 상태로 복구됨

ⓒ 기판의 후면에는 응력(stress)이 다량 존재함

ⓓ 잔류 응력과 결정 결함을 제거하기 위해 습식 식각이나 CMP 공정이 필요함

38 **반도체 패키지의 주요 기능으로 가장 정확한 설명은?**

ⓐ 전력 공급, 신호 전달, 열분산, 물리적 보호

ⓑ 가압, 신호 전달, 열분산, 물리적 보호

ⓒ 전력 공급, 신호 전달, 가열, 기계적 보호

ⓓ 가압, 신호 전달, 가열, 기계적 보호

39 **도금 기술을 이용하는 실리콘 반도체의 금속 접촉에 사용하는 증착 물질에 해당하지 않는 것은?**

ⓐ Au　ⓑ Fe　ⓒ Cu　ⓓ Ni

40 **범프 리플로우(bump reflow) 공정 단계에 대한 정확한 설명은?**

ⓐ reflow zone에서 범프의 솔더링이 진행됨

ⓑ reflow zone에서 flux는 솔더의 표면 장력을 크게 하여 구형이 되게 함

ⓒ soak zone 단계는 flux의 습윤(wetting)을 시킴

ⓓ reflow zone의 dwell time은 최대한 길수록 유용함

41 **반도체 소자가 시불변 고장율을 따른다고 한다. 온도가 300 K, 901 K에서 MTTF(Mean Time To Failure)가 각각 1,000 hr, 10 hr이면 이 소자의 불량(failure)을 발생시키는 메커니즘의 활성화 에너지(Ea)는? (단,**
$\mathrm{MTTF} = \int_0^\infty R(t)dt,\ R(t) = \exp(-Lt),\ L(T) = \exp\left(-\frac{E_a}{kT}\right)$**관계식을 이용)**

ⓐ 0.089 eV　ⓑ 0.89 eV　ⓒ 8.9 eV　ⓓ 89 eV

42 **UBM(Under Bump Metal)용 물질의 조합으로 부적합한 것은?**

ⓐ Cr / Cu / Au

ⓑ Ti / Cu / Ni

ⓒ TiW / Cu / Au

ⓓ Al / AlN / Cu

43 **반도체 패키지 기술의 종류가 아닌 것은?**

ⓐ EUV　ⓑ QFP　ⓒ SOP　ⓓ SOT

44 **반도체 패키지에서 인터포저(interposer)의 설명으로 부적합한 것은?**

ⓐ 칩(chip)과 PCB(substrate) 사이에 위치하여 연결함

ⓑ 수동 소자 및 능동 소자를 넣을 수 없음

ⓒ 소재로 Si, glass, polymer를 사용할 수 있음

ⓓ 고밀도 배치되어 배선 길이를 짧게 하고 밴드 폭은 넓게 함

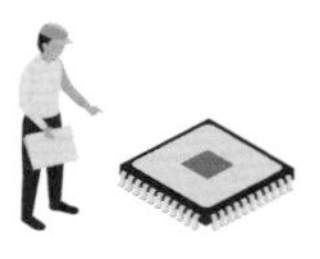

45 **패키지 후공정(back end process) 순서로 가장 적합한 것은?**

ⓐ back grinding – saw – die bonding – wire bonding – molding – test

ⓑ back grinding – saw – wire bonding – molding – test – die bonding

ⓒ back grinding – saw – die bonding – test – wire bonding – molding

ⓓ back grinding – die bonding – saw – wire bonding – molding – test

46 **패키지(package)의 집적 밀도가 높아지는 순서로서 가장 바른 것은?**

ⓐ DIP(Dual Inline) – SOP(Small Outline) – WLP (Wafer Level) – TSOP(Thin)

ⓑ SOP(Small Outline) – WLP (Wafer Level) – DIP(Dual Inline) – TSOP(Thin)

ⓒ DIP(Dual Inline) – SOP(Small Outline) – TSOP(Thin) – WLP(Wafer Level)

ⓓ SOP(Small Outline) – TSOP(Thin) – DIP(Dual Inline) – WLP(Wafer Level)

47 **플립 칩 패키지에서 사용하는 고밀도 인터포저(interposer)에서 반드시 고려해야 하는 특성에 해당하지 않는 것은?**

ⓐ Cu와 같은 금속 배선의 연결 집적도

ⓑ 낮은 발화점

ⓒ 낮은 RC 성분에 의한 작은 시상수

ⓓ 신호와 전력의 전송 성능

48 **플립 칩 패키지에서 사용하는 고밀도 인터포저(interposer)가 반드시 고려해야 하는 특성으로 해당하지 않는 것은?**

ⓐ 칩과의 열팽창 계수 차이

ⓑ PCB 기판과의 열팽창 계수

ⓒ 메탄 가스의 투과도

ⓓ 마이크로 범프(micro-bump)의 접착성과 안정성

49 **패키지의 범프(bump)용으로 사용하는 물질에 해당하지 않는 것은?**

ⓐ PbSn ⓑ SuAg ⓒ Au ⓓ Mo

50 **전력 반도체의 패키징용으로 구리(Cu) 금속 박막이 양면에 부착된 절연체 기판을 이용하는 DBC(Direct Bonding Chip) 기술에 대한 설명으로 적합하지 않은 것은?**

ⓐ 절연체로 Al_2O_3, AlN, AlSiC와 같은 세라믹 소재 사용

ⓑ Cu와 절연체 기판의 열팽창 계수 유사성과 높은 열전도도가 중요함

ⓒ 절연체 기판은 일반적으로 물리적 강도가 낮음

ⓓ Al, Cu 소재인 선(wire)이나 리본을 이용한 안정한 접합 가능함

51 OSAT(Out Sourced Assembly and Test)**의 범주에 해당하지 않는 것은?**

ⓐ damascene process
ⓑ package
ⓒ package test
ⓓ wafer test

52 유리 인터포저(glass interposer)**의 유용성과 무관한 것은?**

ⓐ 고밀도 금속선 배치
ⓑ 고주파 신호 전달
ⓒ 높은 신축성과 기계적 강도
ⓓ 대면적의 높은 생산성

53 TGV(Through Glass Via)**의 기술의 장단점으로 잘못 설명된 것은?**

ⓐ 대면적의 높은 생산성
ⓑ 실리콘 칩과 동등한 높은 열전달 및 열팽창 계수
ⓒ 우수한 전기 절연 특성
ⓓ 피로에 의한 파괴에 취약

54 다양한 인터포저(interposer)**의 기술적 설명으로 부적합한 것은?**

ⓐ 실리콘을 이용한 인터포저는 고밀도 배선 형성에 유용함
ⓑ 유기(organic)과 유리(glass)를 이용한 인터포저는 대면적의 절연 특성이 장점임
ⓒ RDL(Re-distribution Layer)에 LSI(Local Si Interconnection)를 브릿지로 부착해 사용함
ⓓ 3D 실장 기술은 수동 소자(R, L, C)를 내장한 인터포저(passive interposer)를 의미함

55 표면 실장을 위한 SAC(Sn–Ag–Cu) **솔더에 대한 설명으로 부적합한 것은?**

ⓐ 전기 전도도 측면에서 Pb를 대체하기에 부적합함
ⓑ 솔더의 Ag와 Cu의 함량에 따라 용융점이 변함
ⓒ PCB 변형에 따른 응력에 견디는 내구성이 요구됨
ⓓ PCB에 스텐실 프린트 및 솔더볼로 형성하여 이용함

56 삼차원 집적화(3D integration)**를 위한 배선**(interconnection)**에서 트렌치 채우기**(trench filling)**용 구리**(Cu)**의** electrodeposition(ED)**에 대한 설명으로 틀린 것은?**

ⓐ 결함 없이 트렌치의 내부를 완벽하게 filling 하여 superconformal electrode를 형성함
ⓑ 트렌치 코너의 굴곡(curvature)과 부성 저항의 형성에 의해 coverage가 개량됨
ⓒ 결함(seam, void) 방지에 CVD나 ALD(Atomic Layer Deposition)보다 불리함
ⓓ 첨가제(accelerator, suppressor, leveler)로 표면 증착은 억제하고 bottom-up 증착을 유도

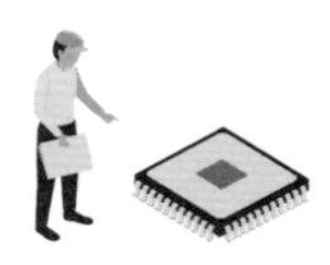

57 **다음 다이(die) 부착물 중에서 부도체(insulator) 특성을 지닌 물질은?**

ⓐ epoxy adhesive

ⓑ Au eutectic

ⓒ metal-filled epoxy

ⓓ conductive polyimide

58 **다음 비방습형 몰딩의 방식에 해당하는 것은?**

ⓐ welding

ⓑ epoxy molding

ⓒ soldered lid

ⓓ glass-sealed lid

59 **제조 공정에 리드 프레임을 사용하지 않는 패키징 방식은?**

ⓐ BGA(Ball Grid Array)

ⓑ DIP(Dual In-line Package)

ⓒ QFP(Quad Flat Package)

ⓓ TSOP(Thin Small Outline Package)

60 **반도체 기판을 후면 연마(back grind) 후에 회전 식각(spin etch)의 목적에 부합하지 않는 것은?**

ⓐ 후면에 잔류하는 결정 결함의 제거

ⓑ 후면 연마에서 발생한 응력의 제거

ⓒ 정밀한 두께와 표면 거칠기(roughness) 제어

ⓓ 기판 후면의 원형 도핑 농도 분포 형성

61 **WLP(Wafer Level Package)의 공정 기술과 무관한 것은?**

ⓐ RDL(Redistribution Layer)

ⓑ TSV(Through Silicon Via)

ⓒ TSOP(Thin Small Outline Package)

ⓓ WLCSP(Wafer Level Chip Scale Package)

62 **SIP(System in Chip)나 SOC(System on Chip)와 비교하여 칩렛(chiplet) 기술의 특징과 무관한 것은?**

ⓐ 메모리, 로직, 컨버터 안테나와 같은 기능의 칩들을 레고식으로 패키지함

ⓑ 최적의 양품으로 구성하여 수율이 향상되고 제조의 경제성을 높임

ⓒ 다양한 기능의 칩들에 각각 집중하므로 개발의 효율성이 높음

ⓓ 에폭시 수지(EMC: Epoxy Mold Compound)와 솔더볼(solder ball)은 사용하지 아니함

63 반도체 후공정 패키지에 있어서 가장 일반적인 공정 단계로 "웨이퍼 테스트 → A → 다이 본딩 → B → 몰딩인캡 → C → 출고"의 과정에서 A, B, C 단계들이 순서대로 바르게 제시된 것은?

ⓐ 뒷면 연마, 와이어 본딩, 테스트

ⓑ 와이어 본딩, 뒷면 연마, 테스트

ⓒ 뒷면 연마, 테스트, 와이어 본딩

ⓓ 와이어 본딩, 테스트, 뒷면 연마

64 다음의 개념적인 개략도에서 유테틱(Eutectic) 조성의 금속 합금을 이용한 플립 칩 금속 접합에 대한 결정화로 α상과 β상이 개념상 가장 적절하게 표현된 단면 구조는?

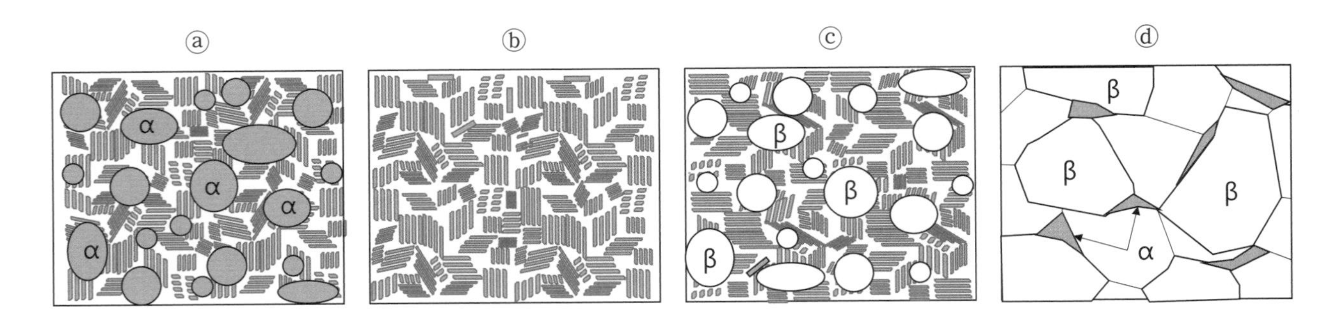

65 그림의 유테틱 본딩에 대한 상태도와 단면의 결정 상태에 있어서 각 조성에 대해 고온의 액체 상태에서 저온(상온)의 고체 상태로 상변화된 결정의 개념적 구조가 올바르게 연결된 것은?

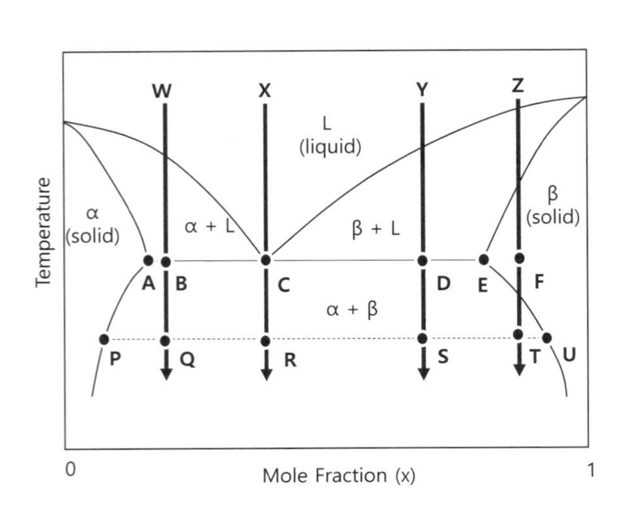

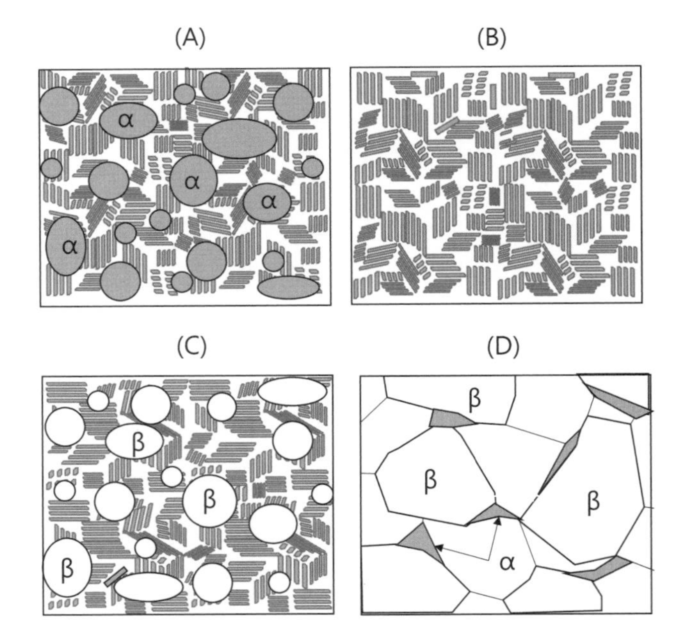

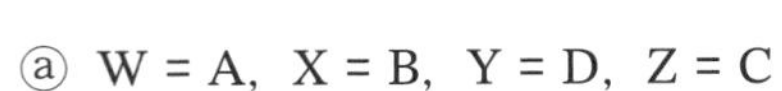
ⓐ W = A, X = B, Y = D, Z = C

ⓑ W = B, X = A, Y = C, Z = D

ⓒ W = A, X = B, Y = C, Z = D

ⓓ W = D, X = B, Y = C, Z = A

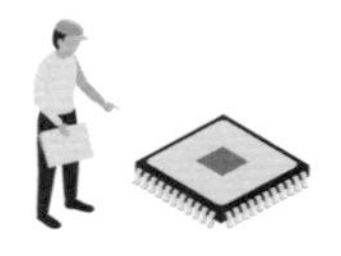

66 최대 허용되는 소자의 동작 온도는 105 ℃이고, 구동 전력이 10 W일 때 동작 온도가 85 ℃를 유지하는 경우 이 소자의 최대 구동 전력은? (단, 주변의 온도가 40 ℃이고, 이 동작 영역에서 열발생 및 열전도도의 특성은 선형적인 변화를 유지한다고 간주함)

ⓐ 12.4 W ⓑ 14.4 W ⓒ 16.4 W ⓓ 18.4 W

67 HBM(High Bandwidth Memory)을 3차원 적층(stack) 구조의 SIP(System In Package)로 제작하는 단면 구조와 관련한 설명으로 틀린 것은?

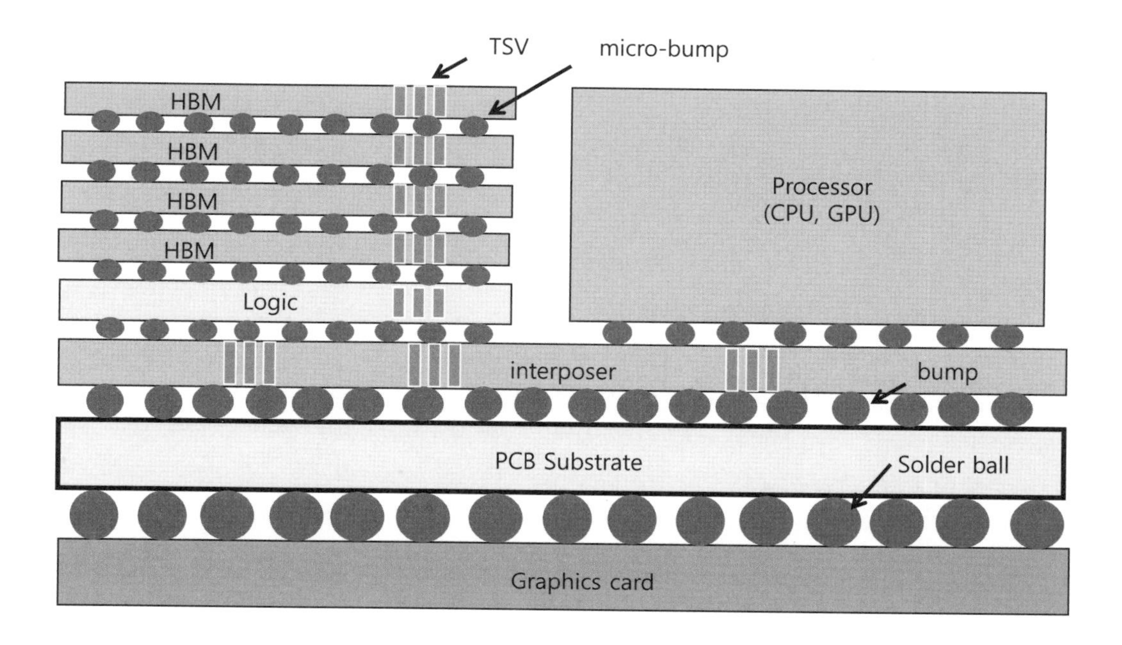

ⓐ TSV(Through Silicon Via)를 적용하여 전력 분배 및 데이터 라인을 효율적으로 배치하여 고속 전송의 성능과 전력 효율이 높아짐

ⓑ 인터포저(interposer)는 수만 개의 고정밀 micro-bump I/O를 통해 칩 사이에 라우팅(routing)하며 기판(substrate)과 가교 역할을 제공함

ⓒ HBM의 3차원 적층 구조의 고속-고성능 동작은 열발생이 심각하여 정상적인 동작을 위한 액침 냉각 등의 대책을 요구하게 됨

ⓓ 이러한 SIP 구조에서는 데이터 전송 속도가 수 Mbps급에 한정되므로 성능 개선을 위한 광 신호 처리 기법의 집적화 기술이 요구됨

68 반도체 웨이퍼에서 불균일하게 분포하는 무작위 결함(random defect)에 의한 칩의 수율 모델이 아닌 것은?

ⓐ Exponential model
ⓑ Seed's model
ⓒ Murphy model
ⓓ King's model

69 반도체 웨이퍼에서 무작위 결함(random defect)에 의해 면적(A)이 0.2 ㎠인 칩의 수율(Y)이 0.6인 경우 Poisson model을 적용하면 결함 밀도는? (단, Poisson 모델은 $Y = \exp(-D \cdot A)$로 결함 밀도(D)와 칩 면적(A)의 함수임)

ⓐ 0.255 (/㎠)　ⓑ 2.55 (/㎠)　ⓒ 25.5 (/㎠)　ⓓ 255 (/㎠)

70 반도체 웨이퍼에서 무작위 결함(random defect)에 의해 면적(A)이 0.2 ㎠인 칩에서 수율(Y)이 0.6이고, 포아손 모델(Poisson model)이 적확한 경우 칩 면적(A)이 2 ㎠로 증가하면 수율은? (단, 포아손(Poisson) 모델은 $Y = \exp(-D \cdot A)$로 결함 밀도(D)와 칩 면적(A)의 함수임)

ⓐ 0.006　ⓑ 0.06　ⓒ 0.6　ⓓ 6

71 반도체 웨이퍼에서 칩을 분리하는 공정법이 아닌 것은?

ⓐ diamond saw　ⓑ laser saw　ⓒ CMP　ⓓ scribe and cleavage

72 반도체 웨이퍼에서 무작위 결함(random defect)에 의한 칩의 수율 모델 중에서 결함의 뭉침(defect clustering)이 없이 전체적으로 균일한 분포에 대해 가장 적합한 모델은?

ⓐ Exponential model : $Y = 1/(1 + DA)$

ⓑ Poisson model: $Y = \exp(-DA)$

ⓒ Murphy model: $Y = (1 - \exp(-DA)/DA)^2$

ⓓ Seed's model: $Y = \exp(-\sqrt{DA})$

73 플립 칩(flip chip)에 500개의 PbSn(5 %) 솔더 범프를 형성하여 칩의 열저항(R_{th})이 0.32 K/W이고, 상온(25 ℃) 구동 조건에서 칩의 온도를 80 ℃ 이하로 유지하려 할 때 최대 허용되는 전력 소모는?

ⓐ 1.72 W　ⓑ 17.2 W　ⓒ 172 W　ⓓ 1.72 kW

74 선 본딩(wire bonding)에 비해 TAB(Tape Assisted Bonding)의 장점이 아닌 것은?

ⓐ 피치가 ~60 ㎛ 수준까지 가능해 실장 밀도 높음

ⓑ 초박막화

ⓒ 경량화

ⓓ 금속선 연결의 저항 증가

75 TAB(Tape Assisted Bonding) 기술에 사용되지 않는 것은?

ⓐ Al 선(wire)

ⓑ 에폭시(폴리이미드, 폴리에스테르, 글래스)

ⓒ Cu 리드(lead)

ⓓ Au 범프(bump)

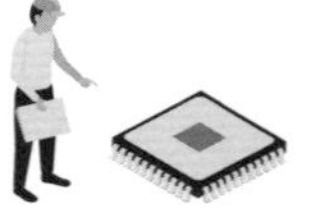

76 **플립 칩**(flip chip)**에** PbSn(5 %) **솔더 범프를 높이**(h) = 75 ㎛, **면적**(A) = 7.5×10^{-4} ㎠(d = 100 ㎛), **숫자**(N) = 100**개로 형성한 경우 예상되는 칩 접합의 열저항**(R_{th})**은? (단,** PbSn(5 %)**의 열전도도**(G_{th})**는** 0.63 W/㎝·K**이고,** $R_{th} = h/(G_{th}\cdot N\cdot A)$**를 적용함)**

ⓐ 0.16 K/W　ⓑ 1.6 K/W　ⓒ 16 K/W　ⓓ 160 K/W

77 **반도체 웨이퍼에서 무작위 결함**(random defect)**에 의한 칩의 수율 모델 중에서 웨이퍼 가장자리에 결함 농도가 높게 분포하는 경우에 가장 적합한 모델은?**

ⓐ Poisson model: $Y = \exp(-DA)$

ⓑ Exponential model: $Y = 1/(1 + DA)$

ⓒ Murphy model: $Y = (1 - \exp(-DA)/DA)^2$

ⓓ Seed's model: $Y = \exp(-\sqrt{DA})$

78 **플립 칩**(flip chip)**에** Cu **마이크로 필라를 적용하여 필라 높이**(h) = 25 ㎛, **면적**(A) = 4.9×10^{-5} ㎠(d = 25 ㎛), **숫자**(N) = 1,600**개로 형성한 경우 예상되는 칩 접합의 열저항**(R_{th})**은? (단,** Cu**의 열전도도**(G_{th})**는** 0.99 W/cm·K**이고,** $R_{th} = h/(G_{th}\cdot N\cdot A)$**를 적용함)**

ⓐ 0.03 K/W　ⓑ 0.3 K/W　ⓒ 3 K/W　ⓓ 30 K/W

79 **플립 칩**(flip chip) **기술이** solder(PbSn) bump → Cu pillar → Cu micro–pillar → hybrid bonding**으로 전환하는 원인으로 가장 부적합한 설명은?**

ⓐ 비저항이 작은 소재와 접합의 구조로 전력 손실 감소

ⓑ 열전도가 높은 소재와 접합의 구조로 저온으로 구동

ⓒ 3D 고집적화와 고속 동작에 의한 성능의 고도화

ⓓ 접합 방식과 제조 공정의 단순화로 제조 비용 절감

80 **반도체 패키지에서 전형적으로 사용하는 리드 프레임(금속)의 경우 관리되어야 하는 특성으로 무관한 것은?**

ⓐ 화학적 접착성　ⓑ 친수성 및 절연성

ⓒ 기계적 강도　ⓓ 열전도도 및 열팽창 계수

해 답

제 1장 | 반도체 기초

1	2	3	4	5	6	7	8	9	10
ⓓ	ⓐ	ⓑ	ⓐ	ⓒ	ⓓ	ⓒ	ⓑ	ⓓ	ⓑ
11	**12**	**13**	**14**	**15**	**16**	**17**	**18**	**19**	**20**
ⓒ	ⓐ	ⓐ	ⓑ	ⓑ	ⓐ	ⓐ	ⓓ	ⓒ	ⓒ
21	**22**	**23**	**24**	**25**	**26**	**27**	**28**	**29**	**30**
ⓐ	ⓐ	ⓒ	ⓑ	ⓑ	ⓐ	ⓐ	ⓐ	ⓐ	ⓒ
31	**32**	**33**	**34**	**35**	**36**	**37**	**38**	**39**	**40**
ⓑ	ⓒ	ⓓ	ⓐ	ⓓ	ⓑ	ⓓ	ⓒ	ⓒ	ⓐ
41	**42**	**43**	**44**	**45**	**46**	**47**	**48**	**49**	**50**
ⓓ	ⓐ	ⓒ	ⓒ	ⓓ	ⓐ	ⓑ	ⓓ	ⓓ	ⓐ
51	**52**	**53**	**54**	**55**	**56**	**57**	**58**	**59**	**60**
ⓑ	ⓒ	ⓐ	ⓓ	ⓒ	ⓑ	ⓒ	ⓓ	ⓑ	ⓓ
61	**62**	**63**	**64**	**65**	**66**	**67**	**68**	**69**	**70**
ⓑ	ⓐ	ⓒ	ⓑ	ⓓ	ⓐ	ⓒ	ⓓ	ⓑ	ⓐ
71	**72**	**73**	**74**	**75**	**76**	**77**	**78**	**79**	**80**
ⓒ	ⓒ	ⓐ	ⓑ	ⓑ	ⓒ	ⓓ	ⓐ	ⓓ	ⓒ
81	**82**	**83**	**84**	**85**	**86**	**87**	**88**	**89**	**90**
ⓐ	ⓓ	ⓐ	ⓓ	ⓒ	ⓐ	ⓓ	ⓑ	ⓓ	ⓒ
91	**92**	**93**	**94**	**95**	**96**	**97**	**98**	**99**	**100**
ⓐ	ⓑ	ⓓ	ⓐ	ⓒ	ⓐ	ⓓ	ⓐ	ⓐ	ⓒ
101	**102**	**103**	**104**	**105**	**106**	**107**	**108**	**109**	**110**
ⓓ	ⓐ	ⓒ	ⓓ	ⓐ	ⓑ	ⓑ	ⓒ	ⓓ	ⓒ
111	**112**	**113**							
ⓐ	ⓑ	ⓐ							

제 2장 | **산화**

1	**2**	**3**	**4**	**5**	**6**	**7**	**8**	**9**	**10**
ⓓ	ⓑ	ⓐ	ⓓ	ⓓ	ⓑ	ⓒ	ⓒ	ⓐ	ⓐ
11	**12**	**13**	**14**	**15**	**16**	**17**	**18**	**19**	**20**
ⓓ	ⓓ	ⓐ	ⓑ	ⓒ	ⓓ	ⓓ	ⓒ	ⓑ	ⓐ
21	**22**	**23**	**24**	**25**	**26**	**27**	**28**	**29**	**30**
ⓓ	ⓑ	ⓓ	ⓐ	ⓓ	ⓑ	ⓒ	ⓓ	ⓐ	ⓑ
31	**32**	**33**	**34**	**35**	**36**	**37**	**38**	**39**	**40**
ⓒ	ⓐ	ⓐ	ⓒ	ⓑ	ⓑ	ⓐ	ⓓ	ⓓ	ⓒ
41	**42**	**43**	**44**	**45**	**46**	**47**	**48**	**49**	**50**
ⓑ	ⓑ	ⓒ	ⓒ	ⓐ	ⓒ	ⓑ	ⓒ	ⓐ	ⓓ
51	**52**	**53**	**54**	**55**	**56**	**57**	**58**	**59**	**60**
ⓐ	ⓑ	ⓒ	ⓑ	ⓐ	ⓐ	ⓐ	ⓓ	ⓒ	ⓓ
61	**62**	**63**	**64**	**65**	**66**	**67**	**68**	**69**	**70**
ⓑ	ⓓ	ⓑ	ⓒ	ⓓ	ⓐ	ⓓ	ⓒ	ⓒ	ⓑ
71	**72**	**73**	**74**	**75**	**76**	**77**	**78**	**79**	**80**
ⓒ	ⓓ	ⓓ	ⓓ	ⓐ	ⓓ	ⓒ	ⓓ	ⓓ	ⓐ
81	**82**	**83**	**84**	**85**	**86**	**87**	**88**	**89**	**90**
ⓓ	ⓑ	ⓒ	ⓐ	ⓒ	ⓓ	ⓐ	ⓓ	ⓑ	ⓒ

제 3장 | **확산**

1	**2**	**3**	**4**	**5**	**6**	**7**	**8**	**9**	**10**
ⓒ	ⓓ	ⓐ	ⓐ	ⓑ	ⓒ	ⓐ	ⓑ	ⓒ	ⓓ
11	**12**	**13**	**14**	**15**	**16**	**17**	**18**	**19**	**20**
ⓒ	ⓓ	ⓑ	ⓒ	ⓒ	ⓐ	ⓑ	ⓐ	ⓐ	ⓒ
21	**22**	**23**	**24**	**25**	**26**	**27**	**28**	**29**	**30**
ⓒ	ⓑ	ⓑ	ⓓ	ⓓ	ⓒ	ⓑ	ⓓ	ⓓ	ⓑ
31	**32**	**33**	**34**	**35**	**36**	**37**	**38**	**39**	**40**
ⓐ	ⓒ	ⓓ	ⓓ	ⓓ	ⓐ	ⓐ	ⓒ	ⓒ	ⓐ
41	**42**	**43**	**44**	**45**	**46**	**47**	**48**	**49**	**50**
ⓐ	ⓓ	ⓐ	ⓑ	ⓓ	ⓒ	ⓒ	ⓓ	ⓐ	ⓒ
51	**52**	**53**	**54**	**55**	**56**	**57**	**58**	**59**	**60**
ⓑ	ⓒ	ⓐ	ⓐ	ⓓ	ⓒ	ⓓ	ⓒ	ⓐ	ⓑ

61	62	63	64	65	66	67	68	69	70
ⓒ	ⓑ	ⓓ	ⓐ	ⓐ	ⓒ	ⓑ	ⓑ	ⓐ	ⓓ
71	72	73	74	75					
ⓒ	ⓒ	ⓓ	ⓐ	ⓑ					

제 4장 | 이온 주입

1	2	3	4	5	6	7	8	9	10
ⓑ	ⓒ	ⓑ	ⓐ	ⓑ	ⓒ	ⓒ	ⓒ	ⓑ	ⓒ
11	12	13	14	15	16	17	18	19	20
ⓓ	ⓒ	ⓐ	ⓓ	ⓑ	ⓑ	ⓒ	ⓒ	ⓓ	ⓑ
21	22	23	24	25	26	27	28	29	30
ⓓ	ⓒ	ⓑ	ⓓ	ⓐ	ⓑ	ⓒ	ⓐ	ⓑ	ⓒ
31	32	33	34	35	36	37	38	39	40
ⓒ	ⓑ	ⓒ	ⓒ	ⓓ	ⓒ	ⓒ	ⓒ	ⓒ	ⓓ
41	42	43	44	45	46	47	48	49	50
ⓑ	ⓓ	ⓑ	ⓓ	ⓐ	ⓐ	ⓓ	ⓑ	ⓓ	ⓑ
51	52	53	54	55	56	57	58	59	60
ⓐ	ⓒ	ⓒ	ⓑ	ⓐ	ⓓ	ⓐ	ⓑ	ⓑ	ⓒ
61	62	63	64	65	66	67	68	69	70
ⓓ	ⓐ	ⓐ	ⓓ	ⓓ	ⓐ	ⓑ	ⓓ	ⓒ	ⓐ
71	72	73	74	75	76	77	78	79	80
ⓐ	ⓒ	ⓓ	ⓑ	ⓓ	ⓒ	ⓑ	ⓐ	ⓑ	ⓒ
81	82	83	84	85	86	87	88	89	90
ⓒ	ⓓ	ⓑ	ⓐ	ⓒ	ⓒ	ⓑ	ⓑ	ⓒ	ⓐ
91	92	93	94	95					
ⓑ	ⓒ	ⓓ	ⓑ	ⓐ					

제 5장 | 박막 증착

1	2	3	4	5	6	7	8	9	10
ⓒ	ⓒ	ⓒ	ⓐ	ⓑ	ⓒ	ⓒ	ⓑ	ⓒ	ⓑ
11	**12**	**13**	**14**	**15**	**16**	**17**	**18**	**19**	**20**
ⓓ	ⓒ	ⓓ	ⓐ	ⓓ	ⓒ	ⓓ	ⓒ	ⓐ	ⓓ
21	**22**	**23**	**24**	**25**	**26**	**27**	**28**	**29**	**30**
ⓑ	ⓐ	ⓒ	ⓓ	ⓒ	ⓑ	ⓓ	ⓒ	ⓒ	ⓒ
31	**32**	**33**	**34**	**35**	**36**	**37**	**38**	**39**	**40**
ⓒ	ⓐ	ⓑ	ⓓ	ⓒ	ⓐ	ⓐ	ⓐ	ⓓ	ⓐ
41	**42**	**43**	**44**	**45**	**46**	**47**	**48**	**49**	**50**
ⓑ	ⓒ	ⓒ	ⓑ	ⓐ	ⓑ	ⓓ	ⓑ	ⓐ	ⓑ
51	**52**	**53**	**54**	**55**	**56**	**57**	**58**	**59**	**60**
ⓐ	ⓒ	ⓒ	ⓓ	ⓒ	ⓓ	ⓐ	ⓑ	ⓐ	ⓐ
61	**62**	**63**	**64**	**65**	**66**	**67**	**68**	**69**	**70**
ⓒ	ⓐ	ⓓ	ⓒ	ⓐ	ⓓ	ⓑ	ⓑ	ⓑ	ⓐ
71	**72**	**73**	**74**	**75**	**76**	**77**	**78**	**79**	**80**
ⓑ	ⓒ	ⓑ	ⓐ	ⓒ	ⓐ	ⓓ	ⓓ	ⓐ	ⓐ
81	**82**	**83**	**84**	**85**	**86**	**87**	**88**	**89**	**90**
ⓒ	ⓓ	ⓓ	ⓑ	ⓑ	ⓓ	ⓐ	ⓒ	ⓐ	ⓓ
91	**92**	**93**	**94**	**95**	**96**	**97**	**98**	**99**	**100**
ⓑ	ⓒ	ⓓ	ⓐ	ⓒ	ⓑ	ⓓ	ⓓ	ⓐ	ⓒ
101	**102**	**103**	**104**	**105**	**106**	**107**	**108**	**109**	**110**
ⓑ	ⓓ	ⓑ	ⓒ	ⓐ	ⓐ	ⓓ	ⓒ	ⓒ	ⓑ
111	**112**	**113**	**114**	**115**	**116**	**117**	**118**	**119**	**120**
ⓐ	ⓓ	ⓐ	ⓑ	ⓑ	ⓐ	ⓓ	ⓒ	ⓐ	ⓓ
121	**122**	**123**	**124**	**125**	**126**	**127**	**128**	**129**	**130**
ⓒ	ⓐ	ⓒ	ⓓ	ⓑ	ⓒ	ⓓ	ⓑ	ⓓ	ⓓ
131	**132**	**133**	**134**	**135**	**136**	**137**	**138**	**139**	**140**
ⓐ	ⓒ	ⓓ	ⓑ	ⓓ	ⓒ	ⓓ	ⓐ	ⓒ	ⓓ
141	**142**	**143**	**144**	**145**	**146**	**147**	**148**	**149**	**150**
ⓓ	ⓒ	ⓒ	ⓓ	ⓒ	ⓓ	ⓒ	ⓐ	ⓓ	ⓑ
151	**152**	**153**	**154**	**155**	**156**	**157**	**158**	**159**	**160**
ⓓ	ⓐ	ⓑ	ⓐ	ⓒ	ⓓ	ⓑ	ⓒ	ⓐ	ⓓ

제 6장 | 리소그래피

1	2	3	4	5	6	7	8	9	10
ⓑ	ⓑ	ⓒ	ⓑ	ⓐ	ⓐ	ⓐ	ⓒ	ⓑ	ⓒ
11	**12**	**13**	**14**	**15**	**16**	**17**	**18**	**19**	**20**
ⓓ	ⓐ	ⓓ	ⓐ	ⓐ	ⓒ	ⓒ	ⓓ	ⓐ	ⓐ
21	**22**	**23**	**24**	**25**	**26**	**27**	**28**	**29**	**30**
ⓑ	ⓒ	ⓓ	ⓒ	ⓓ	ⓑ	ⓑ	ⓐ	ⓐ	ⓐ
31	**32**	**33**	**34**	**35**	**36**	**37**	**38**	**39**	**40**
ⓒ	ⓒ	ⓓ	ⓐ	ⓑ	ⓒ	ⓓ	ⓐ	ⓓ	ⓑ
41	**42**	**43**	**44**	**45**	**46**	**47**	**48**	**49**	**50**
ⓒ	ⓒ	ⓐ	ⓓ	ⓑ	ⓐ	ⓑ	ⓐ	ⓓ	ⓒ
51	**52**	**53**	**54**	**55**	**56**	**57**	**58**	**59**	**60**
ⓓ	ⓓ	ⓑ	ⓐ	ⓒ	ⓐ	ⓓ	ⓐ	ⓓ	ⓑ
61	**62**	**63**	**64**	**65**	**66**	**67**	**68**	**69**	**70**
ⓓ	ⓒ	ⓐ	ⓓ	ⓑ	ⓒ	ⓐ	ⓑ	ⓓ	ⓒ
71	**72**	**73**	**74**	**75**	**76**	**77**	**78**	**79**	**80**
ⓓ	ⓑ	ⓓ	ⓐ	ⓒ	ⓑ	ⓓ	ⓑ	ⓐ	ⓓ
81	**82**	**83**	**84**	**85**	**86**	**87**	**88**	**89**	**90**
ⓐ	ⓓ	ⓑ	ⓑ	ⓐ	ⓒ	ⓓ	ⓑ	ⓐ	ⓑ
91	**92**	**93**	**94**						
ⓐ	ⓓ	ⓓ	ⓒ						

제 7장 | 식각

1	2	3	4	5	6	7	8	9	10
ⓓ	ⓑ	ⓐ	ⓓ	ⓑ	ⓓ	ⓒ	ⓒ	ⓓ	ⓐ
11	12	13	14	15	16	17	18	19	20
ⓒ	ⓐ	ⓐ	ⓒ	ⓑ	ⓓ	ⓓ	ⓓ	ⓓ	ⓒ
21	22	23	24	25	26	27	28	29	30
ⓑ	ⓐ	ⓓ	ⓐ	ⓒ	ⓑ	ⓒ	ⓓ	ⓑ	ⓑ
31	32	33	34	35	36	37	38	39	40
ⓓ	ⓐ	ⓓ	ⓐ	ⓓ	ⓒ	ⓑ	ⓐ	ⓓ	ⓐ
41	42	43	44	45	46	47	48	49	50
ⓒ	ⓒ	ⓓ	ⓐ	ⓐ	ⓓ	ⓓ	ⓐ	ⓐ	ⓒ
51	52	53	54	55	56	57	58	59	60
ⓑ	ⓑ	ⓐ	ⓐ	ⓓ	ⓒ	ⓑ	ⓓ	ⓓ	ⓒ
61	62	63	64	65	66	67	68	69	70
ⓐ	ⓐ	ⓑ	ⓒ	ⓐ	ⓒ	ⓓ	ⓒ	ⓑ	ⓑ
71	72	73	74	75	76	77	78	79	80
ⓓ	ⓒ	ⓒ	ⓐ	ⓒ	ⓒ	ⓑ	ⓓ	ⓐ	ⓑ
81	82	83	84	85	86	87	88	89	90
ⓓ	ⓓ	ⓒ	ⓐ	ⓓ	ⓓ	ⓓ	ⓑ	ⓐ	ⓐ
91	92	93	94	95	96	97	98	99	100
ⓒ	ⓐ	ⓐ	ⓓ	ⓒ	ⓒ	ⓐ	ⓒ	ⓑ	ⓑ
101	102	103	104	105	106	107	108	109	110
ⓓ	ⓐ	ⓐ	ⓒ	ⓓ	ⓑ	ⓓ	ⓒ	ⓑ	ⓐ
111	112	113	114	115	116	117	118	119	120
ⓑ	ⓑ	ⓒ	ⓓ	ⓐ	ⓐ	ⓓ	ⓒ	ⓓ	ⓑ
121	122	123	124	125	126	127	128	129	130
ⓐ	ⓒ	ⓐ	ⓑ	ⓓ	ⓑ	ⓒ	ⓑ	ⓒ	ⓐ
131	132	133	134	135	136	137	138	139	140
ⓓ	ⓐ	ⓓ	ⓐ	ⓒ	ⓑ	ⓓ	ⓓ	ⓐ	ⓑ
141	142	143	144	145	146	147	148	149	150
ⓓ	ⓒ	ⓒ	ⓓ	ⓐ	ⓑ	ⓒ	ⓐ	ⓓ	ⓑ

제 8장 | 금속 배선

1	2	3	4	5	6	7	8	9	10
ⓒ	ⓒ	ⓓ	ⓑ	ⓑ	ⓒ	ⓐ	ⓐ	ⓐ	ⓑ
11	**12**	**13**	**14**	**15**	**16**	**17**	**18**	**19**	**20**
ⓓ	ⓒ	ⓑ	ⓐ	ⓒ	ⓒ	ⓒ	ⓒ	ⓑ	ⓑ
21	**22**	**23**	**24**	**25**	**26**	**27**	**28**	**29**	**30**
ⓒ	ⓐ	ⓐ	ⓑ	ⓓ	ⓑ	ⓒ	ⓐ	ⓐ	ⓐ
31	**32**	**33**	**34**	**35**	**36**	**37**	**38**	**39**	**40**
ⓓ	ⓓ	ⓐ	ⓐ	ⓓ	ⓒ	ⓒ	ⓓ	ⓑ	ⓑ
41	**42**	**43**	**44**	**45**	**46**	**47**	**48**	**49**	**50**
ⓒ	ⓐ	ⓐ	ⓑ	ⓐ	ⓑ	ⓓ	ⓓ	ⓒ	ⓒ
51	**52**	**53**	**54**	**55**	**56**	**57**	**58**	**59**	**60**
ⓓ	ⓒ	ⓑ	ⓐ	ⓒ	ⓑ	ⓑ	ⓐ	ⓒ	ⓒ
61	**62**	**63**	**64**	**65**	**66**	**67**	**68**	**69**	**70**
ⓑ	ⓐ	ⓓ	ⓑ	ⓐ	ⓑ	ⓓ	ⓐ	ⓐ	ⓒ
71	**72**	**73**	**74**	**75**	**76**	**77**	**78**	**79**	**80**
ⓓ	ⓐ	ⓓ	ⓑ	ⓒ	ⓒ	ⓐ	ⓒ	ⓑ	ⓐ
81	**82**	**83**	**84**	**85**	**86**	**87**	**88**	**89**	**90**
ⓓ	ⓒ	ⓐ	ⓒ	ⓑ	ⓓ	ⓑ	ⓐ	ⓓ	ⓐ
91	**92**	**93**	**94**	**95**	**96**	**97**	**98**	**99**	**100**
ⓓ	ⓐ	ⓒ	ⓑ	ⓓ	ⓐ	ⓑ	ⓒ	ⓐ	ⓑ

제 9장 | 소자 공정

1	2	3	4	5	6	7	8	9	10
ⓐ	ⓑ	ⓒ	ⓐ	ⓒ	ⓓ	ⓓ	ⓒ	ⓑ	ⓐ
11	**12**	**13**	**14**	**15**	**16**	**17**	**18**	**19**	**20**
ⓑ	ⓓ	ⓒ	ⓑ	ⓑ	ⓒ	ⓐ	ⓐ	ⓓ	ⓓ
21	**22**	**23**	**24**	**25**	**26**	**27**	**28**	**29**	**30**
ⓒ	ⓑ	ⓒ	ⓒ	ⓒ	ⓒ	ⓓ	ⓓ	ⓑ	ⓐ
31	**32**	**33**	**34**	**35**	**36**	**37**	**38**	**39**	**40**
ⓑ	ⓑ	ⓒ	ⓓ	ⓒ	ⓓ	ⓒ	ⓐ	ⓑ	ⓑ

41	42	43	44	45	46	47	48	49	50
ⓐ	ⓐ	ⓓ	ⓑ	ⓒ	ⓒ	ⓑ	ⓑ	ⓑ	ⓑ
51	**52**	**53**	**54**	**55**	**56**	**57**	**58**	**59**	**60**
ⓐ	ⓐ	ⓒ	ⓓ	ⓐ	ⓒ	ⓑ	ⓐ	ⓓ	ⓐ
61	**62**	**63**	**64**	**65**	**66**	**67**	**68**	**69**	**70**
ⓒ	ⓐ	ⓓ	ⓐ	ⓑ	ⓒ	ⓓ	ⓑ	ⓓ	ⓒ
71	**72**	**73**	**74**	**75**	**76**	**77**	**78**	**79**	**80**
ⓒ	ⓐ	ⓐ	ⓓ	ⓓ	ⓐ	ⓑ	ⓐ	ⓑ	ⓒ
81	**82**	**83**	**84**	**85**	**86**	**87**	**88**	**89**	**90**
ⓐ	ⓑ	ⓓ	ⓑ	ⓒ	ⓓ	ⓐ	ⓐ	ⓒ	ⓓ

제 10장 | **패키징**

1	2	3	4	5	6	7	8	9	10
ⓒ	ⓐ	ⓑ	ⓒ	ⓑ	ⓓ	ⓐ	ⓒ	ⓒ	ⓓ
11	**12**	**13**	**14**	**15**	**16**	**17**	**18**	**19**	**20**
ⓓ	ⓒ	ⓐ	ⓒ	ⓑ	ⓓ	ⓐ	ⓐ	ⓐ	ⓒ
21	**22**	**23**	**24**	**25**	**26**	**27**	**28**	**29**	**30**
ⓒ	ⓒ	ⓐ	ⓒ	ⓑ	ⓓ	ⓒ	ⓑ	ⓓ	ⓐ
31	**32**	**33**	**34**	**35**	**36**	**37**	**38**	**39**	**40**
ⓐ	ⓒ	ⓑ	ⓒ	ⓑ	ⓓ	ⓑ	ⓐ	ⓑ	ⓒ
41	**42**	**43**	**44**	**45**	**46**	**47**	**48**	**49**	**50**
ⓐ	ⓓ	ⓐ	ⓑ	ⓐ	ⓒ	ⓑ	ⓒ	ⓓ	ⓒ
51	**52**	**53**	**54**	**55**	**56**	**57**	**58**	**59**	**60**
ⓐ	ⓒ	ⓑ	ⓓ	ⓐ	ⓒ	ⓐ	ⓑ	ⓐ	ⓓ
61	**62**	**63**	**64**	**65**	**66**	**67**	**68**	**69**	**70**
ⓒ	ⓓ	ⓐ	ⓑ	ⓒ	ⓑ	ⓓ	ⓓ	ⓑ	ⓐ
71	**72**	**73**	**74**	**75**	**76**	**77**	**78**	**79**	**80**
ⓒ	ⓑ	ⓒ	ⓓ	ⓐ	ⓑ	ⓒ	ⓐ	ⓓ	ⓑ

EPILOGUE

문제지는 과거에 산출된 결과를 전달하는 것이 목적이며, 학습하여 안다는 사실 그 자체만으로 산출된 가치는 높지 않다고 볼 수 있습니다. 그러나 문제 풀이의 과정에서 기초 지식은 물론, 응용 능력을 다차원으로 갖춤으로써 신기술을 창출하고 초격차를 이루는 "문제 해결사"로 성장한다면 소위 이득(Gain)을 수만 배 내지 억 배로 막대하게 높이는 최고의 전문가가 될 것입니다. 이제까지 반도체에 의해 이루어진 과학 기술 및 산업적 성과는 그야말로 위대하다 할 수 있습니다. 그리고 지난 60년간 이어온 무어의 법칙이 종료되면서 더 이상의 혁신이 의문시되는 시점이기도 합니다. 그러나 역사적으로 보면 인류가 존재하고 발전하는 한 어떤 방식과 어떠한 형태로 미래의 변혁을 이끌지 모르는 일입니다. 앞으로 또 다른 60여 년 반도체가 어떠한 세상을 만들어갈지 상상하면 가슴이 벅차옵니다.

저자 약력

심규환

(현) (주)시지트로닉스(SIGETRONICS) 대표

(현) 전북대학교 반도체학과 교수

(전) 한국전자통신연구원 책임연구원

반도체 8대 공정 마스터

1판 1쇄 발행 2025년 3월 14일

지은이 심규환

교정 신선미 편집 이새희
마케팅 • 지원 김혜지

펴낸곳 (주)하움출판사 펴낸이 문현광

이메일 haum1000@naver.com 홈페이지 haum.kr
블로그 blog.naver.com/haum1000 인스타 @haum1007

ISBN 979-11-94276-71-5 (13560)

좋은 책을 만들겠습니다.
하움출판사는 독자 여러분의 의견에 항상 귀 기울이고 있습니다.
파본은 구입처에서 교환해 드립니다.